地名标志管理实务手册

DIMING BIAOZHI GUANLI
SHIWU SHOUCE

——法规文件·技术标准

罗剑兴 主编

中国社会出版社

国家一级出版社·全国百佳图书出版单位

图书在版编目（CIP）数据

地名标志管理实务手册：法规文件·技术标准／罗
剑兴主编．—北京：中国社会出版社，2019.4
ISBN 978 - 7 - 5087 - 6162 - 6

Ⅰ．①地…　Ⅱ．①罗…　Ⅲ．①地名 - 标志 - 管理 - 中
国 - 手册　Ⅳ．①P281 - 62

中国版本图书馆 CIP 数据核字（2019）第 074702 号

书　　　名：地名标志管理实务手册——法规文件·技术标准
主　　　编：罗剑兴

出 版 人：浦善新
终 审 人：尤永弘
责任编辑：魏光洁

出版发行：中国社会出版社　　　邮政编码：100032
通联方法：北京市西城区二龙路甲 33 号
电　　话：编辑部：（010）58124851
　　　　　邮购部：（010）58124848
　　　　　销售部：（010）58124845
　　　　　传　真：（010）58124856
网　　址：www.shcbs.com.cn
　　　　　shcbs.mca.gov.cn
经　　销：各地新华书店

印刷装订：河北鸿祥信彩印刷有限公司
开　　本：170mm×240mm　1/16
印　　张：31.75
字　　数：600 千字
版　　次：2019 年 7 月第 1 版
印　　次：2019 年 7 月第 1 次印刷
定　　价：112.00 元

中国社会出版社天猫旗舰店

中国社会出版社微信公众号

目　录

上篇　法律法规

中篇　政策文件

下篇　技术标准

附录　其他资料

上篇
法律法规

地名管理条例

（国发〔1986〕11号）

第一条　为了加强对地名的管理，适应社会主义现代化建设和国际交往的需要，制定本条例。

第二条　本条例所称地名，包括：自然地理实体名称，行政区划名称，居民地名称，各专业部门使用的具有地名意义的台、站、港、场等名称。

第三条　地名管理应当从我国地名的历史和现状出发，保持地名的相对稳定。必须命名和更名时，应当按照本条例规定的原则和审批权限报经批准。未经批准，任何单位和个人不得擅自决定。

第四条　地名的命名应遵循下列规定：

（一）有利于人民团结和社会主义现代化建设，尊重当地群众的愿望，与有关各方协商一致。

（二）一般不以人名作地名。禁止用国家领导人的名字作地名。

（三）全国范围内的县、市以上名称，一个县、市内的乡、镇名称，一个城镇内的街道名称，一个乡内的村庄名称，不应重名，并避免同音。

（四）各专业部门使用的具有地名意义的台、站、港、场等名称，一般应与当地地名统一。

（五）避免使用生僻字。

第五条　地名的更名应遵循下列规定：

（一）凡有损我国领土主权和民族尊严的，带有民族歧视性质和妨碍民族团结的，带有侮辱劳动人民性质和极端庸俗的，以及其它违背国家方针、政策的地名，必须更名。

（二）不符合本条例第四条第三、四、五款规定的地名，在征得有关方面和当地群众同意后，予以更名。

（三）一地多名、一名多写的，应当确定一个统一的名称和用字。

（四）不明显属于上述范围的、可改可不改的和当地群众不同意改的地名，不要更改。

第六条　地名命名、更名的审批权限和程序如下：

（一）行政区划名称的命名、更名，按照国务院《关于行政区划管理的规定》办理。

（二）国内外著名的或涉及两个省（自治区、直辖市）以上的山脉、河流、湖泊等自然地理实体名称，由省、自治区、直辖市人民政府提出意见，报国务院审批。

（三）边境地区涉及国界线走向和海上涉及岛屿归属界线以及载入边界条约和议定书中的自然地理实体名称和居民地名称，由省、自治区、直辖市人民政府提出意见，报国务院审批。

（四）在科学考察中，对国际公有领域新的地理实体命名，由主管部门提出意见，报国务院审批。

（五）各专业部门使用的具有地名意义的台、站、港、场等名称，在征得当地人民政府同意后，由专业主管部门审批。

（六）城镇街道名称，由直辖市、市、县人民政府审批。

（七）其他地名，由省、自治区、直辖市人民政府规定审批程序。

（八）地名的命名、更名工作，可以交地名机构或管理地名工作的单位承办，也可以交其他部门承办；其他部门承办的，应征求地名机构或管理地名工作单位的意见。

第七条　少数民族语地名的汉字译写，外国地名的汉字译写，应当做到规范化。译写规则，由中国地名委员会制定。

第八条　中国地名的罗马字母拼写，以国家公布的"汉语拼音方案"作为统一规范。拼写细则，由中国地名委员会制定。

第九条　经各级人民政府批准和审定的地名，由地名机构负责汇集出版。其中行政区划名称，民政部门可以汇集出版单行本。

出版外国地名译名书籍，需经中国地名委员会审定或由中国地名委员会组织编纂。各机关、团体、部队、企业、事业单位使用地名时，都以地名机构或民政部门编辑出版的地名书籍为准。

第十条　地名档案的管理，按照中国地名委员会和国家档案局的有关规定执行。

第十一条　地方人民政府应责成有关部门在必要的地方设置地名标志。

第十二条　本条例在实施中遇到的具体问题，由中国地名委员会研究答复。

第十三条　本条例自发布之日起施行。

地名管理条例实施细则

（民行发〔1996〕17号）

第一章 总 则

第一条 根据《地名管理条例》（以下简称《条例》）的规定，制定本实施细则。

第二条 凡涉及地名的命名与更名、地名的标准化处理、标准地名的使用、地名标志的设置、地名档案的管理等行为，均适用本细则。

第三条 《条例》所称自然地理实体名称，包括山、河、湖、海、岛礁、沙滩、岬角、海湾、水道、地形区等名称；行政区划名称，包括各级行政区域和各级人民政府派出机构所辖区域名称；居民地名称，包括城镇、区片、开发区、自然村、片村、农林牧渔点及街、巷、居民区、楼群（含楼、门号码）、建筑物等名称；各专业部门使用的具有地名意义的台、站、港、场等名称，还包括名胜古迹、纪念地、游览地、企业事业单位等名称。

第四条 地名管理的任务是：依据国家关于地名管理的方针、政策和法规，通过地名管理的各项行政职能和技术手段，逐步实现国家地名标准化和国内外地名译写规范化，为社会主义建设和国际交往服务。

第五条 国家对地名实行统一管理、分级负责制。

第六条 民政部是全国地名管理的主管部门。其职责是：指导和协调全国地名管理工作；制定全国地名工作规划；审核地名的命名和更名；审定并组织编纂全国性标准地名资料和工具图书；指导、监督标准地名的推广使用；管理地名标志和地名档案；对专业部门使用的地名实行监督和协调管理。

第七条 县级以上民政管理部门（或地名委员会）主管本行政区域的地名工作。其职责是：贯彻执行国家关于地名工作的方针、政策、法律、法规；落实全国地名工作规划；审核、承办本辖区地名的命名、更名；推行地名的标准化、规范化；设置地名标志；管理地名档案；完成国家其他地名工作任务。

第二章　地名的命名与更名

第八条　地名的命名除应遵循《条例》第四条的规定外，还应遵循下列原则：

（一）有利于国家统一、主权和领土完整。

（二）反映当地人文或自然地理特征。

（三）使用规范的汉字或少数民族文字。

（四）不以外国人名、地名命名我国地名。

（五）人民政府不驻在同一城镇的县级以上行政区域名称，其专名不应相同。

一个县（市、区）内的乡、镇、街道办事处名称，一个乡、镇内自然村名称，一个城镇内的街、巷、居民区名称，不应重名；国内著名的自然地理实体名称不应重名；一个省、自治区、直辖市行政区域内，较重要的自然地理实体名称不应重名；上述不应重名范围内的地名避免使用同音字。

（六）不以著名的山脉、河流等自然地理实体名称作行政区域专名；自然地理实体的范围超出本行政区域的，亦不以其名称作本行政区域专名。

（七）县、市、市辖区不以本辖区内人民政府非驻地村镇专名命名。

（八）乡、镇、街道办事处一般应以乡、镇人民政府驻地居民点和街道办事处所在街巷名命名。

（九）新建和改建的城镇街巷、居民区应按照层次化、序列化、规范化的要求予以命名。

第九条　地名的更名除应遵循《条例》第五条的规定外，凡不符合本细则第八条（四）、（五）、（七）、（八）项规定的地名，原则上也应予以更名。需要更改的地名，应随着城乡发展的需要，逐步进行调整。

第十条　地名命名、更名的审批权限按照《条例》第六条（一）至（七）项规定办理。

第十一条　申报地名的命名、更名时，应将命名、更名的理由及拟废止的旧名、拟采用的新名的含义、来源等一并加以说明。

第十二条　地名的命名、更名由地名管理部门负责承办。行政区域名称的命名、更名，由行政区划和地名管理部门共同协商承办。

专业部门使用的具有地名意义的名称，其命名、更名由该专业部门负责承办，但应事先征得当地地名管理部门的同意。

第三章　地名的标准化处理

第十三条　凡符合《条例》规定，并经县级以上人民政府或专业主管部门批准的地名为标准地名。

第十四条　标准地名原则上由专名和通名两部分组成。通名用字应反映所称地理实体的地理属性（类别）。不单独使用通名词组作地名。具体技术要求，以民政部制定的技术规范为准。

第十五条　汉语地名中的方言俗字，一般用字音（或字义）相同或相近的通用字代替。对原有地名中带有一定区域性或特殊含义的通名俗字，经国家语言文字工作委员会审音定字后，可以保留。

第十六条　少数民族自治地方及民族乡名称，一般由地域专名、民族全称（包括"族"字）和相应自治区域通名组成。由多个少数民族组成的民族自治地方名称，少数民族的称谓至多列举三个。

第十七条　少数民族语地名的译写

（一）少数民族语地名，在各自民族语言、文字的基础上，按其标准（通用）语音，依据汉语普通话读音进行汉字译写。对约定俗成的汉字译名，一般不更改。

（二）多民族聚居区的地名，如不同民族有不同的称谓并无惯用汉语名称时，经当地地名管理部门征得有关少数民族的意见后，选择当地使用范围较广的某一语种称谓进行汉字译写。

（三）少数民族语地名的汉字译写，应尽可能采用常用字，避免使用多音、贬义和容易产生歧义的字词。

（四）有文字的少数民族语地名之间的相互译写，以本民族和他民族规范化的语言文字为依据，或者以汉语拼音字母拼写的地名为依据。

（五）少数民族语地名译写的具体技术要求，以民政部商同国务院有关部门制定的或经民政部审定的有关规范为依据。

第十八条　国外地名的汉字译写

（一）国外地名的汉字译写，除少数惯用译名外，以该国官方语言文字和标准音为依据；有两种以上官方语言文字的国家，以该地名所属语区的语言文字为依据。国际公共领域的地理实体名称的汉字译写，以联合国有关组织或国际有关组织颁布的标准名称为依据。

（二）国外地名的汉字译写，以汉语普通话读音为准，不用方言读音。尽量避免使用多音字、生僻字、贬义字。

（三）国外地名专名实行音译，通名一般实行意译。

（四）对国外地名原有的汉译惯用名采取"约定俗成"的原则予以保留。

（五）国外地名译写的具体技术要求，以国家地名管理部门制定的外国地名译名规范为依据。国外地名的译名以国家地名管理部门编纂或审定的地名译名手册中的地名为标准化译名。

第十九条 中国地名的罗马字母拼写

（一）《汉语拼音方案》是使用罗马字母拼写中国地名的统一规范。它不仅适用于汉语和国内其他少数民族语，同时也适用于英语、法语、德语、西班牙语、世界语等罗马字母书写的各种语文。

（二）汉语地名按《中国地名汉语拼音字母拼写规则（汉语地名部分)》拼写。

（三）少数民族的族称按国家技术监督局制定的《中国各民族名称的罗马字母拼写法和代码》的规定拼写。

（四）蒙、维、藏语地名以及惯用蒙、维、藏语文书写的少数民族语地名，按《少数民族语地名汉语拼音字母音译转写法》拼写。

（五）其他少数民族语地名，原则上以汉译名称按《中国地名汉语拼音字母拼写规则（汉语地名部分)》拼写。

（六）台湾省和香港、澳门地区的地名，依据国家有关规定进行拼写。

（七）地名罗马字母拼写具体规范由民政部商同国务院有关部门负责修订。

第四章　标准地名的使用

第二十条 各级地名管理部门和专业主管部门，应当将批准的标准地名及时向社会公布，推广使用。

第二十一条 各级地名管理部门和专业主管部门，负责编纂本行政区域或本系统的各种标准化地名出版物，及时向社会提供法定地名。其他部门不得编纂标准化地名工具图书。

第二十二条 机关、部队、团体、企业、事业单位的公告、文件、证件、影视、商标、广告、牌匾、地图以及出版物等方面所使用的地名，均应以正式公布的标准地名（包括规范化译名）为准，不得擅自更改。

第二十三条 对尚未公布规范汉字译写的外国地名，地名使用单位应根据国家地名管理部门制定的译名规则进行汉字译写。

第五章　地名标志的设置

第二十四条 行政区域界位、城镇街巷、居民区、楼、院、自然村屯、主要道路和桥梁、纪念地、文物古迹、风景名胜、台、站、港、场和重要自然地理实体等地方应当设置地名标志。一定区域内的同类地名标志应当力求统一。

第二十五条　地名标志的主要内容包括：标准地名汉字的规范书写形式；标准地名汉语拼音字母的规范拼写形式。在习惯于用本民族文字书写地名的民族自治区域，可依据民族区域自治法有关文字书写规定，并列该民族文字规范书写形式。

第二十六条　地名标志的设置和管理，由当地地名管理部门负责，其中街、巷、楼、门牌统一由地名主管部门管理，条件尚不成熟的地方，地名主管部门应积极取得有关部门的配合，共同做好标志的管理工作，逐步实现统一管理。专业部门使用的具有地名意义的名称标志，由地名管理部门协调有关专业部门设置和管理。

第二十七条　地名标志的设置和管理所需费用，当地人民政府根据具体情况，可由财政拨款，也可采取受益单位出资或工程预算费列支等方式筹措。

第六章　地名档案的管理

第二十八条　全国地名档案工作由民政部统一指导。各级地名档案管理部门分级管理。地名档案工作在业务上接受档案管理部门的指导、监督。

第二十九条　各级地名档案管理部门保管的地名档案资料，应不少于本级人民政府审批权限规定的地名数量。

第三十条　地名档案的管理规范，应执行民政部和国家档案局制定的有关规定。

第三十一条　各级地名档案管理部门，要在遵守国家保密规定原则下，积极开展地名信息咨询服务。

第七章　奖励与惩罚

第三十二条　各级地名管理部门应当加强地名工作的管理、监督和检查。对擅自命名、更名或使用不规范地名的单位和个人，应发出违章使用地名通知书，限期纠正；对逾期不改或情节严重、造成不良后果者，地名管理部门应根据有关规定，对其进行处罚。

第三十三条　地名标志为国家法定的标志物。对损坏地名标志的，地名管理部门应责令其赔偿；对偷窃、故意损毁或擅自移动地名标志的，地名管理部门报请有关部门，依据《中华人民共和国治安管理处罚条例》的规定予以处罚；情节恶劣、后果严重触犯刑律的，依法追究刑事责任。

第三十四条 当地人民政府对推广使用标准地名和保护地名标志作出贡献的单位和个人，应当给予表彰或奖励。

第八章 附 则

第三十五条 各省、自治区、直辖市人民政府可根据本细则，制定本行政区域的地名管理办法。

第三十六条 本细则由民政部负责解释。

第三十七条 本细则自发布之日起施行。

地名标志管理试行办法

（民地标〔2006〕1号）

第一条 为规范地名标志的设置和管理，根据《地名管理条例》及有关法律、法规，制定本办法。

第二条 本办法所称地名标志，是指为社会公众使用所设立标示地理实体名称的标志，包括：

（一）行政区域名称标志。

（二）居民地、街（路、巷）名称标志。

（三）门（楼）编码名称标志。

（四）山、河、湖、岛等自然地理实体名称标志。

（五）具有地名意义的建筑物和台、站、港、场名称标志。

（六）其他起导向作用的辅助地名标志。

第三条 国家对地名标志实行分级管理。县级以上人民政府民政部门是地名标志的主管部门，负责本行政区域内地名标志的设置和管理。

地名标志产品由民政部门监制。

第四条 地名标志是社会公益设施。县级以上地方各级人民政府民政部门，应认真做好地名标志设置和管理工作，为国家经济建设和社会各界交流交往服务。

第五条 地名标志是国家法定标志物，各级民政部门应加强宣传，增强公民依法保护地名标志的意识。

第六条 地名标志设置的具体方案由县级以上地方人民政府民政部门制定。

第七条 门（楼）编码可采用序数编码或量化编码（也称距离编码）进行。

采用序数编码的，从街（路、巷）起点起，每户一号，按照左单右双的原则编号。

采用量化编码的，以街（路、巷）起点到门户中心线距离量算，每2米为一个号，按照左单右双的原则编号。

　　第八条　地名标志设置一般应与城乡建设同步，做到统一规划，布局合理，位置明显，导向准确，坚固耐用，美观协调。

　　第九条　地名标志设置的基本原则：

　　（一）行政区域名称标志应设在位于主要交通道路的行政区域界线上。

　　（二）居民地名称标志应设在居民地的主要出、入口处。

　　（三）街（路、巷）名称标志应设在街（路、巷、胡同、里弄）的起止点、交叉口处。起止点之间设置地名标志的数量要适度、合理。

　　（四）楼、门编码名称标志应设在该建筑物面向主要交通通道的明显位置。

　　（五）山、河、湖、岛等自然地理实体名称标志，应设在所处的主要交通道路旁或该自然地理实体显著位置。

　　（六）具有地名意义的建筑物名称标志，设在该建筑物面向主要交通道路的明显位置。

　　（七）具有地名意义的台、站、港、场名称标志，设在该台、站、港、场面向主要交通道路的明显位置。

　　（八）其他具有导向作用的辅助地名标志，要按照方便、实用、清晰的原则设置。

　　第十条　地名标志上的地名，必须使用标准名称和规范汉字，不得使用繁体字、异体字、自造字和简化字。地名标志的汉字书写使用等线体。

　　第十一条　少数民族语地名的译写，以国家公布的《少数民族语地名汉语拼音字母音译转写法》作为统一规范。用少数民族文字书写地名，应执行国家规定的规范写法。

　　第十二条　地名标志上地名的罗马字母拼写，以国家公布的《汉语拼音方案》作为统一规范和国际标准，按国务院民政、语言文字部门制定的拼写规则执行。禁止用外文和"威妥玛式"等旧式拼法拼写中国地名。

　　第十三条　地名标志的材质、规格、形式，要符合国家相关标准。附设的图形文字，不得影响地名标志的使用功能。

　　第十四条　地名标志的采购根据地方政府招标的有关规定进行。参与竞标的企业，应当提供其产品通过国家认证认可监督委员会授权的专门检测地名标牌产品机构出具的检测报告。

　　第十五条　国家对地名标志设置管理工作实行定期检查制度。省级人民政府民政部门负责对所辖县级以上地方人民政府民政部门的地名标志设置、管理工作进行定期检查。国务院民政部门对全国县级以上地方人民政府民政部门的地名标志设置、管理工作进行抽检。

第十六条　地名标志设置管理工作定期检查和抽检的主要内容：

（一）是否符合国家和国务院民政部门制定的相关标准和规定。

（二）是否符合上级民政部门制定的地名标志设置方案。

（三）是否与城乡建设同步。

（四）密度是否适宜，布局是否合理。

（五）是否完好、整洁、规范。

第十七条　对检查不合格的，要限期整改，并将整改情况及时上报上一级民政部门。

第十八条　县级以上人民政府民政部门应为本行政区域范围内的地名标志建立纸质档案和电子档案。地名标志档案的主要内容包括：

（一）地名标志的设置办法和编码规则。

（二）地名标志检测报告。

（三）地名标志分布图。

（四）地名标志登记表。

（五）地名标志照片。

（六）地名标志的检查、维修、更换等有关资料。

（七）地名标志移动、拆除和查处损毁地名标志的有关资料。

（八）地名标志招投标有关资料。

（九）地名标志的其他有关资料。

第十九条　地名标志要保持清晰完整，对字迹模糊不清、污损严重的，应及时修复或更换。

第二十条　其他部门如需移动、拆除地名标志，应报请有关县级以上人民政府民政部门批准，并承担相关费用。

第二十一条　地名标志设置、维护、监督等所需经费，应当纳入县级以上地方政府财政预算，不足部分可以通过市场运作筹集。

第二十二条　偷盗、损毁或擅自移动、遮盖、涂鸦地名标志的，由县级以上人民政府民政部门责令其限期恢复原状。

第二十三条　各级民政部门工作人员在地名标志管理工作中有玩忽职守、徇私舞弊等行为，尚不构成犯罪的，由所在单位或上级主管机关予以行政处分。

国家通用语言文字法

（2000 年第九届全国人大常委会修订）

2000 年 10 月 31 日第九届全国人民代表大会常务委员会第十八次
会议修订通过，2001 年 1 月 1 日起施行。

第一章　总　则

第一条　为推动国家通用语言文字的规范化、标准化及其健康发展，使国家通用语言文字在社会生活中更好地发挥作用，促进各民族、各地区经济文化交流，根据宪法，制定本法。

第二条　本法所称的国家通用语言文字是普通话和规范汉字。

第三条　国家推广普通话，推行规范汉字。

第四条　公民有学习和使用国家通用语言文字的权利。

国家为公民学习和使用国家通用语言文字提供条件。

地方各级人民政府及其有关部门应当采取措施，推广普通话和推行规范汉字。

第五条　国家通用语言文字的使用应当有利于维护国家主权和民族尊严，有利于国家统一和民族团结，有利于社会主义物质文明建设和精神文明建设。

第六条　国家颁布国家通用语言文字的规范和标准，管理国家通用语言文字的社会应用，支持国家通用语言文字的教学和科学研究，促进国家通用语言文字的规范、丰富和发展。

第七条　国家奖励为国家通用语言文字事业做出突出贡献的组织和个人。

第八条　各民族都有使用和发展自己的语言文字的自由。

少数民族语言文字的使用依据宪法、民族区域自治法及其他法律的有关规定。

第二章　国家通用语言文字的使用

第九条　国家机关以普通话和规范汉字为公务用语用字。法律另有规定的除外。

第十条　学校及其他教育机构以普通话和规范汉字为基本的教育教学用

语用字。法律另有规定的除外。

学校及其他教育机构通过汉语文课程教授普通话和规范汉字。使用的汉语文教材，应当符合国家通用语言文字的规范和标准。

第十一条 汉语文出版物应当符合国家通用语言文字的规范和标准。

汉语文出版物中需要使用外国语言文字的，应当用国家通用语言文字作必要的注释。

第十二条 广播电台、电视台以普通话为基本的播音用语。

需要使用外国语言为播音用语的，须经国务院广播电视部门批准。

第十三条 公共服务行业以规范汉字为基本的服务用字。因公共服务需要，招牌、广告、告示、标志牌等使用外国文字并同时使用中文的，应当使用规范汉字。

提倡公共服务行业以普通话为服务用语。

第十四条 下列情形，应当以国家通用语言文字为基本的用语用字：

（一）广播、电影、电视用语用字；

（二）公共场所的设施用字；

（三）招牌、广告用字；

（四）企业事业组织名称；

（五）在境内销售的商品的包装、说明。

第十五条 信息处理和信息技术产品中使用的国家通用语言文字应当符合国家的规范和标准。

第十六条 本章有关规定中，有下列情形的，可以使用方言：

（一）国家机关的工作人员执行公务时确需使用的；

（二）经国务院广播电视部门或省级广播电视部门批准的播音用语；

（三）戏曲、影视等艺术形式中需要使用的；

（四）出版、教学、研究中确需使用的。

第十七条 本章有关规定中，有下列情形的，可以保留或使用繁体字、异体字：

（一）文物古迹；

（二）姓氏中的异体字；

（三）书法、篆刻等艺术作品；

（四）题词和招牌的手书字；

（五）出版、教学、研究中需要使用的；

（六）经国务院有关部门批准的特殊情况。

第十八条 国家通用语言文字以《汉语拼音方案》作为拼写和注音工具。

《汉语拼音方案》是中国人名、地名和中文文献罗马字母拼写法的统一规范，并用于汉字不便或不能使用的领域。

初等教育应当进行汉语拼音教学。

第十九条 凡以普通话作为工作语言的岗位，其工作人员应当具备说普通话的能力。

以普通话作为工作语言的播音员、节目主持人和影视话剧演员、教师、国家机关工作人员的普通话水平，应当分别达到国家规定的等级标准；对尚未达到国家规定的普通话等级标准的，分别情况进行培训。

第二十条 对外汉语教学应当教授普通话和规范汉字。

第三章　管理和监督

第二十一条 国家通用语言文字工作由国务院语言文字工作部门负责规划指导、管理监督。

国务院有关部门管理本系统的国家通用语言文字的使用。

第二十二条 地方语言文字工作部门和其他有关部门，管理和监督本行政区域内的国家通用语言文字的使用。

第二十三条 县级以上各级人民政府工商行政管理部门依法对企业名称、商品名称以及广告的用语用字进行管理和监督。

第二十四条 国务院语言文字工作部门颁布普通话水平测试等级标准。

第二十五条 外国人名、地名等专有名词和科学技术术语译成国家通用语言文字，由国务院语言文字工作部门或者其他有关部门组织审定。

第二十六条 违反本法第二章有关规定，不按照国家通用语言文字的规范和标准使用语言文字的，公民可以提出批评和建议。

本法第十九条第二款规定的人员用语违反本法第二章有关规定的，有关单位应当对直接责任人员进行批评教育；拒不改正的，由有关单位作出处理。

城市公共场所的设施和招牌、广告用字违反本法第二章有关规定的，由有关行政管理部门责令改正；拒不改正的，予以警告，并督促其限期改正。

第二十七条 违反本法规定，干涉他人学习和使用国家通用语言文字的，由有关行政管理部门责令限期改正，并予以警告。

第四章　附　　则

第二十八条 本法自 2001 年 1 月 1 日起施行。

北京市地名管理办法

（北京市人民政府令〔1983〕第46号）

第一条 为加强本市地名工作的统一管理，避免一地多名、一名多地、一名多写、随意命名或更名等混乱现象，根据国务院《关于地名命名、更名的暂行规定》，结合本市具体情况，特制订本办法。

第二条 本市地名的命名、更名和管理工作，关系到首都的物质文明和精神文明建设，关系到民族团结和人民的日常生活，是一项政治性、政策性、科学性都很强的工作。各有关部门必须严肃对待，认真做好。

第三条 在市人民政府领导下，市地名办公室具体负责全市地名的命名、更名及其有关的管理工作。市地名办公室的日常工作由市规划局领导。各区、县要在区、县人民政府领导下，由建委设专职干部负责本区、县的地名管理工作。

第四条 地名的命名、更名要按照国务院有关规定和"符合历史、照顾习惯、体现规划、好找好记"的原则办理。

第五条 地名的命名、更名要按照分级管理的原则，严格履行审批手续。

（1）有特殊重要意义或涉及外事的地名，与河北省、天津市毗连的山脉、河流、水库等的命名、更名，由市地名办公室提出方案，经市人民政府核定后报国务院审批。

（2）市统建小区、市级公路和大中型水库、市区内的街道、山丘、河湖、公园、名胜古迹以及跨区、县的河流、山岭、公路等的命名、更名，在规划设计的同时分别由市规划设计、公路、水利、公安部门和各区、县建委提出方案，经市地名办公室组织审核后，报市建委审批，重要的由市建委转报市人民政府审批。

（3）各区、县的统建小区、县级公路和所属范围内的山岭、河湖、水库、公园以及市区内一般街巷的命名、更名，由区、县建委提出方案，经区、县人民政府审核后，报市地名办公室初审，报市建委审批。

（4）区、县所属集镇的街巷、自然村、乡级公路等的命名、更名，分别由各乡、镇政府、街道办事处、区、县公路部门等提出方案，由各区、县建委审核后，报区、县人民政府审批，并抄报市地名办公室备案。

（5）统建小区及各单位自建楼房的楼号、单元号的编排，均由所在区、县的建委组织本区、县的公安、房管、规划设计等部门及其建设单位共同研究决定，并报市公安局、市地名办公室备案。原有小区楼号名称混乱，需要调整、更名者也按此办理。

第六条　凡因改建导致街道、胡同取消等情况，需注销原名，因其它原因需要调整的，按分级管理的手续办理。

第七条　各类地名的命名、更名一经批准，按分级管理的办法，由市地名办公室或各区、县分别负责通告有关单位；必要时可以采取多种方式宣传公布。

第八条　凡经上述审批范围确定的地名、路名及街巷名，应按下列分工，做好标志的制作、安装、维修和管理工作：

（1）市区内的街道名牌、道路名牌、胡同名牌、住宅小区名牌、楼号牌、门牌以及其它必要的地名牌，统由市公安局负责。

（2）郊区、县的公路名牌及主要公路两侧指示村庄的地名牌，由市交通运输局公路管理处负责。

（3）郊区各区、县所属城镇的街巷名牌、门牌及其它地名牌均由各区、县负责。

（4）新建小区及各单位自建楼房的楼号、单元号标志，建设单位要按区、县建委编制的号码和要求制作并安装。

以上各类地名标志的规格、形式、字形、色调及安装位置，要整齐统一。由市地名办公室会同市公安局及有关部门统一研究商定。

第九条　地名标志，人人都要爱护，不得任意毁坏。因建设需要移动地名标志时，要征得管理部门的同意，并负责移至适当地点。工程完工后，按管理部门的要求安装好。对任意移动或毁坏地名标志的单位或个人，应分情况给予批评教育，责令移回原处，赔偿损失；对故意毁坏地名标志、情节恶劣的要依法予以惩处。

第十条　地名标准化以后，凡以当地地名命名的车站、商店、旅馆、学校、剧院、居民委员会等的名称，一律要与市和区、县人民政府出版的《地名录》的标准地名一致。有关本市的地图、地形图、地图集（册）以及报纸、广播、电视、邮电和有关书刊插图等所用地名，也要一律采用标准地名。

（注：《北京市地名管理办法》中所说市区是指东至定福庄，西至石景山，北至清河，南至南苑范围内的城近郊区）

北京市门楼牌管理办法

（北京市人民政府令第 254 号）

第一条 为了规范本市门楼牌管理工作，满足城市建设管理和市民生产、生活需要，根据国家有关法律、法规，结合本市实际，制定本办法。

第二条 本市行政区域内建筑物门楼牌号的编制以及门楼牌的设置、使用、维护、管理，适用本办法。

本办法所称门楼牌，包括门牌、楼牌、单元牌、户（室）牌。

第三条 市公安机关是本市门楼牌管理工作的主管机关，负责组织、协调、监督、指导本市行政区域内门楼牌管理工作。区、县公安机关具体负责本行政区域内门楼牌管理，所需经费纳入同级财政预算。

规划、住房和城乡建设、国土资源、民政、交通、质量技术监督、财政等行政部门在本部门的职责范围内做好门楼牌管理的相关工作。

第四条 本市行政区域内依法建设的建筑物应当按照国家和本市的门楼牌设置规范编制门楼牌号，设置门楼牌。

门楼牌标注的地址信息，应当以地名行政主管部门依法公布的标准地名为依据。

门牌、楼牌由公安机关设置，单元牌、户（室）牌由建设单位、产权人设置。

市公安机关会同质量技术监督、规划、民政、交通、住房和城乡建设、国土资源等有关行政部门，制定本市门楼牌设置规范；门楼牌设置规范由质量技术监督部门向社会公布。

第五条 公安机关依法编制的门楼牌地址信息是建筑物的标准地址信息。户籍管理、产权登记、工商登记、社会保险管理、住房公积金管理等公共管理活动需要使用地址的，应当使用标准地址信息。

第六条 建设单位进行建设工程规划设计时，应当按照门楼牌设置规范对建设工程门牌、楼牌进行预编号，并在申请建设工程规划许可的附图上进行标注；对单元牌、户（室）牌进行预编号，编制编排表。

建设单位编制门楼牌预编号，可以向建设工程所在地的区、县公安机关申请编号指导，公安机关应当自受理申请之日起5个工作日内出具编号指导意见。

建设单位依法调整建设工程规划设计的，应当及时修改门楼牌预编号，并可以按照前款规定重新申请编号指导。

第七条 建设单位申请房屋预售许可前，按照相关规定委托房产测绘单位出具测绘成果的，测绘成果记载的门楼牌编号应当与预编号一致。

建设单位未按照本办法第六条第二款、第三款申请编号指导的，应当在房屋预售时告知购买人，房屋正式编号以公安机关依据本办法第八条出具的门楼牌编号审核意见确认的编号为准。

第八条 在建设工程规划验收后至竣工验收前的合理期限内，建设单位应当向建设工程所在地的区、县公安机关申请编制门楼牌号。

建设单位申请编制门楼牌号，应当提交下列材料：

（一）编号申请书；

（二）建设工程规划许可证以及规划验收合格的证明；

（三）标注门牌、楼牌预编号的建设工程规划许可证附图和单元牌、户（室）牌预编号编排表。

建设工程所在地的区、县公安机关应当自受理申请之日起15个工作日内，对建设工程进行实地勘察，完成对前款规定材料的审核，出具编号审核意见。

第九条 建设工程所在地的区、县公安机关应当按照国家和本市有关地名标志产品质量监督管理的规定和政府采购的相关规定，确定具备生产条件的生产单位，委托其制作、安装门牌、楼牌，并将生产单位的名称、地址、联系方式等告知提出申请的建设单位。

建设工程竣工验收前，区、县公安机关委托的生产单位应当完成门牌、楼牌的制作、安装。建设单位应当在竣工验收前的合理期限内与生产单位协商确定安装门牌、楼牌的有关事项。

建设单位应当在建设工程竣工验收前，按照公安机关出具的编号审核意见设置单元牌、户（室）牌。

第十条 建设单位办理房屋产权初始登记前，应当根据公布的标准地名向建设工程所在地的区、县公安机关申领门楼牌地址、编号证明。公安机关应当根据已确定的门楼牌地址信息和编号审核意见出具证明。

建设单位、产权人申请地址信息变更登记前，应当到建设工程或者房屋所在地的区、县公安机关申领门楼牌地址证明。

房屋登记机构应当按照公安机关出具的地址、编号证明记载的地址信息进行登记，发放权属证明。

第十一条　村民依法利用宅基地建造村民住房的，施工完成后，应当向宅基地所在地的区、县公安机关提交宅基地批准文件，申请设置门楼牌。

公安机关应当自受理申请之日起15个工作日内对宅基地上建造的村民住房进行实地勘察，编制门楼牌号。

门楼牌号编制完成后，公安机关应当按照本办法第九条的规定制作、安装门楼牌。

第十二条　对本办法第四条第一款规定以外的其他建筑物，所在地的区、县公安机关可以进行统一编号，并设置临时标志牌。

临时标志牌仅用于标识建筑物地址信息，不作为该建筑物本身合法性的证明以及产权登记信息凭证使用。

第十三条　地名行政主管部门依法确定新地名或者批准变更地名的，应当自确定或者批准变更之日起15个工作日内通知市公安机关和所在地的区、县公安机关。收到通知的公安机关应当依据新地名或者变更后的地名开展门楼牌地址编号管理工作。

第十四条　因地名变更需要更换门楼牌的，由建筑物所在地的区、县公安机关统一组织更换。

因地名变更，户籍管理、产权登记、工商登记、社会保险管理、住房公积金管理等公共管理活动确需办理地址登记事项变更的，办理相关事项的单位应当免费为当事人办理。

第十五条　区、县公安机关应当加强对本行政区域内门楼牌的巡视、管理工作，发现未按照本办法规定设置门楼牌或者门牌、楼牌出现松动、遮挡、破损、丢失等情况的，应当及时纠正、维护或者更换。

建筑物产权人或者管理人发现门牌、楼牌出现松动、遮挡、破损、丢失等情况，应当及时报告建筑物所在地的区、县公安机关予以维护或者更换。

第十六条　任何单位和个人违反本办法规定，擅自编制门楼牌地址信息设置门牌、楼牌的，由公安机关责令限期改正；拒不改正的，处5000元以上3万元以下罚款。

任何单位和个人擅自更改、移动、拆除、损毁公安机关依法设置的门牌、楼牌的，由公安机关责令限期改正；拒不改正的，处500元以上3000元以下罚款。

第十七条　公安机关以及有关行政部门工作人员在门楼牌管理工作中不依法履行职责，有下列行为之一的，依法给予行政处分：

（一）无故拖延编号指导、编号审核、制作安装等工作流程和时限，拒不

履行相关职责的;

（二）未按照本办法规定编制门楼牌号和设置门牌、楼牌的;

（三）委托不符合条件的单位制作、安装门牌、楼牌的;

（四）发现门楼牌松动、遮挡、破损、丢失等情况或者接到有关情况的报告未及时纠正、维护或者更换的。

第十八条 本办法所称地名行政主管部门,是指根据《地名管理条例》等有关地名管理法律、法规、规章,负责承办行政区划名称、居住区名称、城市道路和乡村道路名称等地名拟制、变更、报批、公布等事项的行政部门。

第十九条 本办法实施过程中,发生与执法职责有关的问题,相关部门经协调不能达成一致意见,涉及公安机关的,由公安机关负责执行;不涉及公安机关的,由相关部门按照本市有关行政执法协调的有关规定执行。

第二十条 本办法自 2014 年 9 月 1 日起施行。1986 年 5 月 21 日市人民政府京政办发 49 号文件发布,根据 2010 年 11 月 27 日北京市人民政府第 226 号令修改的《北京市门牌、楼牌管理暂行办法》同时废止。

天津市地名管理条例

（2004 年天津市人大常委会修正）

2000 年 4 月 25 日天津市第十三届人民代表大会常务委员会第十六次
会议通过，根据 2004 年 11 月 12 日天津市第十四届人民代表大会
常务委员会第十五次会议通过的《天津市人民代表大会常务委员会
关于修改〈天津市地名管理条例〉的决定》修正

第一章 总 则

第一条 为了加强本市地名管理，实现地名标准化，适应经济和社会发展以及国内国际交往的需要，方便人民生活，根据国家有关法律、法规，结合本市实际情况，制定本条例。

第二条 本条例适用于本市所辖区域内标准地名的命名、更名、公布、使用、标志设置管理以及相关的管理工作。

第三条 本条例所称地名包括：

（一）市、区、县、乡、镇的行政区域名称以及区人民政府街道办事处所辖区域的名称；

（二）山、河、湖、洼淀、海湾、滩涂、岛屿等自然地理实体名称；

（三）城镇住宅、街道里巷、村镇等居民地名称；

（四）公路、道路、桥梁等名称；

（五）名胜古迹、纪念地、游览地、文化体育场所等名称；

（六）楼、院门号；

（七）具有地名意义的机场、铁路、港口、码头和建筑物、构筑物等名称。

第四条 市地名主管部门在市人民政府领导下，负责全市地名管理工作。

区、县地名主管部门，天津经济技术开发区、天津港保税区、天津新技术产业园区地名主管部门（以下统称区、县地名主管部门），依照本条例规定负责本区域的地名管理工作。

区、县地名主管部门业务上受市地名主管部门领导。

第五条 区人民政府街道办事处、乡镇人民政府，协助区、县地名主管

部门监督检查本辖区内的地名工作。

第六条 地名管理应当从本市地名的历史和现状出发，保持地名的稳定，逐步实现地名标准化。

第七条 任何单位和个人都有遵守地名管理法规的义务，并有权对违反地名管理法规的行为进行检举。

第二章 地名的命名与更名

第八条 地名命名应当与城市规划同步进行。地名规划由市或者区、县地名主管部门负责编制，并实行分级审批制度。

市地名总体规划由市地名主管部门编制，报市人民政府批准。外环线以内地区的地名分区规划，天津经济技术开发区、天津港保税区的地名规划由区地名主管部门编制，经市地名主管部门审核后，报市人民政府批准。

本条第二款规定以外的区、县地名分区规划，由区、县地名主管部门按照市地名总体规划的要求编制，报区、县人民政府批准，并向市地名主管部门备案。

第九条 地名命名应当符合下列规定：

（一）不损害国家主权、领土完整、民族尊严和人民团结；

（二）符合地名规划要求，反映历史、文化和地理特征，含义健康、方便使用；

（三）由专名和通名组成；

（四）一般不以人名作地名，禁止用国家领导人的名字和外国地名以及同音字作地名；

（五）用字规范，简洁易读，不使用生僻字，同类地名不使用同音字、近音字以及与其他地名相近似、容易引起混淆的字；

（六）派生地名与主地名相统一；

（七）地名的定性词语应当与事实相符，以楼、厦、苑、广场、花园、公寓、别墅、中心、山庄等形象名称作通名的，应当符合市人民政府规定的规范标准。

第十条 下列地名不得重名：

（一）本市的区、县、乡、镇行政区域名称，区人民政府街道办事处区域名称；

（二）外环线以内的地名；

（三）外环线以外同一区、县内的村庄、道路地名；

（四）同一乡镇内的地名。

第十一条 没有标准地名的一地多名、一名多写或者地名用字形、音、义不准确的，应当确定标准地名。

第十二条 新建、扩建、改建居民住宅区、大型建筑物等建设项目，应当在申请办理《建设工程规划许可证》前，到所在区、县地名主管部门申请办理地名命名手续。未办理地名命名手续的，有关部门不得受理《建设工程规划许可证》申请。

办理地名命名手续，应当提供下列文件：

（一）地名命名更名申请书；

（二）建设用地规划许可证；

（三）经批准的规划总平面图；

（四）建筑位置示意图；

（五）地名反映特殊功能词语的证明文件；

（六）大型建筑物的建筑景观图。

地名主管部门对符合本条例规定、材料齐全的地名命名申请，应当在三个工作日内受理。

第十三条 地名的命名分别由下列单位负责申报：

（一）名胜古迹、纪念地、游览地、文化体育场所等名称，由专业主管部门申报；

（二）居民住宅、大型建筑物名称，由投资单位申报；

（三）村镇名称，由乡、镇人民政府或者区人民政府街道办事处申报；

（四）道路、桥梁、地下铁路（站、线）名称，由市政主管部门申报；

（五）河流、湖泊、水库、洼淀等名称，由市水行政主管部门申报；

（六）河流上的码头名称，由市交通行政主管部门申报。

第十四条 外环线以内各区和天津经济技术开发区、天津港保税区的地名命名申请，由所在区地名主管部门受理，经区人民政府或者管理委员会同意，报市地名主管部门审核后，由市人民政府批准。

外环线以外区、县的地名命名申请，由所在区、县地名主管部门受理，报区、县人民政府批准，并报市地名主管部门备案。

跨区、县的地名命名申请，由市地名主管部门受理，报市人民政府批准。

第十五条 行政区域名称的命名，按照行政区划审批权限和程序办理后，向市地名主管部门备案。

第十六条 机场、公路、铁路、港口等名称的命名申请，由各专业部门提出方案，经市地名主管部门报市人民政府同意后，按照管理权限，分别报请上级专业主管部门审批。

第十七条　市和区、县地名主管部门对批准命名的地名，核发标准地名证书。

第十八条　有下列情形之一的，可以更名：

（一）因区划调整，需要变更行政区域名称的；

（二）因道路发生变化，需要变更路名的；

（三）因居民区或者建筑物、构筑物改建、扩建，需要变更地名的；

（四）因路名变更，需要变更楼、院门号的。

第十九条　不符合本条例第九条规定的地名，应当更名。

第二十条　地名更名程序按照本章规定的地名命名程序办理。

第二十一条　因自然变化、行政区划调整、城市建设等原因，已不再使用的地名，由市或者区、县地名主管部门予以注销。

第三章　标准地名的公布与使用

第二十二条　市和区、县人民政府批准的地名为标准地名。本条例实施前市地名主管部门汇入地名录的地名，视为标准地名。

市地名主管部门应当自标准地名批准之日起三十日内予以公布。公告费用由申报单位承担。

第二十三条　下列活动与事项使用现行地名的，应当使用标准地名：

（一）机关、部队、团体、企业、事业单位的公告、文件、文书、证件；

（二）报刊、广播电视的新闻报导，地图、地理教科书、地名典录等出版物；

（三）公共场所、公共设施的地名标识；

（四）制作和发布的房地产销售广告。

第二十四条　地名应当按照国家规范汉字书写；地名的罗马字母拼写，以国家规定的汉语拼音方案和拼写规则为标准，不得使用外文拼写。

第二十五条　用少数民族文字拼写的地名和外国地名的汉字译写，以国家规定的译写规则为标准。

第二十六条　编纂标准地名出版物的，应当符合标准地名规范，并在出版后二十日内向市地名主管部门备案。

市和区、县地名主管部门应当建立健全地名档案管理制度，保证地名档案资料的准确完整，并且向社会提供查询服务。

第二十七条　对居民住宅区、桥梁等公共设施名称进行企业商业冠名的具体管理办法，由市人民政府规定。

第四章 地名标志的设置与管理

第二十八条 地名标志分别由下列部门设置：

（一）村镇内的地名标志，由区、县地名主管部门或者乡、镇人民政府设置；

（二）河流、湖泊、水库、机场、公路、道路、铁路、地下铁道、港口以及码头标志，由各自主管部门设置；

（三）里巷楼、院门牌标志，由市人民政府确定的部门设置；

（四）其他地名标志，由市或者区、县地名主管部门设置。

第二十九条 地名标志的制作、设置，应当符合国家标准。

生产制作地名标志的企业，应当接受市地名主管部门的监督检查。

第三十条 地名标志应当按照规范在规定的位置设置。新命名的地名，应当在公布或者竣工验收后三十日内设置地名标志。

市或者区、县地名主管部门负责对地名标志设置进行监督检查。

第三十一条 设置地名标志的部门负责地名标志的维护和管理，保持地名标志的清晰、完整，并接受地名主管部门的监督检查。

第三十二条 任何单位和个人都有保护地名标志的义务。禁止涂改、玷污、遮挡、破坏和擅自拆除、移动地名标志。

需要移动或者拆除地名标志的，应当事先向地名标志设置部门申报，缴纳重新设置所需费用后，方可实施。

第五章 法律责任

第三十三条 有下列行为之一的，由市或者区、县地名主管部门给予行政处罚：

（一）违反本条例第九条第（六）项规定，以楼、厦、苑、广场、花园、公寓、别墅、中心、山庄等形象名称申报地名与事实不符的，责令限期改正；逾期不改正的，处以五万元以下罚款；对他人构成欺诈的，依法承担民事责任。

（二）违反本条例第十二条第一款、第二十条规定，擅自命名、更名的，责令限期改正；逾期不改正的，处以二千元以上二万元以下罚款。

（三）违反本条例第二十三条第（二）项、第（三）项、第（四）项规定，不使用标准地名的，责令限期改正；逾期不改正的，处以五百元以上五千元以下罚款。

（四）违反本条例第二十四条、第二十九条、第三十条第一款规定，不使用规范汉字或者使用外文拼写地名，不按规定、规范制作或者设置地名标志的，责令限期改正。

（五）违反本条例第三十二条第一款规定，涂改、玷污、遮挡或者擅自拆除、移动地名标志的，责令限期改正；逾期不改正的，处以五百元以上五千元以下罚款。

第三十四条　违反本条例第二十六条第一款，未按照规范编纂出版标准地名出版物的，由市地名主管部门责令限期改正；逾期不改正的，处三千元以上三万元以下罚款，并没收违法地名出版物。逾期未向市地名主管部门备案的，由市地名主管部门责令限期改正；拒不改正的，处二千元罚款。

第三十五条　盗窃、破坏地名标志的，由公安机关依法给予处罚；构成犯罪的，依法追究刑事责任。

第三十六条　拒绝、阻碍地名主管部门工作人员依法执行公务的，由公安机关依法给予处罚；构成犯罪的，依法追究刑事责任。

第三十七条　地名主管部门工作人员有下列行为之一的，由其所在单位或者上级主管部门给予行政处分；构成犯罪的，依法追究刑事责任：

（一）无正当理由不受理或者拖延受理当事人地名命名、更名申请的；

（二）逾期不公布已经批准命名、更名的地名的；

（三）不履行法定职责，造成地名命名违反本条例规定的；

（四）对违反本条例规定的行为不予制止或者查处，造成严重影响或者严重后果的；

（五）接受可能影响公正执行公务的礼物、宴请以及其它不正当利益的；

（六）利用职务之便索取或者收受他人贿赂的。

第六章　附　则

第三十八条　本市里巷楼、院门号设置管理办法，由市人民政府规定。

第三十九条　本条例自 2000 年 7 月 1 日起施行。1987 年 10 月 8 日市人民政府发布的《天津市地名管理细则》同时废止。

天津市门牌标志管理办法

（2004 年天津市人民政府修订）

第一条 为加强本市门牌标志的管理，根据《天津市地名管理条例》和国家有关规定，制定本办法。

第二条 本办法所称门牌标志是指巷牌、楼牌、门牌。

凡经地名主管部门批准命名的里巷、胡同均应设置巷牌；楼房应设置楼牌；院门、楼门以及街道或里巷范围内的房屋均应设置门牌。

凡经地名主管部门批准命名的村庄，其居住区分为区、排的，应设置巷牌；院落、房屋应设置门牌。

第三条 市公安机关是本市门牌标志管理的行政主管机关，区、县公安机关具体负责本行政区域内门牌标志的管理工作，业务上受地名主管部门指导。

第四条 需要设置、更换、补领门牌标志的房屋所有人，应到所在地公安派出所办理相应手续，并遵守下列规定：

（一）建筑物命名、更名的，自命名、更名之日起 1 个月内，持建筑物平面图、标准地名使用证办理；

（二）改建或扩建的建筑物需要增加门牌或设置余门牌的，应于建筑物竣工后 1 个月内持建筑物所有权证明、建筑物平面图办理；

（三）门牌标志被损坏、丢失的，应持建筑物平面图、标准地名使用证、建筑物所有权证明办理更换或补领登记手续。

第五条 门牌标志由公安机关按照国家规定的标准监制、编排、设置、更换和管理。

第六条 地名主管部门命名、更名地名涉及门牌标志的，应在批准之日起 15 日之内通知公安机关。

第七条 巷牌、楼牌应设置在入口处左侧的墙体上。巷牌应设置在距离地面 2 至 3 米处。楼牌应设置在临街面明显处，距离地面 2 至 3 米；3 层以上楼房应设置在 2 至 3 楼之间。

第八条 门牌按院落、楼栋或独立成间的房屋设置。院落设有两个以上门的，应在一个常用门设置正门门牌，其他门设置余门门牌。门牌设置在门楣右上端。

第九条 城镇门牌号编排，原则上应依据道路、里巷的走向确定：

（一）东西走向的，由东向西编排；

（二）南北走向的，由北向南编排；

（三）东北西南走向的，由东北向西南编排；

（四）西北东南走向的，由西北向东南编排。

门牌号不宜采用上述原则编排的，由市公安机关报请市人民政府批准。

第十条 村庄门牌号可以按照本办法第九条的规定编排，也可以依据房屋自然布局划分居住区安排编号。

第十一条 道路、里巷仅一侧有院落或房屋的，门牌号自起编处按顺序号编排；两侧均有院落或房屋的，自起编处按单、双号编排，左侧为单号，右侧为双号。

同一路名分段的道路，其门牌号顺延编排，各段不单独编排。

道路交叉处的门牌按干道门牌号编排。

第十二条 严禁擅自设置、变更、移动、涂改、拆除或故意损毁门牌标志。

第十三条 擅自设置、移动、涂改、拆除或故意损毁门牌标志的，由公安机关处警告或500元以下罚款。

第十四条 公安机关的工作人员在门牌标志管理工作中，有滥用职权、玩忽职守、徇私舞弊行为，尚不构成犯罪的，依法给予行政处分。

第十五条 门牌标志的编排、设置、更换和管理所需经费，按市人民政府有关规定执行。

第十六条 本办法自2004年7月1日起施行。

河北省地名管理规定

（河北省人民政府令〔2010〕第 7 号）

第一章　总　则

第一条　为加强地名管理，实现地名的标准化，适应城乡建设、对外交往和人民生活的需要，根据国务院《地名管理条例》及有关法律、法规的规定，结合本省实际，制定本规定。

第二条　本规定适用于本省行政区域内地名的命名、更名与销名、标准地名的使用、地名标志的设置以及相关管理活动。

第三条　本规定所称地名，是指具有指位功能的自然地理实体名称和人文地理实体名称。包括：

（一）山、河、湖、海、瀑布、泉、岛、滩涂、淀、洼、平原、沙漠、草原等自然地理实体名称；

（二）省、设区的市、县、自治县、县级市、市辖区、乡、民族乡、镇、街道办事处等行政区域名称；

（三）村民委员会、居民委员会等区域性群众自治组织辖区名称；

（四）煤田、油田、农区、林区、牧区、渔区、工业区、开发区等专业区名称；

（五）自然村、居民区、街巷、门户、楼院等居民地名称；

（六）台、站、港、场、水库、渠道、铁路、公路、桥梁、隧道、闸涵等专业设施名称；

（七）文物古迹、陵园、风景名胜区、自然保护区、旅游度假区、公园等纪念地和旅游胜地名称；

（八）公共广场、体育场、非居住用大楼、非住宅类居住大楼等大型建筑物名称；

（九）其他具有地名意义的名称。

第四条　地名管理工作在各级人民政府的领导下，坚持统一管理、分级负责的原则。

地名管理应当从地名的历史和现状出发，保持地名的相对稳定，并对历史悠久、具有纪念意义的地名予以保护。任何单位和个人不得擅自对地名进行命名、更名。

第五条 县级以上人民政府民政部门主管本行政区域内的地名管理工作。

县级以上人民政府其他有关部门应当按各自的职责，做好地名管理的相关工作。

第六条 设区的市和县（市）人民政府民政部门应当根据城乡规划，会同有关部门编制地名规划。

第二章 地名的命名、更名与销名

第七条 地名的命名应当符合下列要求：

（一）维护国家主权、领土完整和民族尊严，有利于人民团结；

（二）体现当地历史、文化、地理或者经济特征；

（三）含义健康，符合社会主义道德风尚；

（四）除纪念性地名外，不以人名命名地名，禁止使用国家领导人的名字、外国人名、外国地名命名地名；

（五）不得使用外国地名读音或者外国语读音命名地名；

（六）一地一名，名称应当与使用性质及规模相适应；

（七）省内的乡镇名称，同一县级行政区域内的村民委员会和自然村名称，同一城镇内的同类地名名称，不应重名、谐音；

（八）一般不以著名的山脉、河流等自然地理实体名称命名行政区域名称，自然地理实体的范围超出本行政区域的，不得以其名称命名本行政区域名称；

（九）乡镇名称以乡镇人民政府所驻居民点名称命名，街道办事处名称以街道办事处所在街巷名称命名；

（十）具有地名意义的台、站、港、场名称，其专名应当与所在地主地名的专名一致；

（十一）地名以规范汉字为基本用字，不使用繁体字、异体字、生僻字、自造字、已废止的字、叠字和容易产生歧义的词语，一般不使用多音字，不单独使用方位词和数词。

第八条 地名更名应当符合下列规定：

（一）不符合本规定第七条第（一）、（三）、（四）、（五）项规定的，必须更名；

（二）不符合本规定第七条第（七）、（九）、（十）、（十一）项规定的，在征得有关方面和当地多数居民同意后，予以更名；

（三）一地多名、一名多写的，应当确定一个统一的名称和用字。

不属于前款规定范围，可改可不改且当地多数居民不同意更名的地名，不予更名。

第九条　本省在国内著名或者跨两个以上省级行政区域的自然地理实体的命名、更名，按规定程序报国务院审批；跨两个以上设区的市或者县级行政区域的自然地理实体的命名、更名，分别由相关行政区域的设区的市或者县级人民政府共同提出申请，经省人民政府民政部门审核后，报省人民政府审批；其他自然地理实体的命名、更名，由所在地县级人民政府提出申请，经省人民政府民政部门审核后，报省人民政府审批。

第十条　行政区域的命名、更名，按国家有关行政区划管理的规定办理。

第十一条　区域性群众自治组织辖区和自然村的命名、更名，由所在地乡级人民政府或者街道办事处提出申请，经村民会议或者居民会议讨论通过、县级人民政府民政部门审核后，报本级人民政府批准。

第十二条　煤田、油田、农业区、林区、牧区、渔区、工业区、开发区等专业区的命名、更名，可以由有关专业主管部门向所在地人民政府提出申请或者由所在地人民政府提出申请，经有审批权的人民政府民政部门审核后，报本级人民政府审批。

第十三条　居民区的命名，由建设单位在项目立项前提出申请，经所在地设区的市、县（市）人民政府民政部门审核后，报本级人民政府审批。居民区的更名，由建设单位或者产权所有人提出申请，经所在地设区的市、县（市）人民政府民政部门审核后，报本级人民政府审批。

城镇街巷的命名、更名，由设区的市、县（市）人民政府民政部门提出方案，报本级人民政府审批。农村街区式聚落街巷的命名、更名，由村民委员会提出方案，经乡级人民政府同意、县级人民政府民政部门审核后，报县级人民政府审批。

第十四条　门户、楼院编码由设区的市、县（市）人民政府有关部门按现行职责分工统一编制，并颁发使用证书。

第十五条　纪念地和旅游胜地以及专业设施的命名、更名，由有关单位或者专业主管部门向所在地县级人民政府提出申请，经有审批权的人民政府民政部门审核后，报本级人民政府专业主管部门审批。

第十六条　申请地名的命名、更名，应当提交下列材料：

（一）地理实体的性质、位置、规模；

（二）命名、更名的理由；

（三）拟用地名的汉字、标注声调的汉语拼音、含义；

（四）有关方面的意见及相关材料。

民政部门或者有关专业主管部门一般应当自受理地名的命名、更名申请之日起 20 日内办结审批手续。涉及公众利益，需要征求有关方面意见并进行协调的，民政部门或者有关专业主管部门应当自受理申请之日起 60 日内办结审批手续。

第十七条　建筑物名称的命名，由建设单位或者产权所有人在项目立项前，将拟用名称向所在地设区的市、县（市）人民政府备案。建筑物名称的更名，由建设单位或者产权所有人将拟更改名称向所在地设区的市、县（市）人民政府备案。设区的市、县（市）人民政府在备案时，发现备案的建筑物名称不符合国家和本省规定的，应当立即通知建设单位或者产权所有人更改。

第十八条　除桥梁、隧道外，其他地名的冠名权不得实行有偿使用。对桥梁、隧道名称，有关单位提出申请的，所在地县级人民政府可以实行有偿命名。在有偿命名前，所在地县级人民政府民政部门应当将拟命名的名称逐级报省人民政府民政部门审核。

有偿命名所得收入应当全部上缴同级财政。

第十九条　地名的命名、更名应当征求有关部门、专家和公众的意见，必要时可以举行听证会。重要地名的命名、更名可以通过新闻媒体向社会公开征集意见。

第二十条　因自然变化、行政区域调整、城市建设等原因导致地名无存在必要的，应当按地名管理的审批权限和程序予以销名。

第二十一条　经设区的市、县（市）人民政府批准命名、更名、销名的地名，应当按档案管理的有关规定报省人民政府民政部门存档。

第二十二条　居民区名称经批准、建筑物名称备案后，由设区的市、县（市）人民政府颁发使用证书。

第二十三条　对原有的居民区、建筑物、门户、楼院颁发证书所需费用，由颁发证书的人民政府承担。对新建的居民区、建筑物、门户、楼院颁发证书所需费用，由建设单位承担。

第三章　标准地名的使用

第二十四条　依照本规定批准、备案的地名和编制的门户、楼院编码，为标准地名。

对新批准、备案和编制的标准地名，设区的市和县（市）人民政府应当自批准之日起 30 日内向社会公布。

第二十五条　除有特殊需要外，下列范围内应当使用标准地名：

（一）涉外协定、文件；

（二）机关、团体、企事业单位的公告、文件；

（三）报刊、书籍、广播、电影、电视和信息网络；

（四）街巷标志、建筑物标志、居民区标志、门户楼院牌、景点指示标志、交通导向标志、公共交通站牌；

（五）商标、牌匾、广告、合同、证件、印信；

（六）公开出版发行的地图、电话号码簿、邮政编码册等地名密集出版物。

第二十六条　标准地名一般由专名和通名组成。

标准地名应当使用规范的汉字书写，并以汉语普通话为标准读音。使用罗马字母汉语拼音拼写时，应当符合国家公布的《汉语拼音方案》和《中国地名汉语拼音字母拼写规则》的规定。

少数民族语地名应当按国家有关规定译写。

第二十七条　县级以上人民政府民政部门负责编纂本行政区域的标准地名出版物，其他任何单位和个人不得擅自编纂。

第二十八条　县级以上人民政府民政部门应当建立地名信息系统，及时更新地名信息，并向社会提供地名信息咨询服务。

第四章　地名标志的设置

第二十九条　经常被社会公众使用的标准地名，应当按国家和本省的有关标准、规范设置地名标志，并做到美观、大方、醒目、坚固。

第三十条　重要自然地理实体、行政区域、居民区、城镇街巷、导向标志等地名标志，由县级以上人民政府民政部门负责设置、维护和管理。农村的地名标志由县级人民政府民政部门会同所在地乡级人民政府规划，乡级人民政府负责设置、维护和管理。其他地名标志，由有关部门按职责分工和管理权限负责设置、维护和管理。

第三十一条　新建居民区、街巷、桥梁、隧道和公共广场的地名标志，应当在工程竣工前设置完成。其他地名标志，应当自地名公布之日起60日内设置完成。

第三十二条　县级以上人民政府民政部门应当会同有关部门对地名标志设置、维护情况进行监督检查，发现有下列情形之一的，应当通知设置单位在30日内维护或者更换：

（一）地名标志未使用标准地名或者样式、书写、拼写不符合国家标准的；

（二）地名已更名但地名标志未更改的；

（三）地名标志破损、字迹模糊或者残缺不全的；

（四）设置位置不当的。

第三十三条 地名标志的设置、维护和管理所需经费，按下列规定承担：

（一）自然地理实体、行政区域、城镇街巷的地名标志以及原有的居民区、门户、楼院的地名标志，由本级财政承担；

（二）新建、改建、扩建建设项目的地名标志，列入工程预算，由建设单位承担；

（三）农村的地名标志，由县级人民政府承担；

（四）其他地名标志，由设置单位承担。

第三十四条 地名标志是国家法定标志物，任何单位或者个人不得擅自涂改、玷污、遮挡、移动、拆除、毁损、盗窃地名标志。

确需移动或者拆除地名标志的，应当与地名标志的设置单位协商一致，经有关专业主管部门或者所在地县级人民政府民政部门同意，并承担移动或者拆除费用。

第五章 法律责任

第三十五条 民政部门和其他有关部门的工作人员在地名管理工作中有下列行为之一的，依法给予处分；构成犯罪的，依法追究刑事责任：

（一）不依法审批地名命名、更名申请的；

（二）在对地名监督检查时发现问题不及时查处的；

（三）不按规定设置地名标志的；

（四）其他滥用职权、玩忽职守、徇私舞弊的行为。

第三十六条 违反本规定，有下列行为之一的，由民政部门责令限期改正，并处以二百元以上一千元以下罚款：

（一）擅自命名、更名地名的；

（二）不按本规定第二十五条第（一）至（五）项的规定使用标准地名的；

（三）不按规定书写、拼写、译写地名的；

（四）不按规定将建筑物名称备案的；

（五）不按规定设置、维护地名标志的。

第三十七条 违反本规定第二十五条第（六）项规定的，由民政部门责令限期改正；逾期不改正的，处以二千元以上一万元以下罚款。

第三十八条 违反本规定第二十七条规定的，由民政部门责令限期改正；

逾期不改正的，处以违法所得一倍以上三倍以下最高不超过三万元罚款。

第三十九条　擅自涂改、玷污、遮挡、移动、拆除地名标志的，由民政部门责令限期改正；逾期不改正的，处以二百元以上一千元以下罚款；造成损失的，依法承担赔偿责任。

第四十条　故意毁损、盗窃地名标志以及阻碍民政部门和其他有关部门的工作人员依法执行职务的，由公安机关依照《中华人民共和国治安管理处罚法》的规定予以处罚；构成犯罪的，依法追究刑事责任。

第六章　附　　则

第四十一条　本规定自 2011 年 1 月 1 日起施行。

山西省地名管理办法

（1997 年山西省人民政府令第 86 号）

第一章 总 则

第一条 为加强地名管理，适应社会交往和经济发展的需要，根据国务院发布的《地名管理条例》，结合本省实际情况，制定本办法。

第二条 本办法所称地名是指：

（一）自然地理实体名称，包括山、峰、沟、河、湖、泉、关隘、瀑布及地形区等名称；

（二）行政区划名称，包括省、市、市辖区、县、乡、镇和行政公署、街道办事处等名称；

（三）居民地名称，包括城镇、居民区、区片、开发区、街巷、楼群（含楼、门号码）、建筑物、自然村、片村、农林牧点等名称；

（四）各专业部门使用的具有地名意义的名称，包括台、站、港、场、名胜古迹、纪念地、游览地、企业事业单位等名称。

第三条 地名管理实行统一领导、分级负责制。省民政部门是本省地名管理的主管部门，其职责是：

（一）贯彻执行国家关于地名工作的法律、法规、规章；

（二）指导监督和协调本省地名管理工作，制定本省地名工作规划；

（三）负责地名的命名、更名审核和标准化处理与使用；

（四）指导地名标志的设置；

（五）健全和管理地名档案；

（六）审核、编纂本省的地名工具图书；

（七）完成国家其他地名工作任务。

各地、市、县（市、区）民政部门是同级人民政府（含行政公署）地名管理的主管部门，负责本行政区域的地名管理工作。

第二章 地名的命名和更名

第四条 地名的命名、更名应当从本省的历史和现状出发,保持地名的相对稳定。必须命名和更名时,应当按照本办法的规定和"尊重历史、照顾习惯、体现规划、好找易记"的原则,按审批权限报经批准。未经批准,任何单位和个人不得擅自决定。

第五条 地名命名应遵循下列规定:

(一)有利于人民团结和社会主义建设,反映当地历史和地理特征,尊重当地群众的愿望,与有关各方协商一致;

(二)不得以人名作地名,不得以外国地名命名本省地名;

(三)乡、镇、街道办事处名称应与乡、镇人民政府驻地居民点和街道办事处所在街巷名称统一;

(四)各专业部门使用的具有地名意义的名称,应与当地地名统一;

(五)新建和改建的居民区、街巷、高层建筑物等,在规划建设时,应先予以命名;

(六)地名命名应使用国家确定的规范汉字,原则上不得使用生僻字、同音字和字形容易混淆的字,禁止用自造字、已简化的繁体字和已淘汰的异体字。

第六条 下列名称不应重名或同音:

(一)全国范围内的县级以上行政区划名称;

(二)一个县(市、区)内乡、镇、街道办事处名称;

(三)一个乡、镇内的自然村名称;

(四)一个城镇内的街巷、居民区名称;

(五)国内著名的、省内重要的自然地理实体名称。

第七条 地名更名应遵循下列规定:

(一)凡有损我国领土主权完整和民族尊严的,妨碍民族团结、含义庸俗和带有侮辱劳动人民性质的地名,必须更名;

(二)不符合本办法第五条第(三)、(四)、(五)款规定的地名,在征得有关方面和当地群众同意后,予以更名;

(三)一地多名、一名多写的,应当确定一个统一的名称和用字。

不属于前款规定范围可改可不改的或当地多数群众不同意更改的地名,不得更改。更改地名应随着城乡发展与改造,逐步进行调整。

第八条 行政区划名称的命名、更名,按照国务院《关于行政区划管理的规定》办理。

第九条　自然地理实体名称的命名、更名，按下列规定办理：

（一）涉及本省与其他省、自治区的山脉、河流、湖泊等自然地理实体名称，由本省省级民政部门提出意见，并与有关省、自治区民政部门协商一致，经本省与有关省、自治区人民政府审核，报国务院审批；

（二）涉及两个地、市以上的自然地理实体名称，由有关地、市民政部门提出意见并协商一致，经有关地区行政公署和市人民政府审核，报省人民政府审批；

（三）涉及两个县（市）以上的自然地理实体名称，由有关县（市）民政部门提出意见并协商一致，经有关县（市）人民政府审核，报上一级人民政府审批。

第十条　居民地名称的命名、更名，由县、市民政部门提出意见，报县、市人民政府审批。

第十一条　各专业部门使用的具有地名意义的名称的命名、更名，在征得当地人民政府和地名主管部门的同意后，由专业主管部门审批。

第十二条　在申报地名命名、更名时，应填写《山西省地名命名、更名表》，并将命名、更名的理由及拟废止的旧名、拟采用的新名及其含义、来源等一并说明。

第三章　标准地名的使用

第十三条　凡符合《地名管理条例》和本办法规定的，并经县级以上人民政府批准或授权批准的地名为标准地名。

第十四条　各级地名管理部门负责将批准的标准地名向社会公布，推广使用。

第十五条　各级地名管理部门负责编纂本行政区域的各类标准化地名出版物，其他部门编纂的地图、电话簿、交通时刻表、邮政编码簿、工商企业名录等地名密集出版物，出版前应经同级地名管理部门审核同意。

第十六条　机关、团体、部队、企事业单位使用地名，应以地名管理部门公布和出版的标准地名为准。

第四章　地名标志的设置

第十七条　行政区域界位、街巷、楼群（含楼、门号码）、居民区、自然村、道路、桥梁、纪念地、游览地、台、站、港、场以及重要自然地理实体等必要的地方应当设置地名标志。

第十八条　地名标志的内容、布局和样式，应按下列规定，由各级地名管理部门审核确定：

（一）地名标志的主要内容包括：标准地名汉字的规范书写形式，汉字字形以 1965 年文化部、中国文字改革委员会联合发布的《印刷通用汉字字形表》为准；标准地名罗马字母的规范拼写形式，罗马字母拼写以《汉语拼音方案》和《中国地名汉语拼音字母拼写法》为准。

（二）地名标志的布局：点状地域至少设置一个标志；块状地域应视范围大小设置两个或两个以上标志；线状地域除在起点、终点、交叉口必须设置标志外，必要时在适当地段增设标志。

（三）地名标志的样式，在一定区域内的同类地名标志应统一。

第十九条　地名标志的设置和管理，由当地地名管理部门负责；专业部门使用的具有地名意义的名称标志，由有关专业部门设置和管理；门（楼）牌号的编制管理遵从国家有关规定。

第二十条　地名标志设置的经费主要来源：

（一）财政拨款；

（二）受益者出资；

（三）广告收入；

（四）单位或个人的捐助；

（五）其他。

第五章　地名档案的管理

第二十一条　全省地名档案工作由省民政部门统一指导，各级地名管理部门分级管理。

第二十二条　各级地名档案管理部门保管的地名档案资料，应不少于本级人民政府审批权限规定的地名数量。

第二十三条　地名档案的管理，按照《全国地名档案管理暂行办法》和国家档案局的有关规定执行。

第六章　法律责任

第二十四条　对违反本办法规定有下列行为之一的单位和个人，由当地地名管理部门按下列规定给予处罚：

（一）使用非标准地名的，责令限期改正，逾期不改的，处 100 元以上 500 元以下罚款，并强制改正；

（二）擅自命名、更名的，责令停止使用，拒不执行的，对个人处 50 元以上 500 元以下罚款；对单位处 500 元以上 1000 元以下罚款，并强制改正；

（三）未经审定出版公开地名密集出版物的，责令停止发行，处 300 元以上 1000 元以下罚款；

（四）擅自设立、移位、涂改、遮挡地名标志的，责令限期恢复原状，拒不执行的，处标志工本费 2 倍以下的罚款；

（五）损坏地名标志的，责令其赔偿，对责任者处标志工本费 3 倍以下的罚款。

对前款规定罚款，单位不超过 1000 元，个人不超过 500 元。

第二十五条 对偷窃、破坏地名标志的，由公安机关依据《中华人民共和国治安管理处罚条例》的规定予以处罚。

第七章　附　则

第二十六条 本办法自发布之日起施行。

内蒙古自治区地名管理规定

（2014 年内蒙古自治区人民政府令第 207 号）

第一章　总　则

第一条　为了加强地名管理，实现地名管理规范化、标准化，根据国务院《地名管理条例》和有关法律法规，结合自治区实际，制定本规定。

第二条　本规定所称地名，是指社会用作标示方位、地域范围的自然地理实体名称和人文地理实体名称，包括：

（一）山、河、湖、滩涂、平原、草原、沙漠、湿地等自然地理实体名称；

（二）行政区域名称，居民委员会名称、嘎查村民委员会名称；

（三）街、路、巷名称，院、楼、门号编码，城镇住宅区名称和具有地名意义的建筑物名称；

（四）具有地名意义的台、站、场、铁路、公路、桥梁、隧道、水库、码头、航道等名称；

（五）公园、纪念地、旅游景点等名称；

（六）工业区、开发区、示范区、实验区等专业区名称；

（七）其他具有地名意义的名称。

第三条　自治区行政区域内地名的命名、更名，标准地名的使用，地名标志设置以及相关的地名管理活动适用本规定。

第四条　旗县级以上人民政府民政部门主管本行政区域内的地名管理工作。

旗县级以上人民政府有关部门应当按照各自的职责做好相关的地名管理工作。

第五条　旗县级以上人民政府民政部门应当根据城乡规划，会同有关部门编制本行政区域的地名规划，经本级人民政府批准后组织实施。

地名规划应当与城乡规划相协调。

第六条　旗县级以上人民政府应当将地名管理工作所需经费列入本级财

政预算。

第七条　旗县级以上人民政府民政部门应当按照国家规定推行地名标准化，加强保护地名文化遗产。

第二章　地名的命名、更名和销名

第八条　地名的命名、更名，应当遵循下列原则：

（一）有利于维护国家统一和领土完整；

（二）有利于民族团结，维护社会和谐稳定；

（三）体现当地历史、文化和地理特征；

（四）尊重少数民族风俗习惯和群众意愿；

（五）保持地名的相对稳定。

第九条　地名的命名应当符合下列规定：

（一）一个旗县（市、区）内的苏木乡镇、街道办事处、居民委员会名称，一个苏木乡镇内的嘎查村民委员会名称，一个城镇内的街、路、巷、住宅区和具有地名意义的建筑物等名称，不得重名；

（二）苏木乡镇名称应当与其政府驻地名称一致，街道办事处名称应当与其所在街、路、巷名称一致；

（三）不以著名的山脉、河流等自然地理实体名称作行政区域专名；自然地理实体的范围超出本行政区域的，亦不以其名称作本行政区域专名；

（四）地名用字应当使用国家公布的规范汉字，少数民族语地名的汉字译写应当规范、准确，避免使用生僻字、多音字和易产生歧义的字；

（五）除纪念性地名外，不以人名命名地名，禁止以外国地名、人名命名地名；

（六）具有地名意义的台、站、场等名称一般应当与所在地的专名一致。

第十条　不符合本规定第八条第（一）项、第（二）项和第九条第（一）项、第（五）项规定的地名，应当更名。

第十一条　有下列情形之一的，可以更名：

（一）不符合本规定第八条第（三）项、第（四）项和第九条第（二）项、第（三）项、第（四）项、第（六）项规定的；

（二）区划调整，需要变更行政区域名称的；

（三）道路发生变化，需要变更道路名称的；

（四）住宅区或者建筑物改建、扩建，需要变更名称的。

第十二条　一地多名、一名多写的，应当确定一个统一的名称和用字。

第十三条　行政区域名称的命名、更名，按照国家有关行政区划管理的规定办理。

第十四条　居民委员会、嘎查村民委员会名称的命名、更名，由旗县级人民政府批准。

第十五条　自然地理实体名称的命名、更名，由旗县级以上人民政府批准；跨行政区域的，由共同的上一级人民政府批准。

第十六条　街、路、巷名称的命名、更名，由设区的市、旗县（市）人民政府民政部门提出申请，报本级人民政府批准。

第十七条　院、楼、门号编码，由设区的市、旗县（市）人民政府民政部门组织编制。

第十八条　地名的命名、更名应当征求有关部门、专家和公众的意见，必要时应当举行听证会。重要地名的命名、更名应当通过新闻媒体向社会公开征集意见。

第十九条　地名命名、更名的申请材料，应当包括下列内容：

（一）拟用地名；

（二）拟用地名实体类别、位置、范围；

（三）拟用地名的语种、含义、来源以及命名、更名理由；

（四）有关方面的意见和相关材料。

第二十条　批准机关应当自地名命名、更名申请受理之日起二十日内作出决定。

第二十一条　经批准的地名，由批准机关自批准之日起三十日内向上一级人民政府民政部门备案，并向社会公布。

第二十二条　因行政区划调整、城乡建设改造或者自然变化等原因使原指称地理实体消失的地名，有关部门应当及时依法注销并公布。

第三章　标准地名的使用和管理

第二十三条　下列情形应当使用标准地名：

（一）国家机关、团体、企业事业单位和其他组织的公告、文件等；

（二）公共场所设置的地名标志、交通标志、广告等；

（三）公共媒体发布的信息；

（四）公开出版的地图、教材、工具书等；

（五）法律文书、身份证明等；

（六）法律法规规定应当使用标准地名的其他情形。

第二十四条　标准地名一般由专名和通名两部分组成，以蒙汉两种文字及汉语拼音字母为标准的书写形式。

（一）地名的汉字，应当以国家公布的规范汉字书写；

（二）地名的蒙古文字，应当以内蒙古自治区通用的蒙古语言文字书写；

（三）蒙古语地名的汉字译写，应当在蒙古语言文字及其标准音的基础上，按照汉语普通话读音，使用规范汉字译写；

（四）地名的拼写、转写，应当遵守《中国地名汉语拼音字母拼写规则（汉语地名部分）》和《少数民族语地名汉语拼音字母音译转写法》。

第四章　地名标志的设置和管理

第二十五条　行政区域界位，街、路、巷，院、楼、门，城镇住宅区，公园、广场，具有地名意义的交通运输、水利、电力设施以及重要的自然地理实体等地方应当设立地名标志。

第二十六条　地名标志的制作、设置，应当符合国家和自治区的标准。

地名标志应当使用标准地名。

第二十七条　地名标志的设置。

（一）行政区域界位，街、路、巷，院、楼、门，城镇住宅区，专业区，重要自然地理实体的地名标志由设区的市、旗县（市）人民政府民政部门负责；

（二）农村牧区的地名标志，由苏木乡镇人民政府负责；

（三）其他地名标志，由有关专业主管部门或者专业设施建设、经营管理单位负责。

第二十八条　任何单位和个人不得擅自移动、涂改、损毁、玷污和遮挡地名标志。

确需移动或者拆除的，应当经地名标志的设置单位同意。

第五章　地名公共服务

第二十九条　旗县级以上人民政府民政部门应当按照国家有关规定建立健全档案管理制度，加强档案资料的收集、整理、分类、归档和保存工作，维护地名档案的完整、系统和安全。

旗县级以上人民政府档案管理部门应当加强对地名档案管理工作的指导和监督。

第三十条　旗县级以上人民政府民政部门应当建立本行政区域的地名数据库，及时更新地名信息，保证地名信息的真实、准确。

第三十一条　旗县级以上人民政府民政部门应当根据经济社会发展需要建设地名公共服务体系，并向社会无偿提供地名信息查询服务。

第三十二条　旗县级以上人民政府民政部门和有关主管部门应当及时互通与地名有关的基础信息，实现资源共享，共同做好地名公共服务基础建设。

第六章　法律责任

第三十三条　违反本规定，有下列行为之一的，由旗县级以上人民政府民政部门责令限期改正；逾期不改正的，处以1000元罚款：

（一）公开使用未经批准地名的；

（二）未按国家规定书写、译写、拼写标准地名的；

（三）擅自对地名进行命名、更名的；

（四）使用外国地名、人名命名地名的；

（五）擅自移动、涂改、损坏、玷污和遮挡地名标志的。

第三十四条　民政部门和其他有关部门的工作人员在地名管理工作中玩忽职守、滥用职权、徇私舞弊的，对直接负责的主管人员和其他直接责任人员依法给予处分。

第七章　附　则

第三十五条　本规定所称的标准地名，是指依法命名、更名的地名和经旗县级以上人民政府民政部门确认并公布使用的现有地名。

第三十六条　本规定自2015年1月1日起施行。《内蒙古自治区地名管理规定》（内政发〔1987〕157号文件）同时废止。

内蒙古自治区门牌、楼牌管理暂行办法

（内政办发〔1998〕44 号）

第一章 总 则

第一条 为适应自治区经济和社会发展的需要，实现门牌、楼牌管理的规范化，依据国务院《地名管理条例》等法规和政策的规定，结合我区实际，制定本办法。

第二条 本办法适用于我区城市、城镇、农村及集中定居牧区的门牌、楼牌的设置和管理。

第三条 门牌、楼牌的设置，必须以地名主管部门颁布的标准地名为依据，符合规划，编排合理，整齐美观，方便群众，便于管理。

第四条 本办法由自治区各级公安机关负责组织实施，有关部门应积极配合。

第二章 门牌、楼牌的规格、式样和颜色

第五条 门牌、楼牌应按统一规格、式样和材料制作。

（一）门牌、楼牌均采用仿宋体字，少数民族聚居比较集中的地区，必须用蒙汉两种文字。

（二）门牌分大小两种，均为长方形，红底白字白边。其规格如下：

大牌 35 厘米×25 厘米；小牌 12.4 厘米×8.4 厘米；旁门、后门门牌 10.5 厘米×5.5 厘米；临时门牌 12.4 厘米×8.4 厘米。

（三）楼牌均为长方形，蓝底白字（号码部分为白底红号）白边，分大小两种，大牌 110 厘米×60 厘米，小牌 99 厘米×55 厘米。

（四）大型高层建筑物的门牌，可采用长方形（35 厘米×25 厘米）黑色字的黄铜牌或其它与建筑物相称的门牌。城市、城镇门楼牌制作采用铝板镀反光膜工艺。农村地区可选择成本较低的普通铝板或搪瓷。

第三章　门牌、楼牌的编号

第六条　门牌、楼牌按街路巷统一编号，不得重号。街路巷两侧均有房屋、有门户的其顺序按街巷走向，从东到西、从南到北、左单右双延伸进行编排；仅一侧有房屋、有门户的门牌编号不分单双，按自然顺序编排；不通行的胡同，不分方向，一律由入口向里，左单右双编排。地形复杂的农村、牧区及偏远山区，可依照地理环境从自然村主要进口处按顺序编号。

第七条　规划新建区内的新建房屋，参照规划方案编号，在空地或待拆迁的旧房地段，酌留空号备用，待新房建成后补编，规划新建区以外的街路巷或规划新建区范围内旧房翻新、扩建或改建的，沿用原号。

第八条　现有楼房或院落之间新建房屋，增开新门的，按其前号的增号（甲×乙×丙×……）编排。

第九条　门牌编号原则

（一）楼群围建院墙并设有大门的，以院墙的大门为单位编门牌号，院内楼房由楼房管理单位自行编号。

（二）无院落的排房，以排为单位编门牌号。

（三）街路巷两侧不宜安装楼牌的低层小楼房，以门为单位编号。

（四）一个院落（房屋）编设一个正门门牌，一院（房屋）多门的，视其具体情况确定一个正门，其余的编旁门或后门门牌。旁门、后门门牌的街路巷名称、号码，应与正门门牌相一致。

（五）地下防空设施（不含楼房地下室）用于生产经营并形成出入门的，编正门门牌。

（六）大街两侧经批准新建、改建的临时性铺面房编临时门牌。

第十条　楼房编号原则

（一）一栋楼编一个楼号。

（二）住宅楼楼门由东向西或由北向南顺序编门号。楼与楼之间不得连续编门号，门内各套房间分层编户号，户号采取三位数（一层为101，102，……，二层为201，202，……以此类推）。

第四章　门牌、楼牌的安装位置

第十一条　门牌、楼牌的安装位置

（一）小门牌安装在门框的左上角。门框上不便安装的，可安装在门左侧墙上，距地面2米左右。

（二）大门牌和大型高层建筑物的门牌，安装在门左侧墙上，距地面2米左右。

（三）楼牌安装在楼房临街面右上方的窗与墙面之间。楼牌号的高度约4至5米，一条街路或一个居住小区的楼牌，应尽量安装在同一水平线上。

第五章　门牌、楼牌的管理

第十二条　地级城市城区近郊区门牌、楼牌号的编号、制作、安装、维修和管理由市公安局负责；其它旗县（市、区）由当地公安局负责。自治区公安厅对全区门牌、楼牌制作安装管理工作实施监督管理。制作安装门牌、楼牌应收取工本费，收费标准由自治区公安厅商自治区物价局核定。

第十三条　设置或变更门牌、楼牌，由房屋产权、管理权单位或个人向当地公安派出所申请。

成街路，成片新建、改建的居住区，建设单位应在工程动工前向市公安局及所在地的公安局（分局）提供编制门牌、楼牌用的建筑总平面图。

第十四条　市、区、旗县的地名主管机关，在颁布新地名和批准地名变更时，应在颁布或批准的三十日内通知当地公安机关。有些街道及住宅区名称虽未经当地政府统一命名，凡符合有关文件规定的，可保留原名；不符合有关文件规定的，予以更名（即先标准化地名，后编门牌号）。

第十五条　公安机关应加强对门牌、楼牌的巡视和管理，保持门牌、楼牌号准确、清楚、完整。

第十六条　门牌、楼牌是公益设施，受法律保护。除主管部门外，任何单位或个人不得擅自变更或移动。损坏门牌、楼牌的，要负责赔偿。私自设置、变更、移动、毁坏、盗窃门牌、楼牌号，由公安机关依照《中华人民共和国治安管理处罚条例》予以处罚。

第六章　附　则

第十七条　本办法实施前安装的门牌、楼牌，如规模、式样、颜色不符合本办法的规定，原则上应予更换；如果安装时间不长或经济能力承担不起，可暂缓更换。

第十八条　本办法由自治区公安厅负责解释。

第十九条　本办法自1998年10月1日起施行。

辽宁省地名管理条例

（1996 年辽宁省人大常委会通过）

第一章 总 则

第一条 为了加强我省地名管理，实现地名管理的标准化、规范化，适应社会主义现代化建设和国际交往的需要，根据国家有关规定，结合我省实际，制定本条例。

第二条 本条例所称地名是对具有特定方位、地域范围的地理实体赋予的专用名称。包括：

（一）省、市、县（含县级市、区，下同）、乡（镇）等行政区划名称，街道办事处和居民委员会、村民委员会名称；

（二）自然村（屯）、地片名称，城镇、城镇内的居民区、区片名称；

（三）城镇内的路、街、巷、广场名称；

（四）山脉、山峰、隘口、河流、岛礁、海湾、洞、泉、滩、沟峪、地形区等各种自然地理实体名称；

（五）工业区、开发区、示范区、保税区、实验区、特区、农场、林场、牧场、盐场、油田、矿山等名称；

（六）机场、港口、铁路（线、站）、公路、桥梁、隧道、公交电汽车站点等具有地名意义的交通设施名称；

（七）水库、灌渠、河堤、水闸、发电站等具有地名意义的水利设施名称；

（八）具有地名意义的单位、综合性办公楼等大型建筑物名称；

（九）公园、自然保护区、风景名胜区、名胜古迹、纪念地等名称。

第三条 省、市、县民政部门对本行政区域内的地名实施统一管理。其工作职责是：

（一）贯彻执行地名管理的法律、法规、规章；

（二）负责本行政区域地名规划和地名的命名、更名工作；

（三）公布标准地名，监督管理标准地名的使用；

（四）设计、编制、安装地名标志，检查、监督、管理地名标志的使用；

（五）组织编纂各种地名资料、地名书刊、地名图；

（六）收集、整理、鉴定、保管地名档案；

（七）对专业部门出版地图中的地名实施审查；

（八）监督牌匾中地名用字；

（九）组织地名科学研究。

政府有关部门和铁路、邮电、电力等部门应当按照各自职责，配合民政部门做好地名管理工作。

第四条 使用标准地名、保护地名标志是单位和每个公民应尽的义务。

第五条 实行地名申请、登记和审核、批准制度。

第六条 地名管理工作人员必须秉公执法，执行公务时应佩戴省统一制作的地名管理徽章，出示监理证。

第二章 地名的命名、更名与审批权限

第七条 地名的命名应遵守下列原则：

（一）有利于维护国家统一，领土主权完整、国家尊严和国内各民族的团结；

（二）符合国家方针政策，不带有侮辱性质或庸俗内容；

（三）符合城乡总体规划要求，反映当地历史、地理、文化、经济特征；

（四）一般不用人名命名地名，不用外国地名命名地名；

（五）一个县的各乡（镇）、街道办事处、居民委员会不重名；一个乡（镇）的村民委员会、自然村（屯）不重名；一个城市的居民区、路、街、巷、广场不重名；

（六）一个城市内的各种大型建筑物名称不重名；

（七）著名的山脉、河流等自然地理实体跨出本行政区域的，不以其名称作为行政区域专名；

（八）市以下行政区划名称应与驻地名称一致，以地名派生的单位名称应与主地名一致，各专业部门管理的台、站、港、场、桥、渡口等名称应与当地主地名一致；

（九）地名用字必须规范，避免使用生僻字、同义字和字形、字音易混淆或易产生歧义的字。

第八条 地名的更名应遵守下列规定：

（一）凡有损我国领土主权和民族尊严的，带有民族歧视性质和妨碍民族团结的，带有侮辱性质的，以及其他违背国家方针、政策的地名，必须更名；

（二）不符合本条例第七条第（五）、（六）、（七）、（八）、（九）项规定的地名，在征得有关方面同意后，予以更名；

（三）一地多名，一名多写的，应当确定一个统一的名称和用字；

（四）不明显属于上述范围的，可改可不改的和当地群众不同意改的地名，不要更改，保持地名的稳定性。

第九条　行政区划的命名、更名，按照国家有关规定审批。

第十条　城市市区内的命名、更名，由区人民政府提出申请，报市人民政府批准。

城市市区外的命名、更名，由乡（镇）人民政府提出申请，报县人民政府批准。

第十一条　山脉、河流、岛礁、沙滩、海湾、洞、泉、沟峪等自然地理实体的命名、更名，由所在地的县民政部门提出申请，报县人民政府批准。

跨市、县的自然地理实体命名、更名，分别由省、市民政部门提出申请，报本级人民政府批准。

国内外著名的以及处于边境地区的或涉及两个省、自治区以上的山脉、河流等自然地理实体命名、更名，按国家有关规定执行。

第十二条　机场、铁路（线、站）、港口、公路、隧道、桥梁的命名、更名，由其主管部门提出申请，征求所在地县以上民政部门同意后，报上级主管部门批准。

第十三条　开发区、示范区、特区、保税区、实验区、农场、林场、盐场、牧场、水库、灌渠、河堤、水闸，名胜古迹、纪念地，公园、旅游度假区、风景名胜区、自然保护区等命名、更名，由其主管部门提出申请，经县以上民政部门审核后按规定分别报同级人民政府或上一级主管部门批准。

第十四条　地名意义较强的单位及综合性办公楼等大型建筑物命名、更名，由本单位或产权所有人提出申请，报市人民政府批准。

第十五条　少数民族语地名的命名、更名，按国家有关规定执行。

第十六条　申请地名命名、更名，应填写《地名命名更名申报表》，并附文字说明材料。

第十七条　由于行政区划变更、城市改造、修建水库等原因消失的地名应予废止。废止的地名，有关部门应到县以上民政部门办理注销手续。

第三章　地名的使用与管理

第十八条　符合有关规定并经批准的地名为标准地名，标准地名不得擅自更改。

县以上民政部门和专业主管部门应将批准的标准地名及时向社会公布并推广使用。

第十九条 各级民政部门负责编纂本行政区域标准地名出版物；专业主管部门负责编纂本系统标准地名出版物。

第二十条 机关、团体、企业、事业单位和新闻单位及其他组织，在公告、文件、广播和影视的新闻节目、报刊、教材、广告、牌匾、地图以及出版物等必须使用标准地名。

第二十一条 地名的罗马字母拼写，以国家公布的《中国地名汉语拼音字母拼写规则（汉语地名部分)》为统一规范。

少数民族语地名汉字译写，以《少数民族语地名汉语拼音字母音译转写法》作为统一规范。

第四章 地名标志的设置与管理

第二十二条 地名标志是用于标记地名的设施。在城镇、乡村、路、街、巷、居民区、桥梁、纪念地、文物古迹、风景名胜区、台、站、港、场和重要自然地理实体及交通要道等必要的地方设置地名标志。

地名标志必须按照规范形式书（拼）写标准地名。

第二十三条 地名标志的样式、规格由省民政部门会同有关部门制定。

第二十四条 专业主管部门批准的地名由各专业部门设置和管理其地名标志，并接受同级民政部门监督和指导。

前款以外的地名标志，由县以上民政部门设置和管理。

第五章 地名档案资料的管理

第二十五条 地名档案由县以上民政部门统一管理。

第二十六条 地名档案管理的任务是：

（一）执行有关档案管理的法律、法规及规定；

（二）收集、整理、鉴定、保管地名资料，保证地名档案完整、准确；

（三）开发和利用地名档案为社会服务；

（四）建立健全各种地名档案资料的保管、使用等规章，防止地名资料的丢失和损坏。

第六章 奖励与处罚

第二十七条 对有下列行为之一的单位或个人，由县以上人民政府给予表彰和奖励；

（一）在地名管理工作中，取得显著成绩的；

（二）执行地名管理法律、法规、规章，做出突出贡献的；

（三）保护地名标志和检举揭发严重违反本条例行为有功的。

第二十八条　对偷窃、故意损毁或擅自移动路牌等地名标志的，依据《中华人民共和国治安管理处罚条例》规定处罚；构成犯罪的，依法追究刑事责任。

单位或个人有违反本条例其他行为的，依照国家有关规定处罚。

第二十九条　对损毁地名标志造成经济损失的，由直接责任者赔偿。

第三十条　地名管理工作人员玩忽职守、滥用职权的，由所在单位或上级主管部门批评教育，情节严重的，给予行政处分；构成犯罪的，依法追究刑事责任。

第七章　附　则

第三十一条　门牌管理按省人民政府的有关规定执行。

第三十二条　本条例自 1997 年 1 月 1 日起施行。

吉林省地名管理规定

（2002 年吉林省人民政府令第 142 号）

第一章　总　则

第一条　为了适应经济建设和社会发展的需要，加强对地名的管理，根据国务院《地名管理条例》，结合本省实际情况，制定本规定。

第二条　本规定适用于本省行政区域内地名的命名、更名、使用、标志设置、档案管理以及与之相关的管理活动。

第三条　本规定所称的地名包括：

（一）行政区划名称；

（二）山、河、湖、沟、湾、滩、潭、泉、泡、岛、平原、丘陵等自然地理实体名称；

（三）居民小区、开发区、自然村（屯）、农林牧渔场等居民点名称和街路、胡同、广场、大厦、楼群等名称；

（四）具有地名意义的铁路、公路、隧道、桥梁、涵洞、渡口、航道、水库、闸坝等构筑物、建筑物名称；

（五）专业部门使用的具有地名意义的站、港、场名称以及风景区、游览区、自然保护区、古遗址、名胜古迹等名称。

第四条　按照国家和省的规定审批的地名为标准地名。

第五条　各级人民政府在制定城乡建设总体规划时涉及地名命名、更名的，由民政部门先行审核。

第六条　县级以上人民政府民政部门主管本行政区域内地名管理工作。

县级以上人民政府的其他有关部门，应当按照各自的职责，配合民政部门开展地名管理工作。

第二章　地名的命名与更名

第七条　地名的命名和更名，除应当符合国家的规定外，还应当符合下列规定：

（一）反映当地人文或自然地理特征；

（二）省内著名的山脉、河流名称应当不重名，避免使用同音字；

（三）县级以上行政区划名称的专用部分不得相同；

（四）省内的乡级行政区划名称，同一乡级行政区划内的自然村（屯）名称，同一城镇内的街路、胡同、广场、居民小区名称，应当不重名，不使用同音字；

（五）乡级行政区划、街道办事处的名称分别以乡级人民政府驻地居民点和街道办事处所在街路的名称命名；

（六）新建和改建的城镇街路、居民小区的命名不用序数、新村、新街名称；

（七）用字准确、规范，不用生僻字和字形字音容易混淆或者容易产生歧义的字；

（八）法律、法规的其他有关规定。

第八条　地名命名、更名的审批权限和程序，按照下列规定办理：

（一）行政区划的命名、更名，按照国务院《关于行政区划管理的规定》办理；

（二）本省在国内外著名和涉及邻省（自治区）的山脉、河流、湖泊等自然地理实体，边境地区涉及国界线及载入边界条约和议定书中的自然地理实体以及居民地的命名、更名，由所在地县级人民政府提出意见，经市级人民政府同意后，报省人民政府审核，并由省人民政府上报国务院审批；

（三）省内涉及两个以上市级行政区域的山脉、河流、湖泊等自然地理实体的命名、更名，由相关的市级人民政府提出意见，报省人民政府审批；

（四）市级行政区域内涉及到两个以上县级行政区域自然地理实体的命名、更名，由相关的县级人民政府提出意见，报市级人民政府审批；

（五）城镇的街、路、胡同、广场、居民小区的命名、更名，由市级或者县级人民政府民政部门提出意见，报本级人民政府审批；

（六）自然村（屯）的命名、更名，由乡级人民政府提出意见，报县级人民政府审批；

（七）专业部门使用的具有地名意义的站、港、场以及风景区、游览区、自然保护区、古遗址、名胜古迹等的命名、更名，由专业主管部门征得所在地市级或者县级人民政府同意后，报上一级专业主管部门审批，并分别抄送所在地市级或者县级民政部门备案。

第九条　重要地名的命名、更名之前，县级以上人民政府民政部门和专业主管部门可以举行听证会，广泛听取社会各方面的意见和建议。

第十条 本省县级以上人民政府及其民政部门以及专业主管部门，办理地名的命名、更名，应当自接到申请之日起 10 日内办理完结。符合规定条件的，予以批准；不符合规定条件的，不予批准，并书面通知申请人，说明理由。

第三章 标准地名的使用

第十一条 县级以上人民政府民政部门和专业主管部门，应当将批准的标准地名及时向社会公布，推广使用。

第十二条 书写标准地名应当遵循下列规定：

（一）用汉字书写地名应当使用国家公布的规范汉字；

（二）用汉语拼音拼写的地名，应当以国家公布的"汉语拼音方案"为规范，不得用外文拼写；

（三）用汉字译写少数民族地名，应当执行国家规定的译写规则；

（四）用少数民族文字书写地名，应当执行国家规定的规范写法。

第十三条 有关部门出版本行政区域的地名录、地名词典等标准化地名图书前，应当经县级以上人民政府民政部门审核。

第十四条 机关、部队、团体、企业、事业单位的公告、文件、证件、影视、商标、广告、牌匾、地图以及出版物等使用的地名，应以正式公布的标准地名（包括规范化译名）为准，不得擅自更改。

第十五条 建设单位在申办道路、桥梁、隧道、建筑工程等建设用地手续和商品房预售许可证、房地产证时，凡涉及地名命名、更名的，须向土地、房管、公安等部门提供标准地名批准文件。

无地名批准文件或拒不提供地名批准文件的，有关部门不予办理相关手续。

第十六条 地名档案管理机构应当依法加强对地名档案的管理，逐步建立地名档案信息系统，定期公布有利用价值的地名档案目录，为社会提供信息查询、开发利用服务。

第四章 地名标志的设置

第十七条 经常被社会公众使用的标准地名，应当设置牌、桩、匾、碑等标志物。

设置地名标志应当执行国家规定的统一标准，做到美观、大方、醒目、坚固。

第十八条 专业主管部门使用的地名标志，由专业主管部门负责设置和管理；其他的地名标志由县级以上人民政府民政部门负责设置和管理。

第十九条 现有通用地名标志的设置和管理所需经费，由市级或者县级人民政府根据具体情况安排。

专业主管部门设置的地名标志所需经费和管理，由本部门负责。

第二十条 新建和改建的住宅区、建筑群，其地名标志的制作、安装所需费用，由建设开发单位列入基建预算，在办理建设工程立项审批等有关手续时，一并办理地名标志的设置手续。

第二十一条 经有关部门批准，地名标志上可以附设公益广告和其他商业广告。

第二十二条 任何单位和个人均不得从事下列活动：

（一）涂改、玷污地名标志；

（二）遮挡、覆盖地名标志；

（三）擅自移动、拆除地名标志；

（四）损坏地名标志的其他活动。

第二十三条 因施工等原因需要移动或者拆除地名标志的，工程竣工后，应当恢复原状；不能恢复原状的，应当给予地名标志的设置人相应的补偿。

第二十四条 地名标志的设置人应当保持地名标志的清晰和完好，发现损坏或者字迹残缺不全的，应当及时维修或更换。

第五章 法律责任

第二十五条 违反本规定，擅自命名、更名或使用不规范地名的，由民政部门和专业主管部门责令限期改正；逾期不改正或者情节严重造成后果的，给予警告并对单位处以 500 元以上 1000 元以下罚款。

第二十六条 违反本规定第二十二条规定之一的，由民政部门和专业主管部门责令限期改正；损坏地名标志的，应当依法赔偿；偷窃、故意损毁地名标志，违反治安管理规定的，由公安机关依法处罚。

第二十七条 已批准命名、更名的地名，民政部门以及专业主管部门应当实施有效监督。对不依法履行监督职责或者监督不力造成严重后果的，由有关主管部门对民政部门以及专业主管部门的有关领导和直接责任人依法给予行政处分。

第二十八条 有下列情形之一的，当事人可以依法申请行政复议或者提起行政诉讼：

（一）认为符合审批条件，审批机关未予批准的；

（二）审批超过规定期限的；

（三）对行政处罚决定不服的。

第二十九条　当事人对行政机关的行政处罚决定，在法定期限内不申请行政复议，不提起行政诉讼，又不履行的，做出行政处罚决定的行政机关可以申请人民法院强制执行。

第三十条　民政部门和专业主管部门及其工作人员在地名管理工作中，滥用职权、徇私舞弊、玩忽职守的，对其主要责任人员由所在单位、上级机关或者有关主管部门给予行政处分；给当事人造成经济损失的，依法予以赔偿；构成犯罪的，由司法机关依法追究刑事责任。

第六章　附　则

第三十一条　本规定自 2002 年 12 月 1 日起施行。1987 年 7 月 17 日吉林省人民政府发布的《吉林省地名管理办法》同时废止。

吉林省地名标志管理办法

（吉林省人民政府令第 85 号修正）

第一条 为及时设立并加强各类地名标志的管理，适应社会主义现代化建设和国际交往的需要，根据国务院发布的《地名管理条例》的有关规定，制定本办法。

第二条 设置地名标志的目的，是推广标准地名，实现地名的社会化和规范化；加强行政管理，服务于社会主义现代化建设，方便社会交往和人民生活。

第三条 地名标志是地名的标识或记号。本办法所称的地名标志，是自然地理实体名称，行政区划名称，居民地名称，以及各专业部门使用的具有地名意义的台、站、港、场等名称所设置的标识或记号。

第四条 地名标志的设置、管理，实行在各级人民政府的统一领导下，由各级地名委员会协调组织，各有关部门分别管理的制度。

第五条 地名标志的设置和管理。

（一）国界线的重要位置、国界河中岛屿和沙洲等需设的标志，由外事部门负责。

（二）革命纪念地的名称标志，由所在地人民政府负责。

（三）乡（镇）、自然村（屯）及主要出入口处的地名标志，由乡（镇）人民政府负责。

（四）城镇中街、路、胡同、广场及主要出入口处的标志，由城建部门负责。

（五）城镇中的办公楼、居民楼以及临街建筑物的标志，由市（县）地名办公室统一组织指导，由街道办事处负责编号和装修，在编号时公安派出所予以协助。

（六）铁路（含森林铁路）、公路（含林区公路）、水运等营业站、港名称标志，公路交叉路口及沿路集镇、自然村（屯）、桥隧等地名标志，分别由铁路、公路、林业、水运或客运部门负责。

（七）主要河流、水库和水利设施等需设的标志，由水利部门负责。

（八）著名山峰、隘口等自然地理实体的标志，由所在地县（市）政府地名办公室负责。

（九）名胜古迹和古遗址标志，由文化部门负责。

（十）游览区内为旅游服务的地名标志，由旅游部门负责。

（十一）自然保护区重要位置的地名标志，由保护区管理部门负责。

（十二）其它应设置的地名标志，由设置部门负责。

第六条 制做地名标志的费用，由设置地名标志的主管部门负责；自然村（屯）设置标志的费用，由乡（镇）政府和村民委员会负责；城镇门牌费用，由产权者负责。

第七条 地名标志要本着实用、经济、美观和耐久的原则，按照有关规定的要求设置。其规格、颜色、材料由设置部门确定，但在一定区域内要力求式样、用材和地点、位置的统一，并能分清地名的主次和层次。

第八条 地名标志的标准名称要根据国务院《地名管理条例》的规定和各级人民政府审定的地名录抄写，标志上的简要说明由主管单位自定。要确保地名书写的标准化、规范化。

第九条 城镇中新建各类临街建筑物在申请地号的同时，要向县（市、区）地名办公室办理门牌号登记。无门牌号码者，城建部门不得批准施工，工商部门不得发放营业证，公安部门不予落户，邮电部门只通邮到委组（经当地人民政府地名办公室批准，不设门牌或标志的机关、企事业单位的建筑物除外）。

第十条 地名标志为公共设施，受法律保护。任何单位或个人严禁在地名标志上涂抹、遮盖、拴绳、挂物和擅自挪动、损毁。如确因需要拆迁或改动的，须报请当地人民政府地名委员会办公室批准。拆迁、改动和拆迁后重新设置标志的经费由拆迁单位负责。

第十一条 对损坏一般地名标志、交通地名标志和故意破坏国家边境界碑及违反本办法有关条款的行为，由管理部门和司法机关分别给予以下处罚：

（一）批评教育；

（二）警告；

（三）赔偿损失；

（四）罚款；

（五）拘留；

（六）依法追究刑事责任。

第十二条 各市、县可根据本办法制定具体实施细则。本办法如与国家新的规定有抵触，按国家规定执行。

第十三条 本办法自一九八七年一月一日起执行。

黑龙江省地名管理规定

（1998 年黑龙江省人民政府令第 25 号）

第一条　为加强地名管理，适应社会发展和经济建设的需要，根据国务院《地名管理条例》的规定，结合本省实际，制定本规定。

第二条　本规定所称地名，是指人们赋予个体地理实体的指称。包括：

（一）省市县区乡镇等行政区划名称，行署、街道办事处、居民委员会、村民委员会名称；

（二）居民区、开发区、工业区、村、屯、街、路、胡同（巷）、楼栋、门牌，农、林、牧、渔场驻地等居民地名称；

（三）铁路、公路、桥梁、隧道、码头、水库和各专业部门使用的台、站、港、场以及具有地名意义的企事业单位、名胜古迹、纪念地、浏览地等人工建筑物名称；

（四）山脉、山峰、河流、岛礁、湖、泉、沟、洞，自然保护区等自然地理实体名称。

第三条　县级以上民政部门对本行政区域内的地名实施统一管理，负责组织实施本规定。

各级公安、工商、邮电、交通、建设等有关部门应在各自的职权范围内，配合民政部门搞好地名管理工作。

农垦、森工主管部门负责垦区、林区内的地名管理工作。

第四条　地名管理应当从本省地名的历史和现状出发，保持地名的相对稳定，任何单位和个人不得擅自命名和更名。

第五条　地名的命名应当遵循下列原则：

（一）有利于国家统一，主权和领土完整，国家尊严和国内各民族团结，反映当地的人文、自然地理特征，尊重历史和当地群众的习俗；

（二）一般不应以人名作地名，禁止用国家领导人的名字作地名；

（三）不以外国人名、地名命名地名；

（四）一个市（行署）内的乡镇，一个县市区内的村、屯的名称，一个城镇内的街、路、胡同（巷）、开发区、居民小区名称不应重名、同音；

（五）全省著名的、一个市（行署）主要的、一个县（县级市）的同类自然地理实体名称不应重名、同音；

（六）各专业部门使用的具有地名意义的台、站、港、场应当与当地地名统一，城市中各种大型建筑物名称不应重名、同音；

（七）新建和改建、扩建的城镇街、路应按照层次化、序列化、规范化的要求予以命名，乡镇、街道办事处一般应以乡镇人民政府驻地居民点和街道办事处所在街、路名称命名。

第六条 地名的更名应当遵循下列原则：

（一）凡有损国家领土主权和民族尊严，带有民族歧视性质和妨碍民族团结，带有侮辱劳动人民性质或格调庸俗，含义不健康，名不副实的，以及其他违背国家方针、政策的地名应当更正；

（二）不符合本规定第五条第（四）（五）（六）项规定的地名，应当征求有关部门和当地群众意见后，予以更名。

第七条 地名命名、更名应当按下列规定办理：

（一）各级行政区划的设置、撤并、调整需要命名、更名的，由民政部门按照《国务院关于行政区划管理的规定》办理；

（二）跨市（行署）的自然地理实体名称，由有关市人民政府（行署）联合提出意见，经省民政部门审核，报省人民政府批准；

（三）跨县的自然地理实体名称，由有关县人民政府联合提出意见，经市（行署）民政部门审核，报市人民政府（行署）批准；

（四）各专业部门使用的具有地名意义的台、站、港、场名称，由各专业部门征求所在市县人民政府意见后，报各专业部门的上级主管部门审批，并报县级以上民政部门备案；

（五）村、屯、街、路、胡同（巷）的名称命名、更名由民政部门承办，报市、县人民政府批准；

（六）开发区、居住小区、具有地名意义的建筑物、企事业单位名称，开发建设单位在领取《建设工程规划许可证》之前应当向当地民政部门办理名称登记审核手续，以审核批准的名称作为正式启用时的标准名称。

第八条 地名的命名、更名应当填写《黑龙江省地名命名、更名申报表》，并按规定的程序报批。

第九条 县级以上民政部门应当将批准的标准地名向社会公布，并对使用情况实施监督。

第十条 各级民政部门负责编纂本行政区域标准地名出版物，其他部门不得编纂标准化地名工具图书。

第十一条　各机关、部队、社会团体、专业部门、企事业单位的公告、文件、证件、图书、报刊、地图、广播、电视、牌匾、商标、广告、印签、地名标志等应当使用经过批准和审定的标准地名。

第十二条　标准地名应当使用国家确定的规范汉字。用汉语拼音拼写汉语地名，应当按《中国地名汉语拼音字母拼写规则》拼写。

第十三条　少数民族地名译写，以《少数民族语地名汉语拼音字母音译转写法》作为统一规范。

第十四条　地名标志的设置和管理由各级民政部门具体负责。

第十五条　除企事业单位、自然地理实体名称外，均应设置地名标志。

第十六条　地名标志应当使用标准地名。民族自治县、民族乡除用汉字和汉语拼音外，同时使用该民族文字书写。在一定的区域内同类地名标志应当力求统一。

第十七条　新建和改建的住宅区、建筑群门牌所需费用，由建设开发单位列入基建预算。地名标志的设置应当与建设项目同步完成，并列入建设项目验收内容。

第十八条　因建设需要移动地名标志时，应当事先征得当地民政部门同意。任何单位和个人不得擅自移动、拆卸、损坏和盗窃地名标志。

第十九条　地名标志设置和管理所需经费，由当地政府解决，也可由受益者出资。

第二十条　各级民政部门应当统一管理地名档案，负责收集、整理、鉴定、保管地名档案资料，确保完整、准确、安全，开发和利用地名档案为社会服务。在业务上接受同级档案管理部门和上级民政部门的监督、检查、指导。

第二十一条　违反本规定关于地名命名和更名原则的，由县级以上民政部门责令停止使用，补办手续，限期改正，逾期不改的，处以500元以上1000元以下罚款。

第二十二条　违反本规定，凡在公开出版地图（册）中，使用非标准地名的，由县级以上民政部门建议有关部门按有关规定予以处罚。

第二十三条　违反本规定，未按规范文字书写标准地名的，由县级以上民政部门会同有关部门按有关规定予以处罚。

第二十四条　违反本规定，擅自移动、拆卸、盗窃地名标志的，由县级以上民政部门责令限期恢复地名标志的，承担全部费用，情节严重的由公安机关依据《中华人民共和国治安管理处罚条例》予以处罚。

第二十五条　本规定由省民政部门负责解释。

第二十六条　本规定自1999年2月1日起施行。省政府1989年6月1日公布实施的《黑龙江省地名管理实施细则》同时废止。

上海市地名管理条例

(2015 年上海市人大常委会修正)

1998 年 9 月 22 日上海市第十一届人民代表大会常务委员会第五次会议通过

根据 2010 年 9 月 17 日上海市第十三届人民代表大会常务委员会第二十一次

会议《关于修改本市部分地方性法规的决定》第一次修正

根据 2011 年 12 月 22 日上海市第十三届人民代表大会常务委员会

第三十一次会议《关于修改本市部分地方性法规的决定》第二次修正

根据 2015 年 7 月 23 日上海市第十四届人民代表大会常务委员会

第二十二次会议《关于修改〈上海市建设工程材料管理条例〉等

12 件地方性法规的决定》第三次修正

第一章 总 则

第一条 为加强本市地名管理，适应城市建设、社会发展和人民生活的需要，根据国务院《地名管理条例》和有关法律、行政法规的规定，结合本市实际情况，制定本条例。

第二条 本条例适用于本市行政区域内地名的命名、使用、标志设置及其相关的管理活动。

第三条 本条例所称地名包括：

（一）区、县、乡、镇、街道、村等名称；

（二）山丘、河流、湖泊、岛屿、礁、沙洲、滩涂、水道等名称；

（三）开发区、区片、公共绿地、公共广场、游览地、农场、围垦地等名称；

（四）居住区、集住地、集镇、自然村等名称；

（五）城市道路，桥梁，隧道，地下铁道和其他城市轨道交通的站、线，铁路的站、线，公路，机场，港口，码头（含轮渡站），长途客运汽车站，货运枢纽站等名称；

（六）海塘、江堤名称；

（七）建筑物、构筑物名称；

（八）门弄号。

第四条 上海市地名委员会和区、县地名委员会在同级人民政府领导下，审议决定地名工作的重大事项，协调本行政区域内的地名管理工作。

上海市地名管理办公室（以下简称市地名办）和区、县地名管理办公室（以下简称区、县地名办）依照本条例的规定负责本行政区域内地名管理工作，并依照本条例的授权实施行政处罚。区、县地名办业务上受市地名办领导。

第五条　市公安部门负责全市的门弄号管理工作，业务上受市地名办指导。区、县公安部门在市公安部门的领导下具体负责本行政区域内的门弄号管理工作。

本市有关行政部门按照各自职责做好地名工作。

乡、镇人民政府和街道办事处协助市和区、县地名办、公安部门监督检查辖区内的地名工作。

第六条　地名管理应当从本市地名的历史和现状出发，保持地名的相对稳定，实现地名的标准化、规范化。

第二章　地名的命名

第七条　地名的命名应当遵循下列规定：

（一）维护国家主权、领土完整和民族尊严，有利于人民团结；

（二）体现当地历史、文化、地理或者经济特征，与城市规划所确定的使用功能相适应；

（三）含义健康，符合社会道德风尚；

（四）禁止使用国家领导人的名字；

（五）用字准确规范，避免使用生僻字；

（六）一地一名，名实相符，使用方便；

（七）派生地名与主地名相协调。

第八条　村、集镇、乡管河流的名称，在本区、县范围内不得重名或者同音。

农场内的同类地名，在本农场范围内不得重名或者同音。

其他同类地名，在全市范围内不得重名或者同音。

第九条　建筑物应当按照路名编门弄号。门弄号应当按照规定的距离顺序编排，相邻建筑物的间距超过规定标准的，应当预留备用的门弄号。

门弄号的编排不得无序跳号、同号。

第十条　区、县行政区划名称，由市民政部门征求市地名办意见后向市人民政府申报。市人民政府审核同意后按照国家有关规定报国务院审批。

乡、镇行政区划及街道名称，由市民政部门征求市地名办意见后报市人民政府审批。

村的名称，由乡、镇人民政府或者街道办事处向区、县民政部门申报。区、县民政部门征求区、县地名办意见后报区、县人民政府审批。

第十一条 跨省、市的河流、湖泊名称，由市水行政主管部门征求市地名办意见后向市人民政府申报。市人民政府审核同意后按照国家有关规定报国务院审批。

湖泊和市、区、县管河流名称，由市水行政主管部门向市地名办申报。市地名办审核后报市人民政府审批。

乡管河流名称，由区、县水行政主管部门向区、县地名办申报。区、县地名办审核后报区、县人民政府审批。

山丘、岛屿、礁名称，由区、县人民政府向市地名办申报。市地名办审核后报市人民政府审批。

水道和沙洲、滩涂名称，由市交通行政主管部门或者市水行政主管部门向市地名办申报。市地名办审核后报市人民政府审批。

第十二条 市级开发区名称，由开发区主管部门征求市地名办意见后报市人民政府审批。

区、县级开发区名称，由开发区主管部门向区、县地名办申报。区、县地名办审核后报区、县人民政府审批。

农场名称，由市农场主管部门向市地名办申报。市地名办审核后报市人民政府审批。

围垦地名称，由围垦单位向区、县地名办申报。区、县地名办审核后报区、县人民政府审批。

市属公共绿地、公共广场、游览地名称，由主管部门报市地名办审批。区属或者县属公共绿地、公共广场、游览地名称，由主管部门报区、县地名办审批。

第十三条 除市规划行政主管部门实施规划管理的居住区及市重大工程项目的居住区名称由建设单位报市地名办审批外，其他居住区名称由建设单位报区、县地名办审批。

集住地、集镇名称，由街道办事处或者乡、镇人民政府报区、县地名办审批。

第十四条 主干道以上城市道路及其桥梁名称，由市市政工程主管部门向市地名办申报。市地名办审核后报市人民政府审批。

干道以下城市道路及其桥梁名称，由主管部门向区、县地名办申报。区、县地名办审核后报市地名办审批，其中跨区、县的，由市市政工程主管部门报市地名办审批。

除本条第一款、第二款以外的桥梁名称，由主管部门向同级地名办申报。市或者区、县地名办审核后报同级人民政府审批。

隧道，地下铁道和其他城市轨道交通的站、线名称，由主管部门向市地名办申报。市地名办审核后报市人民政府审批。

市管河流上的码头（含轮渡站）名称，由市交通行政主管部门报市地名办审批。区、县管河流上的码头（含轮渡站）名称由区、县交通行政主管部门报区、县地名办审批。

长途客运汽车站、货运枢纽站名称，由主管部门报市地名办审批。

第十五条　铁路的站、线名称，由铁路主管部门征求市地名办意见后按照国家有关规定报国务院铁道主管部门审批。

机场名称，由民航主管部门征求市地名办意见，经市人民政府审核同意后按照国家有关规定报国务院民航主管部门审批。

港口名称，由市交通行政主管部门征求市地名办意见后报市人民政府审批。

第十六条　跨省、市公路名称，由市市政工程主管部门征求市地名办意见后向市人民政府申报。市人民政府审核同意后依法报国务院交通主管部门审批。

除前款以外的县级以上公路名称，由市市政工程主管部门征求市地名办意见后确定。

乡、镇公路名称，由区、县市政工程主管部门征求区、县地名办意见后确定，其中跨区、县的，由有关区、县市政工程主管部门报市市政工程主管部门，市市政工程主管部门征求市地名办意见后确定。

第十七条　海塘、江堤名称，由市水行政主管部门报市地名办审批。

第十八条　除市规划行政主管部门实施规划管理的项目及市重大工程项目的建筑物、构筑物名称由建设单位或产权所有人报市地名办审批外，其他建筑物、构筑物名称由建设单位或产权所有人报区、县地名办审批。

第十九条　门弄号由房屋建设单位或者产权所有人向公安派出机构申请。公安派出机构编号后报区、县公安部门审批，其中跨区、县的城市道路和公路两侧的建筑物门弄号，由区、县公安部门报市公安部门审批。

第二十条　有下列情形之一的，可以更名：

（一）因区划调整，需要变更区、县、乡、镇、街道、村等名称的；

（二）因道路走向发生变化，需要变更路名的；

（三）因产权所有人提出申请，需要变更建筑物、构筑物名称的；

（四）因路名变更、路型变化或者道路延伸，需要变更门弄号的；

（五）经市人民政府或者国务院及其有关部门批准变更地名的。

不符合本条例第七条第（一）项、第（三）项、第（四）项规定的，市或者区、县地名办应当发出地名更名通知书。有关单位或者个人应当自收到通知书之日起三个月内办理更名手续。

地名更名的申报、审批程序按照本章规定的地名申报、审批程序进行，其中门弄号变更的申请，由道路建设单位或者区、县建设行政主管部门提出。

第二十一条　因自然变化消失的地名，由区、县地名办报市地名办注销；因区划调整、城市建设而消失的地名，由主管部门或者建设单位报区、县地名办注销，区、县地名办报市地名办备案。

被注销的地名一般不再用作新的同类地名。

第二十二条　地名命名、更名和注销的申报人应当如实填写地名申报表，并提交有关的证明文件和资料，不得作虚假、不实的申报。

第二十三条　本条例第三条第（五）项所列地名的申报人应当在申领建设工程规划许可证前办理地名申报手续。

第二十四条　本市地名审批部门应当自受理地名申报之日起三十日内作出审批决定；由市人民政府审批的，应当在六十日内作出决定。逾期不作出决定的视为同意。

市和区、县公安部门应当自受理门弄号申请之日起三十日内作出审批决定。

本市的地名审批部门应当自审批之日起十五日内将审批的地名文件抄送市地名办备案。

第二十五条　本条例实施前已经使用的地名，由市地名办汇编入地名录的，视为依照本条例批准的地名。

第三章　地名的使用

第二十六条　除门弄号外，依法批准命名、更名和注销的地名，市或者区、县地名办应当自批准或者注销之日起三个月内通过报纸向社会公布，费用由申报人承担。

第二十七条　地名应当按照国家语言文字管理机构公布的规范汉字书写，其中门弄号应当同时用阿拉伯数字书写。

地名的罗马字母拼写，应当符合国家公布的《汉语拼音方案》和《中国地名汉语拼音字母拼写规则》。

第二十八条　公告、文件、证件、地图、地理教科书、地名志、地名词典、房地产广告必须使用依法批准的地名。但历史上使用的地名除外。

第二十九条　涉及建筑物、构筑物名称的，下列行政管理部门审批有关证件时，应当查验地名批准文件；无地名批准文件的，不予办理有关手续：

（一）规划管理部门审批建设工程规划许可证；

（二）房屋行政管理部门审批商品房预售许可证；

（三）住宅建设管理部门审批新建住宅交付使用许可证。

第三十条　市和区、县地名办应当建立地名资料管理制度，保持地名资料的完整，提供查询服务。

第四章　地名标志的设置

第三十一条　下列地名应当设置地名标志：

（一）本条例第三条第（五）项所列的名称；

（二）居住区名称；

（三）集镇名称；

（四）门弄号。

前款规定以外的地名，可以根据实际需要和环境条件设置地名标志。

第三十二条　地名标志的设置人按照下列规定确定：

（一）本条例第三条第（五）项所列名称标志的设置人，为建设单位或者有关主管部门；

（二）居住区名称标志的设置人，为建设单位或者街道办事处；

（三）集镇名称标志的设置人，为乡、镇人民政府；

（四）门弄号牌的设置人，为房屋建设单位或者产权所有人。因路名变更、路型变化或者道路延伸而更换的门弄号牌，由道路建设单位或者市和区、县人民政府负责设置。

第三十三条　下列地名标志应当在规定的位置设置：

（一）居住区名称的标志，在居住区与主要城市道路和公路连接的出入口设置；

（二）集镇名称的标志，在主要城市道路和公路经过或者毗邻集镇的边缘处设置；

（三）路名标志，在城市道路和公路的起止点及交叉处设置，相邻交叉处距离较长的，在中间增设路名标志。

前款规定以外的地名标志，可以根据实际需要和环境条件，在适当、明显的位置设置。

第三十四条　本条例第三条第（五）项、第（八）项所列地名的标志应当在建设工程交付使用前设置。

居住区名称标志应当在按规划要求完成全部建设内容前设置。

本条例第三条第（五）项、第（八）项所列地名更名的，应当由地名标志的设置人自收到地名批准文件之日起三个月内，更换地名标志。

第三十五条 地名标志的设置人应当使用统一样式的路名标志和门弄号牌。

公路的路名标志，按照国家规定的样式制作。

城市道路的路名标志样式，由市市政工程主管部门会同市地名办确定。

本市门弄号牌的样式，由市公安部门会同市地名办确定。

第三十六条 地名标志的设置人应当保持地名标志的清晰和完好，发现损坏或者字迹残缺不全的，应当予以更新。

第三十七条 任何单位和个人都有保护地名标志的义务，禁止下列行为：

（一）涂改、玷污地名标志；

（二）遮挡、覆盖地名标志；

（三）擅自移动、拆除地名标志；

（四）损坏地名标志的其他行为。

需要移动或者拆除地名标志的，应当与地名标志的设置人协商一致，经有关主管部门或者区、县地名办同意并承担相应的补偿费用后，方可实施。

第五章　法律责任

第三十八条 违反本条例有关规定的，按照下列规定处理：

（一）擅自命名、更名门弄号以外的地名，或者未作如实申报的，由市或者区、县地名办责令限期改正。其中，擅自命名、更名开发区、建筑物、构筑物名称，或者未作如实申报，逾期未改正的，处以三千元以上三万元以下的罚款。

（二）擅自确定、更改门弄号的，由市或者区、县公安部门责令限期改正；逾期未改正的，处以三百元以上三千元以下的罚款。

（三）擅自移动、拆除门弄号牌，或者影响正常使用，或者造成损坏的，由市或者区、县公安部门责令限期改正；逾期未改正的，处以警告或者五十元以下的罚款。造成经济损失的，应当依法赔偿。

（四）擅自移动、拆除门弄号牌以外的地名标志，或者影响正常使用，或者造成损坏的，由市或者区、县地名办责令限期改正；逾期未改正的，处以警告或者五百元以下的罚款。造成经济损失的，应当依法赔偿。

（五）应当更名的建筑物、构筑物名称，逾期不办理更名手续的，由市或者区、县地名办处以警告或者三百元以上三千元以下的罚款。

（六）违反第二十七条、第三十三条、第三十四条、第三十五条第一款、第三十六条规定的，由市或者区、县地名办责令限期改正；逾期不改正的，可处警告或者五百元以下罚款。

第三十九条　违反本条例规定，越权审批或者违法审批地名的，由上级主管部门责令纠正或者予以撤销；造成损害的，依法承担赔偿责任。

第四十条　地名管理和审批部门的工作人员玩忽职守、滥用职权、徇私舞弊的，由其所在单位或者上级主管部门给予行政处分；构成犯罪的，依法追究刑事责任。

第四十一条　当事人对地名管理和审批部门的具体行政行为不服的，可以依照《中华人民共和国行政复议法》或者《中华人民共和国行政诉讼法》的规定，申请复议或者提起诉讼，其中对市或者区、县地名办的具体行政行为不服的，向市或者区、县人民政府申请复议。

当事人对具体行政行为逾期不申请复议，不提起诉讼，又不履行的，作出具体行政行为的市或者区、县地名办或者公安部门可以申请人民法院强制执行。

第六章　附　则

第四十二条　本条例下列用语的含义：

（一）水道，指长江口船舶航行的通道，如吴淞口航道、宝山水道、新桥通道等。

（二）区片，指有一定范围但无明确界线的地域，如外滩、曹家渡、打浦桥等。

（三）集住地，指由原来的农村自然村演变而成，有一定范围且门牌用同一名称编号的市区居住地，如静安区的康家桥、普陀区的陆家宅东村等。

第四十三条　本条例自 1999 年 1 月 1 日起施行。

上海市门牌管理办法

（1988 年上海市人民政府批准）

第一条　为加强本市门牌管理、方便群众、适应城市建设的需要，制定本办法。

第二条　凡经批准在本市改造的房屋（包括临时房屋），房屋所有者应向公安机关申请门牌。

第三条　凡在道路两旁建筑多幢房屋形成里弄或新村状的，应由公安机关编制弄牌。

第四条　编制门牌应由房屋所有者（包括单位和个人）向所在地公安派出所申请，公安派出所应在五天内报区、县公安机关核准，区、县公安机关核准时间不超过五天。在区、县公安机关核准后，公安派出所应即填发临时门牌，交由申请者自行安装在门上，同时安排制作正式门牌。

第五条　门（弄）牌统一由公安机关编制，并由上海市公安局指定工厂按规定的式样、规格、质料制作。任何单位和个人不得自行编制、制作门（弄）牌。

第六条　门（弄）牌顺序应按街道、里弄、村宅的走向，从东到西、从南到北、左单右双的原则编制。号码应有规则排列，避免跳越或重叠。但两建筑物间距超过四米的，应留出备用门牌号。

第七条　门（弄）牌应安装在房屋底层上方的左或右，不宜过高或过低。正式门（弄）牌安装后，临时门（弄）牌应即拆除。

第八条　正式门（弄）牌应统一由房管部门安装。房管部门应在接到公安机关发放的正式门（弄）牌七天内安装完毕；对单位自管房屋和私房，可适当收取安装费用。

第九条　门（弄）牌费用，新建公房由建房部门在基建费内支付；已移交给房管部门的公房，由房管部门支付；部队和单位自管房屋，由部队和单位支付；私房由所有人支付；因市政建设更改路名和道路延伸而调换的门（弄）牌，由地方财政支付。

擅自拆除、改装或自做门牌以及由于人为损坏而残缺的门（弄）牌，由拆改或损坏者支付费用。

第十条 本办法施行后，对尚未编制门（弄）牌，或门（弄）牌失落、损坏、字迹模糊、房屋形态变更等需要添置门（弄）牌的，公安机关应及时进行编制。

第十一条 凡违反本办法规定者，视情节轻重予以批评教育或行政处罚。

第十二条 本办法自一九八八年四月十日起施行。过去有关规定与本办法相抵触的，以本办法为准。

上海市门弄号管理办法

（2009 年上海市人民政府令第 12 号）

第一条　（目的和依据）

为了加强本市门弄号管理，适应城市建设、社会发展和人民生活的需要，根据国家和本市有关规定，制定本办法。

第二条　（适用范围）

本市行政区域内门弄号的编制、使用、标牌设置及其管理，适用本办法。

第三条　（管理职责）

上海市公安局是本市门弄号的主管部门，区、县公安部门在市公安局的领导下，具体负责本行政区域内的门弄号编制、门弄号标牌设置情况的监督检查等管理工作。

本市规划、建设、房屋、民政等行政管理部门按照各自职责，做好门弄号管理的相关工作。

区、县人民政府负责组织乡镇人民政府、街道办事处实施辖区内门弄号标牌的安装和日常维护工作。

市地名管理办公室依照有关法律法规规定，对门弄号管理工作进行业务指导。

第四条　（门弄号编制原则）

门弄号编制应当遵循科学规范、有序可循的原则，不得跳号、重号。

第五条　（门弄号的申请）

经批准建造的建筑物，投资建设的单位或者个人应当凭建设工程规划许可证、规划平面图纸或者居住房屋改为非居住使用凭证等相关批准证明，向建筑物所在地公安派出所申请门弄号。

第六条　（核准和通知）

公安派出所收到门弄号编制申请后，应当自受理之日起 7 个工作日内提出门弄号编制意见报区、县公安部门核准，区、县公安部门应当在 7 个工作日内作出决定。

公安派出所收到区、县公安部门的决定后，应当及时书面通知申请人。

第七条　（编制规则）

门弄号编制应当遵循以下规则：

（一）对道路两侧的建筑物，按照正式批准的路名，依道路的走向，由东到西、由南到北（浦东新区由西到东、由北到南）、左单右双连续编号。相邻建筑物间距超过4米的，应当留出备用的门弄号。

（二）对里弄、新村内的建筑物，以进口处为首号连续编制门弄号。

（三）对行政村内的建筑物，按照行政村的名称以进口处为首号连续编制门弄号。相邻建筑物间距超过10米的，应当留出备用的门弄号。

第八条　（门弄号的变更）

因道路建设或者其他原因更改路名的，由道路建设单位或者区、县人民政府指定的部门向公安部门办理门弄号变更手续。

门弄号编制有错号、跳号、重号等情形的，建筑物产权所有人可以向公安部门申请变更，公安部门也可以主动更正。

门弄号发生变更的，公安部门应当及时将变更信息通知相关单位和个人，必要时还可以通过报纸、网站等向社会公告。

第九条　（门弄号标牌的设置）

门弄号标牌的设置应当统一、规范和醒目。具体样式和安装标准，由市公安局拟订后报市政府同意。

门弄号标牌由市公安局负责监制，乡镇人民政府、街道办事处负责安装。

第十条　（门弄号标牌的维护与监督）

乡镇人民政府、街道办事处应当加强对门弄号标牌的日常维护管理，对缺失、污损的门弄号标牌，应当及时补缺、修复和更换。

承担城市网格化管理职责的相关人员在巡查中发现门弄号标牌缺失、污损等违反规定情形的，应当及时上报，由相关部门予以处置。

公安部门应当对门弄号标牌设置情况进行监督检查。

第十一条　（特殊样式的门弄号标牌）

经依法确认为文物、优秀历史建筑、历史文化风貌保护区的建筑等特色建筑物，可以安装与其建筑风貌相协调的特殊样式的门弄号标牌。

特色建筑物需要安装特殊样式门弄号标牌的，由市公安局会同有关部门审核确认。

第十二条　（费用承担）

统一样式的门弄号标牌的制作、安装和维护费用，由建筑物所在地的区、县人民政府承担。

特殊样式的门弄号标牌的制作、安装和维护费用，由产权所有人或者相关管理单位承担。

第十三条 （相关部门责任）

本市工商、房屋、水务、电力、燃气等有关部门和单位在办理注册登记、商品房预售许可、新建住宅交付使用许可及水、电、燃气的安装等手续时，申请人的登记地址应当以公安部门核准的门弄号为准。

因门弄号变更导致单位和个人的登记地址发生变化的，公安、工商、房屋等有关部门应当配合做好相关证照的变更登记。

第十四条 （禁止行为）

单位和个人不得有下列行为：

（一）擅自确定、更改门弄号；

（二）擅自移动、拆除门弄号标牌；

（三）涂改、污损、遮挡、覆盖门弄号标牌。

第十五条 （法律责任）

单位和个人有下列行为之一的，由公安部门视情节轻重给予处罚：

（一）擅自确定、更改门弄号的，由市或者区、县公安部门责令限期改正；逾期未改正的，处以300元以上3000元以下的罚款。

（二）擅自移动、拆除门弄号标牌，或者影响正常使用，或者造成损坏的，由市或者区、县公安部门责令限期改正；逾期未改正的，处以警告或者50元以下的罚款。造成经济损失的，应当依法赔偿。

第十六条 （临时门弄号的特别规定）

公安部门可以根据行政管理和实际情况的需要，对未经批准建造、改建的建筑物编制临时门弄号。

前款所指建筑物被依法拆除后，临时门弄号即予以注销。

第十七条 （施行日期）

本办法自2009年5月1日起施行。1998年12月10日上海市人民政府批准的《上海市门弄号管理办法》同时废止。

江苏省地名管理条例

（2014 年江苏省人大常委会通过）

第一章　总　则

第一条　为了加强地名管理，推进地名标准化、规范化、信息化，方便人民群众生产生活，适应经济社会发展和国内外交往需要，根据国务院《地名管理条例》和有关法律、行政法规，结合本省实际，制定本条例。

第二条　本省行政区域内地名的命名、更名和销名，标准地名的使用、地名标志的设置与管理，历史地名的保护、地名公共服务等活动，适用本条例。

第三条　本条例所称地名，是指具有特定方位、一定范围的地理实体的专用名称，包括：

（一）山脉、丘陵、山峰、河流、湖泊、海湾、岛屿、礁石、沙洲、滩涂等自然地理实体名称；

（二）设区的市、县（市、区）、乡镇等行政区划名称，街道办事处、居民委员会、村民委员会名称；

（三）自然村、住宅区、区片等居民地名称；

（四）路、街、巷（里、弄、坊）等名称；

（五）高层建筑、商业中心等大型建筑物（群）名称；

（六）开发区、工业园区、保税区、农场、林场、渔场、盐场、油田、矿山等专业经济区名称；

（七）台、站、港口（码头）、机场、铁路、公路、轨道交通、桥梁、隧道、河道、水库、渠道、堤坝、水（船）闸、泵站等专业设施名称；

（八）公园、广场、风景名胜区、自然保护区、旅游度假区、历史古迹、纪念地等休闲旅游文化设施名称；

（九）门楼牌号（含门号、楼栋号、楼单元号、户室号）；

（十）具有重要方位意义的其他名称。

地名一般由专名和通名两部分组成。专名是地名中用来区分地理实体个体的专有名词，通名是地名中用来区分地理实体类别的名词。

第四条　县级以上地方人民政府应当加强对地名管理工作的组织领导，建立健全地名管理工作协调机制。地名的管理、历史地名的保护、地名公共服务等工作经费，列入本级财政预算。

第五条　全省地名工作实行统一领导、分级负责、分类管理。

县级以上地方人民政府民政部门是本行政区域的地名主管部门。地名委员会是本行政区域地名工作的协调机构，其日常工作由民政部门承担。

公安、国土资源、住房城乡建设、交通运输、水利、海洋渔业等部门按照各自职责分工，做好地名管理工作。

乡镇人民政府、街道办事处协助做好本辖区的地名管理具体事务，业务上接受县级地名主管部门的指导。

第六条　设区的市和县（市）地名主管部门应当根据城乡规划，会同有关部门编制本级行政区域的地名规划，经本级人民政府批准后组织实施。土地利用总体规划、城乡规划和水利、交通、旅游等专项规划，涉及地名命名的，应当与地名规划确定的名称相衔接。

第二章　地名的命名、更名与销名

第七条　地名的命名、更名，应当遵循下列原则：

（一）不得损害国家主权与领土完整；

（二）不得破坏民族团结与社会和谐；

（三）符合地名规划；

（四）反映当地历史、地理、文化等地方特色；

（五）尊重当地居民意愿，方便人民群众生产生活；

（六）维护地名稳定性。

第八条　地名的命名，应当符合下列要求：

（一）不以本行政区域以外或者超出本行政区域的山脉、河流、湖泊等自然地理实体名称作行政区划名称的专名；

（二）乡镇、街道办事处的专名一般应当与驻地主地名一致；

（三）新建、改建的路、街、巷（里、弄、坊）等名称，应当体现层次化、序列化；

（四）用地名命名的专业设施名称，其专名应当与当地主地名一致；

（五）禁止使用当代人名、国家领导人名、外国人名、外国地名和外文音译词命名地名；

（六）禁止使用企业名、商标名、产品名命名地名。

第九条　下列地名不得重名，并避免使用字形混淆、字音相同的词语：

（一）省内主要自然地理实体的名称；

（二）省内乡镇的名称（历史上已形成的除外）；

（三）同一设区的市内街道办事处的名称；

（四）同一县（市、区）内居民委员会、村民委员会的名称（历史上已形成的除外）；

（五）同一设区的市市区内、同一县（市）内住宅区、区片、路、街、巷（里、弄、坊）、桥梁、隧道、大型建筑物（群），以及公共场所、休闲旅游文化设施的名称。

第十条　门楼牌号的编排，应当符合下列规定：

（一）使用阿拉伯数字编号；

（二）同一标准地名范围内的建筑物，按照坐落顺序统一编排，不得跳号、同号；

（三）道路两侧的建筑物按照规定的间距标准编排，相邻建筑间距超过规定标准的，预留备用门牌号；

（四）居民区的门号、楼栋号、楼单元号、户室号按照统一序列编排。

第十一条　地名的更名，按照下列规定办理：

（一）违反本条例第七条第（一）项、第（二）项、第八条第（五）项规定的地名，应当更名；

（二）违反本条例第八条第（一）项、第（四）项规定的地名，在征得有关方面同意和征求当地居民意见后，予以更名；

（三）因行政区划调整需要变更行政区划名称的，予以更名；

（四）因地名指称的地理实体属性、范围、外部环境等发生变化需要更名的，予以更名；

（五）因所有权人提出申请需要变更建筑物名称的，可以更名。

不属于前款规定范围的地名，以及当地居民多数不同意更改的地名，不予更名。

第十二条　因行政区划调整、城乡建设改造或者自然变化等原因使原指称地理实体消失的地名，地名主管部门或者专业主管部门应当及时依法注销并公布。

第三章　地名的申报与办理

第十三条　地名的命名、更名，应当按照规定的程序进行申报与办理。任何单位和个人不得擅自命名、更名。

第十四条　自然地理实体名称的命名、更名，按照下列权限办理：

（一）国内外著名的自然地理实体名称，报国务院批准；涉及邻省（直辖市）的，经与邻省（直辖市）人民政府协商一致后，报国务院批准；

（二）涉及本省两个以上设区的市的自然地理实体名称，由相关设区的市人民政府协商一致后，报省人民政府批准；

（三）涉及同一设区的市内两个以上县（市、区）的自然地理实体名称，相关县（市、区）人民政府协商一致后，由设区的市人民政府批准；

（四）设区的市市区内的自然地理实体名称，由设区的市人民政府批准；

（五）县（市）内的自然地理实体名称，由县（市）人民政府批准。

第十五条　行政区划名称、街道办事处名称的命名、更名，按照国家行政区划管理等有关规定办理。

居民委员会、村民委员会名称的命名、更名，由县（市、区）人民政府批准，报上一级地名主管部门备案。

第十六条　设区的市市区内的居民地和路、街名称的命名、更名，由设区的市人民政府批准；巷（里、弄、坊）、大型建筑物（群）名称的命名、更名，由设区的市人民政府或者其授权的地名主管部门批准。

县（市）内的居民地和路、街名称的命名、更名，由县（市）人民政府批准；巷（里、弄、坊）、大型建筑物（群）名称的命名、更名，由县（市）人民政府或者其授权的地名主管部门批准。

第十七条　门楼牌号的编排和审定，由建设单位或者建房个人提出申请，由设区的市、县（市）人民政府授权地名主管部门或者公安机关办理。

第十八条　本条例第三条第（六）项、第（七）项、第（八）项、第（十）项所列地名的命名、更名，按照隶属关系和管理权限，由有关单位向专业主管部门提出申请。专业主管部门批准前应当征求所在地地名主管部门的意见，批准后报所在地地名主管部门备案。

地名主管部门应当对前款所列地名及其拼写是否符合国家标准予以审定。

第十九条　有关单位向地名主管部门或者专业主管部门申请办理地名命名、更名时，应当提供命名、更名方案及其理由的书面材料和相关图件。

第二十条　地名未发生变化，但指称的地理实体范围发生变化的，有关单位应当按照地名命名的批准权限，报地名主管部门或者专业主管部门批准并重新公布。

第二十一条　下列地名在命名、更名前，地名主管部门或者专业主管部门应当予以公示，并组织论证或者听证：

（一）在国内、省内、设区的市内具有较大影响的；

（二）在县（市）内具有重大影响的；

（三）风景名胜区、文物保护单位；

（四）地名主管部门或者专业主管部门认为需要予以公示、组织论证或者听证的其他地名。

第二十二条　地名主管部门或者专业主管部门批准地名命名、更名的，应当向申请人出具批准文件。地名主管部门、专业主管部门批准或者认定地名的，应当自批准或者认定之日起十个工作日内向社会公布。

第四章　标准地名的使用

第二十三条　经县级以上地方人民政府或者地名主管部门、专业主管部门批准或者认定的地名，为标准地名。

第二十四条　标准地名应当符合下列规定：

（一）一个地理实体只有一个标准地名，一地多名、一名多写的，应当确定一个标准名称；

（二）使用国家规范汉字书写标准地名。汉语地名的罗马字母拼写和标注，应当遵循《汉语拼音方案》和《中国地名汉语拼音字母拼写规则》；

（三）通名用字应当名实相符，恰当反映指称地理实体的属性、规模和类别。不得单独使用通名作标准地名，同类通名不得重叠使用。通名具体规范由地名主管部门制定。

住宅区、建筑物标准地名的通名应当与建筑面积、占地面积、高度、绿地率等条件相适应。

第二十五条　下列情形涉及地名使用的，应当使用标准地名：

（一）涉外协定、文件；

（二）机关、团体、企业事业单位的公告、文件；

（三）报刊、书籍、广播、电视、地图和信息网络；

（四）合同、证件、印信；

（五）地名标志；

（六）法律、法规规定应当使用标准地名的其他情形。

第二十六条　住宅区、城镇道路或者大型建筑物（群）需要命名的，建设单位应当在申领《建设工程规划许可证》之前办理地名报批手续。

商品房预售许可证、房屋所有权证等标注的项目名称以及房地产广告中的地名应当与申请人提供的标准地名批准文件上的地名一致。

第二十七条　省内地方铁路站、长途汽车站、轨道交通站站名应当使用当地标准地名命名；与当地标准地名并用其他名称的，其他名称应当置于当地标准地名之后。

公共汽车站站名，一般应当使用当地标准地名命名；当地标准地名不足以明确指示该站地理位置信息的，可以使用风景名胜区、标志性建筑物或者与人民群众生产生活密切相关的其他名称命名。

第五章　地名标志的设置与管理

第二十八条　地名标志是标示地名以及相关信息的标志物。地名标志的制作和设置应当符合国家标准和有关规定，同类地名标志应当统一。

第二十九条　新建住宅区、城镇道路、大型建筑物（群）、专业设施以及门楼牌号等地名标志应当在交付使用前设置完毕，其他地名标志应当自地名批准之日起六十日内设置完毕。

路、街、巷（里、弄、坊）的交叉路口应当设置地名标志；路、街、巷（里、弄、坊）较长的，可以根据需要适当增加地名标志的数量。

临街建筑物交付使用后门楼牌号缺失的，所有权人应当及时申请补设。地名主管部门、公安机关应当在接到申请后二十个工作日内补设完毕。

第三十条　地名标志的设置与管理，按照下列规定执行：

（一）行政区域界线界桩，由地名主管部门按照国家行政区域界线管理的有关规定办理；

（二）行政区划、城镇的住宅区、路、街、巷（里、弄、坊）、广场、门楼牌号等的地名标志，由地名主管部门、公安机关、专业主管部门按照职责分工负责设置与管理；

（三）农村的地名标志，由乡镇人民政府、街道办事处负责设置与管理；

（四）其他地名标志，由有关专业主管部门或者专业设施建设、经营管理单位负责设置与管理。

第三十一条　地名标志的设置与管理所需经费，按照下列规定安排：

（一）自然地理实体、行政区划、城镇路、街、巷（里、弄、坊）的地名标志，以及原有的住宅区、门楼牌号的地名标志所需经费，由本级财政承担；

（二）新建、改建、扩建建设项目的地名标志所需经费，由建设单位承担，列入工程预算；

（三）农村的地名标志所需经费，由乡镇人民政府、街道办事处承担；

（四）其他地名标志所需经费，由有关专业主管部门或者专业设施建设、经营管理单位承担。

第三十二条　任何单位和个人负有保护地名标志的义务，不得有下列行为：

（一）涂改、玷污、遮挡地名标志；

（二）偷盗、损毁或者擅自移动、拆除地名标志；

（三）在地名标志上拴、挂物品；

（四）损坏地名标志、影响地名标志使用功能的其他行为。

第三十三条　建设单位因工程施工需要移动或者拆除地名标志的，应当征得地名标志的设置单位或者管理单位同意，并在施工结束前按照有关规定重新设置地名标志。

第三十四条　有下列情形之一的，地名标志设置单位或者管理单位应当及时予以更换或者维护：

（一）地名标志未使用标准地名，或者书写、拼写、式样等不符合国家有关标准和规定的；

（二）地名已经更名但地名标志未更改的；

（三）地名标志污损或者字迹模糊的；

（四）地名标志设置位置不当的。

地名主管部门、专业主管部门应当加强对地名标志设置、维护情况的监督检查。

第六章　历史地名的保护

第三十五条　地方各级人民政府应当加强本行政区域内历史地名的保护工作。地名主管部门具体实施历史地名保护监督管理工作。

本条例所称历史地名，包括：

（一）具有历史文化价值的地名；

（二）具有纪念意义的地名；

（三）历史悠久或者其他使用五十年以上的地名。

第三十六条　县级以上地方人民政府地名主管部门应当对本行政区域内的历史地名进行普查，做好资料收集、记录、统计等工作，建立历史地名档案。

设区的市人民政府地名主管部门应当建立历史地名评价体系，制定历史地名保护名录，经设区的市人民政府批准后公布。

对历史地名实行分级管理，对列入保护名录的历史地名实行分级保护。

第三十七条　列入保护名录的历史地名不予更名，禁止在历史地名前后并用其他名称。

因城乡建设、改造或者行政区划调整等原因，确需对历史地名作出是否保留使用决定的，地名主管部门应当科学论证，采取听证会、论证会等形式听取意见，并予以公示；确需对历史地名保护名录中涉及的地理实体予以拆除或者迁移的，住房城乡建设部门应当会同地名主管部门制订地名保护方案。

指称的地理实体消亡的历史地名，可以就近在现存或者新建的地理实体的命名、更名中使用。

第三十八条 地方各级人民政府应当合理利用本地区历史地名资源，形成地缘文化特质和区域品牌特征。鼓励和支持社会各界参与历史地名的保护与利用。

第七章　地名公共服务

第三十九条 地名主管部门应当建立地名档案。地名档案的管理，按照档案管理法律、法规和有关规定执行。各级地名档案管理工作业务上接受上级地名主管部门和同级档案行政管理部门的指导。

第四十条 地名主管部门应当加强地名信息化建设，建立包含具有地理坐标系的地名信息系统，及时更新地名信息，积极采用全球定位、遥感等技术，提升管理服务科技水平。地名信息化建设应当遵循有关规定和技术规范。

第四十一条 地名主管部门应当向社会提供基础性地名公共服务，并根据社会发展需要组织开发地名服务产品，引导社会力量参与地名文化建设、地名服务开发。

第四十二条 公安、国土资源、住房城乡建设、测绘等部门应当与地名主管部门及时互通信息，共同做好地名公共服务建设，实现资源共享。

第八章　法律责任

第四十三条 地名主管部门和专业主管部门及其工作人员不依法履行本条例规定的职责，有下列情形之一的，由上级机关责令改正，可以对直接负责的主管人员和其他直接责任人员依法给予处分；构成犯罪的，依法追究刑事责任：

（一）不依法办理地名命名、更名等管理事项的；

（二）未按规定在路、街、巷（里、弄、坊）交叉路口等设置地名标志的；

（三）不进行地名标志监督检查，或者在监督检查时发现问题不及时处理的；

（四）利用职权非法牟取利益的；

（五）法律、法规规定的其他违法行为。

第四十四条 违反本条例第八条第（五）项、第（六）项规定，使用当代人名、国家领导人名、外国人名、外国地名、外文音译词以及企业名、商标名、产品名作地名的，由地名主管部门责令限期改正，并可以处一万元以上五万元以下罚款。

第四十五条 违反本条例第十三条规定，擅自对地名命名、更名的，由地名主管部门或者专业主管部门责令限期改正，并可以处二千元以上一万元以下罚款；情节严重的，处一万元以上三万元以下罚款。

第四十六条 违反本条例第二十四条第一款规定，未按国家规范书写、拼写、标注标准地名的，由地名主管部门责令限期改正，并可以处二百元以上一千元以下罚款。

第四十七条 违反本条例第二十六条第二款规定，房地产建设单位、销售单位发布的房地产广告中的地名与申请人提供的标准地名批准文件上的地名不一致的，由地名主管部门责令限期改正，并可以处二万元以上十万元以下罚款。

第四十八条 违反本条例第二十七条第一款规定，省内地方铁路站、长途汽车站、轨道交通站站名未使用当地标准地名，或者与当地标准地名并用其他名称时其他名称置于当地标准地名之前的，由专业主管部门责令限期改正、没收违法所得，并可以处一万元以上五万元以下罚款。

第四十九条 违反本条例第三十二条规定，涂改、玷污、遮挡地名标志的，由地名主管部门、公安机关或者专业主管部门责令限期改正，并可以处二百元以上一千元以下罚款；损毁、擅自移动、拆除地名标志的，由地名主管部门、公安机关或者专业主管部门责令限期改正，并可以处一千元以上五千元以下罚款；造成损坏的，依法承担赔偿责任；构成违反治安管理行为的，依法给予治安管理处罚。

第五十条 违反本条例第三十三条规定，建设单位未按照有关规定重新设置地名标志的，由地名主管部门或者专业主管部门责令限期改正，并可以处一千元以上五千元以下罚款。

第九章 附 则

第五十一条 专业设施的命名、更名等，法律、法规或者国家标准、行业标准另有规定的，从其规定。

第五十二条 海岛名称的确定、发布和地名标志的设置，按照《中华人民共和国海岛保护法》及有关规定执行。

第五十三条 本条例自 2014 年 7 月 1 日起施行。1987 年 9 月 11 日江苏省人民政府发布的《江苏省地名管理规定》同时废止。

浙江省地名管理办法

（2012 年浙江省人民政府令第 309 号）

第一章 总 则

第一条 为了加强地名管理，实现地名的规范化、标准化，方便人民群众生产生活，适应经济社会发展的需要，根据有关法律、法规的规定，结合本省实际，制定本办法。

第二条 本办法适用于本省行政区域内的地名管理工作。海域地名的管理，国家和省人民政府另有规定的，从其规定。

本办法所称地名，是指为社会公众指示具有特定方位或者地域范围的地理实体名称。

第三条 地名管理工作应当遵循规范化、标准化的要求，兼顾历史和现状，尊重群众意愿，保持地名的相对稳定和延续，保护和传承优秀的地名文化，提高公共服务水平。

第四条 县级以上人民政府应当加强对地名管理工作的组织领导，建立健全地名管理工作协调机制，将地名管理工作所需经费列入本级财政预算。

乡（镇）人民政府、街道办事处应当按照规定职责做好地名管理相关工作。

第五条 县级以上人民政府民政部门是地名主管部门，负责本行政区域地名工作的统一管理；具体工作可以委托依法设立的地名管理工作机构承担。

县级以上人民政府交通运输、住房和城乡建设、农业、林业、水利、旅游、环境保护、工商行政管理、公安等有关主管部门负责本部门职责范围内的地名管理工作。

县级以上人民政府财政、国土资源、文化、档案管理等其他有关部门按照各自职责做好地名管理相关工作。

第六条 县级以上人民政府及其民政部门应当组织调查地名文化遗产，建立地名文化遗产保护名录，采取有效措施予以保护。

第七条 县级以上人民政府及其民政部门和有关主管部门在地名管理工

作中，应当建立健全公众参与、专家咨询等工作机制，听取公众和专家的意见。

第二章　地名规划与命名标准

第八条　城市、镇应当编制地名规划。城市地名规划由设区的市、县（市）民政部门组织有关部门编制，报本级人民政府批准后公布实施。镇地名规划由镇人民政府组织编制，经县（市、区）民政部门审核后，报县（市、区）人民政府批准后公布实施。

地名规划应当包括规划原则、地名体系及其空间布局、道路名称、地名标志、地名文化遗产保护等内容。

第九条　地名规划应当以城市、镇总体规划明确的内容作为规划依据。城市、镇详细规划涉及地名命名的，应当与地名规划确定的名称相衔接；规划编制部门应当征求同级民政部门意见。

工业、农业、水利、交通、土地利用、旅游等专项规划，涉及地名命名的，应当与地名规划确定的名称相衔接；有关主管部门应当征求同级民政部门意见。

第十条　地名的命名应当符合地名规划的要求，反映当地历史、文化、地理等特征，含义健康，不得损害国家主权、领土完整和公共利益。

第十一条　地名的命名应当一地一名。

一地多名、一名多写的，应当进行标准化处理。

第十二条　地名的命名应当名实相符。

派生地名应当与主地名相协调；含有行政区域、区片或者道路（含街、巷、桥梁、隧道、轨道交通线路，下同）名称的，应当位于该行政区域、区片范围内或者该道路沿线。

乡（镇）人民政府、街道办事处名称不得使用非乡（镇）人民政府驻地、非街道办事处所在街巷名称。

具有地名意义的车站、港口、码头、机场、水库等名称应当与所在地名称一致。

使用大厦、公寓、花园、庄园、别墅、中心、苑、居等通名的住宅小区（楼）、建筑物，应当具备与通名相适应的占地面积、总建筑面积、高度、绿地率等条件和功能。住宅小区（楼）、建筑物通名的使用标准由省民政部门制定。

第十三条　一般不以人名作地名。禁止以国家领导人的名字以及外国的地名和人名作为地名。

第十四条　下列地名不得重名，并避免使用近似、易混淆的名称：

（一）省内行政区域和重要自然地理实体名称；

（二）同一县（市、区）内的社区、村（居）民委员会辖区名称；

（三）同一乡（镇）内的自然村名称；

（四）同一城市、镇内的道路、住宅小区（楼）、建筑物名称。

第十五条　地名用字应当使用规范汉字，避免使用生僻或者易产生歧义的字。

汉语地名的罗马字母拼写，应当按照《汉语拼音方案》和《中国地名汉语拼音字母拼写规则》执行。

少数民族地名和外国语地名的汉字译写，按照国家有关规定执行。

第三章　地名命名、更名和销名程序

第十六条　山、河、湖、内陆岛屿等自然地理实体需要命名的，由县级以上人民政府民政部门予以命名；跨行政区域的，由相邻各方的民政部门报共同的上一级民政部门予以命名。

第十七条　行政区域名称，由申请设立行政区划的人民政府提出，报有审批权的人民政府在依法批准设立行政区划时一并确定。

社区、村（居）民委员会辖区名称，由申请设立社区、村（居）民委员会的乡（镇）人民政府或者街道办事处提出，经县（市、区）民政部门审核后，报县（市、区）人民政府在依法批准设立社区、村（居）民委员会时一并确定。

工业区、开发区、保税区、风景名胜区、自然保护区等名称，由申请设立该区的行政机关提出，经有关主管部门征求同级民政部门意见后，报有审批权的行政机关在依法批准设立该区时一并确定。

自然村名称，由乡（镇）人民政府或者街道办事处提出申请，经县（市、区）民政部门审核后，报县（市、区）人民政府审批。

第十八条　铁路、公路、航道、港口、渡口、车站、机场、水库、堤坝、海塘、水闸、电站、通讯基站、公园、公共广场等具有地名意义的专业设施名称，由建设单位或者有关专业主管部门征求同级民政部门意见后，报有审批权的专业主管部门在依法批准建设专业设施时一并确定。

第十九条　新建道路，地名规划已确定名称的，建设单位或者有关主管部门在申请立项时应当使用地名规划确定的名称，并在建成交付使用前向设区的市、县（市）民政部门办理正式命名手续；未确定名称的，建设单位或者有关主管部门应当在申请立项时提出道路预命名方案并征求设区的市、县

（市）民政部门意见后确定和使用预命名的名称，在建成交付使用前向设区的市、县（市）民政部门办理正式命名手续。

已建道路无名的，由设区的市、县（市）民政部门予以命名。设区的市、县（市）民政部门在道路命名前应当将命名方案向社会公示，并征求有关主管部门意见。

第二十条　住宅小区（楼）、公开销售的建筑物以及其他需要命名的大型建筑物名称，由建设单位提出申请，报设区的市、县（市）民政部门审批。建设单位申请发布涉及住宅小区（楼）、建筑物地名的广告，申请办理商品房预售许可证、房地产权属证书以及门（楼）牌的，应当向有关主管部门出示地名批准文件。

已建住宅小区（楼）、建筑物未命名，其所有权人或者物业所在的业主大会要求命名的，分别由所有权人或者其委托管理的单位、业主大会或者其授权的业主委员会提出申请，报设区的市、县（市）民政部门审批。

第二十一条　申请住宅小区（楼）、建筑物命名的，应当提交下列材料：

（一）建设用地和建设工程规划许可文件及总平面图；

（二）拟用地名的用字、拼音、含义的说明；

（三）其他与申请命名相关的材料。

设区的市、县（市）民政部门应当自收到申请之日起10个工作日内作出审批决定。对符合要求的名称，应当予以批准，并出具批准文件；对不符合要求的名称，应当不予批准，书面告知申请人并说明理由。但是，征求利害关系人及有关方面意见或者进行协调所需的时间除外。

第二十二条　门（楼）牌号码由县（市、区）民政部门或者乡（镇）人民政府、街道办事处按照国家和省有关规定统一编制。

第二十三条　地名确定后无特殊理由不得更名。

地名损害国家主权、领土完整和公共利益的，或者含义不健康的，或者与本办法第十四条规定重名情形的，应当更名。

地理实体因改造、拆除，其名称与改变后状态明显不符的，可以更名。

专有部分占建筑物总面积三分之二以上且占总人数三分之二以上的业主同意，并提供业主大会决议的，住宅小区（楼）、建筑物可以更名。

第二十四条　地名更名程序按照地名命名的相关规定执行。

对本办法第二十三条第二款规定的情形，地名所在地设区的市、县（市、区）民政部门应当发出地名更名通知书，有关单位或者个人应当自收到通知书之日起2个月内办理地名更名手续。

第二十五条　因自然地理实体变化、行政区划调整和城乡建设等原因而不使用的地名，由县级以上人民政府民政部门根据职责予以销名。

第二十六条 地名文化遗产保护名录中在用地名的更名应当严格控制；不使用的地名，县级以上人民政府民政部门和有关主管部门应当采取就近移用、优先启用、挂牌立碑等措施予以保护。

地名文化遗产保护名录涉及的地理实体拆除重建或者迁移后重新命名的，应当优先使用原地名。

第二十七条 有关主管部门按照本办法第十七条第三款、第十八条、第二十三条的规定对地名进行命名、更名的，应当在命名、更名后 10 个工作日内报同级民政部门备案；民政部门发现备案的地名不符合规定要求的，应当要求或者建议审批机关予以纠正。

第二十八条 县级以上人民政府民政部门和有关主管部门应当及时向社会公布命名、更名和注销的地名信息，同时抄告同级公安、住房和城乡建设、工商行政管理、测绘与地理信息、邮政等相关管理部门。

因行政机关依照职权主动作出地名命名、更名和注销决定，致使公民、法人和其他组织的居民身份证、营业执照、房地产权属证书等证照和批文的地名信息需要作相应变更的，县级以上人民政府民政部门和有关主管部门应当根据公民、法人和其他组织的申请，在各自职责范围内免费为其提供出具相关地名证明或者换发证照和批文等服务，但法律、行政法规另有规定的除外。

第四章　标准地名的使用和监督

第二十九条 依法命名、更名的地名为标准地名。本办法实施前已经使用并由县级以上人民政府民政部门编入地名录（志、图）或者地名数据库的地名，视同标准地名。

县级以上人民政府民政部门和有关主管部门应当采取措施，宣传、推广和监督使用标准地名。

第三十条 下列情形使用的地名应当是标准地名：

（一）地名标志、交通标志；

（二）地图、电话号码簿、交通时刻表、邮政编码簿等出版物；

（三）国家机关、企业事业单位、人民团体制发的公文、证照及其他法律文书；

（四）媒体广告、户外广告；

（五）其他应当使用标准地名的情形。

第三十一条 重要自然地理实体、行政区域界位、社区、村（居）民委员会辖区、风景名胜区、自然保护区、专业设施、道路等，应当按照国家和省规定的有关标准设置地名标志。

第三十二条　道路、门（楼）牌地名标志由设区的市、县（市、区）民政部门或者乡（镇）人民政府、街道办事处负责设置和管理。其他地名标志由提出地名命名申请的单位或者有关主管部门负责设置和管理。

属于建设项目的地理实体地名标志，应当在建设项目竣工验收前设置完成。

第三十三条　任何单位和个人不得涂改、遮盖、损毁或者擅自设置、移动、拆除地名标志。因施工等原因确需移动、拆除地名标志的，应当事先征得设置单位或者管理单位同意，并在施工结束前恢复原状，所需费用由工程建设单位承担。

地名标志管理单位应当保持地名标志的清晰和完好，发现损坏或者字迹残缺不清的，应当及时予以更新。

第三十四条　县级以上人民政府民政部门应当建立本行政区域的地名数据库，及时更新地名信息，保证地名信息的真实、准确。

县级以上人民政府民政部门和有关主管部门应当加强地名信息协作，实现地名信息资源共享。

县级以上人民政府民政部门和有关主管部门可以通过设立地名网站、地名信息电子显示屏、地名问路电话等方式，向社会提供地名信息服务。

第三十五条　县级以上人民政府民政部门和有关主管部门负责出版本行政区域或者本系统的标准地名出版物。其他任何单位和个人不得出版标准地名出版物。

第三十六条　县级以上人民政府民政部门和有关主管部门应当按照国家和省有关规定，建立健全档案管理制度，加强地名档案的收集、整理和保存工作，维护地名档案的完整、系统和安全。

县级以上人民政府档案管理部门应当加强对地名档案管理工作的指导和监督。

第五章　法律责任

第三十七条　单位和个人违反本办法规定，有下列行为之一的，由县级以上人民政府民政部门予以行政处罚，法律、法规另有规定的，从其规定：

（一）擅自命名或者更名住宅小区（楼）、建筑物名称的，责令其停止使用、限期改正；逾期不改正的，撤销其名称，并对经营性的违法行为处1万元以上5万元以下的罚款，对非经营性的违法行为处2000元的罚款。

（二）未按照规定使用标准地名的，责令限期改正；逾期不改正的，对经营性的违法行为处 1 万元以上 5 万元以下的罚款，对非经营性的违法行为处 2000 元的罚款。

（三）擅自编制或者更改门（楼）牌号码的，责令限期改正；逾期不改正的，对个人处 500 元的罚款，对单位处 2000 元的罚款。

第三十八条 涂改、遮挡、损毁或者擅自设置、移动、拆除地名标志的，由县级以上人民政府民政部门和有关主管部门按照各自职责责令限期改正；逾期不改正的，处 500 元以上 2000 元以下的罚款；造成经济损失的，应当依法赔偿。法律、法规另有规定的，从其规定。

第三十九条 行政机关及其工作人员违反本办法规定，有下列行为之一的，由有权机关责令改正；情节严重的，对直接负责的主管人员和其他直接责任人员依法给予处分：

（一）未按照规定权限和程序实施地名命名、更名审批的；

（二）未按照规定职责设置和管理地名标志的；

（三）违法收费的；

（四）其他滥用职权、玩忽职守、徇私舞弊的行为。

第六章　附　则

第四十条 本办法自 2013 年 2 月 1 日起施行。

浙江省门牌管理规定

（浙民区〔2013〕77 号）

第一条　为了加强全省门牌管理工作，实现门牌编制、设置的科学化、标准化和规范化，根据国家有关规定和《浙江省地名管理办法》，制定本规定。

第二条　本规定适用于全省行政区域内门牌的编制、设置和管理工作。

第三条　本规定所称门牌，是指建筑物编码名称标志，包括门牌、楼牌、楼单元牌、楼层牌和室户牌等。

第四条　浙江省民政厅主管全省门牌管理工作；各县（市、区）民政部门或乡（镇）人民政府、街道办事处负责本辖区内的门牌编制、设置和管理工作，具体职责和分工由各市、县（市、区）民政部门规定。

第五条　经门牌管理单位编制、设置的门牌是法定地名标志物。任何单位和个人不得擅自编制、设置、变更、拆除或者损毁门牌。

第六条　全省范围内各类单位建筑物和个人住宅均应编制、设置门牌。门牌实行一牌一证制度。门牌证是门牌的副本，是户籍登记、房地产确认地址、工商登记和邮电通讯管理等查核标准地名（地址）的重要依据。

第七条　需要编制、设置门牌的建筑物，由建设单位或产权所有人向所在地门牌管理单位提出编制、设置门牌的申请，门牌管理单位应在收到申请要求 10 个工作日内完成。如遇特殊情况不能编制，应向申请人作出说明，并编制临时门牌。

新建建筑物的门牌，应当在建筑物交付使用前设置完成。

对在建或规划中的道路两侧建筑物，市、县（市、区）民政部门应根据实际情况做好门牌的规划编制工作。

第八条　因地理实体、地名、建筑物所有权人发生变化等原因而需要变更门牌（门牌证），由当事人持门牌证向所在地门牌管理单位办理相关手续，门牌管理单位审核同意后，在 3 个工作日内予以更换门牌（门牌证）。

第九条　门牌、门牌证遗失或破损，应及时到门牌管理单位申报补发或更换。

第十条　门牌编制应科学、有序。门牌编码可采用序数编码或量化编码（也称距离编码）进行。采用序数编码的，从路（街、巷）起点起，每户一号；采用量化编码的，以路（街、巷）起点到门户中心线距离量算，每2米为一个号。按照自东向西、自南向北、左单右双的原则编号。

第十一条　门牌的规格样式、文字书写和设置安装应符合国家相关规定和标准。门牌证由门牌管理单位按照省民政厅统一规定的样式印制。

第十二条　门牌管理单位应为本辖区内的门牌建立档案；市、县（市、区）民政部门应及时将门牌编制、设置有关资料汇总归档、保管，并视情向有关单位和个人提供查询服务。

第十三条　门牌管理工作实行定期检查制度。市、县（市、区）民政部门负责对本辖区内的门牌设置、管理工作进行定期检查。省民政厅对全省门牌设置、管理工作进行抽检。

第十四条　门牌设置、管理所需经费应当列入本级财政预算。

第十五条　对违反本规定有关条款的单位和个人，按国家和省有关规定予以处罚。

第十六条　各市、县（市、区）民政部门应根据本规定，制定门牌管理的实施细则。

第十七条　本规定自2013年5月1日起正式施行。

安徽省地名管理办法

（2001 年安徽省政府令第 135 号）

第一章 总 则

第一条 为了加强对地名的管理，实现地名的标准化、规范化，适应社会主义现代化建设和国际交往的需要，根据国务院颁布的《地名管理条例》（以下简称《条例》），结合我省实际，制定本办法。

第二条 本办法所称地名是指：

（一）省、市、县（含县级市、市辖区，下同）、乡、民族乡、镇等行政区划名称，街道办事处和居民委员会、村民委员会名称；

（二）自然村（集镇）和城镇内的居民区名称；

（三）城镇内的街、路、巷、楼（含门牌号码，下同）、广场、立交桥和具有地名意义的单位、建筑物名称；

（四）山（峰、岭、岗、关隘……）、河、湖、溪、沟、泉、滩、洞、潭、台、岛、礁、矶、洲、平原、山地、丘陵、盆地等自然地理实体名称；

（五）开发区、保税区、示范区、农场、林场、牧场、盐场、油田、矿山等名称；

（六）机场、港口、铁路（线、站）公路，桥梁、隧道、船闸、交通站点等具有地名意义的名称；

（七）水库、灌区、堤防、闸坝、发电站等具有地名意义的名称；

（八）公园、自然保护区、风景名胜区、纪念地等名称。

第三条 对地名实行统一管理、分级负责的制度。县级以上人民政府民政部门主管本行政区的地名管理工作，其主要职责是：

（一）贯彻执行有关地名的法律、法规和规章；

（二）制定并组织实施本行政区地名工作规划；

（三）推行地名的标准化、规范化；

（四）审核、承办本行政区地名的命名、更名；

（五）组织编纂地名图书资料；

（六）监督地名的使用，对地图、牌匾中的地名实施审查；

（七）收集、整理、鉴定、保管地名档案；

（八）组织地名科学研究。

公安、建设、规划、交通、工商行政管理、旅游、邮政、通信、水利等部门应配合民政部门做好地名管理的有关工作。

第四条　实行地名申请、登记、审核、批准、公告制度。

第五条　使用标准地名、保护地名标志是每个单位和公民应尽的义务。

第二章　地名的命名、更名

第六条　地名的命名应遵循下列原则。

（一）有利于国家统一、主权和领土完整，有利于人民团结；

（二）反映当地人文、自然地理特征；

（三）一般不用人名作地名。禁止用外国人名、地名命名地名；

（四）在全国范围内市、县名称，一个县内乡、镇、街道办事处名称，一个乡、镇内自然村（集镇）名称，不应重名，并应避免同音；

（五）一个城镇内的街、路、巷、居民区、广场名称，具有地名意义的单位和建筑物名称不应重名，并应避免同音；

（六）各专业部门使用的台、站、港、场、桥、渡口等名称一般应与当地地名一致。

（七）地名用字避免使用生僻字、同音字和字形、字音易混淆的字；

（八）新建的城镇街、路、巷、居民区应按照层次化、序列化、规范化的要求予以命名。

第七条　地名的更名应遵循下列原则：

（一）凡有损我国领土主权和民族尊严的，带有民族歧视性质和妨碍民族团结的，违反国家方针、政策、法律、法规的，带有侮辱劳动人民性质和极端不文明、不健康、庸俗的地名，必须更名。

（二）不符合本办法第六条第（三）项至第（七）项规定的地名，应予以更名。

（三）一地多名，一名多写的，应当确定一个统一的名称和用字。

（四）不属于上述范围的，可改可不改的和当地群众不同意改的地名，不予更改。

第八条　行政区划名称的命名、更名，按照国务院《关于行政区划管理的规定》办理。其审批权限和程序如下：

（一）县及县以上行政区划的命名、更名，由县级以上人民政府提出，逐级上报，经省人民政府同意后，报国务院审批；

（二）乡、民族乡、镇和不设区的市的街道办事处的命名、更名，由乡、民族乡、镇人民政府和街道办事处提出，逐级上报省人民政府审批；设区的市的街道办事处的命名、更名，由设区的市人民政府审批，报省人民政府备案；

（三）居民委员会、村民委员会和自然村（集镇）的命名、更名，由其所在的乡、民族乡、镇人民政府或街道办事处提出申请，报市、县人民政府审批，抄上一级民政部门备案。

第九条　城镇内街、路、巷、居民区、楼、广场和具有地名意义的单位、建筑物的命名、更名，由所在地地名主管部门提出方案，报市、县人民政府审批，并抄上一级民政部门备案。

第十条　跨市、县的自然地理实体命名、更名，分别由省、市民政部门提出申请，报本级人民政府批准。

国内外著名的或涉及邻省的自然地理实体命名、更名，按国家有关规定执行。

第十一条　本办法第二条第（五）项至第（八）项规定的具有地名意义名称的命名、更名，由其主管部门负责承办，但应事先征求所在地县级以上地名管理部门同意，报其上级主管部门审批。

第十二条　因行政区划变更、城镇改造、工程建设等原因消失的地名应予废止。废止的地名，由县级以上人民政府予以公告。

第三章　地名的使用和管理

第十三条　县级以上人民政府应当将批准的标准地名及时向社会公告。

第十四条　县级以上人民政府民政部门负责编纂本行政区标准地名出版物，其他部门不得编纂。

第十五条　机关、团体、企业、事业单位和其他组织，在公告、文件、证件、广播和电视节目、报刊、教材、广告、牌匾、商标、地图等方面使用的地名，除特殊需要外，均应使用标准地名（包括规范化译名）。

第十六条　城镇的街、路、巷、居民区、楼，自然村（集镇）、桥梁、纪念地、风景名胜区、台、站、港、场等必须设置地名标志。

一定区域内的同类地名标志应当统一。

第十七条　地名标志中地名的书（拼）写形式及地名标志的设置，必须符合国家规定的标准。

第十八条　地名标志的设置和管理费用，可采取受益单位出资、工程预算列支、同级财政拨款等方式筹措。

第十九条 县级以上人民政府民政部门负责收集、整理、鉴定、保管地名档案，保证地名档案安全、完整。在业务上接受同级档案行政管理部门的监督、指导。

第四章 奖励与处罚

第二十条 对推广使用标准地名及保护、管理地名标志成绩显著的单位和个人，各级人民政府或有关部门应予以表彰、奖励。

第二十一条 擅自对地名命名、更名的，县级以上人民政府应责令其改正。

第二十二条 偷窃、损毁或擅自移动、更改地名标志的，责令恢复原状，违反《中华人民共和国治安管理处罚条例》规定的，由公安机关予以处罚；构成犯罪的，由司法机关依法追究刑事责任。造成损失的，应当赔偿损失。

第五章 附 则

第二十三条 本办法具体应用中的问题由省民政部门负责解释。

第二十四条 本办法自 2001 年 10 月 1 日起施行。1990 年 2 月 24 日省人民政府发布的《安徽省地名管理办法》同时废止。

福建省地名管理办法

（2014 年福建省人民政府令第 143 号）

第一章 总 则

第一条 为了规范地名管理，实现地名标准化，适应城乡建设、社会发展和人民生活需要，根据《地名管理条例》及国家有关法律法规，结合本省实际，制定本办法。

第二条 本办法适用于本省行政区域内的地名管理。

第三条 本办法所称地名，是指社会用作标示方位、地域范围的自然地理实体名称和人文地理实体名称，包括：

（一）山、峡谷、洞、瀑、泉、河、江、湖、溪、水道、海、海岸、海湾、港湾、海峡、岛屿、礁、岬角、沙滩、滩涂、地形区等自然地理实体名称；

（二）省、设区市、县（市、区）、乡镇、街道等行政区域名称；

（三）开发区、科技园区、工业区、保税区、试验区、矿区、围垦区、农区、林区、盐区、渔区等经济区域名称；

（四）城镇街、路、巷（里、弄、坊）及与其相连的楼（院）、门牌号，建制村、社区、自然村、片村等居民地名称；

（五）大楼、大厦、花园、别墅、山庄、商业中心等具有地名意义的建筑物、住宅区名称；

（六）台、站、港、场、公路、铁路、桥梁、隧道等具有地名意义的交通运输设施名称；

（七）海堤、江堤、河堤、水库、渠、发电站等具有地名意义的水利、电力设施名称；

（八）公园、风景名胜区、文物古迹、自然保护区、公共绿地等具有地名意义的纪念地、旅游胜地名称；

（九）其他具有地名意义的名称。

第四条 各级人民政府应当按照国家规定对地名实施统一管理，实行分类、分级负责制，推行地名规范化、标准化，将地名管理所需经费纳入本级财政预算。

第五条 县级以上人民政府民政部门主管本行政区域地名管理工作。

县级以上人民政府发展改革、国土、交通、建设、规划、公安、财政、质量技术监督、文化、测绘、旅游、市政、工商、邮政等部门应当按照各自职责做好相关地名管理工作。

第六条 县级以上人民政府民政部门应当根据城乡规划，会同有关部门编制本行政区域的地名规划，经同级人民政府批准后组织实施。

地名规划应当与城乡规划相协调。

第二章　地名命名与更名

第七条 地名命名、更名应当依照本办法规定的权限和程序办理。对历史悠久，文化内涵深，具有纪念意义或者属于非物质文化遗产的地名予以保护，其他任何单位和个人不得擅自命名、更名。

第八条 地名命名、更名应当遵循下列原则：

（一）有利于维护国家主权和领土完整；

（二）尊重当地群众意愿，有利于维护民族团结，维护社会和谐；

（三）体现和尊重当地历史、文化和地理特征，保持地名的相对稳定。

第九条 地名命名、更名应当符合下列规定：

（一）省内重要的自然地理实体名称，同一县（市、区）内的乡、镇、街道名称，同一乡、镇内建制村名称，同一城市（城镇）内的街、路、巷（里、弄、坊），居民地，具有地名意义的建筑物名称，不得重名、同（谐）音；

（二）乡、镇名称与乡、镇人民政府驻地名称，街道名称与所在街巷名称应当相一致；

（三）台、站、港、场等名称应当与所在地名称相一致；

（四）地名的通名应当名实相符，反映其功能和类别；

（五）不得以著名山脉、河流、湖泊等自然地理实体名称作为行政区域专名，自然地理实体的范围超出本行政区域的，亦不得以其名称作为本行政区域专名；

（六）新建或者改建的城镇街、路、巷（里、弄、坊）、住宅区名称应当符合层次化、序列化、规范化的要求；

（七）不以人名作地名，禁止使用国家领导人的名字和外国人名、地名作地名；

（八）使用规范汉字，避免使用生僻字；

（九）含义健康，符合社会道德风尚，不得使用侮辱性、庸俗性文字；

（十）法律、法规的其他规定。

第十条　地名通名的使用应当符合国家和本省的有关规定。

地名通名的命名规范由省人民政府民政部门另行规定。

第十一条　不符合本办法第八条第（一）、（二）项和第九条第（一）、（三）、（七）、（九）项规定的，应当予以更名。

不符合本办法第八条第（三）项和第九条第（二）、（四）、（五）、（六）、（八）项规定的，可以更名。

第十二条　有下列情形之一的，可以更名：

（一）区划调整，需要变更行政区域名称的；

（二）道路发生变化，需要变更路名的；

（三）居民区或者建筑物改建、扩建，需要变更名称的。

第十三条　一地多名、一名多写的，应当确定一个统一的名称和用字。

第十四条　申请地名命名、更名，应当提交下列材料：

（一）地理实体的性质和规模说明、位置图；

（二）命名、更名的理由；

（三）拟用地名的规范用字、汉语拼音、含义；

（四）申报单位和有关方面的意见及说明材料。

第十五条　自然地理实体名称命名、更名按照下列程序和权限办理：

（一）国内著名或者涉及邻省的自然地理实体名称的命名、更名，由省人民政府民政部门提出申请，经省人民政府审核后，报国务院审批；

（二）省内著名或者涉及两个以上设区市的自然地理实体名称的命名、更名，由有关设区市人民政府提出申请，经省人民政府民政部门审核并征求相关设区市人民政府意见后，报省人民政府审批；

（三）设区市内著名或者涉及两个以上县（市、区）的自然地理实体名称的命名、更名，由有关县（市、区）人民政府提出申请，经设区市人民政府民政部门审核并征求相关县（市、区）人民政府意见后，报本级人民政府审批；

（四）县（市、区）内的自然地理实体名称的命名、更名，由有关乡、镇人民政府提出申请，经县（市、区）人民政府民政部门审核后，报本级人民政府审批。

第十六条　行政区域名称的命名、更名，按照国家有关行政区划管理的程序和权限办理。

第十七条　开发区、科技园区、工业区、保税区、试验区、矿区、围垦区、农区、林区、盐区、渔区等经济区域名称的命名、更名，由有关专业主管部门提出申请，经县级以上人民政府民政部门审核后，报本级人民政府审批。

第十八条　居民地名称的命名、更名按照下列程序和权限办理：

（一）建制村、社区、自然村、片村名称的命名、更名，由乡、镇人民政府或者街道办事处提出申请，经县（市、区）人民政府民政部门审核后，报本级人民政府审批；

（二）乡、镇的街、路、巷名称的命名、更名，由乡、镇人民政府提出申请，经县（市）人民政府民政部门审核，报本级人民政府审批；

（三）县（市）的城市（城镇）内街、路、巷（里、弄、坊）的命名、更名，由建设开发单位或者使用单位提出申请，经县（市）人民政府民政部门审核，报本级人民政府审批；

（四）市辖区的街、路、巷（里、弄、坊）的命名、更名，由建设开发单位或者使用单位提出申请，经市辖区人民政府民政部门初审，报设区市人民政府民政部门审核后，报本级人民政府审批。

第十九条　交通运输设施，水利、电力设施名称以及纪念地、旅游胜地名称的命名、更名，由专业单位向专业主管部门提出申请，经征求同级人民政府民政部门意见后，报本级人民政府审批。

第二十条　建筑物、住宅区名称的命名，建设单位应当在申请项目审批、核准或者备案前，将拟用名称向市、县人民政府民政部门办理备案手续。建筑物、住宅区名称的更名，由建设单位或者产权所有人将拟更名名称向市、县人民政府民政部门办理备案手续。市、县人民政府民政部门在备案时，对备案的建筑物、住宅区名称不符合国家和本省有关规定的，应当在5个工作日内通知建设单位或者产权所有人更改。

已备案的建筑物、住宅区名称，因建设项目规模调整等原因，确需更名的，须重新办理备案手续。

第二十一条　因自然变化、行政区划调整、城市建设等原因而消失的地名，有关部门应当按照地名管理的权限和程序予以销名。

第二十二条　楼（院）、门牌号由县（市、区）人民政府民政部门统一编制，并向产权人或者管理人发放相应的门牌证。

门牌证样式由省人民政府民政部门规定。

第二十三条　地名的命名、更名需要进行评估论证的，应当听取社会公众意见，必要时可以举行听证会。

第二十四条　对依法批准命名、更名或者销名的地名，县级以上人民政府民政部门应当自该地名批准或者注销之日起 30 日内，向社会公布。

第三章　标准地名的使用

第二十五条　经县级以上人民政府批准或者备案的地名为标准地名。本办法实施前县级以上人民政府民政部门汇入地名录、地名词典、地名图籍等标准地名出版物的地名，视为标准地名。

第二十六条　汉语标准地名应当符合下列规定：

（一）由专名和通名两部分组成，不单独使用通名词组作地名，禁止使用重叠通名；

（二）按照规范汉字书写，采用普通话读音。门牌号使用阿拉伯数字书写，不得使用外文拼写；

（三）在规定范围内与同类地名不重名。

第二十七条　中国地名的罗马字母拼写，按照国家公布的《汉语拼音方案》和《中国地名汉语拼音字母拼写规则》执行。

少数民族语地名的汉字译写、外国地名的汉字译写，以国家规定的译写规则为标准。

第二十八条　下列范围内应当使用标准地名：

（一）国家机关、团体、企业事业单位和其他各类组织的公告、文件等；

（二）报刊、书籍、广播、电视、地图和信息网络；

（三）标有地名的各类标志、商标、广告、牌匾等；

（四）公开出版发行的电话号码簿、邮政编码册等；

（五）公共场所与公共设施的地名标识；

（六）法律文书、身份证明等各类公文和证件。

第二十九条　建设单位申办建设工程施工许可证、商品房预售许可证、房屋登记证以及申报户籍落户等涉及地名的，应当使用标准地名。

第三十条　县级以上人民政府民政部门负责编纂本行政区域的地名录、地名词典、政区图等标准地名出版物，其他任何单位或者个人不得编纂。

出版或者展示未出版的本行政区域范围内各类地名的地名图、地名图册、地名图集（包括电子版本）等专题图（册）的，在印刷或者展示前，属于全省性的，其试制样图应当报省人民政府民政部门审核；属于地区性的，应当报设区市人民政府民政部门审核，并提交下列材料：

（一）申请书；

（二）试制样图；

（三）所使用的标准地名资料来源说明。

民政部门应当自收到试制样图之日起 20 日内出具审核意见。

第三十一条　县级以上人民政府民政部门应当建立健全地名档案管理制度，建立地名信息系统，加强对地名档案的管理，为社会提供地名信息咨询等公共服务。

第四章　地名标志的设置与管理

第三十二条　地名标志是标示地名及相关信息的标志物。一定区域内的同类地名标志应当统一。

行政区域界位，城镇街、路、巷（里、弄、坊）、楼（院）、门，具有地名意义的交通运输、水利、电力设施，纪念地、旅游胜地以及重要自然地理实体等地方，应当设置地名标志。

第三十三条　行政区域界位，城镇街、路、巷（里、弄、坊）、楼（院）、门牌号以及重要自然地理实体的地名标志，由市、县（区）人民政府民政部门负责设置、维护和管理，所需经费，列入本级人民政府财政预算。

具有地名意义的交通运输、水利、电力设施，纪念地、旅游胜地的地名标志，由各专业主管部门负责设置、维护和管理，所需经费由设置部门承担。

农村的地名标志设置所需经费，由县级人民政府承担。

其他地名标志，由有关部门按职责分工和管理权限负责设置、维护和管理，所需经费由设置部门承担。

第三十四条　新命名的地名，应当在公布后 60 日内设置地名标志。

第三十五条　地名标志的制作、设置，应当符合国家标准。

地名标志的造型、规格及质地由省人民政府民政部门统一规定并监制。

第三十六条　任何单位和个人都有保护地名标志的义务。地名标志应当清晰、完整，禁止玷污、遮挡、毁坏和擅自拆除、移动地名标志。

因施工等原因需要移动、拆除地名标志的，应当事先报该地名标志设置部门同意，并在施工结束前负责恢复原状，所需费用由工程建设单位承担。

第三十七条　县级以上人民政府民政部门应当会同有关部门对地名标志设置、维护和管理情况进行监督检查，发现有下列情形之一的，应当通知地名标志设置部门予以更换：

（一）地名标志未使用标准地名或者样式、书写、拼写，不符合国家标准的；

（二）地名已更名但地名标志未更改的；

（三）地名标志破损、字迹模糊或者残缺不全的。

第五章　罚　则

第三十八条　违反本办法规定，有下列情形之一的，由县级以上人民政府民政部门责令其停止使用，限期改正；逾期不改正的，依法撤销其名称，并处以 4000 元以上 2 万元以下的罚款：

（一）违反地名命名、更名原则或者规定，应当予以更名而未更名的；

（二）擅自对地名进行命名、更名的。

第三十九条　违反本办法规定，未使用标准地名或者未按照国家规定书写、译写、拼写标准地名的，由县级以上人民政府民政部门责令限期改正，逾期不改正的，处以 2000 元以上 1 万元以下的罚款。

第四十条　违反本办法规定，擅自设置地名标志的，由县级以上人民政府民政部门或者有关专业主管部门责令其限期拆除，逾期未拆除的，依法申请强制执行，并处以 4000 元以上 2 万元以下的罚款。

第四十一条　违反本办法规定，涂改、玷污、遮挡和擅自移动、拆除地名标志的，由县级以上人民政府民政部门或者有关专业主管部门责令其限期恢复原状；不能恢复原状或者逾期不恢复原状的，处以 2000 元以上 1 万元以下的罚款。

盗窃、故意损毁地名标志的，由公安机关按照《中华人民共和国治安管理处罚法》的有关规定进行处罚。

第四十二条　民政部门和其他有关部门的工作人员在地名管理工作中玩忽职守、滥用职权、徇私舞弊的，对直接负责的主管人员和其他直接责任人依法给予处分。

第六章　附　则

第四十三条　本办法自 2014 年 7 月 1 日起施行。

江西省地名管理办法

（2011 年江西省人民政府令第 193 号）

第一条 为了加强地名管理，适应城乡建设、社会发展和人民生活的需要，根据国务院《地名管理条例》和有关法律、法规的规定，结合本省实际，制定本办法。

第二条 本办法适用于本省行政区域内地名的命名、更名、标准地名的使用、地名标志的设置以及相关管理活动。

第三条 本办法所称地名包括：

（一）山、河、湖、岛、洲等自然地理实体名称；

（二）省、设区的市、县、县级市、市辖区、乡、民族乡、镇、街道办事处等行政区域名称；

（三）工业园区、保税区、农区、林区、渔区、矿区等专业区名称；

（四）城镇街（路、巷）、住宅小区、居民楼以及自然村等居民地名称；

（五）风景名胜区、旅游度假区、公园、公共广场、文物古迹等游览地、纪念地名称；

（六）具有地名意义的台、站、港、场、码头、铁路、公路、桥梁、隧道、水库、灌溉渠、堤坝、电站等专业设施名称；

（七）具有地名意义的商贸大厦、宾馆饭店、综合性写字楼等建筑物名称。

第四条 县级以上人民政府对地名实行统一管理、分级负责制。

县级以上人民政府民政部门负责本行政区域内的地名管理工作。

县级以上人民政府城乡规划、住房和城乡建设、公安、财政、交通运输、工商行政管理、新闻出版、广播电视等部门，应当按照各自的职责做好地名管理工作。

第五条 地名的命名、更名应当尊重当地地名的历史和现状，保持地名的相对稳定。

地名的命名、更名按照国务院《地名管理条例》的规定实行审批制。任何单位和个人不得擅自对地名进行命名、更名。

第六条　地名命名除应当遵循国务院《地名管理条例》第四条和民政部《地名管理条例实施细则》第八条的规定外，还应当遵循下列规定：

（一）符合城乡规划；

（二）含义健康，符合社会主义道德风尚；

（三）具有地名意义的建筑物、住宅小区的名称，应当与其占地面积、总建筑面积、高度、绿化率相适应；

（四）同一城市内的具有地名意义的建筑物名称不应重名，并避免同音；

（五）一地一名，名实相符，方便使用。

第七条　行政区域名称的命名按照国务院《关于行政区划管理的规定》办理。

第八条　自然地理实体名称的命名按照下列程序和权限审批：

（一）国内外著名的或者涉及省外的山脉、河流、湖泊等自然地理实体名称，由省人民政府民政部门提出申请，经省人民政府审核后，报国务院审批；

（二）省内著名的或者涉及两个以上设区的市之间的自然地理实体名称，由有关设区的市人民政府提出申请，经省人民政府民政部门审核后，报省人民政府审批；

（三）设区的市内著名的或者涉及两个以上县级行政区域的自然地理实体名称，由有关县级人民政府提出申请，经设区的市人民政府民政部门审核后，报设区的市人民政府审批；

（四）县级行政区域内的自然地理实体名称，由所在地县级人民政府民政部门提出申请，报本级人民政府审批。

第九条　居民地名称的命名按照下列程序和权限审批：

（一）城镇街（路、巷）名称的命名，由所在地市、县人民政府民政部门提出申请，报本级人民政府审批；

（二）住宅小区名称的命名，由建设单位在项目立项前报所在地市、县人民政府民政部门审批；

（三）自然村名称的命名，由乡、镇人民政府或者街道办事处提出申请，经县级人民政府民政部门审核后，报县级人民政府审批。

第十条　工业园区、保税区、农区、林区、渔区、矿区等专业区名称的命名，由其主管部门提出申请，经所在地县级以上人民政府民政部门审核后，按照其隶属关系，报县级以上人民政府审批。

第十一条　专业设施名称、游览地和纪念地名称的命名，由有关单位向其专业主管部门提出申请，在征得当地人民政府同意后，由专业主管部门审批。

第十二条　具有地名意义的建筑物名称的命名，由建设单位在项目立项前报所在地市、县人民政府民政部门审批。

第十三条　申请地名命名的，应当提交下列材料：

（一）地理实体的性质、位置、规模；

（二）命名的理由；

（三）拟用地名的用字、拼音、含义、来源；

（四）申报单位和有关方面的意见及相关材料。

审批机关应当自受理申请之日起二十个工作日内作出审批决定；涉及公众利益，需要征求有关方面意见并进行协调的，审批机关应当自受理申请之日起两个月内作出审批决定。不予批准的，应当说明理由。

对新批准的地名，审批机关应当自批准之日起十个工作日内向社会公布。

第十四条　有下列情形之一的，可以更名：

（一）因行政区域调整，需要变更行政区域名称的；

（二）因道路走向发生变化，需要变更路名的；

（三）因产权所有人提出申请，需要变更建筑物名称的；

（四）因路名变更、路型变化或者道路延伸，需要变更楼、门号码的；

（五）经省人民政府或者国务院及其有关部门批准变更地名的。

不符合本办法第六条规定的地名，地名所在地市、县人民政府民政部门应当发出地名更名通知书，有关单位或者个人应当自收到通知书之日起三个月内办理更名手续。

地名更名的申报、审批程序按照本办法规定的地名命名的申报、审批程序进行。

第十五条　经批准的地名为标准地名，下列范围内应当使用标准地名：

（一）涉外协定、文件；

（二）机关、团体、企业、事业单位的公告、文件；

（三）报刊、书籍、广播、电影、电视和信息网络；

（四）城镇街（路、巷）标志，住宅小区标志，建筑物标志，楼、门号码牌，景点指示标志，交通导向标志，公共交通站牌；

（五）商标、牌匾、广告、合同、证件、印信；

（六）公开出版发行的地图、电话号码簿、邮政编码册等地名密集出版物。

第十六条　标准地名应当使用国家公布的规范汉字书写，并以汉语普通话为标准读音。使用汉语拼音拼写时，应当符合国家公布的《汉语拼音方案》和《中国地名汉语拼音字母拼写规则》的规定。

第十七条　县级以上人民政府民政部门和专业主管部门，负责编纂本行政区域或者本系统的各种标准化地名出版物。其他任何单位或者个人不得编纂标准化地名工具图书。

第十八条　县级以上人民政府民政部门应当加强对地名档案的管理，逐步建立地名信息系统，及时更新地名信息，向社会提供地名信息咨询服务。

第十九条　经常被社会公众使用的标准地名，应当设置地名标志。

设置地名标志应当执行国家规定的统一标准，做到美观、大方、醒目、坚固。

第二十条　重要自然地理实体、行政区域、住宅小区、城镇街（路、巷）等地名标志，由县级以上人民政府民政部门负责设置、维护和管理。农村的地名标志由县级人民政府民政部门会同所在地乡、镇人民政府或者街道办事处规划，乡、镇人民政府或者街道办事处负责设置、维护和管理。其他地名标志，由有关部门按照职责分工和管理权限负责设置、维护和管理。

新建住宅小区、城镇街（路、巷）、桥梁、隧道和公共广场的地名标志，应当在工程竣工前设置完成。其他地名标志，应当自地名公布之日起60日内设置完成。

第二十一条　地名标志的设置、维护和管理所需经费，按照下列规定承担：

（一）自然地理实体、行政区域、城镇街（路、巷）的地名标志以及原有的住宅小区、居民楼的地名标志，由本级财政承担；

（二）新建、改建、扩建建设项目的地名标志，列入工程预算，由建设单位承担；

（三）农村的地名标志，由县级人民政府承担；

（四）其他地名标志，由设置单位承担。

第二十二条　任何单位和个人不得涂改、玷污、遮挡、损坏或者擅自移动、拆除地名标志。因施工等原因确需移动、拆除地名标志的，应当事先报所在地县级以上人民政府民政部门或者有关专业主管部门同意，并在施工结束前负责恢复原状，所需费用由工程建设单位承担。

第二十三条　县级以上人民政府民政部门应当会同有关部门对地名标志设置、维护情况进行监督检查，发现有下列情形之一的，应当通知设置单位予以更换：

（一）地名标志未使用标准地名或者样式、书写、拼写不符合国家标准的；

（二）地名已更名但地名标志未更改的；

（三）地名标志破损、字迹模糊或者残缺不全的；

（四）设置位置不当的。

第二十四条 违反本办法规定，有下列情形之一的，由县级以上人民政府民政部门责令限期改正；逾期不改正的，处五百元以上一千元以下罚款：

（一）擅自对地名进行命名、更名的；

（二）不按照第十五条规定使用地名的。

第二十五条 违反本办法第十七条规定，擅自编纂标准化地名工具图书的，由县级以上人民政府民政部门责令限期改正；逾期不改正的，处二千元以上一万元以下罚款。

第二十六条 违反本办法第二十二条规定，涂改、玷污、遮挡、损坏或者擅自移动、拆除地名标志的，由县级以上人民政府民政部门责令限期改正；逾期不改正的，对个人处二百元以下罚款，对单位处五百元以上一千元以下罚款；造成损失的，依法予以赔偿。

第二十七条 从事地名管理工作的人员玩忽职守、滥用职权、徇私舞弊的，由所在单位或者上级行政主管部门给予行政处分；构成犯罪的，依法追究刑事责任。

第二十八条 本办法自 2012 年 2 月 1 日起施行。

山东省地名管理办法

（1998 年山东省人民政府令第 90 号修正）

第一条　为了加强全省地名工作的统一管理，适应社会主义现代化建设的需要，根据国务院发布的《地名管理条例》，结合我省实际情况，制定本办法。

第二条　本办法适用于我省行政区划名称，居民地名称，城镇街道名称，自然地理实体名称，纪念地、游览地名称，各专业部门使用的具有地名意义的台、站、港、场名称，以及其他具有地名意义的人工建筑物等名称。

第三条　全省地名管理工作实行统一归口、分级负责的管理体制。

省、市（地）、县（市、区）地名委员会及其办公室是同级人民政府主管本辖区地名工作的机构。各级地名委员会在业务上接受上级地名委员会的指导。各级地名委员会对各专业部门使用的具有地名意义的台、站、港、场等名称、人工建筑物名称等负有监督管理的责任。

第四条　各级地名委员会的主要职责是：

（一）贯彻并监督执行国家关于地名工作的政策、法规，负责本地区地名的日常管理工作。

（二）负责制定并组织实施本地区地名工作的长远规划和近期计划。

（三）承办地名命名、更名工作，推广和监督标准地名的使用。

（四）组织和检查地名标志的设置和更新。

（五）调查、收集、整理地名资料，建立健全地名档案，开展地名咨询，组织地名书刊的编辑出版。

（六）开展地名学理论研究，总结和推广地名科研成果，培训地名工作干部。

第五条　地名的命名应遵循下列规定：

（一）要方便使用，注意反映当地历史、文化和地理特征，尊重当地群众的愿望及有关部门的意见。

（二）一般不以人名作地名。禁止用国家领导人的名字作地名。

（三）全省范围内县、市以上名称，一个市、地内的乡、镇名称，一个城镇内的街道名称，一个乡、镇内的村庄名称，不应重名，并避免同音。省内著名的山、河、湖泊、岛屿等自然地理实体也应避免重名、同音。

（四）行政区划名称，各专业部门使用的具有地名意义的台、站、港、场以及纪念地、游览地等名称，一般应与当地地名统一。派生地名应与主地名统一。城镇街道名称，要注意相关性、系统性。

（五）新建居民地、城镇街道以及台、站、港、场等必须在施工前按审批程序确定名称。

（六）地名用字要使用规范的简化字，并以一九六四年公布的简化字总表为准。避免使用生僻字。读音要以《新华字典》、《现代汉语词典》为准。

第六条 地名的更名应遵循下列规定：

（一）凡有损我国领土主权和民族尊严的，带有民族歧视性质和妨害民族团结的，带有侮辱劳动人民性质和极端庸俗的，以及其他违背国家方针、政策的地名，必须更名。

（二）"文化大革命"中乱改的地名，原则上要恢复原名。原名不符合命名原则的，应进行妥当处理。

（三）不符合本办法第五条（三）、（四）、（六）款规定的地名，在征得有关方面和当地群众同意后，予以更名。

（四）一地多名，一名多写的，应当确定一个统一的名称和用字。

（五）可改可不改的地名，一般不改，以保持地名的稳定。

第七条 地名命名、更名的审批权限和程序：

（一）县以上行政区划名称，我省境内在国内外著名的或涉及邻省、市的山、河、湖泊、海湾、岛屿等自然地理实体名称，由省地名委员会会同民政、外事等有关部门协商或征求邻省、市意见后，经省政府审查同意，报国务院审批。

（二）乡、镇名称，位于一个市、县境内的不属于本条第一款规定的山、河、海泊、岛屿等自然地理实体名称，由所在市（地）、县（市、区）地名委员会会同民政等有关部门提出意见，经同级人民政府审查后，报省地名委员会审批。

（三）跨市（地）、县（市、区）的不属于本条第一款规定的自然地理实体名称，由相关市（地）、县（市、区）地名委员会协商提出意见，经市、县人民政府审查后，联名报省地名委员会审批。

（四）位处我省境内的台、站、港、场等名称，纪念地、游览地名称，铁路、干线公路和大型以上桥梁、水库、闸坝等人工建筑名称，按隶属关系，由各专业部门提出意见，征得当地或省地名委员会同意后，报专业主管部门审批；报批件和批复件要抄送当地或省地名委员会。

（五）城镇居民地和城镇街道名称，由市、县地名委员会会同城建、民政、公安等部门提出意见，报同级人民政府审批；同时抄报上一级地名委员会和民政部门。

（六）自然村和村民委员会名称，城镇居民委员会名称，由乡、镇人民政府或街道办事处在广泛听取群众意见基础上，研究拟定，报县、区地名委员会审查，由县、区人民政府审批；同时抄报上一级地名委员会和民政部门。

（七）报批地名，要填写统一格式的"地名命名、更名申报表"一式五份。对命名、更名理由，新旧名称涵义、来历，群众意见等项要详细说明。

（八）调整、恢复、注销地名，按地名命名、更名的审批权限和程序办理。

第八条　经各级人民政府批准和审定（含政府授权地名委员会批准和审定）的地名，由同级地名委员会负责汇集出版。其中行政区划名称，民政部门可以汇集出版单行本。

各机关、团体、部队、企业、事业单位使用地名时，都以地名机构或民政部门编辑出版的地名书籍、资料为准，不得擅自改变标准地名的文字书写形式和汉语拼音形式。有关单位公开出版地图、书刊时，不准使用自行收集或地名、民政部门尚未正式公布的地名资料。如公开出版物确需用上述资料时，须经同级地名委员会或民政部门审查、批准。

第九条　中国地名的罗马字母拼写，少数民族语地名、外国地名的汉字译写都要做到规范化，按照中国地名委员会的有关规定执行。

第十条　县以上地名委员会应建立健全地名档案馆（室）。地名档案的保管和使用，要按照中国地名委员会和国家档案局发布的有关规定执行。

第十一条　城镇街道，集镇、村庄，交通要道、岔路口，以及其他有必要设置地名标志的地理实体，均应设置地名标志。地名标志由市（地）、县（市、区）人民政府责成有关部门统一组织设置。

第十二条　对违反本办法规定，擅自确定地名或更改标准地名的，违反第五条第（五）款规定在施工前不按审批程序确定名称的，以及移动或毁坏地名标志的单位和直接责任人员，视其情节轻重，给予批评教育，责令改正，触犯刑律的，依法追究刑事责任。

山东省地名标志管理暂行规定

（鲁政发〔1991〕2 号）

第一条 为加强地名标志管理，适应社会主义现代化建设和社会交往的需要，根据国务院《地名管理条例》和《山东省地名管理办法》的有关规定，制定本规定。

第二条 本规定所称的地名标志，包括：城镇的路、街、巷、胡同名牌，门牌（楼号）；村名牌；标记地名的交通标志牌；标记人工建筑物、自然地理实体、名胜古迹和纪念地名称的名牌；具有地名意义的企事业单位名称的牌匾等。

第三条 地名标志的管理，实行各级人民政府统一领导下的各有关部门和单位分工负责制度。

（一）省界线的重要位置和位于省界的岛屿、沙洲需设置名称标志的，由省民政厅负责。

（二）城区中的城镇标志，路、街、巷、胡同、广场的名称标志，由城建部门负责；城镇中的门牌（楼号）、临街建筑物的名称标志，由县（市、区）地名委员会、公安部门共同负责。

（三）乡、镇、自然村的名称标志，由乡、镇人民政府负责。

（四）企事业单位的名称牌匾由本单位负责。

（五）铁路、公路、水运等营业站、港名称标志，公路交叉路口及沿路集镇、自然村、桥隧等名称标志，分别由铁路、公路、水运部门负责。

（六）河流、水库、水利和水文设施等需设置名称标志的，由水利部门负责。

（七）著名山峰、隘口、湖泊、岛礁等自然地理实体的名称标志，由所在地县（市、区）地名委员会负责。

（八）名胜古迹、纪念地、历史纪念建筑物的名称标志，由其主管部门负责。

（九）游览区内为旅游服务的地名标志，由其主管部门负责。

（十）自然保护区重要位置的地名标志，由保护区管理部门负责。

（十一）其它地名标志，由设置部门负责。

各级地名委员会负责提供标准地名，并对地名标志上所书写的地名实施监督。

地名标志的设置，由负责管理的部门或单位批准后方可办理。其中，不属各级地名委员会办公室批准设置的，须报同级地名委员会办公室备案。

第四条　地名标志的制作，由批准设置的部门或单位负责统一安排。

第五条　地名标志的设置，应本着实用、经济、美观、醒目和牢固的原则，在一定行政区域内应做到式样、用材和位置的统一。

第六条　地名标志上书写的地名应做到标准化、规范化。必须使用经批准的标准名称（或地名委员会出版的标准地名图、地名录、地名志上的地名），不得用繁体字、异体字、自造字拆写。城镇、自然村名称标志上的文字说明，须经县（市、区）地名委员会审核。

第七条　城镇中各类临街建筑物均应设门牌（楼号）。

（一）属拟新建的，必须在建设用地申请被批准后，到县（市、区）地名委员会办公室和公安部门申请办理门牌（楼号）登记。

（二）属新建或改建的，必须到县（市、区）地名委员会办公室和公安部门办理门牌（楼号）登记，未办理登记的，公安部门对住户不予落户；邮电部门对单位和住户不予投递邮件、电报；工商行政管理部门对工商企业单位不予核发营业执照。

第八条　地名标志的更新、拆迁，必须向批准设置的部门或单位申报，经批准后方可办理。由主管部门批准更新、拆迁的，须报同级地名委员会办公室备案。

第九条　地名标志的制作、安装、整修、更新费用，由设置地名标志的主管部门承担；自然村设置标志的费用，由乡、镇人民政府和村民委员会承担；城镇街巷门牌费用，由产权所有者承担；地名标志需拆迁或改动的，其费用由拆迁（改动）单位承担。

第十条　禁止任何单位和个人自行制作街巷名牌、门牌和使用已废止的街巷名牌、门牌。

第十一条　地名标志属公共设施，受法律保护。任何单位和个人不得涂抹、遮盖、损毁地名标志。

第十二条　对违反本规定第九条、第十条情节轻微的，由地名标志管理部门给予批评教育，责令更正、赔偿损失；违反《中华人民共和国治安管理处罚条例》的，由公安机关予以处罚。

第十三条　本规定由省地名委员会负责解释。

第十四条　本规定自发布之日起施行。

山东省门楼牌编制管理办法

（鲁公通〔2006〕48 号）

第一章 总 则

第一条 为进一步加强我省户籍登记，健全、完善城乡门楼牌制度，更好地服务社会行政管理和经济建设，根据国家法律、法规及省政府有关规定，制定本办法。

第二条 门楼牌是公安机关依法确定公民、法人及其他组织居住、工作、生产、经营场所空间位置的法定标识，是公安机关实施户籍登记管理的重要组成部分。

第三条 公安机关是门楼牌管理的主管机关，负责门楼牌的编划、制作、安装等管理工作。

第二章 门楼牌的种类、规格

第四条 门楼牌分门牌、楼牌、平房牌三大类。其中，门牌分大门牌、小门牌、旁门门牌、临时门牌 4 种。楼牌分楼号牌、楼房单元号牌、楼房户号牌 3 种。平房牌分平房排号牌、平房户号牌 2 种。

第五条 大门牌规格为 600mm×400mm，小门牌、临时门牌、旁门门牌规格均为 150mm×90mm。

第六条 楼号牌规格为 900mm×500mm，楼房单元号牌规格为 250mm×130mm，楼房户号牌规格为 100mm×60mm。

第七条 平房排号牌规格为 500mm×250mm，平房户号牌规格为 100mm×60mm。

第三章 门楼牌的版面

第八条 大门牌版面内容为建筑物所临路、街、巷汉字名称、编号和邮政编码。小门牌版面内容为建筑物所临路、街、巷汉字名称、编号。旁门门牌版面内容为建筑物正门所临路、街、巷的汉字名称、正门编号和加注。临时门牌的版面内容为建筑物所临路、街、巷汉字名称、编号和加注。

第九条　院落内未划分区域的楼房的楼号牌版面内容为楼房编号；院落内划分区域的楼房的楼牌版面内容为区域的汉字名称、汉语拼音、编号和邮政编码。楼房单元号牌版面内容为单元编号。楼房户号牌版面内容为户编号。

第十条　平房排号牌版面内容为平房排编号和邮政编码。平房户号牌版面内容为户编号。

第十一条　门楼牌文字、颜色、配置、制作材料一律采用 GB 17733.1—1999 国家标准。门楼牌编号、户编号均使用阿拉伯数字。

第四章　门楼牌的设置

第十二条　机关、团体、企事业单位及以楼房为主的宿舍院落门口设置大门牌。临街的住宅、平房院落、铺面房和村民住宅等门口设置小门牌。同一院落正门以外的附属门，设置旁门门牌。临街的临时性建筑物或院落设置临时门牌。

河南省地名管理办法

（2013 年河南省人民政府令第 156 号）

第一章 总 则

第一条 为加强地名管理，实现地名标准化，适应经济社会发展、国内外交往和人民生活需要，根据《地名管理条例》，结合本省实际，制定本办法。

第二条 本办法适用于本省行政区域内地名的命名、更名与销名、标准地名的使用、地名标志的设置以及相关管理活动。

第三条 本办法所称地名，包括：

（一）山、河、湖、泉、岛、瀑布、滩涂、湿地、草地等自然地理实体名称；

（二）省、省辖市、县（市、区）、乡、镇、街道办事处等行政区划名称；

（三）村民委员会、居民委员会等基层群众性自治组织区域名称；

（四）城市和乡、镇人民政府所在地的道路（街、巷）、自然村等居民地名称；

（五）居民院（楼、门户）和单位的门牌号；

（六）城市新区、产业集聚区、工业区、开发区、保税区、煤田、油田、农区、林区、渔区、矿区等专业区名称；

（七）台、站、港、场、公路、铁路、隧道、水库、渠道、堤坝、电站等专业设施名称；

（八）风景名胜区、旅游度假区、公园、公共广场、文物古迹等纪念地和旅游地名称；

（九）宾馆（酒店）、商场、写字楼等大型建筑物及居民住宅区名称；

（十）其他具有地名意义的名称。

第四条 地名管理工作应当遵循统一管理、分级负责的原则。

县级以上人民政府地名委员会负责对本行政区域地名工作中的重大事项

进行协调，民政部门主管本行政区域地名工作。

公安、财政、旅游、住房城乡建设、国土资源、交通运输、工商行政管理、新闻出版等部门应当按照各自职责做好地名管理工作。

第五条　省辖市、县（市）民政部门应当根据城乡规划编制地名规划，报本级人民政府批准后组织实施。

第二章　地名的命名、更名、销名

第六条　地名的命名、更名与销名应当按照《地名管理条例》和本办法规定的程序和权限审批。任何单位和个人不得擅自对地名进行命名、更名与销名。未经批准的地名不得公开使用。

第七条　地名的命名、更名应当尊重地名的历史和现状，保持地名的相对稳定，对具有重要文化价值和纪念意义的历史地名实行重点保护。

第八条　地名的命名应当遵循下列规定：

（一）有利于人民团结和社会主义现代化建设，尊重当地群众的愿望，与有关各方协商一致；

（二）一般不以人名作地名，禁止使用国家领导人名字、外国人名和外国地名作地名；

（三）同一县（市、区）内的乡、镇名称，同一乡、镇内的自然村名称，同一城市和乡、镇人民政府所在地的道路（街、巷）、公园、公共广场名称，不应重名，并避免同音；

（四）专业设施名称应当与所在地名称相一致；

（五）用字准确、规范，避免使用生僻字，不得使用繁体字、异体字等不规范文字；

（六）地名应当包括专名和通名两部分，不得单独使用通名作为地名，地名中的通名不得叠加使用；

（七）城市和乡、镇人民政府所在地的道路（街、巷）应当按照层次化、序列化、规范化的要求予以命名。

第九条　地名的更名应当遵循下列规定：

（一）凡有损我国领土主权和民族尊严的，带有民族歧视性质和妨碍民族团结的，带有侮辱劳动人民性质和极端庸俗的，以及其他违背国家法律、法规和本办法规定的地名，必须更名；

（二）不符合本办法第八条第（二）项、第（三）项、第（四）项、第（五）项、第（六）项规定的地名，在征得有关方面和当地群众同意后予以更名；

（三）一地多名、一名多写的，应当确定一个统一的名称和用字；

（四）不明显属于上述范围的、可改可不改的和当地群众不同意改的地名，不得更改。

第十条 自然地理实体名称的命名、更名按照下列程序和权限审批：

（一）国内外著名的或者涉及省外的自然地理实体名称，由省民政部门提出意见，经省人民政府审核后报国务院审批；

（二）省内涉及两个以上省辖市行政区域的自然地理实体名称，由有关省辖市人民政府提出申请，经省民政部门审核并提出意见后报省人民政府审批；

（三）省辖市内涉及两个以上县级行政区域的自然地理实体名称，由有关县级人民政府提出申请，经省辖市民政部门审核并提出意见后报省辖市人民政府审批；

（四）县级行政区域内的自然地理实体名称，由所在地县级民政部门提出意见，报本级人民政府审批。

第十一条 行政区划名称的命名、更名，按照国务院《关于行政区划管理的规定》办理。

第十二条 基层群众性自治组织区域名称的命名、更名，经村民会议或者居民会议讨论通过后，由所在地乡、镇人民政府或者街道办事处提请县级民政部门审核；民政部门审核并提出意见后报本级人民政府审批。

第十三条 居民地名称的命名、更名按照下列程序和权限审批：

（一）城市和乡、镇人民政府所在地的道路（街、巷）名称的命名、更名，由所在地省辖市、县（市）民政部门提出申请，报本级人民政府审批；

（二）自然村名称的命名、更名，经村民会议讨论通过后，由所在地乡、镇人民政府或者街道办事处提请县级民政部门审核；民政部门审核并提出意见后报本级人民政府审批。

第十四条 居民院（楼、门户）和单位的门牌号由产权人或者管理人和单位向省辖市、县（市）民政部门提出申请，由民政部门统一编制号码后向申请人发放门牌号。

第十五条 专业区名称的命名、更名按照下列程序和权限审批：

（一）产业集聚区、工业区、开发区、保税区、煤田、油田、农区、林区、渔区、矿区等专业区名称的命名、更名，由专业区管理部门提出申请，经所在地县级以上民政部门审核并提出意见后报本级人民政府审批；

（二）省辖市所辖城市新区名称的命名、更名，由省辖市人民政府提出申请，经省民政部门审核并提出意见后报省人民政府审批。

第十六条 专业设施名称的命名、更名，由专业设施的管理单位向其专业主管部门提出申请，征得所在地人民政府同意后由专业主管部门审批。

第十七条　纪念地和旅游地名称的命名、更名，由纪念地和旅游地的管理单位向其专业主管部门提出申请，征得所在地民政部门同意后由专业主管部门审批。

第十八条　宾馆（酒店）、商场、写字楼等大型建筑物及居民住宅区名称的命名、更名，由其产权人或者管理人将拟用名称向所在地省辖市、县（市）民政部门备案。

第十九条　重要地名的命名、更名应当征求社会公众和有关部门的意见，必要时可以举行听证会。

第二十条　因自然变化、行政区划调整和城乡建设等原因消失的地名，应当按照《地名管理条例》和本办法规定的地名命名、更名的审批程序和权限予以销名。

第二十一条　中华人民共和国成立以前形成的具有历史文化价值和纪念意义的地名为历史地名。

县级以上人民政府应当加强对历史地名的保护，鼓励有关部门、单位和个人积极参与历史地名研究、保护和宣传工作。

县级以上民政部门应当建立历史地名档案和历史地名保护名录，历史地名保护名录中的在用地名不得随意更名。

第三章　标准地名的使用与管理

第二十二条　依照《地名管理条例》和本办法规定批准的地名为标准地名。

标准地名应当使用国家公布的规范汉字书写，并以汉语普通话为标准读音。使用汉语拼音拼写时，应当符合国家公布的《汉语拼音方案》和《中国地名汉语拼音字母拼写规则》的规定。

少数民族语地名应当按照国家有关规定译写。

第二十三条　下列范围内应当使用标准地名：

（一）涉外协定、文件等；

（二）机关、社会团体、企业事业单位、民办非企业单位的公告、文件等；

（三）报刊、书籍、广播、电视、地图和信息网络等；

（四）标有地名的各类标志、牌匾、广告、合同、证件、印信等；

（五）公开出版发行的电话号码簿、邮政编码册等；

（六）办理工商税务登记、户籍管理、房地产管理等事宜。

第二十四条　行政区域、基层群众性自治组织区域、居民地、门牌号、专业区和重要自然地理实体的标准地名出版物，由批准命名、更名的人民政府的民政部门负责编纂。

专业设施、纪念地和旅游地的标准地名出版物，由批准命名、更名的专业主管部门负责编纂。

机关、社会团体、企业事业单位、民办非企业单位等使用地名时，应当以民政部门或者专业主管部门编辑出版的地名书籍为准。

第二十五条　县级以上民政部门应当建立健全地名信息管理系统，加强对地名档案的管理和地理信息系统在地名管理中的应用，为社会提供地名信息公共服务。

第二十六条　县级以上民政部门应当加强地名管理工作，依法对地名使用情况进行监督检查；对检查中发现的不符合《地名管理条例》和本办法规定的地名，应当责令限期改正。

第四章　地名标志的设置与管理

第二十七条　县级以上人民政府应当责成有关部门在必要的地方设置地名标志。

行政区域界位、居民地、门牌号、专业区和重要自然地理实体的地名标志，由民政部门负责设置、维护和管理。

专业设施、纪念地和旅游地的地名标志由其管理单位负责设置、维护和管理。

第二十八条　地名标志设置、维护和管理所需经费，按照下列规定承担：

（一）行政区域界位、居民地、门牌号、专业区和重要自然地理实体的地名标志，由县级以上人民政府承担；

（二）专业设施、纪念地和旅游地的地名标志由设置单位承担。

第二十九条　任何单位和个人不得擅自设置、移动、涂改、遮盖、损毁地名标志。需要移动或者拆除地名标志的，应当与地名标志的设置部门或者单位协商一致，并承担移动或者拆除等相关费用。

第三十条　县级以上民政部门应当会同有关部门对地名标志设置、维护情况进行监督检查，发现有下列情形之一的，应当通知设置部门或者单位予以更换：

（一）地名标志未使用标准地名或者样式、书写、拼写不符合国家标准的；

（二）地名已更名但地名标志未更改的；

（三）地名标志破损、字迹模糊或者残缺不全的。

第五章　法律责任

第三十一条　民政部门和其他有关部门工作人员在地名管理工作中有下列行为之一的，对直接负责的主管人员和其他直接责任人员，由任免机关或者监察机关依法给予处分：

（一）不按照《地名管理条例》和本办法规定的地名命名、更名与销名的程序和权限作出审核意见的；

（二）不按照规定设置地名标志的；

（三）其他滥用职权、玩忽职守、徇私舞弊的行为。

第三十二条　违反本办法规定，有下列行为之一的，由当地县级以上民政部门责令限期改正；逾期不改正的，处以200元以上1000元以下罚款：

（一）擅自对地名进行命名、更名与销名的；

（二）公开使用未经批准的地名的；

（三）擅自设置、移动、涂改、遮盖、损毁地名标志的。

第六章　附　则

第三十三条　本办法自2013年10月15日起施行。

湖北省地名管理办法

（1991 年湖北省人民政府令第 28 号）

第一条 为了加强地名管理，适应社会主义现代化建设和国际国内交往的需要，根据国务院《地名管理条例》，结合我省实际情况，制定本办法。

第二条 本办法所称地名，包括：

（一）山、河、湖、洲、泉、洞以及地域等自然地理实体名称；

（二）地、市、州、县（含县级市、市辖区，下同）、乡、镇、区公所、街道办事处等行政区划名称及村民委员会、居民委员会名称；

（三）农村的自然村、居民点和城镇的街道、巷里、居民区等居民地名称；

（四）气象台、车站、港口、机场、农场、林场、道路、桥梁、水库、矿山、名胜古迹、纪念地等各专业部门使用的具有地名意义的名称。

第三条 省地名委员会负责全省地名管理工作。各地、市、州、县地名委员会负责本行政区域内的地名管理工作。

各级地名委员会的主要职责是：贯彻执行国家关于地名管理的法律、法规、规章和政策；制定本地区地名管理工作的长远规划和近期计划，并组织实施；负责地名命名、更名的申报、审核；协调有关部门在地名管理中的工作关系；监督、检查地名的使用；调查、搜集地名资料；管理地名档案等。

各级地名委员会办公室设在同级民政部门，负责地名管理的日常工作。

第四条 地名管理应从我省地名的历史和现状出发，保持地名的相对稳定。地名需要命名和更名时，必须按照规定的审批权限、程序，报经批准。

第五条 地名的命名应当遵循下列规定：

（一）尊重当地群众意愿，注意反映当地历史、文化和地理环境特点，有利于人民团结；

（二）一般不以人名作地名，禁止用国家领导人的名字作地名；

（三）地、市、州范围内的乡、镇、街道办事处名称，同一城镇的街巷、居民地名称，同一乡、镇的村庄名称，不应重名，并避免同音；

（四）新建的居民区、城镇街道以及台、站、港、场等，应在施工前按审批权限确定名称；

（五）新勘探、开发的地区使用的临时名称，事后应按规定申报，获得批准确认的，可继续使用；未获批准的应及时换用批准确认的新名称；

（六）派生地名应与主地名统一；

（七）避免使用生僻字和易产生歧义的字、词。

第六条 地名的更名应遵循下列规定：

（一）凡有损民族尊严的，带有侮辱劳动人民或民族歧视性质的和不利于民族团结的、庸俗的，以及其他违背国家有关规定的地名，必须更名；

（二）不符合本办法第五条第（二）、（三）、（六）、（七）款规定的，应在征得有关方面和当地群众同意后予以更名；

（三）一地多名，一地名多种写法的，应当确定一个统一的名称和写法；

（四）对于可改可不改的和当地群众不同意改的地名，不要更改。

第七条 地名命名、更名的审批权限和程序：

（一）本省在国内外著名的山、河、湖等自然地理实体，以及跨省的山、河、湖等自然地理实体名称的命名、更名，由省地名委员会提出意见，经省人民政府审查同意，报国务院审批；省内著名的或跨地区的自然地理实体名称的命名、更名，由有关地、市、州地名委员会提出意见，经行署和市、州人民政府同意，报省人民政府审批；地、市、州内跨县的自然地理实体名称的命名、更名，由有关县地名委员会提出意见，经县人民政府同意，报地区行署和市、州人民政府审批；其他自然地理实体名称的命名、更名，由所在县地名委员会提出意见，报县人民政府审批。

有关单位在野外作业或科学考察中，需对无名自然地理实体命名时，由该单位的主管部门提出意见，交当地地名委员会按上述规定的审批权限和程序办理。

（二）行政区划名称的命名、更名，按《国务院关于行政区划管理的规定》办理。

村民委员会、居民委员会名称的命名、更名，由乡、镇人民政府提出意见，经县地名委员会审核，报县人民政府审批。

（三）农村的自然村、居民点名称的命名、更名，由乡、镇人民政府提出意见，经县地名委员会审核，报县人民政府审批；城镇的街道、巷里、居民区等名称的命名、更名，由市、县地名委员会提出意见，报同级人民政府审批。

（四）有关单位使用的具有地名意义的台、站、港、场等名称，由该单位提出意见，在征得当地人民政府同意后，报上级主管部门审批。

上述各级人民政府和地区行署批准的地名，抄送上级地名委员会备案；各专业部门批准的地名，抄送同级地名委员会备案。

第八条 地名命名、更名向上级人民政府和专业主管部门报告的内容应包括：命名、更名的理由，拟废止的旧名和拟采用的新名的涵义、来源，地理概况以及报告单位的意见等。

第九条 各级人民政府和地区行署以及各专业主管部门批准和审定的地名为标准地名，任何单位和个人在使用地名时，都必须以标准地名为准。

标准地名由各级地名委员会负责公布、汇集出版。

各类地名均应按国家确定的规范汉字书写，不用自造字、已简化的繁体字和已淘汰的异体字。地名的汉字字形，以一九六五年文化部和中国文字改革委员会联合发布的《印刷通用汉字字形表》为准。

第十条 少数民族语地名的汉字译写和外国地名的汉字译写，应遵循中国地名委员会的有关规定。

用汉语拼音字母拼写地名，应按中国地名委员会、中国文字改革委员会、国家测绘局颁发的《中国地名汉语拼音字母拼写规则》拼写。

第十一条 各级地名委员会必须按照中国地名委员会和国家档案局公布的《全国地名档案管理暂行办法》以及国家和省其他有关规定，做好地名档案资料的收集、管理和利用工作，及时向社会提供服务。

向国外团体和个人提供未公开的地名资料，必须向省地名委员会提出申请，由省地名委员会统一报经中国地名委员会批准。

第十二条 各级地名委员会应会同城建、交通、公安等有关部门，在城市街巷、集镇、村庄、交通要道、车站、码头以及其他必要的地方设置地名标志，并做好管理工作。

任何单位和个人，不得擅自移动和损坏地名标志。因施工需要移动地名标志时，须经标志主管部门同意。施工单位应在工程结束时负责修复。

第十三条 违反本办法第五条、第六条和第七条规定的原则和审批权限、程序，擅自对地名命名、更名的，上级地名委员会应提出处理意见，报同级政府或送有关主管部门责成下级政府或部门改正。对不使用标准地名和不按规定译、拼写地名的，由地名机构给予批评教育，并责其改正。

上述行为引起民族、民事纠纷，造成后果的，应追究有关人员的行政责任。

第十四条 对故意损坏地名标志，违反《中华人民共和国治安管理处罚条例》的，由公安机关给予适当的处罚。

第十五条 本办法应用中的有关问题，由省地名委员会负责解释。

第十六条 本办法自发布之日起施行。

湖南省地名管理办法

（湘政发〔1987〕12 号）

第一条 为适应社会主义现代化建设的需要，加强对地名的管理，根据国务院《地名管理条例》的规定，结合我省实际情况，制定本办法。

第二条 本办法所称地名，具体指：

（一）自然地理实体名称，包括山、河、湖（洼淀）、岛、礁及地域等名称。

（二）行政区划名称，包括省、市（州）、县（市）、乡、镇及地区、市辖区、县辖区、街道办事处等名称。

（三）居民地名称，包括自然村、中心村、临时居民点，城镇的街巷、居民区等名称。

（四）各专业部门使用的具有地名意义的名称，包括台、站、港、场、道路、桥梁、水库、矿山、大中型工厂以及名胜古迹、纪念地、风景区、自然保护区等。

第三条 全省地名工作实行统一领导，分级管理。省、市（地、州）、县（市、区）地名委员会是同级人民政府（地区行政公署）地名工作的主管部门，其主要职责是：

（一）贯彻执行国家和省有关地名工作的方针、政策和法规，负责本地区地名管理的日常工作。

（二）负责制定本地区地名工作的长远规划和近期计划，并组织实施。

（三）承办除行政区划名称外的地名命名、更名工作。

（四）检查、监督标准地名的使用。

（五）组织检查地名标志的设置和更新。

（六）调查、收集、整理地名资料，建立健全地名档案，做好地名档案资料的保管和保密工作，开展地名咨询服务。

（七）组织指导本地区地名学理论研究，宣传地名知识，编辑出版地名书籍和刊物。

第四条 地名管理应当从我省地名的历史和现状出发，保持地名的相对稳定。地名命名、更名必须依照国务院《地名管理条例》和本办法规定的原则和审批权限报经批准。未经批准，任何单位和个人不得擅自决定。

第五条 地名的命名应遵循下列规定：

（一）有利于人民团结和社会主义现代化建设，尊重当地群众的愿望，与有关各方协商一致。

（二）便于使用，注意反映当地历史、文化和地理特征。

（三）一般不以人名作地名。禁止用国家领导人的名字作地名。

（四）全省范围内的县、市以上名称，一个县、市内的乡、镇名称，一个乡、镇内的村庄名称，一个城镇内的街巷名称和居民区名称，不应重名，并避免同音。

（五）乡、镇名称及各专业部门使用的具有地名意义的台、站、港、场等名称，一般应当与当地地名统一。

（六）避免使用生僻或易产生歧义的字。

第六条 地名的更名应遵循下列规定：

（一）凡有损我国领土主权和民族尊严的，带有民族歧视性质和妨碍民族团结的，带有侮辱劳动人民性质和极端庸俗的，以及其它违背国家方针、政策的地名，必须更名。

（二）不符合本办法第五条（四）、（五）、（六）项规定的地名，在征得有关方面和当地群众同意后，予以更名。

（三）一地多名，一名多写的，应当确定一个统一的名称和用字。

（四）不明显属于上述范围的、可改可不改的和当地群众不同意改的地名，不要更改。

第七条 地名命名、更名审批权限和程序如下：

（一）自然地理实体的命名、更名：本省在国内外著名或涉及两个省（自治区）以上的，由省人民政府提出意见，报国务院审批；省内著名或跨市（地、州）的，由相关市（州）人民政府或地区行政公署提出意见，报省人民政府审批；市（地、州）内著名或跨县（市、区）的，由相关县（市、区）人民政府提出意见，报市（州）人民政府或地区行政公署审批；县（市、区）内的，由有关部门提出意见，报县（市、区）人民政府审批。

（二）行政区划名称的命名、更名，由民政部门按照国务院《关于行政区划管理的规定》办理。

（三）居民地、城镇街巷的命名、更名，由区、镇（乡）人民政府或主管部门提出意见，报市、县人民政府审批。

（四）各专业部门使用的具有地名意义的名称，按隶属关系，由专业部门提出意见，征得当地或省地名委员会同意后，报专业主管部门审批，抄送当地或省地名委员会备案。

第八条 经各级人民政府或专业主管部门批准和审定的地名，由同级地名委员会负责汇集出版，其中行政区划名称，民政部门可汇集出版单行本。

编辑出版地方性标准地名出版物，应先征得同级地名委员会的同意，报上一级地名委员会审定，交国家批准的专业出版社出版。

各机关、团体、部队、企业、事业单位使用地名时，以地名委员会或民政部门编辑出版的地名书籍为准。

第九条 少数民族语地名的汉字译写，外国地名的汉字译写，应遵守中国地名委员会制定的译写规则。

第十条 中国地名的罗马字母拼写，以国家公布的"汉语拼音方案"作为统一规范。应当遵守中国地名委员会制定的拼写规则。

第十一条 地名档案管理，遵照中国地名委员会和国家档案局的有关规定执行。

第十二条 地名标志的设置和管理：

（一）各级人民政府应责成有关部门在城镇街巷、集镇、村庄、交通路口、车站、码头、游览地以及其它有必要设置地名标志的地理实体设置地名标志。

（二）地名标志上的地名，必须是标准地名，其书写形式必须经市（地、州）、县（市、区）地名委员会审定。

（三）城镇街道地名标志的设置和管理，由城建（市政）部门负责。

（四）铁路、公路、车站、码头等地名标志的设置和管理，分别由其主管部门负责。

（五）企、事业单位地名标志的设置和管理，由本单位负责。

（六）城镇街巷、住宅区、居民点中门牌的编订或更换，由公安部门负责。

（七）村庄和自然地理实体地名标志的设置和管理，由市（地、州）、县（市、区）人民政府（地区行政公署）责成有关部门负责。

第十三条 对违反本办法规定，擅自命名、更名，擅自移动、毁坏地名标志的，由管理部门给予批评教育或责令赔偿；情节严重的，由公安机关按《中华人民共和国治安管理处罚条例》第二十五条（五）项处罚。

第十四条 本办法由省地名委员会负责解释。

第十五条 本办法自公布之日起施行。湖南省人民政府1981年8月6日发布的《关于地名、更名的若干规定》同时废止。

广东省地名管理条例

（2007 年广东省人大常委会通过）

第一章 总 则

第一条 为加强地名管理，适应城乡建设、社会发展和人民生活需要，根据有关法律法规，结合本省实际，制定本条例。

第二条 本条例适用于本省行政区域内地名的管理。

第三条 本条例所称地名，是指用作标示方位、地域范围的地理实体名称，包括：

（一）山、河、湖、海、岛礁、沙滩、滩涂、湿地、岬角、海湾、水道、关隘、沟谷、地形区等自然地理实体名称；

（二）行政区划名称，包括各级行政区域名称和各级人民政府派出机构所辖区域名称；

（三）圩镇、自然村、农林牧渔场、盐场、矿山及城市内和村镇内的路、街、巷等居民地名称；

（四）大楼、大厦、花园、别墅、山庄、商业中心等建筑物、住宅区名称；

（五）台、站、港口、码头、机场、铁路、公路、水库、渠道、堤围、水闸、水陂、电站等专业设施名称；

（六）风景名胜、文物古迹、纪念地、公园、广场、体育场馆等公共场所、文化设施名称；

（七）交通道路、桥梁、隧道、立交桥等市政交通设施名称；

（八）其他具有地名意义的名称。

第四条 各级人民政府应当按照国家规定对地名实施统一管理，实行分类、分级负责制。

各级人民政府民政部门主管本行政区域内的地名管理工作。

各级人民政府国土、建设、城管、规划、房管、公安、交通、财政、工商、市政等部门应当按照各自职责做好地名管理工作。

第五条　市、县民政部门应当根据城乡总体规划，会同有关部门编制本级行政区域的地名规划，经同级人民政府批准后组织实施。

地名规划应当与城乡规划相协调。

第六条　县级以上人民政府应当按照国家规定建立健全地名档案的管理制度。

第二章　地名的命名、更名与销名

第七条　地名的命名、更名应当尊重当地地名的历史和现状，保持地名的相对稳定。

第八条　地名的命名应当遵循下列原则：

（一）不得损害国家主权、领土完整、民族尊严和破坏社会和谐；

（二）符合城乡规划要求，反映当地历史、地理、文化和地方特色；

（三）尊重群众意愿，与有关各方协商一致。

第九条　地名的命名应当符合下列要求：

（一）省内重要的自然地理实体名称，同一县（市、区）内的乡、镇、街道办事处名称，同一乡、镇内自然村名称，同一城镇内的路、街、巷、建筑物、住宅区名称，不应重名、同音；

（二）不得以著名的山脉、河流等自然地理实体名称作行政区划名称；自然地理实体的范围超出本行政区域的，不得以其名称作本行政区域名称；

（三）乡、镇名称应当与其政府驻地名称一致，街道办事处名称应当与所在街巷名称一致；

（四）道路、街巷、住宅区应当按照层次化、序列化、规范化的要求予以命名；

（五）以地名命名的台、站、港口、码头、机场、水库、矿山、大中型企业等名称应当与所在地的名称一致；

（六）一般不以人名作地名，禁止使用国家领导人的名字、外国人名、外国地名作地名。

第十条　地名的命名应当符合下列规范：

（一）使用规范的汉字，避免使用生僻或易产生歧义的字；

（二）地名应当由专名和通名两部分组成，通名用字应当能真实地反映其实体的属性（类别）；

（三）不得使用单纯序数作地名；

（四）禁止使用重叠通名。

第十一条　地名通名的使用应当符合国家和省的有关规定。

建筑物、住宅区地名通名的使用应当具备与通名相适应的占地面积、总建筑面积、高度、绿地率等。

建筑物、住宅区地名通名的命名规范由省人民政府另行制定。

第十二条 地名的冠名权不得实行有偿使用，但法律、行政法规另有规定的除外。

第十三条 地名的更名应当遵循下列规定：

（一）不符合本条例第八条第（一）项规定的地名，必须更名；

（二）不符合本条例第九条第（一）、（三）、（五）项和第十条第（一）项规定的地名，在征得有关方面和当地群众同意后更名；

（三）一地多名，一名多写，应当确定一个统一的名称和用字。

不属于前款规定范围，可改可不改的或者当地群众不同意改的地名，不予更改。

第十四条 地名的命名、更名应当进行充分论证，必要时应当举行听证会。

第十五条 因自然变化、行政区划的调整和城乡建设等原因而消失的地名，当地地名主管部门或者专业主管部门应当予以销名。

第三章 地名的申报与许可

第十六条 地名的命名、更名应当按照规定的程序进行申报与许可，任何单位、组织和个人不得擅自对地名进行命名、更名。

未经批准命名、更名的地名，不得公开使用。

第十七条 自然地理实体名称的命名、更名按照下列程序和权限实施许可：

（一）国内著名的或者涉及省外的自然地理实体名称的命名、更名，由省地名主管部门提出申请，经省人民政府审核后，报国务院审批；

（二）省内著名的或者涉及市与市之间的自然地理实体名称的命名、更名，由有关市人民政府提出申请，经省地名主管部门审核并征求相关市人民政府的意见后，报省人民政府审批；

（三）地级以上市内著名的或者涉及市内县（市、区）之间的自然地理实体名称的命名、更名，由有关县（市、区）人民政府提出申请，经地级以上市地名主管部门审核并征求相关县（市、区）人民政府的意见后，报本级人民政府审批；

（四）县级行政区域范围内的自然地理实体名称的命名、更名，由主管部门提出申请，经所在地地名主管部门审核后报本级人民政府审批。

第十八条　行政区划名称的命名、更名，按照国家有关行政区划管理的规定办理。

第十九条　居民地名称的命名、更名，按照下列程序和权限实施许可：

（一）圩镇、自然村名称的命名、更名，由乡镇人民政府或者街道办事处提出申请，经县级地名主管部门审核后报本级人民政府审批；

（二）村镇内的路、街、巷名称的命名、更名，由所在地乡镇人民政府提出申请，报县级以上地名主管部门审批；

（三）城市内的路、街、巷名称的命名、更名，由规划部门提出申请，经所在地地名主管部门审核后，报市、县人民政府审批；

（四）农林牧渔场、盐场、矿山名称的命名、更名，由有关单位向其专业主管部门提出申请，经征得所在地地名主管部门同意后，由专业主管部门审批。

第二十条　建筑物、住宅区名称的命名、更名，建设单位应当在申请项目用地时提出申请，由所在地县级以上地名主管部门审批。

以国名、省名等行政区域名称冠名的建筑物、住宅区的命名、更名，建设单位应当向所在地地名主管部门提出申请，由受理申请的地名主管部门报省地名主管部门核准。

第二十一条　专业设施名称，公共场所和文化设施名称的命名、更名，由该专业单位向其专业主管部门提出申请，征得所在地地名主管部门同意后，由专业主管部门审批。

第二十二条　市政交通设施名称的命名、更名，由规划部门提出申请，经所在地地名主管部门审核后，报市、县人民政府审批。

第二十三条　申请地名命名、更名，应当提交下列材料：

（一）地理实体的性质、位置、规模；

（二）命名、更名的理由；

（三）拟用地名的用字、拼音、含义；

（四）申报单位和有关方面的意见及相关材料。

地名的命名、更名，受理机关自受理申请之日起二十个工作日内作出是否准予许可的决定；但涉及公众利益，需要征求有关方面意见并进行协调的，受理机关自受理申请之日起两个月内作出是否准予许可的决定。

第二十四条　经批准命名、更名和销名的地名，批准机关应当自批准之日起十五个工作日内向社会公布，并按程序报省地名主管部门备案。

第四章　标准地名的使用

第二十五条　经批准的地名为标准地名。标准地名由地名主管部门向社会公布并负责编纂出版。

下列范围内必须使用标准地名：

（一）涉外协定、文件；

（二）机关、团体、企事业单位的公告、文件；

（三）报刊、书籍、广播、电视、地图和信息网络；

（四）道路、街、巷、楼、门牌、公共交通站牌、牌匾、广告、合同、证件、印信等。

第二十六条 地名的书写、译写、拼写应当符合国家有关规定。

第二十七条 建设单位申办建设用地手续和商品房预售证、房地产证及门牌涉及地名命名、更名的，应当向国土、规划、房管、公安部门提交标准地名批准文件。

第二十八条 地名类图（册）上应当准确使用标准地名。

公开出版有广东省行政区域范围内各类地名的地名图、地名图册、地名图集（包括电子版本）等专题图（册），属于全省性的，出版单位应当在出版前报省地名主管部门审核；属于地区性的，报所在地地名主管部门审核。

办理地名类图（册）审核手续，应当提交下列材料：

（一）地名类图（册）核准申请书；

（二）试制样图（册）；

（三）编制地名类图（册）所使用的资料说明。

地名主管部门应当自受理申请之日起一个月内作出是否准予许可的决定。

第五章 地名标志的设置与管理

第二十九条 行政区域界位、路、街、巷、住宅区、楼、门、村、交通道路、桥梁、纪念地、文物古迹、风景名胜、台、站、港口、码头、广场、体育场馆和重要自然地理实体等地方应当设置地名标志。

第三十条 各级人民政府应当按照国家有关标准设置地名标志。地名标志的设置由所在地地名主管部门统一组织，各有关部门按照管理权限和职责负责设置、维护和更换。

地名标志牌应当符合国家标准。地名标志牌上的地名，应当使用标准地名，并按规范书写汉字、标准汉语拼音。

第三十一条 任何组织和个人不得擅自移动、涂改、玷污、遮挡、损毁地名标志。因施工等原因需要移动地名标志的，应当事先报所在地县以上地名主管部门或者有关专业主管部门同意，并在施工结束前负责恢复原状，所需费用由工程建设单位承担。

第六章　法律责任

第三十二条　违反本条例，有下列行为之一的，由当地县级以上地名主管部门按照下列规定处罚：

（一）擅自对地名进行命名、更名的，责令限期改正，逾期不改正的，依法撤销其名称，并处以一千元以上一万元以下罚款；

（二）公开使用未经批准的地名的，责令限期改正，逾期不改正的，处以一千元以上一万元以下罚款；

（三）未按国家规定书写、译写、拼写标准地名的，责令限期改正，逾期不改正的，处以一百元以上五百元以下罚款；

（四）未经地名主管部门审核擅自出版与地名有关的各类图（册）的，责令限期补办手续，逾期不补办的，处以二千元以上一万元以下罚款；未使用标准地名，情节严重的，责令其停止出版和发行，没收出版物，并可处以出版所得两至三倍罚款；

（五）擅自涂改、玷污、遮挡、损坏、移动地名标志，责令限期改正，逾期不改正的，处以五百元以上二千元以下罚款；造成损失的，责令赔偿。

第三十三条　盗窃、故意损毁地名标志的，由公安部门依法处理；构成犯罪的，依法追究刑事责任。

第三十四条　地名主管部门和其他有关行政部门有下列行为之一的，对负责的主管人员和其他直接责任人员，视情节轻重，由其上级主管部门或者所在单位给予处分；构成犯罪的，依法追究刑事责任：

（一）对符合条件的地名命名、更名或者地名类图（册）申请不依法予以许可的；

（二）对不符合条件的地名命名、更名或者地名类图（册）申请予以许可的；

（三）无法定事由，不在规定期限内作出是否准予许可的决定的；

（四）利用职权收受、索取财物的；

（五）其他滥用职权、徇私舞弊的行为。

第七章　附　则

第三十五条　本条例自 2008 年 1 月 1 日起施行。

广西壮族自治区地名管理规定

（1990 年广西壮族自治区人民政府令第 2 号）

第一条 为了加强地名管理工作，适应社会主义现代化建设和社会交往的需要，根据国务院《地名管理条例》，结合我区实际情况，制定本规定。

第二条 本规定所称地名，是指：

行政区划名称，包括：自治区、地区、市、县（市辖区）、乡、镇、街道办事处、村公所、居民委员会等名称；

居民地名称，包括：自然村（屯）、片村、城镇、街道、巷里、居民区、区片等名称；

各专业部门使用的具有地名意义的台、站、港、场、企业、事业单位，及其它具有地名意义的水利、交通、矿山、电力设施、公共设施、名胜古迹、游览地、纪念地、自然保护区等名称；

自然地理实体名称，包括：山、河、湖、海、岛、礁、滩、地域等名称。

第三条 各级地名委员会是同级人民政府管理本行政区域内地名工作的主管部门，其办事机构负责日常工作。

全区地名工作实行统一管理，分级负责，在业务上接受上级地名委员会的指导。

第四条 各级地名委员会的主要工作职责是：

（一）贯彻执行国家和自治区关于地名工作的方针、政策、法律和法规；

（二）制定本地区地名工作的长远规划和年度计划，并组织实施；

（三）承办本地区地名的命名、更名、审核、呈报工作；

（四）监督、检查标准地名的使用，发现问题及时向有关部门提出修正意见；

（五）负责本地区地名档案的管理及地名资料的收集、整理、保存、鉴定、统计工作，并提供使用；

（六）组织、检查地名标志的设置和更新；

（七）编辑出版各种地名资料、书刊、图册和挂图等；

（八）组织开展地名学理论研究，定期交流研究成果。

第五条　地名管理应当从我区地名的历史和现状出发，保持地名的相对稳定，必须命名和更名时，应按照本规定的原则及审批权限报经批准。未经批准的，任何单位和个人不得擅自命名或更改地名。

第六条　地名的命名应遵循下列规定：

（一）有利于民族团结和社会主义现代化建设，尊重当地群众的愿望，与有关各方充分协商取得合适的命名；

（二）一般不以人名作地名，禁止使用国家领导人的名字作地名；

（三）本自治区范围内县以上各级行政区划名称，一个地区、市、县内的乡、镇名称，一个乡内的村公所名称，一个村公所内自然村名称，一个城镇内的街、巷和区片名称，隶属关系相同的台、站、港、场、水利、交通、矿山、电力设施和公共设施等不应重名，并避免同音；

（四）乡、镇名称一般应与其政府驻地名称一致；

（五）凡以地名命名的台、站、港、场及人工建筑物等名称应与当地的地名一致；

（六）地名的命名要简明确切，含义健康，用字规范，避免使用生僻字；

（七）一般不用序数命名。

第七条　有下列情形之一的地名，应当更名：

（一）有损我国领土主权和民族尊严的；

（二）带有民族歧视性质和妨碍民族团结的；

（三）带有侮辱劳动人民性质和极端庸俗的；

（四）不符合本规定第六条第（三）、（四）、（五）、（六）、（七）项，有关部门及当地群众同意更名的；

（五）一地多名或者一名多写的；

（六）少数民族语地名音译不准、用字不当的；

（七）其他违背国家方针、政策的。

第八条　地名命名、更名的审批权限和程序如下：

（一）行政区划名称的命名、更名，按照国务院《关于行政区划管理的规定》，由民政部门办理；

（二）国内外著名的或涉及两个省（自治区）以上的山脉、河流等自然地理实体名称，由自治区人民政府提出意见，报国务院审批；

（三）边境地区涉及国界线走向和海上涉及岛屿归属界线以及载入边界条约和议定书中的自然地理实体名称和居民地名称，由自治区人民政府提出意见，报国务院审批；

（四）本自治区内著名的或涉及两个地区（市）以上不属于本条第

（二）、（三）项的自然地理实体名称，由有关地区行署或市人民政府提出意见，经自治区地名委员会审查后，报自治区人民政府批准；

（五）地区、市内著名的或涉及到两个县（市）以上不属于本条第（四）项的自然地理实体名称，由有关县、（市）人民政府提出意见，经地区、市地名委员会审查后，报地区行署或市人民政府批准；

（六）自然村（屯）名称，由所在乡、镇人民政府提出意见，经县（市）地名委员会审核后，报县（市）人民政府批准；

（七）城镇街道、巷里、居民区等名称，由所在镇、市辖区人民政府提出意见，经市、县地名委员会审核后，报市、县人民政府批准；

（八）各专业部门使用的具有地名意义的台、站、港、场、企业事业单位、名胜古迹、游览地、纪念地及具有地名意义的水利、交通、矿山、电力设施和公共设施等重要人工建筑物名称，经当地地名委员会审查，并征得当地人民政府同意后，由专业主管部门审批，抄送自治区和当地地名委员会备案；

（九）各专业部门在野外作业或科学考察中，需要对尚无名称的自然地理实体进行命名时，由专业部门提出意见，经当地地名委员会审查后，按审批权限和程序办理。

第九条 报批地名命名、更名，应写出文字报告，并填写《广西壮族自治区地名命名、更名申报表》，按规定程序报批。

地区行署，市、县人民政府审批的地名，应报自治区地名委员会备案。

第十条 地名命名、更名一经批准，各级地名委员会和有关部门要将废止名称和启用名称及时通告有关单位。未经批准的地名不得使用。

第十一条 少数民族语地名的汉字译写，外国地名的汉字译写，应当遵照中国地名委员会制定的译写规则，做到译写规范化。

第十二条 中国地名的罗马字母拼写，应当遵照中国地名委员会制定的拼写细则，以国家公布的《汉语拼音方案》作为统一规范。

第十三条 经各级人民政府和专业部门批准和审定的地名，由地名委员会负责汇集出版。其中行政区划名称，民政部门可以汇集出版单行本。

出版外国地名译名书籍，必须经中国地名委员会审定。

各地区、市、县出版标准地名书籍，应由本级地名委员会组织编纂，报自治区地名委员会审定。

全区性公开版地图上的地名，由自治区地名委员会审查；地区性公开版地图上的地名，由所属地区、市、县地名委员会审查。

各机关、团体、部队、企业、事业单位使用地名时，都应以地名委员会或民政部门编辑出版的地名书籍为准。

第十四条　地名档案的管理，按照中国地名委员会和国家档案局的有关规定执行。

全区地名档案工作实行由自治区地名委员会统一指导，各级地名委员会分级管理的原则，在档案业务上接受各级档案管理机关的指导、检查。

第十五条　地名标志的设置和管理：

（一）在城镇街道、居民区、圩镇、村屯、主要交通路口、车站、码头、游览地、人工建筑物及重要的自然地理实体等显著的地方，设置地名标志，标志牌上的地名名称用汉字、汉语拼音文字书写；在壮族聚居的地方，还应用壮文书写。地名标志上的地名，必须是标准的地名，其书写形式必须经市、县地名机构审定。

（二）城镇街道地名标志的设置与管理由城建部门负责。

（三）铁路、公路、车站、码头等地名标志设置与管理由其主管部门负责。

（四）企业、事业单位地名标志的设置和管理，由本单位负责。

（五）城镇街道、住宅区、居民点中的门牌编订或更换，由公安部门负责。

（六）村屯、自然地理实体、人工建筑物等，地名标志的设置和管理由市、县人民政府责成有关部门负责。

（七）任何单位和个人都必须维护地名标志。因建设需要移动地名标志时，须征得管理部门的同意，并于工程完工后按管理部门的要求安装好。

第十六条　对擅自毁坏和移动地名标志的，由管理部门给予批评或给予经济制裁；违反治安管理的，由公安机关按《中华人民共和国治安管理处罚条例》处罚。

第十七条　本规定由广西壮族自治区地名委员会负责解释。

第十八条　本规定自发布之日起施行。

海南省地名管理办法

（2010 年海南省人民政府令第 230 号修正）
1994 年海南省人民政府令第 56 号发布实施
根据 2010 年 8 月 23 日海南省人民政府关于修改
《海南省植物检疫实施办法》等 38 件规章的决定修改

第一条 为加强对本省地名的管理，适应社会主义现代化建设和国际交往的需要，根据国务院发布的《地名管理条例》，结合本省实际，制定本办法。

第二条 本办法所称地名包括：行政区划名称；居民地名称；街巷（含门牌）等人文地理实体名称；山脉、河流、湖泊、岛礁等自然地理实体名称；各专业部门使用的具有地名意义的台、站、港、场、桥梁、公路、渡口、水库、纪念地、名胜古迹、开发区等名称。

第三条 凡在本省范围内命名地名或更改地名的，适用本办法。

第四条 本省各级民政部门是地名管理的行政主管部门，在同级人民政府领导下，统一管理本辖区的地名工作。其主要职责是：

（一）依照国家和省有关地名工作的法律、法规、规章，承办地名工作业务；

（二）承办本辖区地名命名或更名工作；

（三）指导、协调各专业部门使用的地名命名或更名工作；

（四）监督、管理本辖区标准地名的使用；

（五）组织实施本辖区地名标志的设置；

（六）搜集、整理、编写、储存标准地名资料，管理本辖区地名档案，为有关单位或个人提供地名资料；

（七）编辑出版地名书刊，负责地图和其他公开出版物中地名的审定工作。

第五条 地名管理应当从我省地名的历史和现状出发，保持地名的相对稳定。地名的命名或更名，应当按照本办法的规定报批，未经批准，任何单位和个人不得擅自决定。

第六条　地名的命名应当遵循下列规定：

（一）符合城乡建设总体规划要求，反映当地历史、文化和地理特征，含义健康，用字规范，避免使用生僻字或易生歧义的字；

（二）少数民族语地名的汉字译写，应当做到规范化；译写规则，应当符合国家有关规定；

（三）不以国家领导人的名字命名地名；

（四）全省范围内重要自然地理实体名称，一个市、县、自治县内的乡、镇、街道办事处名称，一个乡、镇内的村庄名称，一个城镇内的路、街、巷、居民区名称不应当重名，并避免使用同音字；

（五）各专业部门使用的具有地名意义的台、站、港、场等名称，一般应当与当地地名相统一；

（六）新建的居民区、城镇街道、开发区和较大的人工建筑，在规划时要拟定名称，报建时应当由地名管理行政主管部门正式命名，正式命名不受拟定名称的限制。

第七条　地名正式命名后，由地名管理行政主管部门向社会公布。

第八条　地名的更名应当遵循下列规定：

（一）凡有损我国领土主权和民族尊严的，带有民族歧视性质和妨碍民族团结的地名，必须更名；

（二）一地多名，一名多写的，应当确定其中一个为标准名称；

（三）不符合本办法第六条规定的地名，予以更名；

（四）不明显属于上述范围的，可改可不改的地名，不要更名。

第九条　地名更名后由地名管理行政主管部门向社会公布，并同时宣布旧地名禁止使用。

第十条　地名命名、更名的审批权限和程序是：

（一）凡国务院《地名管理条例》规定需报国务院审批的地名命名、更名事项，均由省人民政府报国务院审批；

（二）省内著名的或涉及两个以上市、县、自治县的自然地理实体名称，由有关市、县、自治县人民政府提出方案，报省人民政府审批；

（三）村庄、居民地名称，由乡、镇、市辖区人民政府申报，经市、县、自治县地名管理行政主管部门审核报同级人民政府审批；

（四）各专业部门使用具有地名意义的台、站、港、场、桥梁、公路、港口、水库等名称，县级以上部门管理的纪念地、名胜古迹、游览地名称，由业务主管部门申报，经当地地名管理行政主管部门审核报同级人民政府审批；

（五）城镇街道名称，由所在地的市、县地名管理行政主管部门提出方案，报同级人民政府审批；

（六）大型水库、大型桥梁、省批准的开发区的命名、更名，由其主管部门提出方案，经省地名管理行政主管部门审核并做出意见，报省人民政府审批。

第十一条　注销和恢复地名，按地名命名、更名的审批权限和程序办理。

第十二条　进行地名命名或更名，由申报部门或单位统一填写《海南省地名命名、更名申报表》，详细说明命名或更名根据、新旧名称涵义、来历等。

第十三条　本省各级地名管理行政主管部门负责在城镇、街、路、巷、村寨、交通要道、名胜游览地、纪念地和重要自然地理实体等地方设置地名标志，并对地名标志的制作、安装和管理负有检查监督的责任。

第十四条　设置地名标志，应当遵守如下规定：

（一）地名标志牌上的地名，必须是标准地名；地名标志的规格应当与地名所代表的实体协调，同类地名的标志应统一；

（二）地名标志牌的设置、书写格式必须规范，具体标准遵照国家标准化委员会公布的相关标准；

（三）地名更名后要及时更换地名标志，需要移动地名标志的，须经地名管理行政主管部门同意，并按要求移动和复原。

第十五条　地名标志是国家法定标志物，任何机关、团体和个人都有保护地名标志的义务。对擅自移动、毁损地名标志的，由公安部门按照《中华人民共和国治安管理处罚法》予以处理。对严重毁损地名标志，造成经济损失的，由直接责任者赔偿。

第十六条　本办法由海南省民政厅负责解释。

第十七条　本办法自发布之日起施行。

重庆市地名管理条例

（2011 年重庆市人大常委会修正）

2000 年 9 月 29 日重庆市第一届人民代表大会常务委员会第二十七次
会议通过，2010 年 7 月 23 日重庆市第三届人民代表大会常务委员会
第十八次会议第一次修正，2011 年 11 月 25 日重庆市第三届人民代表
大会常务委员会第二十八次会议第二次修正

第一章　总　则

第一条　为加强和规范地名管理，根据国务院《地名管理条例》，结合本市实际，制定本条例。

第二条　本市行政区域内地名的命名与更名、标准地名的使用、地名标志的设置与管理等适用本条例。

第三条　本条例所称地名是：

（一）行政区划名称，指区县（自治县）、乡（镇）和街道办事处所辖区域名称；

（二）自然地理实体名称，指山、河、湖、峡、泉、溪、洞、滩、水道、地形区等名称；

（三）居民地名称，指道、路、街、巷、居民住宅区、楼群（门、户）、集镇、自然村（寨）、村名称；

（四）专（行）业部门使用的具有地名意义的名称，指铁路、公路、机场、桥梁、隧道、索道、水库和各类台、站、港、场、码头和名胜古迹、纪念地、游览地以及企业事业单位名称；

（五）建筑物名称，指以地名冠名的大型建筑物名称。

第四条　市和区县（自治县）民政部门主管本行政区域的地名工作，贯彻执行地名管理的法律、法规，负责本行政区域地名的规划和地名的命名、更名的审核报批工作，规范地名标志的设置和管理，负责标准地名图书资料的审定，依本条例查处违法行为。

乡（镇）人民政府、街道办事处所辖区域的地名管理工作，接受上级民

政部门的业务指导和监督。

建设、规划、公安、市政等有关部门，应配合做好地名管理工作。

第五条 地名档案由市民政部门统一指导，市和区县（自治县）民政部门分级管理，业务上接受同级档案管理部门的指导、监督。

第二章 地名的命名与更名

第六条 地名的规划、命名、更名应广泛征求当地居民和有关专家的意见，地名设置的密度应适当、合理，尊重历史，保持地名的相对稳定。

第七条 地名命名除遵循国务院《地名管理条例》第四条的规定外，还应遵守下列规定：

（一）符合城市规划和地名规划要求，反映历史、文化和地理特征，用字规范，含义健康，使用方便；

（二）本市乡（镇）和街道办事处所辖区域名称，一个乡（镇）内村和居民委员会的名称，一个区县（自治县）内道、路、街、巷、居民住宅区、建筑物名称，市内著名的和重要的自然地理实体名称，不应重名，并避免同音；

（三）乡（镇）、街道办事处一般应以乡（镇）人民政府驻地和街道办事处所在街巷名命名；

（四）新建和改建的城镇道、路、街、巷、居民区应按照规范化的要求予以命名。

第八条 标准地名原则上由专名和通名两部分组成，通名用字应反映所称地理实体的地理属性（类别），不单独使用通名词组作地名。

地名用字应规范，避免使用生僻字，汉字字形和字音应符合国家规定的标准。

汉语地名的汉语拼音字母，按《中国地名汉语拼音字母拼写规则（汉语地名部分）》拼写。

少数民族语地名的命名、更名的用语规范，按国家有关规定执行。

禁止用外文拼写地名。

第九条 地名更名除遵循国务院《地名管理条例》第五条规定外，凡不符合本条例第七条规定的，应予更名。

第十条 凡符合本条例地名命名规定的属于政府投资的居民住宅区、建筑物，可实行地名冠名权有偿使用。具体实施办法由市人民政府另行规定。

第十一条 禁止擅自进行地名命名和随意更改地名。

第十二条 地名命名、更名的申报程序和审批权限：

（一）行政区划名称的命名、更名按照国务院《关于行政区划管理的规定》办理；

（二）自然地理实体名称由乡（镇）人民政府、街道办事处申报，经区县（自治县）民政部门审核，报区县（自治县）人民政府审批，并报市民政部门备案。涉及两个以上区县（自治县）的，由区县（自治县）人民政府（联合）上报，经市民政部门审核后，报市人民政府审批；

（三）本市渝中区、大渡口区、江北区、沙坪坝区、九龙坡区、南岸区、北碚区、巴南区、渝北区等九区所辖城市范围内的道、路、街、大型建筑物名称，由所在区民政部门或建设单位向市民政部门申报，经市民政部门审核后，报市人民政府审批。九区范围内的其他居民地名称及本市其他区县（自治县）辖区内的居民地名称经区县（自治县）民政部门审核，报区县（自治县）人民政府审批，并报市民政部门备案；

（四）前项规定以外的建筑物名称，由建设单位或业主申报，经区县（自治县）民政部门审核后，报区县（自治县）人民政府审批。跨区县（自治县）的，直接向市民政部门申报，经市民政部门审核后，报市人民政府审批；

（五）专（行）业部门使用的名称，由专（行）业部门或有关单位在征求有关区县（自治县）人民政府或所属民政部门意见后，报专（行）业主管部门审批，并报市民政部门备案。

第十三条 凡申报地名命名、更名的单位（部门），应写出书面申请，填写《重庆市地名命名、更名申报表》，然后按地名命名、更名的审批程序和权限予以报批。

第十四条 由于地形、地貌发生变化等原因而导致原地名的存在已无必要的，由地名命名、更名的审批机关按规定的权限和程序予以废名。

第十五条 民政部门应当自受理地名申报之日起十五个工作日内作出审核、报批决定。

区县（自治县）人民政府应当自审批之日起十五个工作日内将审批的地名文件报送市民政部门备案。

第十六条 地名冠名权有偿使用所获得的经费是财政资金，应缴入同级财政专户，实行收支两条线管理。

第三章 标准地名的使用

第十七条 按照地名命名、更名的申报程序和审批权限，经县级以上人民政府和专（行）业主管部门批准的地名为标准地名。

第十八条 标准地名应当在批准之日起三个月内由批准机关向社会统一公告。

第十九条　机关、团体、企业事业单位在文件、证件、印章、影视、报刊、书籍、商标、广告、牌匾等方面所使用的地名，均应以正式公布的标准地名（包括规范化译名）为准，不得擅自更改。

第二十条　凡公开出版发行涉及本市行政区域内的旅游图、交通图册、电话号簿、邮政编码册等地名密集型出版物，应当使用标准地名。国家另有规定的，从其规定。

本辖区内的政区图，应当经同级民政部门审核标准地名后方可出版。

第四章　地名标志的设置与管理

第二十一条　地名标志是各级人民政府确认的地名法定标志物，包括大型地名标志牌，交会路口地名导向牌，道、路、街、巷牌，乡（镇）、村牌，居民区指示牌、门号牌、幢（楼）牌、门户牌等。

任何单位和个人都有保护地名标志的义务，禁止下列行为：

（一）涂改、污损地名标志；

（二）遮挡、覆盖地名标志；

（三）擅自移动、拆除地名标志；

（四）损坏地名标志的其他行为。

第二十二条　有关部门或单位应当协助民政部门确定设置地名标志的位置。

第二十三条　下列地名标志，由民政部门指导、监督，分别由有关单位（部门）设置和管理：

（一）各专（行）业部门使用的地名标志，由专（行）业部门出资设置和管理；

（二）大型地名标志牌，交会路口地名导向牌，道、路、街、巷牌，由所在地的县以上民政部门设置，由地名标志所在地的乡（镇）人民政府、街道办事处负责管理，所需经费由同级财政解决；

公路沿线乡（镇）、村的地名标志，由所在地民政部门设置，经费由乡（镇）承担；

（三）居民区指示牌，由业主（建设单位）出资设置和管理；

（四）门号牌、幢（楼）牌、单元牌、门户牌，由所在地公安机关设置和管理，所需经费严格按物价部门核定的工本费标准由房屋产权人（单位）承担。

第二十四条　地名标志（含门号牌、幢楼牌、单元牌、门户牌）的式样和规格，应当按照国家标准制作、设置。

地名标志的主要内容应包括标准地名汉字的规范书写形式，标准地名汉语拼音字母的规范拼写形式。

地名标志的缺字、缺画、模糊、破损等，由设置部门或单位负责恢复原状。

第二十五条　地名标志需移动或拆除的，应经原地名标志设置单位（设置人）同意后，方可实施。

第五章　法律责任

第二十六条　违反本条例规定，擅自命名、更名的，由民政部门责令限期改正或拆除；对逾期未改或情节严重，造成不良后果的，由民政部门处五百元以上三千元以下罚款，仍不改正的，依法申请人民法院强制执行。

第二十七条　违反本条例第八条、第十九条规定，未使用标准地名的，由民政部门责令限期改正；逾期不改正或情节严重，造成不良后果的，处以五百元以上三千元以下的罚款。

第二十八条　违反本条例第二十条规定，未使用标准地名的，由民政部门责令限期改正；逾期未改正或情节严重，造成不良后果的处三千元以上五千元以下的罚款。

第二十九条　违反本条例第二十一条第二款规定，由民政部门责令限期恢复原状；逾期不恢复或不能恢复的，依法承担赔偿责任；违反治安管理处罚法的，由公安机关依照治安管理处罚法处罚。构成犯罪的，依法追究刑事责任。

第三十条　违反本条例规定，越权审批或者其他违法审批地名的，由上级主管部门责令纠正或予以撤销，对相关责任人给予行政处分，造成损害的，依法承担赔偿责任。

第三十一条　民政部门未按本条例规定设置地名标志的，由同级人民政府责令限期设置；有关单位或部门未按本条例规定设置地名标志的，由民政部门责令限期设置。对逾期未设置的，由有关主管部门对相关责任人给予行政处分。

第三十二条　当事人对行政处罚不服的，可以依法申请复议，也可以直接向人民法院起诉。逾期不申请复议或不起诉，又不履行处罚决定的，由作出处罚决定的机关申请人民法院强制执行。

第三十三条　民政部门的工作人员滥用职权、徇私舞弊、玩忽职守的，给予行政处分；构成犯罪的，依法追究刑事责任。

第六章　附　则

第三十四条　本条例自2001年1月1日起施行。

重庆市门楼号牌管理办法

（渝府令〔2015〕287号）

第一章　总　则

第一条　为了规范房屋建筑的门楼号牌管理，提高政府公共服务质量和城市管理水平，根据《地名管理条例》和《重庆市地名管理条例》，制定本办法。

第二条　本市行政区域内房屋建筑门楼号的编制、使用，门楼牌的设置、管理，适用本办法。

第三条　本办法所称门楼号，是指公安机关依据地名主管部门公布的道路、街巷等标准地名，对房屋建筑按顺序编制的，反映房屋建筑及其门户具体地理位置的地址名称。

本办法所称门楼牌，是指依据公安机关编制的门楼号，在相应的房屋建筑上设置的门楼号标志牌。门楼牌是房屋建筑的标准地址标志。

本办法所称门楼号牌，包括门楼号和门楼牌。

第四条　区县（自治县）人民政府应当加强本行政区域内门楼号牌工作的领导。

市公安机关负责门楼号牌工作的指导和监督，区县（自治县）公安机关具体负责门楼号编制、门楼牌设置及其管理工作。

城乡建设、民政、国土房管、规划、市政、质监、邮政等有关部门按照各自职责，做好门楼号牌管理的相关工作。

乡镇人民政府、街道办事处应当协助做好辖区内的门楼牌制作安装和监督管理工作。

第二章　门楼号编制

第五条　门楼号包括门号、楼幢号、单元号和户号。门号包括主号和附号。楼幢号、单元号、户号统称楼户号。

门楼号由区县（自治县）公安机关统一编制，但机关、团体、企事业单位院内非住宅房屋的楼户号除外。

机关、团体、企事业单位院内非住宅房屋的楼户号由管理单位根据需要自行编制，并报区县（自治县）公安机关备案。

第六条 门楼号编制应当统一规范，并遵循尊重历史、方便群众的原则，依顺序编号，不得重号、跳号。

第七条 经地名主管部门命名的道路、街巷两侧的楼幢、小区、院落等房屋建筑或建筑群，应当编制门号。门号应当按照道路、街巷的名称编制。

不具备道路、街巷命名条件的新建成居民小区，可以按照地名主管部门命名的小区名称编制门号。

第八条 门号主号以房屋建筑实际坐落的道路、街巷为单位，按照以下规则编制：

（一）道路、街巷两侧均有房屋建筑的，按照道路、街巷起止走向，左单右双顺序编号；

（二）道路、街巷仅一侧有房屋建筑，另一侧不能建房屋建筑的，按照道路、街巷起止走向，自然顺序编号；

（三）环形道路的，按顺时针方向编号；

（四）小区、院落、单位等有多个出入口、大门的，只在主出入口或者正门编一个门号；

（五）道路两侧、相邻房屋建筑间有空旷区域待建设房屋或者根据规划需要预留主号的，应当预留主号。

农村房屋门号以村民小组为单位，依照自然地理环境、房屋建筑布局按户编制。有道路、街巷地名的，应依据道路、街巷名称编制。

第九条 小区、院落、楼幢已编制主号的，其沿道路、街巷的独立门户可以编制附号。

第十条 已编制门号的小区、院落，该小区、院落内的楼幢应当编制楼幢号。同一楼幢分单元的，应当编制单元号。楼幢内的独立门户应当编制户号。

第十一条 楼户号按照以下规则编制：

（一）楼幢号应当以小区院落主入口左起依顺序连续编排，一幢楼编一个楼幢号。相邻楼房间有空旷区域可能建房的，应当预留楼幢号。

（二）单元号以楼幢为单位按顺序编号。

（三）户号分楼层按顺序编号，平街层以下的在户号前加注"负"字。

第十二条 区县（自治县）公安机关对新建或者改建的房屋建筑，应当在房屋建筑竣工验收后及时编制门楼号。

房屋建设主管部门进行竣工验收备案登记时、房屋主管部门进行房屋产权登记时，发现房屋建筑未编制门楼号的，应当通知公安机关予以编制。

房屋建设单位或者房屋所有权人可以向区县（自治县）公安机关申请编制门楼号。商品房预售需要提前使用门楼号的，可以向区县（自治县）公安机关申请提前编制门楼号。

第十三条　公安机关编制门楼号，需要有关主管部门、房屋投资建设单位、房屋所有权人提供房屋权属证明或者房屋建设有关资料作为编制依据的，有关部门、单位和个人应当按要求提供。

第十四条　公安机关编制门楼号后，应当向房屋建设单位或房屋所有权人出具《门楼号编制确认书》。

第三章　门楼牌设置

第十五条　已编制门楼号的房屋建筑，由区县（自治县）公安机关按照编制的门楼号设置相应的门楼牌。

机关、团体、企事业单位院内自行编制的楼户号，由管理单位自行设置。

第十六条　区县（自治县）公安机关应当在编制门楼号后2个月内完成门楼牌设置。

申请提前编制使用门楼号的，区县（自治县）公安机关应当在房屋建设单位或者房屋所有权人办理房屋产权登记之前完成。

第十七条　门楼牌按规格分大号牌、中号牌、小号牌：

（一）小区、院落、单位的大门和沿道路、街巷的起止门牌，以及小区、院落、单位内房屋的楼幢牌，设置大号牌。

（二）除第一项规定外的沿道路、街巷的门牌，楼房的单元牌，设置中号牌。

（三）除第（一）项、第（二）项规定外的门牌、楼户牌，设置小号牌。

第十八条　文物保护单位（文物点）、优秀近现代建筑、乡土建筑、历史建筑、历史文化保护区的房屋建筑等，可以由有关单位设置与其建筑风貌、历史文化特点相协调的特殊样式的门牌，并报区县（自治县）公安机关备案。

第十九条　门楼牌设置的技术标准，按照门楼牌设置规范执行。门楼牌设置规范由市公安机关会同市质监部门制定。

第四章　使用和管理

第二十条　公安机关编制的门楼号为房屋建筑的标准地址名称。

国家机关在实施行政管理及有关公务活动中应当使用公安机关编制的门楼号。

社会团体、企业事业单位或个人在有关民事、商务、社会事务等活动中，应当使用公安机关编制的门楼号。

第二十一条 公安机关应当建立门楼号管理信息系统和标准地址信息库，与政府有关职能部门实现地址信息共享，并在法律法规、规章规定的范围内提供公众查询和证明服务。

第二十二条 地名发生变更的，区县（自治县）公安机关应当及时编制门楼号，更换门楼牌。

区县（自治县）地名主管部门应当自地名变更批准之日起 15 个工作日内，将地名更名批件抄送同级公安机关。

第二十三条 门楼号有重号、错号、跳号的，区县（自治县）公安机关应当纠正，并更换门楼牌。

门楼牌缺失、损坏或者难以辨认的，区县（自治县）公安机关应当及时予以设置、更换。

第二十四条 因房屋建筑拆除、灭失，地名变更、消失等原因需要回收、撤销门楼号的，区县（自治县）公安机关应当及时予以回收、撤销。

第二十五条 因门楼号变更，房屋建筑有关单位和个人办理事务，需要门楼号变更证明的，由区县（自治县）公安机关出具。

相关职能部门应当根据公安机关出具的门楼号变更证明做好相关证件的信息变更登记。

第二十六条 房屋所有权人、使用人和管理人应当保护门楼牌整洁完好；发现门楼号有重号、错号、跳号或者门楼牌有缺失、损坏、难以辨认的，应当及时报告公安机关。

第二十七条 任何单位和个人不得擅自拆除、移动门楼牌；因房屋装修等原因需要暂时拆除门楼牌的，应当在修缮完毕后立即恢复。

禁止损坏、遮挡、覆盖门楼牌。

第二十八条 遮挡、覆盖或者擅自拆除、移动门楼牌的，由区县（自治县）公安机关责令限期改正；损坏门楼牌的，依法承担赔偿责任；违反《中华人民共和国治安管理处罚法》的，依法给予处罚。

第二十九条 违反本办法规定，有下列情形之一的，由区县（自治县）公安机关责令限期改正，逾期不改正的，对个人处以 100 元以上 500 元以下罚款，对单位处以 500 元以上 1000 元以下罚款；违反《中华人民共和国治安管理处罚法》的，依法给予处罚：

（一）自行确定、更改门楼号的；

（二）擅自制作门楼牌的；

（三）阻止安装门楼牌的。

第三十条 公安机关及有关单位的工作人员，在门楼号牌管理工作中不依法履行职责的，由其所在单位或者上级机关、监察机关责令改正；滥用职权、徇私舞弊、玩忽职守的，依法给予处分。

第五章 附 则

第三十一条 公安机关可以根据行政管理和实际情况的需要，参照本办法，对临时房屋建筑或者未经批准的房屋建筑编制临时门楼号、设置临时门楼牌。

第三十二条 公安机关设置的门楼牌，由公安机关统一监制，其制作、安装、日常维护和管理经费纳入同级财政预算予以保障。

门楼牌的制作安装应当通过政府购买服务的方式确定具体实施单位。

第三十三条 本办法实施前，已设置门楼牌不符合本办法规定的，应予更换。

第三十四条 本办法自 2015 年 3 月 1 日起施行。

四川省地名管理办法

（川府发〔1987〕108 号）

第一条　为加强地名的管理，适应社会主义现代化建设和国际交往的需要，根据国务院《地名管理条例》，结合四川实际，制定本办法。

第二条　本办法所称地名，包括：自然地理实体名称，行政区划名称，居民地名称，各专业部门使用的具有地名意义的台、站、港、场、桥梁、水库、游览地及其他人工建筑等名称。

第三条　各级地名管理机构主管本辖区地名工作，负责本办法的组织实施。主要职责是：

（一）贯彻执行有关地名工作的法律、法规、规章和政策。

（二）指导、协调各专业部门的地名工作。

（三）承办地名的命名、更名，推广标准地名的使用。

（四）组织、检查地名标志的设置、管理。

（五）收集、整理地名资料，管理地名档案。

（六）组织地名学理论研究。

第四条　地名管理应当从地名的历史和现状出发，保持地名的相对稳定性。地名的命名和更名，应按照本办法规定报批，未经批准，任何单位和个人不得擅自决定。

第五条　地名的命名应遵循下列规定：

（一）有利于人民团结和社会主义现代化建设，尊重当地群众意愿，与有关方面协商一致。

（二）科学、简明，方便使用，注意反映当地历史、文化、地理特征。

（三）一般不以人名作地名，禁止用国家领导人的名字作地名。

（四）县（市、区）以上名称，县（市、区）内的乡镇名称，城镇内的街道名称，乡镇内的村名称，不应重名，并避免同音。省内著名的山、河、湖泊等自然地理实体名称，也应避免重名、同音。

（五）乡、镇名称应与其政府所在地名称统一，专业部门使用的具有地名意义的台、站、港、场、桥梁、水库、游览地及其他人工建筑等名称，应与当地地名统一。

第六条　地名的更名应遵循下列规定：

（一）凡有损我国领土主权和民族尊严的，带有民族歧视性质和妨碍民族团结的，带有侮辱劳动人民性质和极端庸俗的，以及其他违背国家方针、政策的地名，必须更名。

（二）不符合本办法第五条规定的地名，在征得有关方面和当地群众同意后，予以更名。

（三）一地多名的，应确定一个名称。

（四）不明显属于上述范围的、可改可不改的和当地群众不同意改的地名，可不更改。

第七条　地名命名、更名的审批权限和程序：

（一）自然地理实体名称，本省境内在国内外著名的或涉及邻省（自治区）的，由省人民政府提出意见，报国务院审批；跨市、州的，由相关市、州人民政府或地区行政公署提出意见，联名报省人民政府审批；跨县（市、区）的，由相关县（市、区）人民政府提出意见，联名报市、州人民政府或地区行政公署审批；县（市、区）境内的由县（市、区）人民政府审批。

（二）行政区划名称由民政部门同地名管理机构洽商，按照国务院和省人民政府有关行政区划管理的规定办理。

（三）居民地（包括街道）名称，一般由乡镇人民政府、街道办事处提出意见，报县（市）人民政府审批；其中设区的市的居民地（包括街道）名称，由乡镇人民政府、街道办事处提出意见，报县（市）人民政府审批；其中设区的市的居民地（包括街道）名称，由区人民政府提出意见，报市人民政府审批。

（四）各专业部门使用的具有地名意义的台、站、港、场、桥梁、水库、游览地及其他人工建筑名称，由各专业部门提出意见，征得当地人民政府同意后，报上一级专业主管部门审批，送当地和省地名管理机构备案。

地名的命名、更名应写出文字报告，并附《四川省地名命名、更名审核意见表》。

注销、恢复地名，按地名命名、更名的审批权限和程序办理。

市、州、县人民政府和地区行政公署批准的地名，应报省地名管理机构备案，其中行政区划名称，并应报省民政部门备案。

第八条　地名用字要规范，避免使用生僻字。汉字字形以一九六五年文化部和中国文字改革委员会发布的《印刷通用汉字字形表》为准，字音以国家规定的标音为准。

地名的汉语拼音字母拼写，应遵守《中国地名汉语拼音字母拼写规则（汉语地名部分）》；少数民族语地名的拼写，应遵守《少数民族语地名汉语拼音字母音译转写法》。一名多写的，应确定统一的用字。

第九条 经地方人民政府批准的地名，由地名管理机构负责汇集出版；其中行政区划名称，民政部门可以汇集出版单行本。地名管理机构编辑出版标准地名图书时，应报上一级地名管理机构审定。

出版外国地名译名书籍，需经中国地名委员会审定。使用地名，应以地名管理机构或民政部门编辑出版的地名书籍为准。

第十条 各级地名管理机构应按照《全国地名档案管理暂行办法》和档案管理机关的有关规定，加强地名档案资料的管理。

第十一条 地名标志的设置、管理，应遵循下列规定：

（一）城市及街道地名标志，由城建、公安部门负责；乡镇及街道地名标志，由乡镇人民政府负责。

（二）铁路、公路的车站、岔口和码头等地名标志，分别由铁路、公安、交通等部门负责。

（三）各专业部门使用的具有地名意义的台、站、港、场、桥梁、水库、游览地及其他人工建筑的名称标志，由有关部门负责。

第十二条 违反本办法规定，擅自命名、更名的，由地名管理机构给予批评教育，责令纠正。

擅自涂改、移动和毁坏地名标志的，由标志管理部门、单位给予批评教育或责令赔偿；情节严重的，由公安机关按《中华人民共和国治安管理处罚条例》第二十五条第（五）项的规定处罚。

第十三条 本办法由省地名管理机构负责解释。

第十四条 本办法自发布之日起执行。

贵州省地名管理实施办法

（黔府发〔1992〕61 号）

第一章 总 则

第一条 为加强全省地名管理，逐步实现地名国家标准化，适应社会主义现代化建设和国际交往的需要，根据国务院《地名管理条例》精神，结合我省实际情况，制定本办法。

第二条 本办法所称地名，包括行政区域名称，居民地名称，街巷（含门牌）等人文地理实体名称；山、河、湖等自然地理实体名称；各专业部门使用的具有地名功能的台、站、港、场、桥梁、渡口、水库、纪念地、名胜古迹、企事业单位名称。

第三条 各级地名机构为各级政府地名工作的主管部门，负责本办法的组织实施。其主要职责是：

（一）贯彻执行国家和省有关地名工作的方针、政策和法规。承办同级人民政府和上级业务主管部门交办的地名工作任务；

（二）指导、协调各专业部门的地名工作；

（三）承办本地区命名、更名工作；

（四）监督管理本地区标准地名的使用；

（五）组织、检查地名标志的设置、管理；

（六）搜集、整理、储存地名资料，管理本地区地名档案。为各部门提供地名资料，开展地名咨询业务；

（七）编辑出版地名书刊，负责地图、报刊、商标、广告和其他公开出版物中地名的审定等工作；

（八）组织地名管理学理论研究。

第四条 地名管理应从我省的历史和现状出发，保持地名的相对稳定。地名的命名和更名，应按照本办法的原则和审批权限报批，未经批准，任何单位和个人不得擅自决定。

第二章 地名的命名和更名

第五条 地名的命名应遵循有利于社会主义现代化建设和精神文明建设，有利于各族人民团结和国家尊严，尊重当地群众意愿的原则：

（一）地名的命名应含义健康，反映当地的历史、地理、经济、文化等特征；

（二）一般不以人名作地名，禁止用国家领导人的名字命名地名，不用外国人名、地名命名我国地名；

（三）全国范围内县、市以上行政区域名称，全省范围内重要自然地理实体名称，一个县、市内的乡、镇、街道、办事处名称，一个乡、镇内的村民委员会名称，一个城镇内的路、街、巷、居民区名称不应重名，并避免使用同音字；

（四）县以下行政区域名称，一般应与驻地名称一致。各专业部门使用的具有地名功能的台、站、港、场等名称，一般应与当地地名相统一；

（五）城市街道应按道路性质命名，干道称"路"或"街"，小区内部的称"巷"；

（六）新建的居民区、城镇街道，必须在施工前命名，命名时一般不用序数、新村、新街等名称；

（七）各专业部门在野外作业或科学考察中，需对无名称的自然地理实体命名时，应与当地地名主管部门协商一致。

第六条 地名的更名应遵循下列规定：

（一）凡有损国家尊严、妨碍民族团结的，带有侮辱劳动人民和庸俗性质的，以及其他违背国家方针、政策的地名，必须更名；

（二）一地多名，一名多写的，应确定其中一个作为标准名称；

（三）不符合本规定第五条（三）、（四）款规定的地名，征得有关方面和当地群众同意后，予以更名；

（四）不明显属于更名范围的，可改可不改的地名，一般不要更名。

第三章 地名命名、更名的审批权限和程序

第七条 地名命名、更名的审批权限和程序是：

（一）行政区域名称的命名、更名，按照国务院《关于行政区划管理的规定》权限办理；

（二）国内著名的或涉及两个以上省、自治区的自然地理实体名称，由省地名委员会与有关省、自治区协商一致，报国务院审批；

（三）省内著名的或涉及两个以上地、州、市的自然地理实体名称，由有

关市、自治州人民政府、地区行署提出命名、更名方案，报省人民政府审批；

（四）地、州、市内著名的或涉及两个以上县、市的自然地理实体名称，由有关县、市人民政府提出命名、更名方案，报市、自治州人民政府，地区行政公署审批，抄送省地名委员办公室备案；

（五）各专业部门使用具有地名功能的台、港、场等名称，县以上部门管理的纪念地、名胜古迹、游览地名称，在征得当地地名主管部门同意后，按隶属关系报业务主管部门审批，抄送当地地名主管部门备案；

（六）城镇街道名称以及其他地名，由县、市人民政府审批，同时抄送地、州、市地名主管部门备案；

（七）注销、恢复地名。按地名命名、更名的审批权限和程序办理。

第八条 凡须命名、更名的各类地名，应写出文字报告，必要时加附图。

第四章　少数民族语地名

第九条 我省少数民族语地名汉字译写，应做到规范化。过去汉字译写已稳定，群众称呼习惯并已广泛使用的少数民族语地名，即使汉字译音不够准确，也不再另行改译，仍予沿用。

第十条 少数民族地名汉字译写不一致，形成一名多译的，应确定一个群众习惯、广泛通用、符合规定的标准名称。

第十一条 少数民族语地名的汉字译写用字不当，产生歧义或带贬义的，必须更正。

第十二条 新命名、更名的少数民族语地名，汉字译写应力求准确。专名应采用音译、通名应做到同词同译。

第十三条 有本民族文字的少数民族语地名，汉字译写时，应用民族文字旁注。

第五章　地名标志的设置和管理

第十四条 各级人民政府应责成有关部门在城镇、街、路、巷、村寨、交通要道、名胜游览地、纪念地和重要自然地理实体等必要的地方，设置地名标志：

（一）地名标志牌上的地名，必须是标准地名，要按统一规范格式书写，其书写格式和汉语拼音，应报经所在县、市地名主管部门审定；

（二）城镇街、路、巷的地名标志和门牌，由各级政府责成有关部门负责设置和管理；

（三）集镇、自然村、由县、市人民政府责成乡、镇人民政府负责设置和管理；

（四）纪念地、名胜古迹、游览地、自然保护区，各专业部门使用的台、站、港、场等，分别由各专业主管部门负责设置和管理；

（五）铁路、公路的车站、交叉路口、桥梁、码头和渡口等标志，分别由铁路、交通等部门负责设置和管理；

（六）重要自然地理实体和其他有必要设置地名标志的地方，由所在县、市地名主管部门会同有关部门设置和管理；

（七）地名更名后，要及时更换地名标志。

第十五条　地名标志是国家法定标志物，机关、团体和个人都有保护地名标志的义务，对擅自移动、毁坏地名标志的，由公安部门按照《中华人民共和国治安管理处罚条例》予以处理。

第六章　其　他

第十六条　中国地名的罗马字母拼写，必须以国家公布的《汉语拼音方案》作为统一规范。

汉语地名和用汉字译写的少数民族语地名，按一九八四年中国地名委员会、中国文字改革委员会、国家测绘局联合颁发的《中国地名汉语拼音字母拼写规则（汉语地名部分）》拼写。

个别方言读音地名，可以用汉语拼音字母旁注方言读音。

第十七条　地名用字按国家规定的规范汉字书写，字形以一九六五年文化部、中国文字改革委员会联合发布的《印刷通用汉字字形表》为准。

外国地名的汉字译写，应遵守中国地名委员会制定的译写规则。

第十八条　经各级人民政府和专业部门审定批准的地名，由地名主管部门负责汇集出版。其中行政区域名称，可以汇编单行本。

出版外国地名书籍，需经中国地名委员会审定。

地方性地名书籍，由同级地名主管部门组织审定编纂。

机关、团体、部队、企业、事业单位，在公文处理、新闻报道、测量制图、公安户籍、民政管理、邮电通讯、交通运输、印刷出版、商标广告等方面使用地名时，都以各级人民政府批准公布的标准地名为准，各级地名机构进行监督管理。

第十九条　全省性公开版地图上的地名，需经地名主管部门审查，地区性公开版地图上的地名，需经所在地区地名主管部门审查。

第二十条　地名档案的管理，按照中国地名委员会、国家档案局的有关规定执行。

第二十一条　本办法由省地名委员会负责解释。

第二十二条　本办法自发布之日起实施。

云南省地名管理实施办法

（1989 年云南省人民政府发布）
根据 2010 年 11 月 25 日《云南省人民政府关于修改
部分规章和规范性文件的决定》修正

第一章 总 则

第一条 为了加强地名管理工作，根据国务院发布的《地名管理条例》，结合我省实际，制定本办法。

第二条 地名管理是国家行政管理的一项基础工作，关系到国家主权、国际交往、民族团结、社会主义建设和人民的日常生活。各级人民政府应认真做好地名管理工作。

第三条 本办法所称地名包括：

（一）行政区划名称：省、地（州、市）、县（市、区）、乡、镇、行政村以及具有行政区划名称意义的街道和办事处等名称。

（二）居民地名称：自然村、片村和城镇内的街、路、巷、居民区以及具有地名意义的居民委员会等名称。

（三）自然地理实体名称：山、山口、关隘、地片、盆地（坝子）、地形区、自然保护区、峡谷、河、湖、岛、滩、洞、泉、瀑等名称。

（四）具有地名意义的交通、水利、电力设施、企事业单位、主要人工建筑、纪念地、名胜古迹、游览地和各专业部门使用的台、站、港、场等名称。

第四条 地名管理应从我省地名的历史和现状出发，注意保持地名的相对稳定，必须命名或者更名时，要严格按照规定的程序和权限，报经批准。未经批准，任何单位和个人不得擅自命名或者更名。

第五条 地名用字，要用国家确定的规范汉字，不用或少用多音字，避免使用生僻字或容易产生歧义的字；少数民族语地名的汉字译名，不得带有民族歧视性质和妨碍民族团结的字。

第六条 一切部门、单位和公民在使用地名时，应以民政部门和地名管理机构编制出版的行政区划名称、地名书刊、图表、地名布告为准。

第七条 各级地名管理机构是同级人民政府主管地名工作的部门，其主要职责是：

（一）宣传和贯彻执行国家及我省有关地名工作的方针、政策和法规、规章；

（二）负责本行政区域内地名的命名、更名和日常地名管理工作；

（三）组织和进行地名学理论研究，调查、收集、审定、整理地名成果，编纂出版地名书刊、图、表，培训地名工作干部；

（四）制定和实施本行政区域内年度地名管理工作计划和长远规划；

（五）承办本级人民政府和上级地名管理机构交办的工作；

（六）推广、监督标准地名的使用，纠正不标准和书写不规范的地名。协同有关部门对本行政区域内使用标准地名情况进行巡视检查；

（七）管理地名档案，提供地名资料，开展地名咨询业务；

（八）组织设置、管理、维护和更新地名标志。

第二章　地名的命名

第八条　地名的命名应有利于社会主义物质文明和精神文明建设，有利于民族团结，尊重当地人民群众的愿望，与有关各方协商一致。

第九条　地名的命名应科学地反映社会主义建设成就，反映有关地名的政治、经济、军事、历史、地理、文化、民族和风物等特征，体现城乡建设总体规划和发展远景。

第十条　一般不以人名作地名。禁止用国家领导人的名字作地名。

第十一条　全省范围内重要城镇名称和重要自然地理实体名称，一个地、州、市内的乡、镇、街道办事处名称，一个县（市）内行政村、办事处名称，一个乡、镇内的自然村名称，一个城镇内的街、路、巷、居民区名称，各专业部门使用的具有地名意义的台、站、港、场等名称，不应重名，并避免同音。全省范围内已重名的重要城镇名称，应逐步实现不重名。

第十二条　县以下行政区划名称，一般应与驻地地名一致。各专业部门使用的具有地名意义的台、站、港、场等名称和新建居民区、工业区等名称，一般应与当地地名统一。新建、改建、扩建地区的主要地名，应在施工前申报批准。

第十三条　派生地名，应从属于本行政区域内原有的主地名。派生地名应与主地名用字一致。

第十四条　新命名的地名，一般不以方位词、量词、单音节词等作地名的专名。命名新建的村寨、居民区，不用或少用"新村"、"新区"之类的名称。以山形、地貌、植物命名的地名，要突出其特征。新命名的地名应具有鲜明的个性和确切的含义。

第十五条　不用序数命名地名。一般不采用两个地名各取一个字作为新

163

命名的地名。

第三章　地名的更名

第十六条　凡有损国家主权和民族尊严，带有民族歧视性质，妨碍民族团结，侮辱劳动人民或极端庸俗的，以及其他违背国家方针、政策的地名，必须更名。

第十七条　一般不以革命先烈的名字更替原地名。但已用烈士名字命名的地名，并履行了报批手续，群众称呼已成习惯的，仍可沿用。

第十八条　一地多名，一名多写的，要从中确定一个标准名称。其他影响较大，有现实意义的名称，可作又名或别名。

第十九条　地名用字不当，致生歧义，必须调整用字的，应作更名处理，办理更名批审手续。

第二十条　不符合本办法第十二条、第十四条的地名，经征得各方面和当地群众同意后，予以更名。更名后的新地名，应符合第二章要求。

第二十一条　不明显属于上述范围、可改可不改而且当地群众也不同意改的地名，不要更改。

第四章　地名命名、更名的审批权限和程序

第二十二条　行政区划名称的命名、更名，按照《国务院关于行政区划管理的规定》办理。

第二十三条　国内外著名的各类地名，涉及两个省（自治区）以上的山脉、河流、湖泊等自然地理实体名称，由有关的州、市、县人民政府、地区行政公署逐级提出意见，经省人民政府同意后，报国务院审批。

第二十四条　省内涉及两个地、州、市以上的自然地理实体名称，由有关州、市人民政府、地区行政公署协商一致，联合提出意见或各自提出意见，报省人民政府审批。

第二十五条　地、州、市内涉及两个县（市）以上的自然地理实体名称，由县（市）人民政府提出意见，报州、市人民政府、地区行政公署审批。

第二十六条　边境地区涉及国界线走向和界河中涉及沙洲、岛屿归属界线以及载入边界条约和议定书中的自然地理实体名称、居民地名称和其他地名，由当地县（市）人民政府提出意见，逐级报省人民政府同意后，报国务院审批。

第二十七条　具有地名意义的各专业部门使用的台、站、港、场等名称，主要人工建筑、纪念地、名胜古迹、游览地等名称，以当地地名命名的交通、水利、电力设施和企业、事业单位等名称，在征得当地县（市）级人民政府

同意后，按照分级管理的原则，由各级专业主管部门审批。专业主管部门审批地名名称后，应抄报同级地名管理机构备案。

第二十八条 城镇街巷和居民地名称，属于州、市人民政府、地区行政公署驻地的，由当地县（市）人民政府提出意见，报州、市人民政府、地区行政公署审批。

第二十九条 除本章第二十二条至第二十八条已明确规定审批权限的名称以外，其他名称由市、县人民政府审批。

第三十条 凡属命名、更名的各类地名，在报批时须填写《地名命名、更名报审表》，必要时加附图。报经批准的地名应抄送同级地名管理机构备案。

第三十一条 各级地名管理机构承办第二十三条和第二十六条所规定的各类地名的命名、更名时，应征求同级外事、民政部门的意见。

第三十二条 恢复和注销地名，应按审批权限和程序办理。

第五章 少数民族语地名

第三十三条 过去汉字译名已稳定，群众称呼已习惯和广泛通用的少数民族语地名，只要不属于违反党和国家方针政策、歧视少数民族或低级庸俗的，即使汉字译音不够准确，也不再另行译写，予以沿用。

第三十四条 新命名、更名和有待新译的少数民族语地名，汉字译名应力求准确。地名的专名、通名都要音译，通名尽量同词同译，也可参照当地译写习惯，通名音译后再重复义译。村寨名称全部音译。

第三十五条 同一地名有两种以上少数民族语言称谓，出现一地多名的，一般应选择当地群众比较通用的地名作为汉字译写的依据。如通用程度基本相同，可以从中确定一个较为符合有关规定的标准译名，其他译名视情况可作又名或别名。

第三十六条 少数民族语地名的汉字译写不统一，出现一名多译的，应选择一个群众习惯、使用范围广和符合有关规定的作为标准译名。

第三十七条 少数民族语地名的汉字译名用字不当，致生歧义，有损民族尊严、妨碍民族团结的，应调整译名所用汉字。

第三十八条 由两种民族语的语词混合构成的译名，以专名部分确定其语种，不必更名改译。

第三十九条 有本民族通行文字的少数民族语地名，无论中国地名委员会是否制定音译转写法、除用汉字书写标准名称以外，必要时用本民族文字楷体书写，以便对照和使用。

第四十条 少数民族语地名的汉字译写工作，应在深入调查、考证，准确确定地名语种的基础上进行。

第四十一条　凡须命名、更名、有待新译和调整译名所用汉字的少数民族语地名，应按本办法第二章、第三章和第四章的规定办理。

第六章　地名的汉语拼音

第四十二条　地名的汉语拼音，以国家公布的《汉语拼音方案》为统一规范，以《中国汉语拼音字母拼写规则（汉语地名部分)》为准则。

第四十三条　用汉语拼音字母拼写地名，应严格按普通话语音拼写，并按普通话语言准确地标注声调。有特殊读音的地名，必要时用汉语拼音字母注出方言读音。

第四十四条　我省少数民族语地名的汉字译名的汉语拼音，按第四十二条和第四十三条的规定拼写。藏语地名按《少数民族语地名汉语拼音字母音译转写法》拼写。

第四十五条　在特殊情况下，地图、路牌、地名标志、纪念地、名胜古迹、游览地等地名的汉语拼音字母可全用印刷体大写字母书写，不标注声调，但不能省略隔音符号。

第七章　地名档案资料

第四十六条　地名档案的建立和管理，按照中国地名委员会、国家档案局颁发的《全国地名档案管理暂行规定》办理。

第四十七条　我省地名档案的分类编码，按照省地名委员会和省档案局的有关规定办理。

第四十八条　云南省地名档案资料馆负责管理全省范围内的地名档案资料。地、州、市、县地名档案资料室，负责本行政区域内地名档案资料的管理工作。

第四十九条　各级地名档案资料馆（室），应负责指导、检查、督促下属地名档案资料室的工作，并接受同级人民政府档案局的指导、检查和监督。

第五十条　各级地名档案资料馆（室）的主要任务是：负责收集、整理、鉴定、保管和统计本行政区域内的地名档案，以及有关的地名资料；做好地名档案资料的利用工作，编制地名档案的检索资料；贯彻执行党和国家的保密规定，严守国家机密，维护地名档案资料的完整和安全。

第八章　地名标志

第五十一条　各级人民政府应责成有关部门在必要的地方设置地名标志，

并由本级地名管理机构牵头与各有关部门统一协商地名标志的设置、管理、维护和更新。

第五十二条　地名标志上的标准地名与汉语拼音字母的书写形式，由地名管理机构提供或审定。地名标志的式样、规格、颜色、结构和制作，由地名管理机构商有关部门确定，分别实施。

第五十三条　城市街巷、乡镇村寨、重要人工建筑等地名标志的设置、管理、维护和更新，由城乡建设部门负责。

第五十四条　交通沿线、车站、码头、桥梁、涵洞等地名标志的设置、管理、维护和更新，由交通、公安部门负责。

第五十五条　具有地名意义的企业、事业单位的地名标志的设置、管理、维护和更新，由各企业、事业单位负责。

第五十六条　水利、电力设施等地名标志的设置、管理、维护和更新由水利电力部门负责。

第五十七条　纪念地、名胜古迹、游览地等地名标志的设置、管理、维护和更新，由旅游、园林和文物管理部门负责。

第五十八条　重要的自然地理实体名称和其他有必要设置地名标志的地方，由当地人民政府责成有关部门负责。

第五十九条　国家法定的地名标志，一切单位和个人都应自觉维护，不准移动、毁坏。对擅自移动、毁坏地名标志的，由公安部门根据情节轻重，按《中华人民共和国治安管理处罚法》有关规定予以处罚。

第九章　地名图书的出版

第六十条　经各级人民政府审定、批准的地名，需要出版地名书刊和地名图表的，由地名管理机构负责汇集、编纂、绘制、出版。其中行政区划名称，民政部门可汇集出版单行本。

第六十一条　各地、州、市、县地名管理机构汇集、编纂的各类地名书刊，需报经省地名委员会批准后，方能依法申请出版；编制的各种地名图表，需报经省地名委员会同意，并按我国《地图编制出版管理办法》的规定，报省测绘局审定批准后，方能出版。未经批准，不得擅自出版。

第十章　附　则

第六十二条　本办法由省地名委员会负责解释。

第六十三条　本办法自发布之日起施行。云南省人民政府一九八七年三月十九日发布的《云南省地名管理规定（试行)》同时废止。

西藏自治区地名管理办法

（1998 年西藏自治区政府令第 2 号）

第一章 总 则

第一条 为了加强我区的地名管理工作，适应区内外交往和经济发展的需要。根据国务院《地名管理条例》，结合我区实际情况，制定本办法。

第二条 凡涉及地名的命名与更名、地名的标准化处理、标准地名的使用、地名标志的设置、地名档案的管理等行为，均适用本办法。

第三条 办法所称自然地理实体名称，包括山、河、湖、泉、瀑布、沙滩，以及地形区、关隘、自然保护区等名称；行政区划名称，凡属本自治区管辖范围内的地（市）、县（市、区）、乡（镇）、街道办事处、村（居）民委员会等名称；居民地名称，包括城镇、区片、开发区、自然村、农林牧点及街、巷、居民区、楼群（含楼、门牌号）、具有地名意义的单位、综合性办公楼等大型建筑物名称；各专业部门使用的具有地名意义的台、站、场、桥、渡口、交通、水利、电力设施、大型人工建筑物、纪念地、旅游地、名胜古迹等名称。

第四条 自治区民政部门是全区地名管理的主管部门，对全区地名实行统一管理、分级负责。其主要职责是：

（一）贯彻执行国家和自治区有关地名工作的方针、政策、法律、法规；

（二）指导和协调全区地名管理工作；

（三）承办本区域内地名命名、更名与废名工作；

（四）监督管理全区范围内的藏汉文标准地名的使用；

（五）组织、指导、督促、审核地名标志的设置；

（六）搜集、整理、储存地名资料，建立和管理地名档案，并提供利用；

（七）编辑出版地名资料和地名工具图书；

（八）完成其他地名工作的任务等。

第五条 各地（市）、县（市、区）民政部门主管本行政区域的地名工作。其职责是：贯彻执行国家关于地名工作的方针、政策、法律、法规；落实全国地名工作规划；审核、承办本辖区地名的命名、更名；推行地名的标准化、规范化；设置地名标志；管理地名档案；完成国家和自治区其他地名工作任务。

第二章　地名的命名和更名

第六条　地名的命名应遵循下列原则：

（一）有利于维护国家统一、主权和领土完整，有利于维护民族团结和社会稳定，有利于社会主义现代化建设和精神文明建设；

（二）地名的命名应从我区地名历史和现状出发，尊重藏民族语地名的历史习惯，保持地名的相对稳定。地名的命名、更名，应按照本办法报批，未经批准，任何单位和个人不得擅自决定；

（三）地名的命名应考虑当地历史、地理、经济、文化和城乡建设总体情况，做到科学、简明、含义健康；

（四）不得以人名作地名。禁止用党和国家领导人的名字作地名；

（五）不得用行政机关、基层组织名称代替居民地名称；

（六）全区范围内的县、市、区以上行政区域名称，全区范围内重要自然地理实体名称，一个县、市、区内的乡、镇、街道办事处名称，一个乡、镇内的村民委员会，村庄名称，一个城镇内的路、街、巷、居民委员会，居民区名称，不应重名，并避免使用同音字；

（七）同一城镇内的建筑物名称不应重名，并避免同音；

（八）县以下行政区域名称，一般应与驻地名称相一致。各专业部门使用的具有地名意义的台、站、场等名称和自治区范围内的自然地理实体名称，一般应与当地地名相统一，对无名称的自然实体命名时，应与当地群众和地名主管部门协商一致；

（九）城市街道应按道路性质命名，干道称"路"或"街"；小区内部的称"巷"；

（十）新建的居民区、城镇街道，必须在施工前命名，命名时一般不用序数、新村、新街等名称；

（十一）避免使用生僻字、同音字、贬义字。

第七条　地名的更名应遵循下列规定：

（一）地名更名应坚持历史唯物主义观点，正确对待历史遗留下来的地名，以保持地名的相对稳定；

（二）凡有损我国领土主权和民族尊严的，带有民族歧视性和妨碍民族团结的，带有侮辱劳动人民性质和极端庸俗的，不利于经济建设的，以及其他违背国家方针、政策、法律、法规的地名，必须更名；

（三）不符合本办法第六条（五）、（六）、（八）、（十一）项规定的地名，在征得有关方面和当地群众的同意后，予以更名；

（四）一地多名、一名多写、一名多译的，应确定一个规范的名称和用字作为标准名称；

（五）不明显属于更名范围的，可改可不改的和当地群众不同意改的地名，不要更名。

第三章　地名命名、更名审批权限和程序

第八条　地名的命名、更名应按下列审批权限和程序办理：

（一）行政区划名称的命名、更名，应按国务院《关于行政区划管理的规定》办理；

（二）国内著名的或涉及两个省（自治区）的自然地理实体名称由省、自治区人民政府提出意见，报国务院审批；

（三）区内著名的或涉及两个以上地、市的自然地理实体名称，由有关地区行政公署、市人民政府提出意见，报自治区人民政府审批；

（四）地（市）内著名的或涉及两个以上县（市、区）的自然地理实体名称，由有关县（市、区）人民政府提出命名、更名意见，报地区行政公署、市人民政府审批，抄送自治区民政部门备案；

（五）县（市、区）内的一般自然地理实体名称、村庄名称，由乡人民政府提出命名、更名意见，报县（市、区）人民政府审批，抄报地（市）民政部门备案；

（六）专业部门使用的具有地名意义的名称，其命名、更名由该专业部门负责承办，但应当先征得当地民政部门的同意；

（七）城镇内的街道名称（含门牌）、人工建筑物及其他地名，应由有关部门提出命名、更名意见，报县（市、区）人民政府审批，同时抄送地（市）民政部门备案；

（八）注销、恢复地名，按地名命名、更名的审批权限和程序办理。

第九条　凡须命名、更名的各类地名，应将命名、更名的理由及拟废止的旧名，拟采用的新名的含义、来源等一并加以说明。

第四章　藏语和其他民族语地名译写管理

第十条　我区藏民族语地名和其他民族语地名汉字译写，应做到规范化。过去汉字译写已稳定，群众称呼习惯并已广泛使用的藏民族语地名和其他少

数民族语地名，仍予沿用。

第十一条　地名译写不一致，形成一名多译的，应确定多数群众习惯，选择当地使用范围较多和广泛通用，符合规定的标准名称。

第十二条　藏语地名的汉字译写用字不当，产生歧义或带贬义的，必须更正。

第十三条　新命名、更名的藏语地名，汉字译写应力求准确。专名应采用音译，通名应采用意译。

第十四条　藏语地名，汉字译写时，应用藏文字旁注。

第十五条　藏语地名，按藏文的正字正音，依据汉语普通话读音进行汉字译写。对约定俗成的汉字译名，一般不再更名。

第十六条　中国地名的罗马字母拼写，必须以国家公布的《汉语拼音方案》作统一规范。

汉语地名和汉字译写的藏语地名，按《中国地名汉语拼音拼写规则》拼写。

我区藏语地名读音以普通话（通用）读音为准，个别方言读音地名，旁注方言读音。

第十七条　藏、汉语地名用字应做到规范文字书写，按照国家和自治区有关规定，以印刷通用字为准。

第五章　标准地名的使用

第十八条　各级地名管理部门和专业主管部门，应当将批准的标准地名及时向社会公布，推广使用。

第十九条　各级地名管理部门负责编纂本行政区域的各类标准化地名出版物，其他部门编纂的地图、电话簿、交通时刻表、邮政编码表、工商企业名录等地名密集出版物，出版前应经同级地名管理部门审核同意。

第二十条　机关、部队、团体、企业、事业单位的公告、文件、证件、商标、影视、广告、牌匾、地图以及出版物等方面所使用的地名，均应以正式公布的标准地名（包括规范化译名）为准，不得擅自更名。

第二十一条　对尚未公布规范汉字译写的藏语地名，地名使用单位应根据国家地名管理部门制定的译名规则进行汉字译写。

第六章　地名标志的设置和管理

第二十二条　各级人民政府应责成有关部门在城镇、路、街、巷、村寨、交通要道、名胜游览地、纪念地和重要自然地理实体等必要的地方，设置地名标志。

（一）我区地名标志牌上的地名，必须使用藏文、汉文两种文字书写标准地名；

（二）地名标志牌上的地名文字必须译写准确，并按统一规范格式书写。其书写格式、译写规则和汉语拼音应报经所在县、市、区地名主管部门审定；

（三）城镇路、街、巷的地名标志和门牌，由各级人民政府责成有关部门负责设置和管理；

（四）集镇、自然村的地名标志，由县（市、区）人民政府责成乡、镇人民政府负责设置和管理；

（五）纪念地、名胜古迹、游览地、自然保护区、各专业部门使用的台、站、场等标志，分别由各专业主管部门负责设置和管理；

（六）公路、车站、交叉路口、桥梁、渡口等标志，由交通部门负责设置和管理；

（七）重要的自然地理实体和其他必要设置地名标志的地方，由所在县（市、区）地名主管部门会同有关部门设置和管理；

（八）任何单位或个人，未经当地地名行政管理部门许可，不得擅自设置、移位、涂改、遮挡地名标志。地名更名后，地名标志必须在半年内更换，地名废名后，地名标志必须及时撤销。

第二十三条　地名标志的设置和管理所需费用，当地人民政府根据具体情况，可由财政拨款，也可采取受益单位出资或工程预算费列支等方式解决。

第七章　地名档案的管理

第二十四条　全区地名档案工作由自治区民政部门统一指导，各级地名档案部门分级管理。地名档案工作在业务上接受档案管理部门的指导、监督。

第二十五条　各级地名档案管理部门保管的地名档案资料，应不少于本级人民政府审批权限规定的地名数量。

第二十六条　地名档案的管理规范，应执行民政部和国家档案局制定的有关规定。

第二十七条　各级地名档案管理部门，应在遵守国家保密规定的原则下，积极开展地名信息咨询服务。

第八章　法律责任

第二十八条　各级地名管理部门应当加强地名工作的管理、监督和检查。对擅自命名、更名或使用不规范地名的单位和个人，应发送违章使用地名通知书，限期纠正；对逾期不改或情节严重、造成不良后果的，地名管理部门应根据有关规定进行处罚：

（一）使用非标准地名的，责令限期改正；逾期不改的，处 100 元以上 500 元以下罚款，并强制改正；

（二）擅自命名、更名的，责令停止使用；拒不执行的，对个人处 50 元以上 200 元以下罚款；对单位处 500 元以上 1000 元以下罚款，并强制改正；

（三）未经审定出版公开地名密集出版物的，责令停止发行，处 1000 元以上 5000 元以下罚款；

（四）擅自设置、移位、涂改、遮挡地名标志的，责令限期恢复原状，拒不执行的，处标志工本费 2 倍以下的罚款，但最高不超过 1000 元；

（五）地名的藏汉译写不一致，用字不当，书写不规范的，责令其修改，拒不执行的，对个人处 50 元以上 200 元以下的罚款，单位处 500 元以上 1000 元以下的罚款；

（六）损坏地名标志的，责令其赔偿，对责任者处标志工本费 3 倍以下的罚款，但最高不超过 1000 元；

（七）地名更名后，超过半年仍未更换地名标志的或地名废名后，地名标志没有及时撤销的，对个人处 50 元以上 200 元以下罚款；对单位处 500 元以上 1000 元以下罚款；

（八）对偷窃、故意损毁地名标志的，由公安机关依据《中华人民共和国治安管理处罚条例》的规定予以处罚。

第九章　附　则

第二十九条　本办法由自治区民政部门负责解释。

第三十条　本办法自发布之日起施行。

陕西省实施《地名管理条例》办法

（2012 年陕西省人民政府令第 165 号）

第一条 为了实施国务院《地名管理条例》，规范地名管理，结合我省实际，制定本办法。

第二条 本省行政区域内地名的命名、更名与销名、标准地名的使用、地名标志的设置以及相关的管理与公共服务活动，适用本办法。

第三条 本办法所称地名：

（一）行政区划名称。设区的市、县（市、区）、乡（镇）、街道办事处等名称及简称、别名。

（二）居民地名称。居民区（片）、门（楼、单元）牌、户牌及大型建筑物、广场、公共绿地、园林等名称；村以及农、林、牧、渔场等名称。

（三）城镇道路、街、巷以及桥梁、隧道等名称。

（四）自然地理实体名称。高原、平原、沙漠、山地、丘陵、盆地、关隘、山口、河流、湖泊、峡谷、瀑布、泉、坪、坝、塘等名称。

（五）专业部门使用的具有地名意义名称。名胜古迹、游览地、纪念地、自然保护区、开发区、产业园区，机场、车站、桥梁、隧道、港口、渡口、码头，水库、堤坝、电厂、电站以及林区、矿山等名称。

第四条 县级以上人民政府应当加强对地名管理与公共服务工作的领导，监督、指导下级人民政府以及本级人民政府相关部门做好地名管理与公共服务工作。

县级以上人民政府地名管理协调机构，应当组织协调政府相关部门做好地名管理与公共服务工作。地名管理协调机构由发展和改革、民政、教育、公安、交通运输、财政、住房和城乡建设、文化、旅游、质量技术监督、工商行政管理、通信、邮政、测绘地理信息、新闻出版等单位组成，其办公室设在同级人民政府民政部门，具体负责管理协调机构的日常工作。

第五条 县级以上人民政府民政部门负责本行政区域内地名的管理与公共服务工作。其主要职责是：

（一）按照《地名管理条例》和国家有关规定，做好地名命名、更名的调研论证，拟定地名命名、更名方案和规划，报同级人民政府审核或者审定；

（二）设置、管理标准地名标志；

（三）普查、补查，收集、整理、更新地名信息和资料，完善地名档案和数据库，建立地名信息化服务平台，开展地名公共服务；

（四）开展地名学理论研究，做好地名文化宣传和遗产保护工作；

（五）公布和推行标准地名，监督检查地名的命名、更名与销名、使用、管理和公共服务。

地名管理协调机构组成部门，按照职责分工，做好地名管理与公共服务的相关工作。

第六条　地名管理与公共服务工作所需经费，按照国家规定列入财政预算。

第七条　编制城镇建设总体规划时，应当同时编制地名规划。

第八条　地名的命名、更名应当尊重当地历史文化，反映地理特征，坚持相对稳定、名副其实、雅俗共赏、规范有序、易记好找和尊重群众意愿的原则。一般不得有偿命名、更名和冠名。

第九条　地名的命名应当遵守下列规定：

（一）地名用字要严格遵守《中华人民共和国国家通用语言文字法》，不得刻意使用繁体字、异体字，避免使用生僻字、多音字；

（二）地名所用汉字字形以国家公布的《印刷通用汉字字形表》为准，书写规范；

（三）不得使用外文译写汉语地名；

（四）地名名称一般不得重名，避免同音或者近音；

（五）一般不得以人名作为地名，但历史遗留的用人名命名的地名除外；

（六）禁止使用国家领导人的名字作地名，不用外国人名、地名命名；

（七）行政区划、风景名胜区、自然保护区以及各专业部门使用的具有地名意义的名称，一般要与所在地地名保持一致；

（八）新建和改建的城镇居民区、道路，一般保留原有地名，确需重新命名的，按照层次、序列、规范的要求予以命名；

（九）法律法规规定的其他情形。

第十条　有损国家主权和尊严、带有民族歧视性质、庸俗、影响社会和谐的地名，应当更名。

不符合本办法第九条第（一）项、第（二）项、第（四）项、第（五）项、第（六）项、第（七）项、第（九）项规定的地名，在征得有关方面和当地群众同意后，予以更名。

一地多名，一名多写或者形、音、义不统一的地名，应当确定一个标准地名。

第十一条 行政区划名称的命名、更名，按照国家规定办理。

县（市）人民政府辖区的居民地、城镇道路、桥梁、隧道、广场、公共绿地等名称，由县（市）人民政府民政部门拟定命名、更名方案，报县（市）人民政府批准；市辖区的居民地、道路、桥梁、隧道、广场、公共绿地等名称，区人民政府民政部门拟定命名、更名方案后，由区人民政府报市人民政府批准。跨行政区域的道路、桥梁、隧道、自然地理实体和水利、电力设施等命名、更名，由相关的人民政府共同报其上一级人民政府批准。

省内著名风景名胜地名称，由设区的市人民政府报省人民政府批准；本省国内外著名自然地理实体的名称，由省人民政府报国务院审批。

注销地名依照以上程序办理。

第十二条 专业部门使用的具有地名意义的名称，其命名、更名依照国家规定办理。

相关专业部门在拟定具有地名意义名称时，应当征求所在地民政部门意见。

第十三条 地名命名、更名批准后，由批准的人民政府或者其委托的民政部门发布，并报上一级人民政府备案。

具有地名意义的名称，由专业部门发布，报所在地同级人民政府备案。

第十四条 历史悠久、约定俗成、含义健康的地名一般不得更名，确需更名的，按照本办法规定的原则和程序办理。

第十五条 地名的命名、更名，应当组织相关部门和专家学者进行充分论证，广泛征求社会各界的意见。

第十六条 公开出版的地图、图集（册）上的地名，应当使用标准地名。

第十七条 县级以上民政部门应当依照有关技术标准建立地名档案（室）和数据库，加强对地名档案和数据库的管理，适时更新地名资料和数据。

第十八条 民政部门应当充分利用媒体、网络等平台，向社会公众提供多种形式的地名信息服务。

第十九条 县级以上人民政府应当遵照《地名 标志》等国家标准，在本行政区域内设置必要的地名标志。地名命名、更名发布后，有关部门应当及时设置地名标志：

（一）自然地理实体地名、行政区域名称、居民地地名、城镇道路地名标志，门（楼、单元）牌、户牌，由相关人民政府民政部门设置和管理；

（二）专业部门使用的地名标志由专业部门设置和管理。

一定区域内的同类地名标志式样应当一致。

第二十条　违反本办法规定命名、更名或者不使用标准地名的，由县级以上人民政府民政部门责令其停止使用，限期改正；逾期不改正的，由县级以上人民政府予以通报批评，并责成相关部门按照本办法规定予以改正。

第二十一条　擅自移动、遮盖、损毁地名标志的，由县级以上人民政府民政部门或者设置标志部门，责令其限期恢复原状，视情节处以 200 元以下罚款；构成违反治安管理行为的，由公安机关依照《中华人民共和国治安管理处罚法》予以处理；构成犯罪的，依法追究刑事责任。

第二十二条　国家机关工作人员违反本办法，玩忽职守、滥用职权、徇私舞弊的，由所在单位或者上级主管部门根据情节给予行政处分。

第二十三条　本办法自 2013 年 3 月 1 日起施行。陕西省人民政府 1988 年 3 月 19 日发布的《陕西省〈地名管理条例〉实施办法》（陕政发〔1988〕48 号）同时废止。

甘肃省地名管理办法

（2003 年甘肃省人民政府令第 10 号）

第一章 总 则

第一条 为了加强地名管理，实现地名的标准化、规范化，适应经济和社会发展以及国际、国内交往的需要，方便人民生活，根据国务院《地名管理条例》等有关法律、法规，结合本省实际，制定本办法。

第二条 本办法适用于本省行政区域内的地名命名、更名与销名、标准地名的使用、地名标志的设置及相关的管理活动。

第三条 本办法所称地名包括：

（一）省、市、州（地）、县、区、自治县、乡、民族乡、镇、街道办事处等行政区划名称；

（二）自然村、集镇、城镇居民区（包括小区、花园、城、苑等）、区片等居民地名称；

（三）城乡的街、路、巷、广场、院、楼（单元）门（户）号码和其他具有地名意义的各种建筑物（群）等名称；

（四）山、河、湖、泉、井、峡、沟、滩、草原、戈壁、沙漠等自然地理实体名称；

（五）工业区、开发区、农场、林场、牧场、油田、矿山、公园、自然保护区、名胜古迹、纪念地等具有地名意义的单位名称；

（六）具有地名意义的港、台、站、场，铁路、公路、公交车站点、桥、隧道、水库（坝）、灌渠等交通、水利、电力设施名称。

第四条 地名管理工作实行统一领导，分级负责的原则。县级以上民政部门是同级人民政府管理本行政区域地名工作的主管部门。其主要职责是：

（一）执行国家地名管理工作的法律、法规；

（二）编制地名工作规划；

（三）负责地名命名、更名、销名的审核、承办以及推行地名标准化、规范化等工作；

（四）负责地名标志的设计、制作、设置和管理；

（五）负责标准地名图书的编纂和审定；

（六）负责地名档案管理；

（七）查处违反本办法的违法行为。

第五条　地名的命名、更名应当征求有关部门和当地群众的意见，尊重历史，保持地名的相对稳定。使用标准地名、保护标准地名标志是每个单位和公民应尽的义务。

第二章　地名的命名、更名、销名与审批

第六条　地名命名应当遵循下列原则：

（一）有利于维护国家尊严和民族团结，适应经济建设和社会发展的要求。

（二）体现当地历史、地理、经济、文化特征，符合地名标准化和译写规范化要求。

（三）一般不以人名命名地名，不得用外国人名、地名命名地名。

（四）县级以上行政区划名称，一个县（市、区）内的乡、镇、街道办事处名称，一个乡、镇内的自然村名称，同一城区内的居民区、街、路、巷和建筑物名称不得重名。人民政府不驻在同一城镇的县级以上行政区划名称，其专名不得相同。

（五）乡、镇、街道办事处一般以乡、镇人民政府驻地居民点和街道办事处所在街、路、巷名称命名。

（六）不得以著名的山脉、河流名称作为行政区域专名；自然地理实体的范围超出本行政区域的，亦不以其名称作为行政区域专名。

（七）各专业部门使用的具有地名意义的港、台、站、场，铁路、公路、公交车站点、桥、隧道、水库（坝）、灌渠等交通、水利、电力设施名称，应当与当地地名一致。

（八）地名用字、读音必须准确规范，避免使用同音字和生僻字、歧义字。

第七条　地名更名应当遵循下列原则：

（一）损害国家领土主权、民族尊严，带有民族歧视，不利于民族团结以及有侮辱人格和低级庸俗内容，违背国家法律、法规的地名，必须更名。

（二）不符合本办法第六条第（三）、（四）、（五）、（六）、（七）、（八）项规定的地名，应当更名。

（三）各级行政区划的设置、撤并、调整需要更名的，按照国家有关行政

区划管理的规定办理。

（四）一地多名，一名多写的，应当确定一个统一的名称和用字。

（五）因地形地貌发生自然变化、行政区划变更调整、城市建设规划自然消失的地名，应当及时销名。

第八条 根据城市建设的需要，城乡的街、路、巷、广场，具有地名意义的港、台、站、场，铁路、公路、公交车站点、桥、隧道、水库（坝）、灌渠等交通、水利、电力设施名称，可以实行有偿命名或更名。

第九条 地名命名、更名、销名的审批权限和程序：

（一）行政区划名称的命名、更名，按照国家有关行政区划管理规定的权限和程序审批。

（二）以人名命名地名的，由市、州人民政府（地区行政公署）提出意见，报省人民政府审批。

（三）居民委员会、村民委员会、自然村、片村的命名、更名，由乡、民族乡、镇人民政府、街道办事处提出意见，报县（市、区）人民政府审批，并报上一级民政部门备案。

（四）县辖城镇的街、路、巷、居民区、建筑物的命名、更名，由县民政部门提出意见报县人民政府审批。城市的街、路、巷、居民区、建筑物的命名、更名，由本级民政部门提出意见，报市、州人民政府（地区行政公署）审批，并报上一级民政部门备案。

（五）已建或新建的居民区（包括楼门户号码）、广场和其它具有地名意义的各种建筑物（群）的名称，已建的由产权人在县、市民政部门办理标准地名登记手续。新建的由产权人在向建设规划部门办理项目规划审批的同时，应当在县、市民政部门办理建筑物名称和标准地名登记手续。

（六）省内跨两个市、州（地）以上的山、河、湖（包括戈壁、沙漠、草原、滩）等自然地理实体名称的命名、更名，由有关市、州人民政府（地区行政公署）联合或分别提出意见，报省人民政府审批；市、州（地）境内跨县（市、区）的，由有关县（市、区）人民政府联合或分别提出意见，报市、州人民政府（地区行政公署）审批；县（市、区）境内的，由本级民政及有关部门提出意见，报县（市、区）人民政府审批。

（七）涉及第三条第（五）项名称的命名、更名，由专业部门申报，经县级以上民政部门同意后，按其隶属关系，由县级以上人民政府审批。

（八）涉及第三条第（六）项名称的命名、更名、销名，由专业部门征得当地县级以上民政部门同意后，报其上级主管部门审批。

（九）有偿命名或更名的，由市、州人民政府（地区行政公署）提出意见，报省民政部门批准。

第十条　申报地名命名、更名、销名时，应当将理由及拟采用的新名的含义、来源等一并加以说明。

第三章　标准地名的使用

第十一条　依照本办法批准的地名为标准地名。对新批准的标准地名，民政部门应当及时向社会公布。标准地名不得擅自变更。未经批准的地名，任何单位和个人不得在媒体和其他公开场合使用。

第十二条　行政区划标准地名图书，由民政部门负责编纂，其他任何部门、单位和个人不得编纂。旅游、交通等专业图书与地名相关的，应当在出版前送省民政部门审核地名。

第十三条　标准地名必须使用国家语言文字管理机构公布的规范汉字。地名的罗马字母拼写，以中国地名汉语拼音字母拼写规则（汉语地名部分）拼写。少数民族语地名汉字译写，以少数民族语地名汉语拼音字母音译转写法拼写。

第四章　地名标志的设置与管理

第十四条　标准地名标志是用于标示标准地名或者具有地名意义和指位功能的牌、碑、桩、匾等法定标志物。

第十五条　行政区域界位、交会路口、城乡街、路、巷、居民区、院、楼（单元）、门（户）、村（含自然村）、工业区、开发区、旅游区、广场、公园、铁路、公路、桥梁、纪念地、名胜古迹、港、台、站、场和重要自然地理实体等位置应设置地名标志。

第十六条　行政区域标志、城乡街、路、巷、居民区、院、楼（单元）、门（户）等标准地名标志的设置和管理由县级以上民政部门负责，乡、镇、街道办事处负责日常监督检查。专业部门批准的具有地名意义的各类标准地名标志的设置和管理，由各专业部门负责，接受同级民政部门的监督和指导。

标准地名标志的设置应当不影响市容、市貌，对破损、变形、字迹不清的，要及时上报、更新。

第十七条　标准地名标志必须按照国家质量技术监督局发布的地名标牌强制性标准制作、设置，并由省民政部门统一监制。

第十八条　行政区域、街、路、巷等标准地名标志设置、维护、更新所需经费由当地财政列支；居民区、院、楼、单元、门户等标准地名标志所需经费由产权人承担。专业部门负责设置的地名标志所需经费由专业部门承担。

第五章　地名档案管理

第十九条　地名档案实行分级管理原则。接受上级民政部门和同级档案管理部门的监督、检查。

第二十条　各级地名档案管理部门，按照国家有关档案管理的规定，完善各项规章制度，做好地名档案资料的收集、整理、编码和归档保管工作，在遵守国家保密规定的原则下，开展地名信息咨询服务。

第六章　罚　则

第二十一条　违反本办法第九条规定，擅自命名、更名、使用非标准地名的，由县级以上民政部门责令限期改正；逾期不改正的，处以 200 元以上 1000 元以下罚款。

第二十二条　违反本办法第十二条规定，擅自印刷出版标准地名图书的，由县级以上民政部门没收出版物，责令停止出版发行，并处以 1000 元以上 5000 元以下罚款。

第二十三条　标准地名标志设置人未按本办法规定设置标准地名标志的，由民政主管部门责令限期设置；逾期不设置的由民政主管部门或专业主管部门代为设置，由此而发生的费用由地名标志设置人承担。

第二十四条　偷窃、损毁或擅自移动标准地名标志的，由公安机关依照《中华人民共和国治安管理处罚条例》的规定处罚；构成犯罪的，依法追究刑事责任。

第二十五条　地名管理部门的工作人员玩忽职守、徇私舞弊，由所在单位或者上级行政主管部门给予行政处分；构成犯罪的，依法追究刑事责任。

第七章　附　则

第二十六条　本办法自 2004 年 1 月 1 日起施行，原本省与地名管理有关的其他规定同时废止。

青海省地名管理实施办法

（青政〔1987〕59 号）

第一条 为贯彻国务院《地名管理条例》（以下简称"条例"），加强全省地名的统一管理，结合我省实际情况，制定本实施办法。

第二条 "条例"所称地名，有以下具体内容：

（一）行政区划名称，包括省、州、地、市、县（市辖区、州辖市、行委），乡、镇及地区，县辖区、街道办事处等名称。

（二）自然地理实体名称，包括山、河、湖、海、岛、礁、沙滩、海湾以及地域等名称。

（三）居民地名称，包括自然村、片村、临时居民点、城镇的街道，居民区、片区等名称。

（四）各专业部门使用的具有地名意义的台、站、港、场等名称，以及其他具有地名意义的交通、水利、电力设施，企事业单位，名胜古迹，纪念地等名称。

第三条 地名的命名在遵循"条例"第四条规定的同时，对全省较大的山脉、重要的冰川和跨县的主要河流和湖泊（含盐湖）名称，一个县内的较高的山峰和湖泊名称不重名，并避免同音。

第四条 地名的更名按"条例"第五条规定执行。我省是个多民族地区，特别要注意民族政策和宗教政策，尊重少数民族的风俗习惯，对民族聚居区的地名有争议的，应经过协商确定一个统一的名称和用字。协商不成的，由人民政府按审批权限裁定。

第五条 "条例"第六条第七款所称其它地名的命名、更名的审批权限和程序如下：

（一）我省与邻省（区）边界处的自然地理实体名称，由省人民政府和邻省（区）人民政府协商提出意见，报国务院审批。

（二）山、河、湖、滩等自然地理实体名称的命名、更名。本省境内跨州、地、市的，由自治州、地区行署或省辖市人民政府联合或分别提出意见，报省人民政府审批；州、地、市境内跨县的，由县人民政府（州辖市、行委）

人民政府联合或分别提出意见，报自治州人民政府、地区行署或省辖市人民政府审批；县（州辖市、行委）境内的，由有关部门提出意见，报县（州辖市、行委）人民政府审批。

（三）地市居民区的命名、更名，由主管部门或所在区人民政府提出意见，报市人民政府审批，镇区内居民地的命名、更名，由镇人民政府提出意见，报县（州辖市、行委）人民政府审批。

（四）自然村（含村片）的命名、更名、由乡、镇人民政府提出意见，报县（州辖市、行委）人民政府审批。

（五）各级行政区划名称的变更，按照国务院《关于行政区划管理的规定》办理。

（六）城镇中新建、改建地区，需要命名、更名地名时，应事先提出方案，以当地地名委员会审核后按审批权限报人民政府审批。

（七）报送地名、更名审批方案时，必须说明命名、更名的理由和新名的含义、来历。

第六条 省、州、地、市、县地名机构是同级人民政府管理地名工作的职能部门，分级负责本辖区的地名管理工作。

第七条 各级地名机构的主要职责是：贯彻执行国家和同级人民政府有关地名工作的方针、政策、法律、法规、规章；负责地名的命名、更名；推广和监督标准地名的使用；负责地名标志牌、街巷牌、门牌的设置和更新管理；管理地名档案、调查、收集、整理和提供地名资料；组织地名学术研究和开展地名咨询、编辑出版地名书籍。

第八条 我省是多民族地区，少数民族语地名较多，对民族语地名的汉字译写，按照中国文字改革委员会和中华人民共和国国家测绘总局《少数民族语地名汉语拼音字母音译转写法》的规定办理，做到规范化。凡经各级地名委员会规范化处理并由人民政府审批的地名，为标准地名。标准地名一经审定，人民政府要授权地名委员会及时公布。各机关、团体、部队、企事业单位使用标准地名时、不得擅自改动。

第九条 省、州、地、市、县人民政府审批的地名命名、更名事项，由同级地名机构承办，民政部门办理行政区划名称变更时，应会同地名机构商定更名方案。专业部门承办地名命名、更名时，应征得当地地名机构的同意，地名命名、更名方案批准后，应抄送上级地名机构备案。

第十条 各级地名机构对使用地名的情况，有权监督、检查和提出修改意见，一切公文、报刊、广播、电视、影剧、地图、教材和机关、团体、部队、企事业单位张挂的牌、匾中使用的地名，必须准确、规范。

第十一条　各级地名机构编辑出版的图、录、志、典等书籍，所载地名要素要准确、规范。使用地名时，都以此为准。地名机构出版的地名书籍，事先需经上一级地名机构审定；非地名机构编辑的地名书籍，出版前需经同级地名机构审核。

第十二条　在各级人民政府领导下，地名机构会同有关部门在城镇街道和居民区，农村、牧区集镇和村庄，交通要道岔口、车站、码头、游览地等显著地方，设置地名标志。地名标志的汉字书写和汉语拼音拼写，要准确、规范。标志规格力求实用、耐久、大方，不准擅自更改、移动、破坏，对那些擅自移动和损坏地名标志的单位和个人，根据情节轻重分别给予批评教育、行政处分、经济制裁和依法惩处。

第十三条　各级地名机构，分级管理地名档案资料。按照《全国地名档案管理暂行办法》的规定，搞好地名档案资料的管理和利用。同时，对地名档案资料要定期进行更新工作，以便向社会及时提供地名信息。

第十四条　本实施办法由省地名委员会负责解释。

第十五条　本实施办法自颁发之日起施行。

宁夏回族自治区地名条例

（2013 年宁夏回族自治区人大常委会通过）

第一章 总 则

第一条 为了加强地名管理，适应城乡建设、社会发展和人民生活需要，结合自治区实际，制定本条例。

第二条 自治区行政区域内地名的命名、更名、销名、使用、标志设置以及相关的管理服务活动，适用本条例。

第三条 本条例所称地名包括：

（一）设区的市、县（市、区）、乡（镇）行政区划名称；

（二）山、川、河、沟、塬、峁、湖、滩、湿地、水道、沙漠、关隘、地形区等自然地理实体名称；

（三）街道办事处、居民委员会、村民委员会名称；

（四）城市（镇）内的街（路）巷、桥梁名称；

（五）自然村名称；

（六）居民区、住宅区名称；

（七）商贸大厦、宾馆饭店、餐饮娱乐场所、综合性写字楼等大型具有地名意义的建筑物名称；

（八）工业园区、开发区、示范区、经济区、移民开发区等名称；

（九）具有地名意义的油（气）田、矿山、盐场、农林牧渔场名称；

（十）公园、广场、公共绿地、博物馆、展览馆、体育场馆、自然保护区、文物古迹、文化遗址、风景名胜、纪念地等公共场所名称；

（十一）机场、铁路、公路以及具有地名意义的台、站、港、码头、水库、渠道、堤围、水闸、电站等设施名称；

（十二）门牌号码；

（十三）其他具有地名意义的名称。

第四条 县级以上人民政府地名委员会，负责组织、协调、指导本行政区域内的地名工作。

第五条　县级以上人民政府民政部门（以下称地名主管部门）负责地名监督管理工作。

发展改革、财政、公安、住房城乡建设、交通运输、工商、质量监督等有关部门，应当按照各自职责做好地名工作。

乡（镇）人民政府、街道办事处应当协助地名主管部门做好辖区内的地名工作。

第六条　地名管理经费应当列入本级财政预算，专款专用。

鼓励企业、社会组织以及个人投资或者捐助地名公共服务事业。

第二章　地名的命名、更名和销名

第七条　地名的命名、更名、销名，实行分级分类审批。未经批准，任何单位和个人不得擅自进行地名命名、更名和销名活动。

第八条　设区的市、县（市、区）地名主管部门应当会同有关部门编制本行政区域地名规划，报本级人民政府批准后组织实施。

经批准的地名规划，任何单位和个人不得擅自变更；确需变更的，应当报原批准机关批准。

编制城乡规划和专项规划涉及地名的，应当征求地名主管部门的意见。

第九条　地名的命名、更名应当遵循下列原则：

（一）维护国家尊严、民族团结、社会和谐；

（二）有利于继承和发扬传统文化、民族文化；

（三）符合社会公序良俗，名实相符，含义健康；

（四）符合地名规划，反映当地历史、文化、地理特征；

（五）尊重群众意愿，与有关各方协商一致；

（六）保持地名的相对稳定。

第十条　地名的命名应当符合下列要求：

（一）自治区行政区域内重要的自然地理实体名称、乡（镇）以上名称、街道办事处名称，同一县（市、区）内的村（居）民委员会名称，同一乡（镇）内的自然村名称，同一城市内的道路、居民地、建筑物名称，不得重名、同音；

（二）乡（镇）名称应当与其政府驻地名称一致，街道办事处名称应当与其所在街（路）、巷名称一致；

（三）台、站、港、码头、机场、水库、矿山等名称应当与所在地的名称一致；

（四）一般不以人名作地名，禁止使用国家领导人和外国人名、外国地名作地名；

（五）不得以著名的山脉、河流等自然地理实体名称作行政区划名称；自然地理实体的范围超出本行政区域的，不得以其名称作本行政区域名称；

（六）地名用字应当使用规范的汉字，避免使用生僻字、同音字和字形、字音容易混淆或者产生歧义的字；除门牌号码外，不得使用数字命名地名。

地名命名规则由自治区地名主管部门按照国家和本条例规定制定。

第十一条 地名的更名应当符合地名命名要求，遵守下列规定：

（一）有损国家主权和民族尊严，带有民族歧视性质、妨碍民族团结，字意低级庸俗的，应当更名；

（二）一地多名，一名多写，应当确定一个统一的名称和用字；

（三）不符合本条例第十条第（二）、（三）、（六）项规定的地名，在征得有关方面和当地群众同意后更名。

地名更名应当从严控制，可更名可不更名、当地群众难以接受的，不得更名。

第十二条 本条例第三条规定的地名的命名、更名，按照下列规定办理审批手续：

（一）第一项规定的地名，按照《国务院关于行政区划管理的规定》规定的审批权限和程序办理。

（二）第二项规定的地名，除依法由国务院审批的以外，由设区的市人民政府提出意见，经自治区地名主管部门审核后，报自治区人民政府批准。

（三）第（三）、（四）、（五）项规定的地名，由设区的市、县（市、区）地名主管部门按照各自权限报同级人民政府批准；批复意见报自治区地名主管部门备案。

（四）第（六）、（七）项规定的地名，由开发建设单位在申请立项前，报工程所在地设区的市、县（市、区）地名主管部门批准。

（五）第（八）项规定的地名，除依法由国家审批的以外，由县级以上人民政府地名主管部门提出意见，报同级人民政府批准。

（六）第（九）、（十）项规定的地名，由其主管部门提出申请，报同级地名主管部门批准。

（七）第（十一）项规定的地名，经征得所在地人民政府同意后，由有审批权的专业主管部门批准。

（八）第（十二）项规定的门牌号码，由设区的市、县（市、区）地名主管部门按照各自权限编制。

第十三条 下列地名在命名、更名前，应当予以公示，并组织论证或者听证：

（一）有重大影响的地名；

（二）列入历史地名保护名录的地名；

（三）历史文化名城、名镇、名村；

（四）风景名胜、文物保护单位；

（五）公众争议较大的地名。

第十四条 申请地名命名、更名，应当提交书面申请材料，申请材料应当载明下列内容：

（一）地理实体的性质、位置、规模；

（二）命名、更名的理由；

（三）拟用地名的汉字、标调的汉语拼音、含义；

（四）有关方面的批复、意见。

地名命名、更名的，受理机关应当自受理申请之日起十日内作出是否批准的决定；但涉及公众利益，需要征求有关方面意见的，受理机关应当自受理申请之日起六十日内作出是否批准的决定。

对依法批准的居民区、住宅区、建筑物名称，地名主管部门应当在作出批准决定之日核发《标准地名使用证》。

审批地名不得收取费用。

第十五条 已经实际使用的地名未办理命名手续，符合命名规定的，地名主管部门应当通知相关单位或者个人补办命名手续；不符合命名规定且必须更名的，地名主管部门应当制发地名更名通知书，有关单位或者个人应当自收到通知书之日起六十日内办理更名手续。

第十六条 因区划调整，城乡建设或者自然变化等原因不能续存的地名，由审批机关按照审批权限和程序销名。

第三章 标准地名的使用与服务

第十七条 经依法批准的地名为标准地名。标准地名不得擅自更改。

地名主管部门应当向社会公布标准地名，未经批准的地名，不得公开宣传和使用。

第十八条 标准地名应当由专名和通名两部分组成，通名应当真实反映其实体的属性类别，禁止单独使用专名词组或者通名词组作地名。

第十九条 标准地名应当使用国家公布的规范汉字书写，并以汉语普通话为标准读音。地名的拼写应当以国家公布的《汉语拼音方案》、《中国地名汉语拼音字母拼写规则（汉语地名部分）》为准。

第二十条 下列范围内应当使用标准地名：

（一）涉外协定、文件；

（二）机关、团体、企业事业单位的公文、证件；

（三）图书、报刊、广播、电视和信息网络；

（四）地图、电话号码簿、邮政编码簿等地名出版物；

（五）地名标志；

（六）涉及地名的商标、牌匾、广告、合同以及印信。

第二十一条　规划、房管、工商等部门在办理居民区、住宅区、大型具有地名意义的建筑物工程项目建设规划、房产销售、房产确权、房地产广告等手续时，应当查验开发建设单位的《标准地名使用证》；开发建设单位未能提供《标准地名使用证》的，应当要求其补办地名手续。

建设工程规划许可证、施工许可证、商品房预售许可证、房屋所有权证等标注的项目名称及广告发布的地名名称，应当与开发建设单位的《标准地名使用证》上的标准地名一致。

第二十二条　各级地名主管部门应当编纂本行政区域内的标准地名出版物，专业主管部门应当根据地名主管部门公布的标准地名负责编纂旅游、交通指南等专业地名出版物，为社会使用标准地名提供便利。

第二十三条　地名主管部门应当建立健全地名档案和地名数据库，并确定专人负责管理。

地名主管部门应当适时组织地名普查和补查，及时更新地名信息。

国土、公安、规划、房管、工商等部门应当与地名主管部门及时互通地名基础信息，实行资源共享。

第二十四条　地名主管部门应当加强地名研究，根据社会发展需要组织开发地名公共产品，向社会提供地名信息、地名查询等地名公共服务。

为公众提供地名公共服务，应当遵守国家保密的有关规定。

第四章　地名标志的设置与管护

第二十五条　本条例第三条规定的地名，应当设置地名标志。其地名标志的设置和管护职责按照下列规定确定：

（一）第（一）、（二）、（三）、（四）、（五）、（十二）项地名的标志，由地名主管部门设置、管护；

（二）第（六）项地名的标志，由开发建设单位设置，物业企业管护；

（三）第（七）项地名的标志，由开发建设单位设置，产权单位或者使用单位管护；

（四）第（八）、（九）、（十）、（十一）项地名的标志，由有关主管部门设置、管护。

地名标志设置管护单位应当保持地名标志的完好，发现损坏或者字迹残缺的，应当及时修复或者更新。

因施工等原因确需移动、拆除地名标志的，应当经地名标志设置管护单位同意。

第二十六条　地名标志的内容、样式、规格、材质以及设置应当符合国家标准或者行业标准。

第二十七条　新建的道路、桥梁、街（路）巷、居民区、住宅区地名标志应当在工程竣工时设置完成。

第二十八条　任何单位和个人不得有下列行为：

（一）涂改、污损、遮挡、覆盖地名标志；

（二）在地名标志上悬挂物品；

（三）擅自移动、拆除地名标志；

（四）其他损坏地名标志的行为。

第二十九条　地名主管部门负责对所有地名标志的设置管护情况进行监督检查。

上级地名主管部门发现下级地名主管部门设置管护的地名标志有下列情形之一的，应当责令其及时进行维修、更换或者调整：

（一）地名标志破损、字迹不清或者残缺不全的；

（二）内容、样式、规格、材质以及设置不符合国家标准或者行业标准的；

（三）未使用标准地名的；

（四）其他应当维修、更换或者调整地名标志的情形。

由地名主管部门以外的单位设置管护的地名标志有前款情形之一的，地名主管部门应当责令其及时进行维修、更换或者调整。

第五章　历史地名保护

第三十条　历史地名保护应当坚持使用为主、注重传承的原则，与地名规划和历史文化名城、名镇、名村保护规划相结合。

鼓励单位和个人参与历史地名的研究、保护和宣传工作。

第三十一条　自治区实行历史地名保护名录制度。

历史地名保护名录由县（市、区）地名主管部门提出，经专家评审并征求社会意见后，报同级人民政府批准公布。

历史地名评定标准由自治区地名主管部门会同有关部门制定。

第三十二条 历史地名保护名录中的在用地名不得更名。因特殊情况需要更名的，应当按照本条例规定程序办理。

历史地名保护名录中的非在用地名，其专名可以按照地域就近原则优先采用；未被采用的，应当采取措施加以保护。

第三十三条 拆除或者迁移历史地名保护名录中地名所指称的地理实体的，有关部门应当事先告知地名主管部门。

第六章 法律责任

第三十四条 地名主管部门、有关部门及其工作人员，有下列行为之一的，对直接负责的主管人员和其他直接责任人员依法给予处分；构成犯罪的，依法追究刑事责任：

（一）不依法办理地名命名、更名、销名的；

（二）不依法履行地名标志设置、管护以及监督检查职责的；

（三）不依法查验《标准地名使用证》的；

（四）利用地名审批职权收受、索取财物的；

（五）滥用职权、玩忽职守、徇私舞弊行为的。

第三十五条 未经批准擅自对地名进行命名、更名的，责令限期改正；逾期不改正的，由有审批权的部门依法撤销其名称，并处二千元以上一万元以下罚款。

第三十六条 违反本条例规定，有下列行为之一的，由地名主管部门按照下列规定予以处罚：

（一）公开宣传、使用未经批准的地名的，给予警告，责令限期改正；逾期不改正的，责令停止使用非标准地名，并处一千元以上一万元以下罚款；情节严重的，处一万元以上二万元以下罚款。

（二）未经批准擅自出版发行地名工具书、图（册）的，给予警告，责令限期改正；逾期不改正的，责令停止出版发行，没收违法所得，并处二千元以上一万元以下罚款。

（三）开发建设单位不按照规定设置地名标志，物业企业、产权单位或者使用单位不按照规定管护地名标志的，给予警告，责令限期改正；逾期不改正的，处二千元以上一万元以下罚款。

（四）涂改、污损、遮挡、覆盖地名标志或者擅自移动、拆除地名标志的，责令限期改正，恢复原状，并处二百元以上一千元以下罚款；造成损失的，依法赔偿。

（五）未按照国家规定书写、拼写标准地名的，责令限期改正；逾期不改正的，处一百元以上五百元以下罚款。

<h2 style="text-align:center">第七章　附　则</h2>

第三十七条　本条例下列用语的含义：

（一）专名：是指地名中表示指称的地理实体专有属性的名称部分。

（二）通名：是指地名中表示指称的地理实体通用属性（类别）的名称部分。

（三）地名标志：是指标示地理实体标准地名及相关信息的设施。

（四）历史地名：是指具有历史文化价值和纪念意义的地名。

第三十八条　本条例自 2013 年 10 月 1 日起施行。2000 年 12 月 30 日自治区人民政府公布的《宁夏回族自治区地名管理办法》同时废止。

新疆维吾尔自治区地名管理办法

（2011 年新疆维吾尔自治区人民政府令第 171 号）

第一条 为加强地名管理工作，实现地名标准化、规范化，适应自治区经济社会发展需要，根据国务院《地名管理条例》，结合自治区实际，制定本办法。

第二条 本办法适用于自治区行政区域内的地名管理活动。

第三条 本办法所称地名包括：

（一）州、市（地）、县（市、区）、乡（镇）等行政区划名称；

（二）山、河、湖、泉、冰川、沙漠、戈壁、盆地、草原等自然地理实体名称；

（三）自然村、农牧点、集镇、城镇、街路巷、居民区、片区等居民地名称；

（四）门（院）、楼（幢）、单元、户等门楼牌号名称；

（五）台、站、场、口岸、铁路、公路、桥梁（立交桥）、隧道、水库、渠道、堤坝等具有地名意义的专业设施、市政设施、基础设施名称；

（六）大厦、花园、别墅、山庄、商业中心等具有地名意义的建筑物名称；

（七）文物古迹、纪念地、历史遗产保护地、自然保护区、风景名胜、公园、广场、体育场馆等具有地名意义的公共场所、文化设施名称；

（八）其他具有地名意义的名称。

第四条 县（市）以上民政部门负责本行政区域内的地名管理工作。

公安、住房和城乡建设、交通运输、工商、语言文字、文化、新闻出版等有关部门在各自职责范围内，负责地名管理的相关工作。

第五条 地名的命名、更名应当遵循下列原则：

（一）维护国家主权、领土完整和民族尊严；

（二）反映当地历史、文化和地理特征；

（三）尊重历史沿用名称和当地群众意愿；

（四）统一管理，分类、分级审批。

第六条　地名命名、更名的审批权限和程序，应当遵守下列规定：

（一）行政区划名称，按照国务院《关于行政区划管理的规定》的规定审批，乡（镇）名称，由州、市人民政府、地区行政公署提出意见，报自治区人民政府审批；

（二）国内外著名的或者涉及国界走向、省级界线的自然地理实体名称，由自治区人民政府提出意见，报国务院审批；自治区内著名的自然地理实体名称，由所在地州、市人民政府、地区行政公署提出意见，报自治区人民政府审批；其他自然地理实体名称，由所在地县（市）民政部门提出意见，报本级人民政府审批；跨州、市（地）、县（市、区）的自然地理实体名称，由有关人民政府或者地区行政公署提出意见，报共同上一级人民政府审批；

（三）居民地名称、门楼牌号名称，由县（市）民政部门提出意见，报本级人民政府审批；

（四）具有地名意义的专业设施、市政设施、基础设施、公共场所、文化设施名称，由有关行政主管部门审批，向同级民政部门备案。

第七条　新建居民区以及具有地名意义的建筑物名称，建设单位在办理项目规划审批前，应当向所在地县（市）民政部门办理地名登记审核手续。

第八条　禁止命名下列情形之一的地名；已经命名的，应当更名：

（一）同一城镇内的居民区、片区和具有地名意义的建筑物名称，以及自然地理实体名称重名或者同音的；

（二）随意简化少数民族语地名的；

（三）以外国地名命名地名的；

（四）以国家领导人姓名命名地名的；

（五）法律、法规规定禁止命名的其他情形。

除满足社会公益事业或者公共资源特许经营需要外，不得以企业名、产品名、商标名或者人名命名地名。

第九条　依照本办法审批、登记的地名为标准地名。任何单位、组织和个人不得擅自对地名进行命名、更名。

因自然变化、行政区划调整或者城乡建设等原因而消失的地名，按原审批权限和程序予以销名。

标准地名由县（市）以上民政部门向社会公布并负责编纂出版。

第十条　标准地名的书写、译写，应当遵守下列规定：

（一）书写汉字地名，应当使用国家公布的规范汉字；

（二）书写少数民族文字地名，应当使用自治区规定的少数民族语言正字正音法；

（三）公共场所书写地名，应当同时使用当地通用的少数民族文字和汉字；

（四）汉字译写少数民族语地名，应当以少数民族语言文字及其标准语音为基础，按照汉语普通话读音，使用规范汉字译写；

（五）不同民族在同一聚居区有不同地名且无统一汉字译写的，应当选择当地通用的语种进行汉字译写。

拼写、转写地名，应当遵守《中国地名汉语拼音字母拼写规则（汉语地名部分）》《少数民族语地名汉语拼音字母音译转写法》。

第十一条　机关、社会团体、企事业单位和其他社会组织在公文往来、信息发布、对外交往中应当使用标准地名。

公开出版与地名有关的各类图（册）、音像制品、书籍或者发布与地名有关的信息，出版或者发布单位应当使用标准地名。

第十二条　行政区划界位、居民地、专业设施、市政基础设施、公共场所、文化设施以及重要自然地理实体等，应当按照国家统一标准设置地名标志。

第十三条　地名标志的设置由所在地县（市）以上民政部门统一组织，各有关行政主管部门按照管理权限和职责负责设置和管理。

第十四条　任何单位、组织和个人不得擅自移动、涂改、损毁地名标志。

确需临时移动地名标志的，应当征得批准设置该地名标志的部门同意，采取措施确保地名标志有效设置，并在事后及时恢复原状。

第十五条　县（市）以上民政部门应当按照有关规定，建立地名档案，并为需要查询地名档案有关内容的公民、法人和其他组织提供便利。

第十六条　违反本办法第七条、第十一条规定的，由县（市）以上民政部门责令限期改正，逾期不改正的，可以处 2000 元以上 1 万元以下罚款；对直接负责的主管人员和其他直接责任人员，由其所在单位或者有关主管部门依法给予处分。

第十七条　违反本办法第十四条规定的，由县（市）以上民政部门或者有关行政主管部门责令限期恢复原状；逾期未恢复原状的，可以处该地名标志造价 3 倍以下罚款，但最高不得超过 3 万元。

第十八条　县（市）以上民政部门工作人员违反本办法，玩忽职守、滥用职权、徇私舞弊的，由其主管部门或者行政监察机关依法给予行政处分。

第十九条　违反本办法，应当承担法律责任的其它行为，依照有关法律、法规的规定执行。

第二十条　本办法自 2011 年 10 月 1 日起施行。1989 年 9 月 6 日自治区人民政府颁布的《新疆维吾尔自治区地名管理实施办法》同时废止。

中篇

政策文件

政务院关于处理带有歧视或侮辱少数民族性质的称谓、地名、碑碣、匾联的指示

（1951 年 5 月 16 日政务院发布）

为加强民族团结，禁止民族间的歧视与侮辱，对于历史上遗留下来的加于少数民族的称谓及有关少数民族的地名、碑碣、匾联等，如带有歧视和侮辱少数民族意思者，应分别予以禁止、更改、封存或收管。其办法如下：

一、关于各少数民族的称谓，由各省、市人民政府指定有关机关加以调查，如发现有歧视蔑视少数民族的称谓，应与少数民族代表人物协商，改用适当的称谓，层报中央人民政府政务院审定、公布通行。

二、关于地名：县（市）及其以下的地名（包括区、乡、街、巷、胡同），如有歧视或侮辱少数民族的意思，由县（市）人民政府征求少数民族代表人物意见，改用适当的名称，报请省人民政府备案。县（市）以上地名，由县（市）以上人民政府征求少数民族代表人物意见，提出更改名称，呈报中央人民政府政务院核定。

三、关于碑碣、匾联：凡各地存有歧视或侮辱少数民族意思之碑碣、匾联，应予撤除或撤换。为供研究历史、文化的参考，对此种碑碣、匾联在撤除后一般不要销毁，而加以封存，由省、市人民政府文教部门统一管理，重要者并须汇报中央文化部文物局。如其中有在历史、文物研究上确具价值而不便迁动者，在取得少数民族同意后，得予保留不撤，惟须附加适当说明。以上均由各省、市人民政府进行调查，提出具体处理办法，报请大行政区人民政府（军政委员会）核准后实行。重要者，须呈报中央人民政府政务院核准。

各级有关人民政府在执行以上工作前，应结合民族政策，须先在当地少数民族人民和汉民族人民中进行宣传教育，并与有关民族（包括汉族）的代表协商妥当，在大多数人了解之后始具体执行，以便进一步地加强各民族人民的团结，而不致增加民族隔阂，甚或发生民族纠纷。

此外，关于各民族历史和现状的艺术品（戏剧等）和学校教材中内容不适当处，应如何修改，因较为复杂，尚待各有关机关研究，并望各地民族事务机构提出意见。

国务院批转关于改用汉语拼音方案作为
我国人名地名罗马字母拼写法的统一规范的报告

（国发〔1978〕19 号）

各省、市、自治区革命委员会，国务院各部委、各直属机构：

现将中国文字改革委员会、外交部、国家测绘总局、中国地名委员会《关于改用汉语拼音方案作为我国人名地名罗马字母拼写法的统一规范的报告》转发给你们，望参照执行。

改用汉语拼音字母作为我国人名地名罗马字母拼写法，是取代威妥玛式等各种旧拼法，消除我国人名地名在罗马字母拼写法方面长期存在混乱现象的重要措施，望各部门认真做好这项工作。

关于改用汉语拼音方案作为我国人名地名
罗马字母拼写法的统一规范的报告

国务院：

为了进一步贯彻执行周恩来总理关于汉语拼音方案"可以在对外文件、书报中音译中国人名、地名"的指示，两年来，各单位作了大量准备工作。国家测绘总局和文改会修订了《少数民族语地名汉语拼音字母音译转写法》。国家测绘总局编制出版了汉语拼音版《中华人民共和国分省地图集》、《汉语拼音中国地名手册》（汉英对照），并会同内蒙古、黑龙江、吉林、辽宁、西藏、青海、四川、新疆等省（区）进行了蒙、维、藏语地名调查，内蒙古和西藏地名录已正式出版，其它省区的地名录正在编纂中。广播局对有关业务人员举办了汉语拼音学习班。新华社编了有关资料。邮电部编印了新旧拼法对照的电信局名簿。中国人民解放军海军司令部航海保证部编绘出版了提供外轮使用的《航海图》。中央气象局向国际气象联合会提供的我国气象台、站名等也使用了新拼法。

去年 8 月我国派代表团参加了在雅典举行的联合国第三届地名标准化会

议，会上通过了我国提出的关于采用汉语拼音方案作为中国地名罗马字母拼写法的国际标准的提案。

我们去年 7 月 14 日又邀集外贸部、新华社、广播局、外文局、邮电部、中国社会科学院、民委、民航局及总参测绘局等单位开会研究了改用汉语拼音方案作为我国人名地名罗马字母拼写法的统一规范的问题。会后又与中共中央毛泽东主席著作编辑出版委员会、中国科学院等有关单位进行了磋商。大家认为，根据目前准备工作的情况和对外工作的需要，同时鉴于 1958 年周总理指示以来在有些方面早已这样做了，因此，我国人名地名改用汉语拼音字母拼写，可在本报告批准后开始实行。同时考虑到有些单位的具体情况，统一规范可逐步实行。由于在联合国地名标准化会议上，我国同意国际上使用我国新拼法有个过渡，所以有些涉外单位，如民航局、邮电部等对今后国外来的文件、电报、票证等仍用旧拼法，不要拒绝承办。人名地名拼写法的改变，涉及我国政府对外文件的法律效力，因此，在适当的时候，拟由外交部将此事通报驻外机构和各国驻华使馆。新华社、外文出版局、广播局等单位也应做好对外的宣传工作。

此外，关于我国领导人的姓名和首都名称的拼写问题，我们认为：既然要用汉语拼音方案来统一我国人名、地名的罗马字母拼写法，领导人的姓名以及首都名称也以改用新拼法为宜。只要事前做好宣传，不会发生误解。

毛主席著作外文版中人名地名的拼写问题。本报告批准后，由外文出版局和中共中央马恩列斯著作编译局按照本报告的原则制订实施办法。

以上报告（并附件）如无不当，请批转各省、市、自治区、国务院各部委参照执行。

附件

关于改用汉语拼音方案拼写中国人名地名
作为罗马字母拼写法的实施说明

一、用汉语拼音字母拼写的中国人名地名，适用于罗马字母书写的各种语文，如英语、法语、德语、西班牙语、世界语等。

二、在罗马字母各语文中我国国名的译写法不变，"中国"仍用国际通用的现行译法。

三、在各外语中地名的专名部分原则上音译，用汉语拼音字母拼写，通名部分（如省、市、自治区、江、河、湖、海等）采取意译。但在专名是单音节时，其通名部分应视作专名的一部分，先音译，后重复意译。

文学作品、旅游图等出版物中的人名、地名，含有特殊意义，需要意译的，可按现行办法译写。

四、历史地名，原有惯用拼法的，可以不改，必要时也可以改用新拼法，后面括注惯用拼法。

五、香港和澳门两地名，在罗马字母外文版和汉语拼音字母版的地图上，可用汉语拼音字母拼写法，括注惯用拼法和"英占"或"葡占"字样的方式处理。在对外文件和其他书刊中，视情况也可以只用惯用拼法。我驻港澳机构名称的拼法，可不改。

六、一些常见的著名的历史人物的姓名，原来有惯用拼法的（如孔夫子、孙逸仙等），可以不改，必要时也可以改用新拼法，后面括注惯用拼法。

七、海外华侨及外籍华人、华裔的姓名，均以本人惯用拼法为准。

八、已经使用的商标、牌号，其拼写法可以不改，但新使用的商标、牌号应采用新拼写法。

九、在改变拼写法之前，按惯用拼写法书写和印制的外文文件、护照、证件、合同、协议、出版物以及各种出口商品目录、样本、说明书、单据等，必要时可以继续使用。新印制时，应采用新拼法。

十、各科（动植物、微生物、古生物等）学名命名中的我国人名地名，过去已采取惯用拼法命名的可不改，今后我国科学工作者发现的新种，在订名时凡涉及我国人名地名时，应采用新拼写法。

十一、中国人名地名的罗马字母拼写法改用汉语拼音字母拼写后，我对外口语广播的读音暂可不改。经过一个时期的调查研究之后，再确定我们的做法。

十二、蒙、维、藏等少数民族语人名地名的汉语拼音字母拼写法，由中国地名委员会、国家测绘总局、民族事务委员会、民族研究所负责收集、编印有关资料，提供各单位参考。

少数民族语地名按照《少数民族地名汉语拼音字母音译转写法》转写以后，其中常见地名在国内允许有个过渡。

十三、在电信中，对不便于传递和不符合电信特点的拼写形式可以作技术性的处理，如用 yu 取代 ü。

少数民族语地名汉语拼音字母音译转写法

（一九七六年六月修订）
中华人民共和国国家测绘总局
中国文字改革委员会

总　则

第一条　少数民族语地名汉语拼音字母音译转写法的主要用途：

（1）作为用汉语拼音字母拼写少数民族语地名的标准；

（2）作为地图测绘工作中调查记录少数民族语地名的记音工具；

（3）作为汉字音译少数民族语地名定音和选字的主要依据；

（4）为按照字母顺序统一编排我国地名资料和索引提供便利条件。

第二条　音译转写法限用《汉语拼音方案》中的二十六个字母，两个有附加符号的字母和一个隔音符号，为了使转写和记音比较准确，音节结构可以不受汉语普通话音节形式的限制，隔音符号可以在各种容易混淆的场合应用，记音的时候附加符号可以加在特定的字母上面代表特殊语音。

少数民族文字用拉丁字母的，音译转写以其文字为依据。跟《汉语拼音方案》中读音和用法相同或相近的字母，一律照写；不同或不相近的字母分别规定转写方式，文字不用拉丁字母的，根据文字的读音采用相应的汉语拼音字母表示。没有文字的，根据通用语音标记。

第三条　特殊的地名参照下列办法处理：

（1）惯用的汉字译名如果是一部分音译，一部分意译，其音译部分根据音译转写法拼写，意译部分按照汉字读音拼写。

（2）惯用的汉字译名如果是节译，可以斟酌具体情况，有的按照原名全称音译转写，有的按照节译的汉字读音拼写。

（3）汉字译名如果原先来自少数民族语，后来变成汉语形式并且已经通用，可以按照汉字读音拼写，必要时括注音译转写的原名。

（4）其他特殊情况具体斟酌处理。

几种音译转写法（略）

中国地名委员会关于印发《城市街道名称汉语拼音拼写规则（草案）》的通知

（中地字〔1980〕第 15 号）

各省、市、自治区地名领导小组，各有关单位：

为了配合全国地名普查工作的进行，根据《全国地名普查若干规定》（试行）第二十七条要求，经与有关单位共同研究，特制定《城市街道名称汉语拼音拼写规则（草案）》，现印发给你们，望在城市地名普查中参照执行。

城市街道名称汉语拼音拼写规则（草案）

一、专名和通名分写。

中山/路　和平/里　榆关/道　文昌/街　门框/胡同　崔府/夹道　宫/巷　横/街

二、由两个或两个以上的词组成的专名或通名按词分写。

天宁寺/西里/一巷　广安门/车站/东街　广渠/南水关/胡同　宣武门/东河沿/街　永定门/西滨河/路

三、专名或通名的单音节修饰词一般不单独分写。修饰专名的与专名连写，修饰通名的与通名连写。

西长安/街　东总布/胡同　东长治/路　南羊市口/街　朝阳门内/大街　前兵马/街　东直门外/斜街　东直门/南顺城/街　光明/中街　枣林/斜街　东环/北路　西四/南大街　德外/东后街　广渠门/南小街　造币/左路　清波门/直街

四、专名和通名不易区分的按下例分写。

东/中街　下/斜街　南/马路　新/中街　南横/东街

五、以人名命名的地名，姓与名连写。

王光明/路　张之洞/路　王佐/胡同

六、以数字命名的带有序数性的地名，拼音时数字用阿拉伯字母拼写，

数字与其相关词之间加短横。非序数性的以及以日期命名的地名，数字一律
拼音。

大川淀一巷	Dachuandian 1 – Xiang
横二条	Heng 2 – Tiao
新安中里二巷	Xin'an Zhongli 2 – Xiang
八纬路	8 – WeiLu
第二小学路	Di – 2 Xiaoxue Lu
一号路	1 – Hao Lu
槐柏树街北二条	Huaibaishujie Bei 2 – Tiao
小黄庄南街七巷	Xiaohuangzhuang Nanjie 7 – Xiang
小十八道街	Xiao 18 – Dao Jie
五马路	5 – Malu
五四大街	Wusi Dajie
二七剧场路	Erqi Juchang Lu
三里河路	Sanlihe Lu

七、以文言、成语命名的地名或难于分写的地名连写。

三潭印月　柳浪闻莺　双龙夺珠　百花深处

八、地名拼写时，分写各段的第一字母大写。

九、凡属 a、o、e 开头的非第一音节，用隔音符号隔开。

十、地名的正规拼写应按普通话标注声调。特殊情况以省略式处理，可
不标声调，如地图、路牌等的拼写。

中国地名委员会办公室关于汉语拼音
隔音符号使用问题的函

（中地办字〔1980〕第 31 号）

江苏省地名委员会办公室：

现将你省海安县地名办公室十月十四日来函转去，请研处。

海安县地名办信中所提关于汉语拼音隔音符号的使用问题是带有普遍性的问题，为了解决《全国地名普查若干规定》、《城市街道名称汉语拼音拼写规则》两个文件与中国文字改革委员会制定的《汉语拼音方案》关于隔音符号的使用方法的不一致问题，经与中国文字改革委员会研究，认为在地名的汉语拼音中，凡属 a、o、e 开头的非第一音节，不论发生或不发生混淆，一律都要用隔音符号隔开。这样做的好处是：1. 方法简单，容易掌握。2. 在拼写地名时，节省了思考会不会发生音节混淆、辨别要不要用隔音符号的时间。3. 解决了不是以 a、o、e 开头的非第一音节，有时也会发生混淆的问题。如"马林沟"拼写为"Malingou"，也可以读成"马陵鸥"。根据以上规定，因"Malingou"中没有用隔音符号，所以地名第三音节不是以"o"开头，就不能读成"马陵鸥"。以后凡遇到这类问题，请按此信精神掌握处理。

抄送：各省、市、自治区地名委员会（地名领导小组）办公室

中国地名委员会办公室关于城镇路牌地名
汉语拼音书写形式的复函

（中地办字〔1980〕第 34 号）

海南省地名委员会办公室：

　　关于你办所询城镇路牌地名汉语拼音书写形式问题，经与中国文字改革委员会研究，答复如下：

　　根据〔80〕中地字第 15 号文件《城市街道名称汉语拼音拼写规则》第十条精神，路牌上地名的汉语拼音书写形式是汉语拼音书写地名的一种特殊形式。我们认为，如果在新制作城镇等路牌时，路牌上地名的汉语拼音除按规定进行分段外，可全用印刷体大写字母书写，不标注声调，但不能省略隔音符号。特此函复。

　　抄送：各省、市、自治区地名委员会（地名领导小组）办公室，中国文字改革委员会，铁道部，交通部

中国地名委员会、中国文字改革委员会、国家测绘局关于颁发《中国地名汉语拼音字母拼写规则（汉语地名部分）》的通知

（中地字〔1984〕第 17 号）

各省、自治区、直辖市地名委员会、文字改革委员会、测绘局（处）：

现将《中国地名汉语拼音字母拼写规则（汉语地名部分）》发给你们，望遵照执行。凡过去关于汉语地名的汉语拼音字母拼写规定与此规则相矛盾的，均以此规则为准。

中国地名汉语拼音字母拼写规则
（汉语地名部分）

分写和连写

1. 由专名和通名构成的地名，原则上专名与通名分写。

太行/山（注）松花/江　汾/河　太/湖　舟山/群岛　台湾/海峡　青藏/高原　密云/水库　大/运河　永丰/渠　西藏/自治区　江苏/省　襄樊/市　通/县　西峰/镇　虹口/区　友谊/乡　京津/公路　南京/路　滨江/道　横/街　长安/街　大马/路　梧桐/巷　门框/胡同

2. 专名或通名中的修饰、限定成分，单音节的与其相关部分连写，双音节和多音节的与其相关部分分写。

西辽/河　潮白/新河　新通扬/运河　北雁荡/山　老秃顶子/山　小金门/岛　景山/后街　造币/左路　清波门/直街　后赵家楼/胡同　朝阳门内/大街　南/小街　小/南街　南横/东街　修文/西小巷　东直门外/南后街　广安门/北滨河/路　广渠/南水关/胡同

3. 自然村镇名称不区分专名和通名，各音节连写。

王村　江镇　郭县　周口店　文家市　油坊桥　铁匠营　大虎山　太平沟　三岔河　龙王集　龚家棚　众埠街　南王家荡　东桑家堡子

4. 通名已专化的，按专名处理。

渤海/湾　黑龙江/省　景德镇/市　解放路/南小街　包头/胡同/东巷

5. 以人名命名的地名，人名中的姓和名连写。

左权/县　张之洞/路　欧阳海/水库

数词的书写

6. 地名中的数词一般用拼音书写。

五指山　Wǔzhǐ Shān

九龙江　Jiǔlóng Jiāng

三门峡　Sānmén Xiá

二道沟　E'rdào Gōu

第二松花江　Di'èr Sōnghuā Jiāng

第六屯　Dìliùtún

三眼井胡同　Sānyǎnjǐng Hútong

八角场东街　Bājiǎochǎng Dōngjiē

三八路　Sānbā Lù

五一广场　Wǔyī Guǎngchǎng

7. 地名中的代码和街巷名称中的序数词用阿拉伯数字书写。

1203 高地　1203 Gāodì

1718 峰　1718 Fēng

二马路　2 Mǎlù

经五路　Jīng 5 Lù

三环路　3 Huánlù

大川淀一巷　Dàchuāndiàn 1 Xiàng

东四十二条　Dōngsì 12 Tiáo

第九弄　Dì‑9 Lòng

语音的依据

8. 汉语地名按普通话语音拼写。地名中的多音字和方言字根据普通话审音委员会审定的读音拼写。

十里堡（北京）　Shílǐpù

大黄堡（天津）　Dàhuángbǎo

吴堡（陕西）　Wúbǔ

9. 地名拼写按普通话语音标调。特殊情况可不标调。

大小写、隔音、儿化音的书写和移行

10. 地名中的第一个字母大写，分段书写的，每段第一个字母大写，其余字母小写。特殊情况可全部大写。

李庄　　Lǐzhuāng

珠江　　Zhū Jiāng

天宁寺西里一巷　　Tiānníngsì Xīlǐ 1 Xiàng

11. 凡以 a、o、e 开头的非第一音节，在 a、o、e 前用隔音符号"'"隔开。

西安　　Xi'ān

建瓯　　Jian'ōu

天峨　　Tiān'é

12. 地名汉字书写中有"儿"字的儿化音用"r"表示，没有"儿"字的不予表示。

盆儿胡同　　pénr Hútong

13. 移行以音节为单位，上行末尾加短横。

海南岛　　Hǎi nán Dǎo

起地名作用的建筑物、游览地、纪念地和企事业单位等名称的书写

14. 能够区分专、通名的，专名与通名分写。修饰、限定单音节通名的成分与其通名连写。

解放/桥　　挹江/门　　黄鹤/楼　　少林/寺　　大雁/塔　　中山/陵　　兰州/站
星海/公园　　武汉/长江/大桥　　上海/交通/大学　　金陵/饭店　　鲁迅/博物馆
红星/拖拉机厂　　月亮山/种羊场　　北京/工人/体育馆　　二七/烈士/纪念牌
武威/地区/气象局

15. 不易区分专、通名的一般连写。

一线天　　水珠帘　　百花深处　　三潭印月　　铜壶滴漏

16. 企事业单位名称中的代码和序数词用阿拉伯数字书写。

501 矿区　　501 Kuàngqū

前进四厂　　Qiánjìn 4 Chǎng

17. 含有行政区域名称的企事业单位等名称，行政区域名称的专名和通名分写。

浙江/省/测绘局　　费/县/汽车站　　郑州/市/玻璃厂　　北京/市/宣武/区/
育才/学校

18. 起地名作用的建筑物、游览地、纪念地和企事业单位等名称的其他拼写要求，可参照本规则相应条款。

附　则

19. 各业务部门根据本部门业务的特殊要求，地名的拼写形式在不违背本规则基本原则的基础上，可作适当的变通处理。

注："/"表示分写。如：太行/山，表示用汉语拼音拼写时，拼作 Tàiháng Shān

国家语言文字工作委员会　中国地名委员会
铁道部　交通部　国家海洋局　国家测绘局
颁发《关于地名用字的若干规定》的通知

（国语字〔1987〕第 9 号）

各省、自治区、直辖市语言文字工作委员会、地名委员会、交通厅（局）、测绘局（处）及各直属单位，铁道部部属各单位，国家海洋局所属各单位：

《国务院批转国家语言文字工作委员会关于废止〈第二次汉字简化方案（草案）〉和纠正社会用字混乱现象请示的通知》中指出："国务院责成国家语言文字工作委员会尽快会同有关部门研究、制订各方面用字管理办法，逐步消除社会用字混乱的不正常现象。"根据国务院这一指示精神和国务院一九八六年一月公布的《地名管理条例》，特制订《关于地名用字的若干规定》。现印发给你们，请认真执行。执行中有什么问题，请及时反映给我们。

关于地名用字的若干规定

根据《国务院批转国家语言文字工作委员会关于废止〈第二次汉字简化方案（草案）〉和纠正社会用字混乱现象请示的通知》，以及国务院于 1986 年 1 月公布的《地名管理条例》这两个文件的精神，对地名用字作如下规定：

一、各类地名，包括自然地理实体名称、行政区划名称、居民地名称、各专业部门使用的具有地理意义的台、站、港、场等名称，均应按国家确定的规范汉字书写，不用自造字、已简化的繁体字和已淘汰的异体字。地名的汉字字形，以 1965 年文化部和中国文字改革委员会联合发布的《印刷通用汉字字形表》为准。

二、少数民族语地名和外国地名的汉字译写，应根据中国地名委员会制订的有关规定译写，做到规范化。

三、用汉语拼音字母拼写我国地名，以国家公布的《汉语拼音方案》作为统一规范。其中汉语地名和用汉字书写的少数民族语地名，按 1984 年中国地名委员会、中国文字改革委员会、国家测绘局联合颁发的《中国地名汉语拼音字母拼写规则（汉语地名部分）》拼写。蒙古语、维吾尔语、藏语等少数民族语地名的拼写，原则上按国家测绘局和中国文字改革委员会1976年修订的《少数民族语地名汉语拼写字母音译转写法》拼写。

四、公章、文件、书刊、报纸、标牌等使用地名时，都应以各级政府审定的标准地名为准。

五、对地名书写和拼写中遇到的问题，应与当地地名机构会商解决。

国家语言文字工作委员会　城乡建设环境保护部 中国地名委员会关于地名标志不得采用 "威妥玛式"等旧式拼法和外文的通知

（中地发〔1987〕21 号）

各省、自治区、直辖市人民政府，各计划单列市（区）人民政府：

对我国地名的罗马字母拼写，国务院早已规定采用汉语拼音作为统一规范，并于 1977 年经联合国第三届地名标准化会议通过作为国际标准。国内各有关部门和各地均照此执行，这是我国地名标准化的一大进展。但近来发现有个别城市，在街道路牌上对地名的罗马字母拼写未采用汉语拼音，而采用"威妥玛式"等旧拼法，有的对地名通名部分不用汉语拼音而用英文译写，这种做法违背了我国政府作出的并经联合国通过的规定，会在国内外造成不良影响，给地名标准化造成新的混乱。为此，经请示国务院同意，特作如下通知：

一、地名标志上的地名，其专名和通名一律采用汉语拼音字母拼写，不得使用"威妥玛式"等旧拼法，也不得使用英文及其他外文译写。违背上述原则的，应及时予以更正。

二、地名的汉语拼音字母拼写按中国地名委员会等部门颁发的《中国地名汉语拼音字母拼写规则（汉语地名部分)》和原中国文字改革委员会等部门颁发的《少数民族语地名汉语拼音字母音译转写法》的规定执行。

中国地名委员会办公室
关于地名标志若干设置要求的通知

（中地办发〔1988〕第 1 号）

各省、自治区、直辖市地名委员会办公室：

为了更好地贯彻执行国务院《地名管理条例》第十一条"地方人民政府应责成有关部门在必要的地方设置地名标志"的规定，现就地名标志的设置，提出以下几点要求：

一、地名标志的基本内容为标准名称和汉语拼音。可以注明设置单位和设置日期。对背面注有名称来历、含义和演变内容的，要注意其内容的科学性。

二、地名的汉字书写和罗马字母拼写，按一九八七年国家语言文字工作委员会等六部门联合颁发的《关于地名用字的若干规定》和中国地名委员会等三部门联合颁发的《关于地名标志不得采用"威妥玛式"等旧拼法和外文的通知》精神执行。地名的少数民族语文字书写要符合该文字规范化的要求。标志上文字的书写应由熟悉有关规定的专人负责，罗马字母拼写除按上述规定拼写外，可不标声调，一般采用大写印刷体形式，其字母的书写，可参照中国地名委员会办公室印发的《汉语拼音书写字样》。

三、设置地名标志，注意征求有关部门和群众的意见。要本着因地制宜、节约实用、美观、耐久、醒目的原则。其设置位置，要方便各方面使用，尽量做到一定区域内式样、规格和材料的统一。要制定地名标志的管理办法。

设置地名标志，对社会各有关方面有重要意义，涉及面广、工作量大。各级地名机构应做好宣传工作，争取得到各级政府领导的支持，与有关部门协同完成，认真搞好这项工作。

中国地名委员会　民政部
关于重申地名标志上地名书写标准化的通知

（中地发〔1992〕4 号）

各省、自治区、直辖市地名委员会：

1987 年中国地名委员会与国家有关部委就地名书写标准化问题，曾发出《关于地名标志不得采用"威妥玛式"等旧拼法和外文的通知》和《关于地名用字的若干规定》。几年来，各地在贯彻执行这两个文件精神方面，基本情况是好的。但是，近来发现在一些地方设置的村镇、街巷及道路、桥梁等地名标志上，地名书写仍存在不规范的现象，这对推行标准地名及逐步实现我国地名标准化不利。为适应对外开放，便于国际间的交往，充分发挥地名标志为社会主义建设和人们日常生活服务的作用，各级地名机构要把地名标志设置和管理作为加强地名管理工作的重要内容，严格做到地名标志书写的标准化。为此，现将有关规定重申如下：

一、地名标志上书写的地名，必须是经当地人民政府或地名管理部门批准的标准名称。

二、要按国家确定的规范汉字书写地名，不得使用繁体字、自造字。汉字书写要清晰，不得使用难以辨认的行书、草书书写。

三、地名的罗马字母拼音，要坚持国际标准化的原则。地名的专名和通名均应采用汉语拼音字母拼写，不得使用"威妥玛式"等旧拼法，也不得使用英文及其他外文译写。

各地接此通知后，要对本地区已设置的地名标志进行一次检查，对那些书写不标准的地名标志必须进行更换或改写。

民政部　交通部　公安部　建设部
关于在国道两侧设置地名标志的通知

（民行发〔1995〕31 号）

各省、自治区、直辖市民政厅（局）、地名委员会、交通厅（局）、公安厅（局）、建设厅（建委）：

根据国务院《地名管理条例》的有关规定和 1991 年邢台全国地名管理工作会议精神，全国先后在城市和乡村进行了地名标志的设置工作。通过城乡地名标志的设置，提高了我国地名管理水平，推进了地名标准化进程，促进了当地两个文明建设的发展，取得了良好的社会效益。

农村地名标志的设置，虽经全国地名工作者的积极努力，取得了较大的成绩，但设标工作在全国开展还不普遍，发展还不够平衡。根据我国地名管理工作形势发展的需要，为了有计划地将全国村镇地名标志设置工作逐步引向深入，不断提高地名标志和地名管理水平，以便更有效地为社会主义现代化建设服务，决定首先在国道两侧的村镇统一设置村镇名称标志。

公路是我国客货运输的主动脉，是市场经济、沟通城乡交流、保证生产与生活供给的主渠道。目前，我国现有国道近百条，形成了四通八达的交通网。在国道两侧的村镇设置名称标志，是进一步加强农村地名管理、推广标准地名的重要工作内容，是充分发挥地名的社会交际工具和信息传播媒体、有利公路交通顺畅运行的重要措施，是地名管理工作为改革开放和发展社会主义市场经济服务的重要途径。为了做好我国国道两侧村镇名称标志的设置工作，现将有关事项通知如下：

一、自 1996 年初至 1998 年底，用 3 年时间首先在全国国道两侧（含高速公路）的村镇设置名称标志。为加强统一组织和有计划的分期实施，各省、自治区、直辖市 1996 年率先完成本辖区内任务的三分之一，1997 年底前完成本辖区内任务不少于至三分之二，至 1998 年底，全部完成任务。

各省、自治区、直辖市按照全国统一规划，拟定具体实施方案，于 1996 年 6 月前报民政部。当年设标任务小的地方，可提前完成下年度设标任务；设标任务小的地方可因地制宜组织省级公路两侧村镇的设标工作。

二、凡距国道500米内的村镇，均应设置名称标志。标志一般设置在村镇靠近国道一侧显著的房山墙上或其它支撑物上。

标志内容包括村镇标准汉字名称和汉语拼音，并附承制、监制单位署名。村镇名称的汉字书写和汉语拼音字母的拼写必须规范，符合国家的有关规定。

标志的造型、规格、内容布局及字体按照《国道两侧设置村镇名称标志技术规定》（见附件）制作。地名标志的质料由各省、自治区、直辖市因地制宜确定统一标准。

各地已在国道两侧设置的地名碑等村镇标志，要加强维护，继续发挥作用。凡与本通知提出的技术规定不一致的，应按本通知精神设置新的标志，以使全路地名标志规范统一。

三、各省、自治区、直辖市民政厅（局）、地名委员会，在政府的统一领导下，要把国道两侧村镇名称设标工作作为地名工作的一项中心任务列入重要议程，确定一名分管领导，加强统一指导和组织协调，充分发挥各级地名办公室作用，抓紧抓好。各级交通、公安、建设部门要给予积极支持与配合。

为保证国道两侧村镇名称标志统一规范并如期完成，各省、自治区、直辖市要坚持统一规划、统一标准、统一组织、统一验收，并于每年末向民政部作出年度设标工作报告。

设标所需经费，各地一般可由有关村、乡、镇或县统筹解决。除单位和个人自愿捐助外，不得向群众摊派。

附：国道两侧设置村镇名称标志技术规定

国道两侧设置村镇名称标志技术规定

一、村镇名称标志的设置

一般砌置在靠近国道一侧显著的房山墙上，距地面2米以上，如无合适的房山墙，可在村口显著部位砌筑影壁墙；或采用立柱支撑等其它方式设置标志，有条件的还可砌筑牌楼等艺术建筑物，装置标志。

二、村镇名称标志的造型与规格

统一采用横卧长方形样式，长2.13米、宽1.52米，面积3.2平方米。距国道线较远或名称用字较多的村镇名称标志，其规格尺寸可适当加大。

标志采用白底红字，并加绘红连框（外宽内窄两条线）。

三、村镇名称标志的质料

一般可采用镶砌瓷砖（预先在瓷砖上烧制村镇汉字名称、汉语拼音、承制与监制单位及边框线）；或在木板、铁板上按规定涂刷白底红字及红边线；经济条件较差的地方，可在水泥上涂刷白底红字及红边线。

一般以省（自治区、直辖市）为单位统一选定一种质料，或在一省境内的一条国道线上选定一种质料。

四、村镇名称标志的内容、布局及字体

内容包括村镇名称的汉字书写和汉语拼音字母拼写，并附承制单位和监制单位。

村镇名称的汉字在标志的中上部，占整幅标志 2/3 的面积；下部 1/3 为汉语拼音和署名，其中汉语拼音占该部位的 2/3，署名占 1/3（横排占一行，左为承制单位、右为监制单位）。村镇名称的汉字书写采用等粗的黑体字，汉语拼音字母书写采用大写印刷体，承制、监制单位名称亦用黑体字书写。

各省、自治区、直辖市可根据本地实际情况制定补充规定，并报民政部。

民政部对江苏省民政厅
《关于地名管理工作中设置管理职能
归属问题的紧急请示》的答复

（民行函〔1997〕222 号）

江苏省民政厅：

你省《关于地名管理工作中地名标志设置管理职能归属问题的紧急请示》收悉。现答复如下：1993 年国务院根据精简非常设机构的原则，撤销了中国地名委员会，明确地名管理工作由民政部承担。同年 12 月国务院办公厅《关于印发民政部职能配置内设机构和人员编制方案的通知》中规定：民政部"主管地名管理工作，制定地名管理法规，指导地方地名管理工作"。因此，民政部门是我国地名管理工作的职能部门。

国务院《地名管理条例》第二条规定，条例所称地名包括"居民地名称"。城乡的楼、门号码是街、路、巷线性地名的延伸，是居民地地名群体中的点状地名，街巷楼门牌应属于地名标志序列。1996 年 6 月 18 日，民政部颁发的《地名管理条例实施细则》进一步明确规定，将楼门号码及其标志列入居民地名称管理范围。因此，城乡楼门牌号码的命名和其标志的设置是地名管理的重要内容，是各级民政部门实施地名管理的重要职责。

对于今年 6 月 10 日《国务院批转公安部小城镇户籍管理制度改革试点方案和关于完善农村户籍管理制度意见的通知》（国发〔1997〕20 号）中涉及地名工作的有关问题，各级地名管理部门应给予积极支持与配合。一是要切实把街巷、楼门牌命名和标志设置工作做好，以便及时向公安部门提供翔实、准确的楼门牌号；二是尚未开展楼门牌设置工作的地区，应尽快抓紧楼门牌号的编排和地名标志设置工作，以适应即将开展的农村户籍制度管理工作需要。由于目前农村楼门牌管理体制和楼门牌设置情况较为复杂，各地要根据本地实际情况，有关部门要互相协商、互相配合，把农村地名管理和户籍登记管理工作共同做好。

民政部办公厅
关于做好国道两侧村镇设置地名标志
检查验收和总结工作的通知

(厅办函〔1998〕60号)

各省、自治区、直辖市民政厅（局），地名办公室：

1995年12月，民政部、交通部、公安部、建设部联合发出《关于在国道两侧设置地名标志的通知》，要求至1998年底，完成全国国道两侧村镇设置地名标志的工作。3年来，国道设标工作受到各级人民政府的高度重视，各地交通、公安、建设等部门给予了大力支持和积极配合，特别是在各级民政厅、局及地名办公室工作人员的共同努力下，目前部分省（市、区）已提前完成了国道设标工作，绝大部分省、市、区可以按预定计划于今年底前完成全部设标任务。

为了善始善终做好全国国道两侧村镇设置地名标志工作，各省（市、区）在各地、市、县基本结束设标任务的基础上，要认真进行自检自验工作，并在全部通过检查验收之后，及时进行全面总结。总结材料应包括：一、国道及设标数量统计，如国道条数、总里程、应设村镇数、已设数量（在省、县道设置地名标志的可附加说明其数量）；二、地名标志样式、规格、材质等情况；三、设标先进单位、个人及典型事迹；四、主要经验、教训等。

请已完成设标任务的省（市、区），尽快将国道设标工作总结材料报民政部，并同时抄送交通部、公安部、建设部。我们将根据具体情况，组织有关部门进行检查验收。目前尚未完成设标任务的，最迟不晚于今年底前将总结材料报部。

民政部办公厅
关于重申地名标志不得采用外文拼写的通知

（厅办函〔1998〕166号）

各省、自治区、直辖市民政厅（局）、地名办公室：

最近以来，各地地名管理部门不断来电来函反映国家有关部门在创建中国优秀旅游城市活动中，要求"城区主要道路有中英文对照的路牌"这一情况，我们认为：用汉语拼音方案作为我国地名的罗马字母拼写统一规划是经联合国第三届地名标准化大会通过的国际标准，也是经国务院批准的国家标准，为了很好地贯彻这一国际标准和国家标准，原中国地名委员会与国家有关部委曾于1987年（中地发〔1987〕21号）和1992年（中地发〔1992〕4号）两次发文，要求地名标志上的罗马字母拼写必须采用汉语拼音字母拼写而不得采用英文等其他外文拼写。各地在地名标志的罗马字母拼写问题上，必须严格遵守国家的这一规定。

根据各地所反映的情况，经我们与创建中国优秀旅游城市的主办单位之一的国家旅游局协商之后，国家旅游局在刚刚下发的《关于印发〈对中国优秀旅游城市检查标准（试行）中有关问题的解答口径〉的通知》（旅办发〔1998〕139号）中明确了"在开展创建中国优秀旅游城市活动中应遵守国家有关法律法规。按照国务院发布的《地名管理条例》第八条规定，中国地名的罗马字母拼写，以国家公布的'汉语拼音方案'作为统一规范。因此各城市设置地名性路牌应遵守此规定"。地名标志为国家法定的标志物，地名标志上的书写、拼写内容及形式具有严肃的政治性。为此，就我国地名标志上罗马字母拼写问题再次重申：各地在设立各类地名标志时，其罗马字母拼写一律采用汉语拼音字母拼写形式，不得采用英文等其他有损于民族尊严的外文拼写。

民政部办公厅关于在河北省开展全国城市
标准地名标志设置试点工作的函

（民办函〔2000〕18 号）

河北省民政厅：

　　你厅《关于呈报〈河北省推行城乡地名标牌国家标准五年规划及关于成立河北省地名标志整顿领导小组的通知〉的报告》（冀民报〔1999〕21 号）收悉。经研究，同意你省推行城乡地名标牌国家标准五年规划，并决定将你省开展此项工作实施步骤的第一阶段，作为民政部城乡地名标志设置工作的全国试点。

　　GB 17733.1—1999《地名标牌　城乡》之所以被国家确定为强制性产品标准，是由于地名标志为法定的国家标志物，地名标志的书写、拼写内容及形式具有严肃的政治性，涉及国家主权和尊严，涉及民族政策，标志用材涉及人身安全和环境保护。地名标牌国家标准的实施，标志着我国地名标志建设由单一的行政管理步入了法制管理的新阶段，对我国地名管理事业及地名标志建设将产生巨大而深远的影响。贯彻实施《地名标牌　城乡》国家标准涉及面广，需要探索的问题较多，希望你们从实际出发，大胆实践，严格要求，保证质量，为全国地名标志设置管理工作提供好的经验。

民政部　交通部　国家工商局　国家质量监督局
关于在全国城市设置标准地名标志的通知

（民发〔2000〕67 号）

各省、自治区、直辖市民政厅（局）、地名办公室、交通厅（局）、工商局、质量技监局：

根据国务院《地名管理条例》的有关规定，为了贯彻执行城乡地名标牌国家标准，规范我国地名标志的设置和管理，推动我国地名标准化，以适应改革开放和社会主义现代化建设的需要，决定在全国城市设置标准地名标志。现将有关事项通知如下：

一、从 2000 年初至 2004 年底，用 5 年时间在全国城市设置标准地名标志（即：街、路、巷、楼、门牌）。地名标志的内容、规格和材料按照国家质量技术监督局发布实施的 GB 17733.1—1999《地名标牌　城乡》强制性国家产品标准（见附件）执行。各地要制定年度城市地名标志设置工作计划，于 2000 年 6 月底前将第一批设标城市名单上报民政部。

二、全国城市中的街、路、巷、楼、门均应设置地名标志。已设置地名标志的城市应在 5 年内更换标准的地名标志，使全国城市地名标志规范统一，符合国家标准。

三、各省、自治区、直辖市民政厅（局）、地名办公室与有关部门要密切合作，在当地政府统一领导下，把城市设标工作列入议事日程，充分发挥各级地名管理部门的职能作用。各级交通、工商、质量技术监督等部门要给予积极支持和密切配合，把城市设标工作做好。

四、设置地名标志所需经费原则上由各地自行解决，其中部分地名标志设置可采用广告招标形式解决所需经费。各地在设置标准地名标志开展广告招标时，应遵守广告管理有关法制、法规，并依照《户外广告登记管理规定》履行户外广告审批登记手续。

民政部办公厅关于成立民政部全国地名标志设置管理工作领导小组及其办事机构的通知

（民办函〔2000〕87号）

各省、自治区、直辖市民政厅（局）、地名办公室：

GB 17733.1—1999《地名标牌　城乡》已于1999年4月19日由国家质量技术监督局正式批准为强制性国家标准，并于同年10月1日开始实施。为了有组织、有步骤地贯彻实施这一国家标准，民政部于1999年10月成立了全国地名标志设置管理工作领导小组及其办公室。现将领导小组及办公室成员名单，各有关部（局）联络员名单和办公室职责通知如下：

一、民政部全国地名标志设置管理工作领导小组及其办公室成员名单

组长：李宝库（民政部副部长、全国地名标准化技术委员会主任）

副组长：靳尔刚（民政部区划地名司司长、全国地名标准化技术委员会副主任）

王际桐（民政部地名研究所所长、全国标准化技术委员会常务副主任）

办公室主任：刘保全（民政部地名研究所副所长、全国地名标准化技术委员会秘书长）

副主任：孙秀东（民政部区划地名司地名管理处处长）

民政部全国地名标志设置管理工作办公室设在民政部地名研究所。

二、有关部（局）联络员名单

张唐：交通部科技教育司

吴东平：国家工商管理局

国焕新：国家质量技术监督局

三、民政部地名标志设置管理工作办公室职责

民政部地名标志设置管理工作办公室的主要职责是在全国地名标志设置管理工作中，具体贯彻、落实民政部地名标志设置管理工作领导小组的决议、决定和各项部署，做好参谋、助手，并提供决策参考，具体职责是：

（一）研究制定全国地名标志设置工作的方针、政策，代民政部草拟有关法规文稿。

（二）宣传贯彻地名标志设置工作的政策、法规和技术标准。

（三）组织、编制全国地名标志的设置工作规划；根据全国地名标志设置管理工作领导小组的部署，检查规划的实施。

（四）管理文秘、办公经费、印章等日常事务；保管使用地名标志设置管理工作档案。

（五）起草有关重要会议的文件，并负责会务工作。

（六）审核全国及各省、自治区、直辖市地名标志设置的试点方案和年度规划。

（七）编辑、出版、发行、宣传贯彻地名标志国家标准的教材，组织培训。

（八）指导全国地名标志设置试点工作和总结、交流经验。

（九）协助国务院标准化行政主管部门做好全国地名标志设置、产品检验等质量技术监督工作。

（十）承办民政部和领导小组交办的其它工作。

民政部办公厅对四川省民政厅《关于门（楼）牌编制管理权属有关问题的紧急请示》的答复

（民办函〔2000〕183 号）

四川省民政厅：

你省《关于门（楼）牌编制管理权属有关问题的紧急请示》（川民政〔2000〕56 号）收悉，现答复如下：

一、对于门楼牌管理权限归属问题，我部认为应以 1998 年国务院批准的各部门的"三定方案"为依据。1998 年国务院办公厅《关于印发民政部职能配置内设机构和人员编制规定的通知（国办发〔1998〕60 号）明确民政部"拟定地名管理的方针、政策、规章并监督实施"和"规范全国地名标志的设置和管理"等项职能。街、路、巷、楼、门名称作为重要的居民地地名，其地名标志的设置与管理理应归属民政部门管理。民政部作为解释国务院《地名管理条例》的唯一权威部门，已经在 1996 年发布的《地名管理条例实施细则》中进一步明确了楼门牌为民政部门的管理职能。

二、《地名标牌　城乡》国家标准，是民政部为了规范我国地名标志的管理而提出的，并报经国家质量技术监督局批准发布实施的。这一国家标准之所以由民政部制定，是因为民政部具有设置和管理地名标志的职能。如果民政部不具有此项职能，按照有关规定，国家标准化管理部门将不可能批准民政部制定的这一国家标准。

三、公安部门在户籍管理工作中，为了确定住户的地址，需要使用楼门牌号码，与邮电、通信、交通、房管等部门一样，同属于楼门牌的使用部门，而非楼门牌管理部门。

四、民政部门设置与管理楼门牌由来已久。新中国成立以后，这项工作由内务部（民政部的前身）来承担。内务部撤销后，在没有专门部门管理的情况下，公安、邮电、房管为了工作需要，都曾突击性地设置过楼门牌，但都没有对楼门牌进行过日常管理和维护。1977 年国务院成立了中国地名委员会，此项工作便由中国地名委员会承担。中国地名委员会撤销后，根据国务院有关规定，其工作由民政部承担，楼门牌的管理便纳入了民政部的管理范围。

综上，民政部是我国楼门牌的设置与管理的职能部门。

民政部办公厅
关于认真做好地名标志设置管理工作的通知

（民办发〔2001〕4号）

各省、自治区、直辖市民政厅（局），地名办公室：

今年，是全面贯彻执行 GB 17733.1—1999《地名标牌 城乡》国家标准的第二年，也是落实民政部、交通部、国家工商行政管理局、国家质量技术监督局联合《通知》（民发〔2000〕67号）的关键一年。为加大工作力度，适应改革开放和社会主义经济建设需要，更好地为我国在新世纪的总体战略目标服务，必须认真做好今年地名标志设置管理工作。现将有关问题通知如下：

一、今年工作的基本要求

今年设标工作的基本要求是：进一步理顺管理体制，认真贯彻执行四部、局联合《通知》，把国家标准宣传贯彻到基层；切实履行国务院交给民政部门的地名管理职责，强化行业管理；严格管理制度，规范操作程序，切实抓好调查研究和分类指导，使设标工作纳入正轨。整个工作要做细、做扎实，为今后三年全国城市设标工作的全面展开铺平道路。

为此，各地要对2000年本辖区设标工作进行认真总结，建立、健全本辖区设标工作领导小组及办事机构，研究制定本辖区五年城市设标工作计划，制定并实施本辖区国家标准培训工作计划；确定省级设标试点工作实施方案、试点验收标准和办法，并将计划和落实情况于4月30日前报全国设标办公室。

二、强化产品质量管理

"地名标志为法定的国家标志物，地名标志上的书写、拼写具有严肃的政治性，涉及国家主权和尊严，涉及民族政策；标志用材涉及人身安全和环境保护。"然而，有些地方无视国家技术法规，不执行强制性国家产品标准，未经国家质量检测，自行认定生产厂家，仓促上马，影响了设标工作正常开展。为确保地名标志产品质量，目前民政部正在制定《地名标志产品生产资质管理办法》，在此办法正式出台以前，我部从行业管理角度制定若干行政措施，强化产品质量管理。从现在起对生产标准地名标志的企业，进行产品质量检测和综合生产能力审查，合格的由全国地名标准化技术委员会颁发临时《资质证书》；只有考核合格并取得临时证书的企业才有资格在全国各地承揽地名标志产品生产业务。各地地名行政管理部门在实施设标工作中，不得由未取得临时（资质证书）的厂家介入当地政府采购和招投标活动。

民政部、国家质量监督检验检疫总局
《对执行国家标准〈地名标牌 城乡〉中
有关问题的请示》的复函

(民函〔2001〕59号)

内蒙古自治区民政厅、内蒙古自治区质量技术监督局：

《关于执行国家标准〈地名标牌 城乡〉中有关问题的请示》（内民政划〔2001〕8号）收悉。经研究，考虑到蒙古文字书写的特殊性，同意你区对标牌版面各项文字内容所占比例做适当调整。

民政部 国家标准化管理委员会 关于开展全国城市标准地名标志 设置检查验收工作的通知

（民发〔2002〕183 号）

各省、自治区、直辖市民政厅（局）、质量技术监督局，北京、天津、上海三市地名工作主管局（委）：

2000 年 3 月，民政部、交通部、国家工商行政管理局、国家质量技术监督局联合下发了《关于在全国城市设置标准地名标志的通知》，要求用五年时间按照《地名标牌 城乡》强制性国家标准，完成全国城市标准地名标志的设置工作。三年来，全国城市设标工作取得了一定的成绩。实践证明，设置标准地名标志，是推广标准地名、完善城市功能、促进社会经济发展的需要，是提升城市文化品位、推进精神文明建设的重要内容，是直接关系亿万人民群众切身利益、便民、利民的民心导向工程，是实践"三个代表"重要思想在地名工作领域的具体体现。此项工作得到了各级政府的高度重视和广大群众的赞誉。

今年是开展全国城市标准地名标志设置工作的第三年，是实施全国城市五年设标战略目标承前启后的关键一年。为了巩固已经取得的成果，贯彻、落实国务院有关领导同志在第十一次全国民政会议上关于"依法管理地名，实现地名标志设置的规范化、标准化"的要求，推动全国的地名标准化建设，适应加入"世贸"组织后强化城市功能的需要，更好地为社会主义经济建设和社会发展服务，决定从明年 1 月开始，对全国城市标准地名标志设置工作进行检查验收。现将有关事项通知如下：

一、总体部署

整个工作本着"成熟一批，公布一批"的原则，在检查验收的基础上分期分批进行。第一批全国城市标准地名标志设置检查验收工作，从 2003 年 1 月开始，至 2003 年 6 月底结束。之后每半年进行一次。

二、组织实施

全国城市标准地名标志设置检查验收工作在民政部全国地名标志设置管

理工作领导小组领导下进行，由全国地名标志设置管理工作办公室在各相关部门的配合下组织实施。各省、自治区、直辖市的城市标准地名标志设置检查验收工作，由省级地名行政管理部门在同级政府各相关部门的配合下组织实施。

三、方法步骤

城市标准地名标志设置检查验收工作一般按以下四步进行：

第一，学习准备。主要是学习党的十六大精神、国务院第十一次全国民政会议精神，学习设标工作的有关文件和技术规范。通过学习，统一思想，提高认识，确定本省（自治区、直辖市）设标工作检查验收工作计划。

第二，制定方案。对本省、自治区、直辖市内开展设标的城市、市区进行调查摸底；与省级相关业务部门进行协调；根据《全国标准地名标志设置检查验收工作主要内容》，研制本辖区的具体实施方案。

第三，省市自查。各城市先行自查，在此基础上，省级地名工作主管部门组织检查验收。省级地名行政管理部门检查验收合格后，报民政部全国地名标志设置管理工作办公室。

第四，国家级验收。全国地名标志设置工作办公室组织对各地上报情况进行检查，并将检查情况报领导小组批准后在报刊上向社会公布。

开展城市设标检查验收是推动全国城市标准地名标志设置的一项重要工作，各地地名行政主管部门要认真按本通知要求组织实施，真正抓出成效。

附：

全国城市标准地名标志设置检查验收工作主要内容

一、领导是否重视，有无专门的组织机构或部门负责标准地名标志设置的日常工作。

二、有无完整的设标工作方案，其中包括部署工作的有关文件、实施任务的具体措施及保证设标工作质量的具体办法。

三、生产制作地名标牌的企业是否具有标准地名标志产品生产资格。

四、生产地名标牌的合同书对产品质量指标有无明确要求；在实际设置过程中，是否对批量生产中的产品进行抽样，并经民政部全国地名标志设置管理工作办公室指定的检测机构检测。

五、有无管理、维护所设地名标志的具体办法。

一般以省（自治区、直辖市）为单位统一选定一种质料，或在一省境内的一条国道线上选定一种质料。

六、村镇名称标志的内容、布局及字体。

内容包括村镇名称的汉字书写和汉语拼音字母拼写，并附承制单位和监制单位。

村镇名称的汉字在标志的中上部，占整幅标志 2/3 的面积；下部 1/3 为汉语拼音和署名，其中汉语拼音占该部位的 2/3，署名占 1/3（横排占一行，左为承制单位、右为监制单位）。村镇名称的汉字书写采用等粗的黑体字，汉语拼音字母书写采用大写印刷体，承制、监制单位名称亦用黑体字书写。

各省、自治区、直辖市可根据本地实际情况制定补充规定，并报民政部。

民政部办公厅对四川省民政厅关于民政部文件能否作为四川省制定规范性文件请示的复函

(民办函〔2003〕9号)

四川省民政厅：

你厅2002年12月18日《关于民政部民办发〔2001〕4号、民地标发〔2001〕1号文件能否作为我省制定规范性文件和政策、规定依据的紧急请示》（川民政〔2002〕94号）收悉，复函如下：

2000年3月9日，民政部、交通部、国家工商行政管理局、国家质量技术监督局联合下发了《关于在全国城市设置标准地名标志的通知》，要求从2000年初至2004年底，用5年时间在全国城市设置标准地名标志（即街、路、巷、楼、门牌）。在城市中设置标准地名标牌是我国地名标准化建设的重要内容，是城市公益性基础设施建设的重要组成部分，是各级政府实施的服务社会、服务群众的"民心工程"。工作开展以来，在各级政府和有关部门的配合下，各级民政和地名管理部门克服体制、经费等各种困难，勤奋工作，开拓创新，取得了阶段性成果。截至今年年底，全国662个城市中启动设标的已达478个，占总数的72%。一个个标准地名标牌已经成为城市里一道亮丽的风景线，对发挥地名标志导向作用，促进我国地名工作与国际接轨，加强城市精神文明建设起到了重要推动作用。

一、民办发〔2001〕4号、民地标发〔2001〕1号两个文件是根据国家强制性标准下发的。四部局的通知要求"地名标志的内容、规格和材料按照国家质量技术监督局发布实施的GB 17733.1—1999《地名标牌 城乡》强制性国家标准执行"。GB 17733.1—1999《地名标牌 城乡》是国家质量技术监督局制定并于1999年4月19日发布、1999年10月1日实施的专门规范城乡地名标牌设置的国家标准。"标准"明确"本标准适用于城乡地名标牌的生产、流通、使用和监督检验"。2001年4月，民政部办公厅、民政部全国地名标志设置管理工作办公室分别下发了《关于认真做好地名标志设置管理工作的通知》（民办发〔2001〕4号）、《关于实行地名标志产品生产资质管理的通知》（民地标发〔2001〕1号），两个通知中关于地名标牌质量管理的要求与四部

（局）通知和国家标准的规定一致，目的是为了确保四部局通知精神和国家标准的贯彻落实，如期完成全国城市设标工作。

二、地名标志为法定的国家标志物，地名标志上的书写、拼写内容及形式具有严肃的政治性，涉及国家主权和尊严，涉及民族政策；标志用材涉及人身安全和环境保护。因此，必须加强对地名标志设置的管理工作，严格按照国家有关规定设置地名标志。GB 17733.1—1999《地名标牌　城乡》是强制性国家产品标准，该国家标准的七项强制性条款中，有五项条款都涉及地名标志的书写、拼写内容与形式。这些条款的规定，实际上是建国（编者注：中华人民共和国成立）以来大量民族、民事、刑事纠纷乃至外交和军事等正反两方面经验的总结。尤其是经联合国通过的中国地名的拼写规则，体现着我国的主权和尊严，同时具有很强的专业技术性。《中华人民共和国标准化法》规定："强制性标准，必须执行。不符合强制性标准的产品，禁止生产、销售和进口。"因此，为维护一个主权国家良好的国际形象，使地名标志符合国家标准，生产标准地名标志的厂家必须经过 GB 17733.1—1999 国家标准的业务培训；各地在生产制作地名标牌时，也必须严格执行这一强制性标准。

三、当前部分地方设置的地名标牌存在不符合国家标准现象，需要对标牌生产厂家的产品质量、水平进行必须的检验测试，对厂家的综合质量管理水平应当进行审核备案。标准地名标志的用材科技含量较高，生产工艺技术质量要求严格。生产厂家必须使用符合规定的材料，并按照产品生产工艺要求实施有效管理，以保证地名标志产品的亮度性能、抗冲击性能、附着性能、耐高温低温性能、耐恒定湿热性能、耐盐雾腐蚀性能、耐老化性能、环保和电器安全性能等。鉴于目前反光膜市场、发光材料市场的现状，为避免设标工作中出现"豆腐渣"工程，对生产厂家的产品质量水平必须进行检验测试，对厂家的综合质量管理水平必须进行审核备案。

四、严把地名标志产品质量关，是各级地名行政主管部门和标准化行政主管部门应尽的职责。各地在开展地名设标工作的政府采购及招、投标活动时，必须在具备了标准地名标志产品生产资格的企业中选定。2002 年 12 月，民政部和国家标准化管理委员会联合发出《关于开展全国城市标准地名标志设置检查验收工作的通知》（民发〔2002〕183 号），对地名标牌的产品质量做了进一步的要求，各地必须按照这一通知精神，对生产地名标牌的企业进行必要的质量监督。

五、按照四部（局）五年完成全国城市设标的工作部署，设标工作已进入第四个年头，城市设标工作速度要加快。四川省城市设标工作前一阶段取得了一定成绩，成果来之不易。七厅局联合下发的《关于在全省城市设置标准地名标志的通知》（川民地〔2002〕133 号）是有关部门互相支持、密切配合的结果，对巩固四川省前一阶段设标工作成果，规范全省地名标志设置管理工作具有重要作用。这一文件应该说是以四部（局）通知和 GB 17733.1—1999《地名标牌　城乡》国家标准、《中华人民共和国标准化法》为依据制定的。

民政部关于转发河北省人民政府《关于进一步规范使用汉语拼音拼写标准地名的通知》

（民函〔2003〕102号）

各省、自治区、直辖市民政厅（局），北京、天津、上海市地名工作主管部门：

　　按照有关标准规范拼写、译写地名，是国家有关法律政策的规定，是广大人民群众的强烈要求，是适应城市化、信息化、全球化的客观需要。加强地名管理和服务工作，提高地名规范化、标准化水平，是各级人民政府的职责。河北省人民政府十分重视地名标准化工作，最近专门下发了《关于进一步规范使用汉语拼音拼写标准地名的通知》，对标准地名书写、拼写方式，标准地名包含的范围以及使用标准地名的要求进一步作出了明确规定。现予转发，供参考。

　　我国加入世界贸易组织后，为适应国际化需要，在经济等领域加快了与国际接轨的步伐。地名作为人们从事社会交往和经济活动广泛使用的媒介，与各种经济活动和人民群众日常生活密切相关。特别是在现代社会，随着市场经济的发展和经济全球化进程的加快，地名作为传播信息不可缺少的载体，使用频率越来越高，与国际接轨的呼声越来越强烈。因此，对地名的标准化、规范化、信息化服务的要求越来越迫切。

　　中国地名的罗马字母拼写，以国家公布的"汉语拼音方案"作为统一规范，这是由我国政府正式提出、经联合国第三届地名标准化会议讨论通过，并被世界上包括欧美地区主要国家在内广泛接受和使用的国际标准。《中华人民共和国国家通用语言文字法》、《地名管理条例》等国家有关法律法规对此也作了明确规定。希望各地认真贯彻国家有关地名工作的法律、法规和政策，做好我国地名标准化工作。

附：

河北省人民政府关于进一步规范使用
汉语拼音拼写标准地名的通知

（冀政函〔2003〕35 号）

各设区市人民政府，省政府各部门：

根据联合国第三届地名标准化会议通过的我国采用汉语拼音方案作为中国地名罗马字母拼法的国际标准和国务院关于"使用汉语拼音字母拼写我国标准地名"的规定要求，现就进一步规范使用汉语拼音拼写标准地名的有关问题通知如下：

一、标准地名书写、拼写：

（一）用汉字书写地名，应使用国家确定的规范汉字。

（二）用汉语拼音字母拼写汉语地名，必须按照《中国地名汉语拼音字母拼写规则（汉语地名部分)》的规定拼写。

（三）少数民族地名汉字译写，按照有关规定执行；其拼写方法按照《少数民族语地名汉语拼音字母音译转写法》执行。

（四）不得使用英文及其他外文拼写地名。

二、标准地名包括：

（一）省、市、县（含县级市、区）、乡（镇）等行政区划名称，村民委员会、自然村、街道办事处、居民委员会等名称；

（二）街、路、道、巷、胡同、里、弄等名称；

（三）开发区、工业区、商贸区、居民区、生活小区及楼（院）门牌（单元牌、户牌）等名称；

（四）山、河、湖、海、淀、海湾、滩涂、岛礁等自然地理实体名称；

（五）具有地名意义的台、站、港、场、铁路、公路、桥梁、闸涵、水库、渠道、风景区、名胜古迹、纪念地、游览地、建筑物（群）、文化馆、体育场、企事业单位等名称。

三、在下列活动和事项中必须使用标准地名：

（一）对外签订的协议和涉外文件中；

（二）机关、部队、社会团体、企事业单位印发的文件、公告、证件等；

（三）出版各类报刊、地图或有关书籍及广播、影视等；

（四）制作各类商标、牌匾、广告、印信等；

（五）设置街（路）巷（胡同）标志、楼（院）门牌（单元牌、户牌）、景点指示标志、交通指示标志、公共交通站牌等；

（六）办理邮政、通信、户籍、有效证件、营业执照、房地产注册等项事宜。

四、以前下发的有关规定，凡与本通知内容不一致的，以本通知为准。有关标志设置不符合本通知规定的要立即纠正。

民政部办公厅
关于加强地名标志质量监督管理的通知

（民办函〔2004〕264 号）

各省、自治区、直辖市民政厅（局），地名办公室：

《全国标准地名标志产品生产资质证书》（以下简称《生产资质证书》）取消后，一些地方的地名行政管理部门放松了对地名标志产品质量的监督管理，突出表现为允许一些缺乏基本生产条件的"手工作坊"企业参与地名标志的生产与设置。这些企业为获取最大利润，使用廉价甚至含有有毒重金属硫化物的原材料，生产不符合《地名标牌　城乡》国家标准的低质低价的地名标志产品。这些做法，严重影响了地名标志设置工作，损害了全国城市设标工作的形象。为有效遏制质量低劣的地名标志产品进入市场，切实保证各地所设地名标志质量达到《地名标牌　城乡》国家标准，现就有关问题通知如下：

一、地名标志是国家的法定标志物。地名标志的内容、规格和材料，涉及国家主权尊严，涉及民族政策，涉及人身安全和环境保护。取消《生产资质证书》并不意味着可以放松对地名标牌生产质量的监督与管理。各级地名行政主管部门要一如既往地重视地名标志产品质量，把地名标志产品质量放在城市设标工作的首要位置，积极采取切实有效措施，加强对地名标志产品质量的管理和监督，真正把设标工作做成利国利民的民心工程。

二、各级地名管理部门必须认真贯彻《中华人民共和国标准化法》关于"强制性标准，必须执行。不符合强制性标准的产品，禁止生产、销售和进口"的有关规定，严格执行《地名标牌　城乡》强制性国家标准，决不允许不符合《地名标牌　城乡》国家标准的低质、劣质及含有害物质的地名标志产品进入市场，确保各类地名标志产品质量都能达到《地名标牌　城乡》强制性国家标准的有关技术要求。

三、各地在地名标志设置过程中，对地名标志产品的采购必须公开透明。要在生产能力强、信誉好的企业中进行招标，严禁各种形式的暗箱操作。在采购及安装设置前，地名行政管理部门必须与中标的生产企业签订产品供应合同，在合同中要严格约定质量条款，明确生产企业必须依照《地名标牌　城乡》国家强制性标准7.1和7.2检验规则条款的有关规定进行产品质量检验，并附有中国国家认证认可监督管理委员会授权的专门检测地名标牌产品的机构出具的产品检测合格报告。在合同履行过程中，地名行政管理部门要加强对中标企业在地名标志产品原材料采购、生产、安装等环节的质量监督，确保产品的质量。对中标企业违反合同质量约定的，地名行政主管部门要及时纠正，并按合同约定追究违约责任，防止给国家造成经济损失和其他危害。

民政部　交通部　工商总局　质检总局
关于总结表彰城市地名设标
暨启动县乡镇地名设标工作的通知

（民发〔2005〕73号）

各省、自治区、直辖市民政厅（局）、交通厅（局）、工商行政管理局、质量技术监督局，北京、天津、上海地名工作主管部门，新疆生产建设兵团民政局：

2000年3月9日，民政部、交通部、国家工商局、国家质量技监局联合发出《关于在全国城市设置标准地名标志的通知》（民发〔2000〕67号），要求全国城市用5年时间按照国家标准设置标准地名标志。五年来，在各级政府的重视下，在有关部门的支持配合下，逐步形成了政府领导、民政部门组织、有关部门协同、社会广泛参与的工作格局，比较圆满地完成了全国城市标准地名标志设置工作，截至2004年底，全国95%以上的城市完成了设标任务。为总结城市设标工作经验，部署县乡镇地名设标工作，同时对在全国城市标准地名标志设置工作中涌现的先进城市和个人予以表彰，民政部、交通部、工商总局、质检总局拟于2005年8月联合召开全国城市地名设标工作总结表彰暨县乡镇地名设标工作会议（具体事宜另行通知）。现就有关表彰事项通知如下：

一、表彰对象

全国城市标准地名标志设置工作先进城市

全国城市标准地名标志设置工作先进个人

二、评选条件

全国城市标准地名标志设置工作先进城市的评选条件是：按照国家标准优质高效完成设标任务；所设地名标志导向指示功能强，人民群众评价高；建立了切实可行的管理、维护地名标志长效机制。

全国城市标准地名标志设置工作先进个人的评选条件是：从事城市设标工作3年以上，为民服务意识强，作风好，在城市设标工作中做出突出贡献。

三、表彰名额

全国城市标准地名标志设置工作先进城市 66 个，全国城市标准地名标志设置工作先进个人 180 名。具体名额分配见附表。

四、评选办法

全国城市标准地名标志设置工作先进城市和先进个人的评选，由各省、自治区、直辖市民政厅（局）牵头，商交通、工商、质监部门，根据评选条件联合推荐。拟表彰的先进城市和先进个人，应当分别填报《全国城市标准地名标志设置工作先进城市评审表》和《全国城市标准地名标志设置工作先进个人评审表》（一式两份），先进城市要附有经验总结材料，报民政部全国地名标志设置管理工作领导小组审核。

五、工作要求

各地要高度重视，认真组织好评选工作，严格执行评选表彰标准，确保每个表彰对象的先进性。有关材料请于 2005 年 7 月 10 日前，由各省、自治区、直辖市民政厅（局）审定后，统一报民政部全国地名标志设置管理工作领导小组办公室。

民政部关于实施地名公共服务工程的通知

（民函〔2005〕122 号）

各省、自治区、直辖市民政厅（局），新疆生产建设兵团民政局：

为进一步转变政府职能，提高地名工作的公共服务能力，更好地为我国经济社会发展和构建社会主义和谐社会服务，经国务院领导同意，民政部决定从 2005 年开始，全面启动地名公共服务工程。现就有关问题通知如下：

一、要深刻认识实施地名公共服务工程的重要意义

随着我国经济社会的快速发展，城镇化的迅速推进，特别是经济全球化进程的加快，国内外的交流交往越来越多，使用地名频率越来越高，对地名公共服务的要求越来越迫切。近年来，我国的地名管理和服务工作取得了显著成绩，但仍存在地名命名更名不规范、地名数据资料陈旧不全、信息化水平低、服务手段落后、地名管理法规滞后、管理体制尚未完全理顺等问题。这些问题影响了社会公众的交流交往，给人民群众的生产生活带来不便，提高地名工作的服务管理水平是时代的迫切需要。

为了适应客观形势的要求，2005 年全国民政会议提出启动实施地名公共服务工程，进一步规范地名管理，拓展服务，建立完善地名公共服务体系，为社会提供更多更好的公共产品，满足人民群众对地名信息的迫切需求。实施地名公共服务工程，是落实科学发展观，构建社会主义和谐社会的重要举措，是各级政府转变职能，开展为民服务的必然要求和重要内容，对维护国家主权和领土完整，促进经济社会发展、方便人民群众生产生活，推动我国地名工作的快速发展都具有重要意义。

二、要扎实完成地名公共服务工程的各项任务

根据客观形势的要求和广大人民群众的需要，实施地名公共服务工程要重点做好以下四个方面的专项事务：

（一）地名规范专项事务。主要任务和要求是，制定完善地名管理法规规章及相关技术标准、规范，理顺地名管理体制，健全工作机制，向社会提供标准规范的地名信息。要把规范地名与保持地名的稳定性统一起来，在保持地名相对稳定的前提下，对不规范地名进行标准化处理，提高地名标准化水平。要努力提高地名的文化品位和知识含量，努力体现先进文化的要求。民政部正在修订《地名管理条例》，制定有关地名用字读音、拼写译写标准，研究制定实施地名公共服务工程的相关技术标准和规范。各地要结合本地实际，制定地名的地方法规、规章和实施办法，不断提高地名服务管理法制化水平。

（二）地名标志专项事务。主要任务和要求是，设置比较完善的城乡系列地名标志，为人们出行提供方便。在完成城市地名设标工作的基础上，从今年开始用 5 年时间完成县乡镇地名设标工作，做到全国城乡都有符合标准、数量足够、便于公众使用的地名标志。地名标牌的设置要在严格执行国家相关标准、保证质量的前提下，努力探索节约实用、多功能、一体化地名标志形式，反对贪大求洋，铺张浪费。要建立切实有效的地名标志维护管理制度，保证作为国家法定标志物的地名标志发挥应有作用。北京、上海、天津、青岛等城市要以迎接奥运会和世博会为契机，做好地名标志的设置完善工作，为大会提供良好的地名服务，向世界展示我国优秀地名文化。

（三）地名规划专项事务。主要任务和要求是，结合城市建设现状和发展规划，着眼城市的长远发展和现实需要，依据国家地名管理法规和地名规范，对城市未来需要的新地名进行前瞻性规划论证，编制地名命名更名规划，从源头上把好地名命名更名关。城市地名规划的重点是各级建制市及县人民政府驻地镇，有条件的地区可延伸到其他乡镇人民政府驻地。地名规划的具体对象主要是行政区划名称以外的人文地理实体名称，包括居民区、街（路）巷、桥梁、标志性建筑物、自然景观等内容。这项工作从 2005 年开始实施，计划用 5 年时间完成。

（四）数字地名专项事务。主要任务和要求是，建立国家、省、市、县四级地名数据库，依托数据库开展地名信息化服务。地名数据库建设的关键是县（市）数据库，各省、市级人民政府地名管理部门要加大对所辖县（市）数据库建设的指导和支持，力争两年内建立完善的县（市）数据库，为全省、全国数据库建设打好基础。为保证地名数据库的权威性，各地要做好地名信息的普查更新，特别要查清沿边沿海地名情况。在建立完善地名数据库的同时，要积极开展地名网站、地名热线（问路电话）、地名光盘（电子地图）、地名触摸屏等多种形式的地名信息化服务。省会城市要充分发挥数字地名服务示范作用，我部在第四季度将召开"数字地名"现场交流会，推动"数字地名"示范城市建设。

三、要认真落实实施地名公共服务的原则要求

地名公共服务工程是民政部门面向国内外和社会各界服务的公益性事业，直接关系广大人民群众的切身利益和社会的各个方面，意义重大，影响深远，各地要高度重视，研究制定有力的政策措施，把实施工程的各项任务落到实处。今年是工程的启动之年，开局至关重要，各级民政部门要精心组织，把握重点，抓好试点，选好突破口，在一些重要工作上有所突破、有所进展，为工程的全面实施打好基础，开拓新路。

（一）以人为本，立足服务。启动公共服务工程是今年民政部的五项重点工作之一，各级民政部门要从现代化建设大局的高度认识地名公共服务工程，从构建和谐社会全局的要求把握地名公共服务工程，使各方面真正深刻认识到新时期实施地名公共服务工程的重要意义，真正把它作为重点工作摆上民政工作的议事日程。实施地名公共服务工程，要贯彻以人为本、立足服务、求真务实、注重实效的原则，服务项目和服务形式都要从人民群众生产生活的需要出发，以方便人民群众使用为第一原则，体现以人为本，贴近群众，贴近生活，经济实用，体现科学的发展观和"以民为本、为民解困"的民政工作理念，既要不断拓展服务领域，完善服务体系，提高服务水平，又不能贪大求洋，盲目攀比，浪费资源，特别要努力提高使用资源的效益，降低服务管理成本。

（二）加强领导，组织落实。地名服务工程涉及面广，涉及部门多，需要争取各级政府和各有关部门的大力支持和密切合作，需要社会各界的积极参与。因此，要建立政府领导，民政组织，部门配合，社会参与的工作机制。要积极争取政府领导的重视和支持，尽快提出财政立项和经费方案，努力将地名公共服务工程列入政府的工作计划和经济社会发展"十一五"规划；管理体制不顺的地方还应当努力理顺工作关系，积极做好协调工作，尽早实现地名工作统一归口管理。要积极争取成立协调领导机构，由政府相关负责同志统一组织协调，整合各方资源，形成工作合力，共同推进工作。要鼓励社会各界广泛参与，合作开发，资源共享，减少浪费，降低成本。要多渠道筹集资金，建立财政投入与市场运作相结合、公益服务与有偿服务相结合、政府服务与民间服务相结合的地名公共服务运行机制。涉及国家秘密的信息应当按照有关保密规定妥善处理。

（三）统筹安排，分类指导。各地启动工作时，要统筹考虑，总体安排，把握重点，抓好试点，以点带面，逐步推进。在工作范围上，要以大中城市、特别是省会城市为重点；在工作内容上，要以地名数据库建设、地名信息服务和地名规划为重点。要根据本地实际情况，尽快落实工程启动事项，今年至少要在一两个方面有所突破、有所进展。要坚持实事求是，因地制宜，分类指导，量力而行，逐步提高，逐步完善的原则；要按照城乡有所区别、大中小城市有所区别、经济发达地区和经济欠发达地区有所区别的原则，研究确定本地的服务内容和服务标准，不搞一刀切。

（四）健全制度，规范管理。地名服务项目多，时间长，是一项系统工程，科技含量高，技术复杂，各项工作一开始就应当建章立制，制定相关规范和标准，健全管理制度体系，提高地名服务管理的法制化和规范化水平。各地要严格执行民政部制定的相关标准和规范，同时结合本地实际，制定地方性法规、规章和实施办法和相关技术标准，保证全国地名公共服务工程顺利进行，并保持可持续发展能力。

（五）提高素质，开拓创新。实施公共服务工程要有一支政治素质高、业务能力强的干部队伍。要以强化"为民服务"和"开拓创新"意识为重点，牢牢把握"为民服务"的宗旨，把地名管理和服务有机结合起来，通过加强服务，带动和促进管理，寓管理于服务之中，不断拓展方便群众的地名公共服务项目，努力把地名公共服务工程建设成为政府的民心工程、窗口工程。由于实施地名公共服务工程是一项新任务，各地地名工作者要发扬开拓创新精神，不断创新地名服务方式和途径，开创地名公共服务的新局面，提高地名公共服务的社会效益，努力创建内容丰富、健全完善的地名公共服务体系。

民政部、财政部关于加快实施
地名公共服务工程有关问题的通知

（民发〔2006〕106 号）

各省、自治区、直辖市民政厅（局）、财政厅（局），新疆生产建设兵团民政局、财务局：

2005 年，经国务院批准，全面启动了地名公共服务工程。一年来，各地认真贯彻落实民政部《关于实施地名公共服务工程的通知》（民函〔2005〕122 号）精神，立足当地实际，研究制定实施方案，以标准地名标志设置为实施地名公共服务工程切入点，规范地名，建立地名数据库，推动了地名公共服务工程的实施。但是，各地开展工作情况很不平衡，一些地方由于认识不到位、管理体制不顺、资金不足等原因，工作进展缓慢。为加快推进此项工程，现就有关问题通知如下：

一、地名公共服务工程包括地名规范、地名标志、地名规划和数字地名四项工作任务。由于这项工程涉及面广，需要政府相关部门的密切配合。各地民政、财政部门要从转变政府职能，提高公共服务能力，促进经济社会发展和构建社会主义和谐社会的高度，充分认识实施这项工程的重要意义，要在当地政府的领导下，主动协调有关部门，按照地名公共服务工程总体规划，尽快制定本地区地名公共服务工程实施方案，力争 2006 年底前启动这项工程。

二、各地要合理规划，分步实施，突出重点，加快实施地名公共服务工程。

（一）制定和完善地名管理法规及相关技术标准，是规范、理顺地名管理工作的基础。各地要结合本地实际，抓紧研究制定地方性法规，理顺管理体制，并在"十一五"期间基本建立起规范、完善的地名管理法规体系和相关技术标准。

（二）各地要加快全国县乡（镇）标准地名标志设置工作，有条件的地方，可以县乡（镇）同时进行；尚不具备条件的地方，可以县乡（镇）分开进行。设置标准地名标志之前，要做好地名普查、补查工作，保证地名标志设置的准确性，促进地名管理的规范化。

（三）地名数据库是开展地名管理工作的平台，各地应按照建立数字地名专项事务的总体要求，力争在 2007 年底完成本行政区域地名数据库的建设，为全国地名信息管理系统的建设打好基础。

三、根据民函〔2005〕122 号文件要求，多渠道筹集资金，建立财政投入与市场运作相结合、公益服务与有偿服务相结合、政府服务与民间服务相结合的地名公共服务运行机制。各地民政部门要认真对地名公共服务工程项目进行可行性论证，合理提出需要财政给予支持的项目；各地财政部门要积极支持地名公共服务工程建设，根据需要和财力可能，合理安排项目资金，加强资金管理，促进工程项目的顺利实施。对于财政困难的县（市、区），省级财政可酌情给予适当补助。

四、各地民政部门要加强对地名公共服务工程进展情况的督促检查，狠抓落实，发现问题要及时解决。对不能按期完成计划任务的，要向上一级民政部门说明情况。民政部将定期对各地地名公共服务工程工作进度情况进行通报，以指导和促进各地切实把这项工作落到实处。

国家标准化管理委员会　民政部
关于做好《地名　标志》国家标准
宣传贯彻工作的通知

（国标委服务联〔2008〕155 号）

各省、自治区、直辖市质量技术监督局、民政厅（局），北京、天津、上海市地名主管部门：

GB 17733—2008《地名　标志》系列国家标准已于 2008 年 4 月 23 日批准发布，2008 年 8 月 1 日起正式实施。该标准规定了地名标志牌的分类与型号、要求、试验方法、检验规则及包装等，明确了街牌、巷牌、楼牌等标示的汉字名称、汉语拼音要求，特别是对地名中汉语拼音的拼写作出了规定。

《地名　标志》国家标准是对《地名标牌　城乡》（GB 17733.1—1999）的修订。增加了人文地理实体地名标志和自然地理实体地名标志等类型，修改了地名标志的颜色、尺寸规格和外观的要求；增加了地名标志的设置、版面内容、版面布局的要求以及 LED 地名标志、金属腐蚀地名标志以及碑碣式地名标志的特殊性能要求，同时增加了"汉语拼音字母字样和阿拉伯数字字样"、"地名标志版面示例"、"地名标志长余辉蓄光粉的要求"等附录，进一步提高了标准的科学性、合理性和可操作性；提高了地名标志的质量，突出了地名标志用材的环保性能。该标准适用于地名标牌的生产、流通、使用和监督检验。

为做好《地名　标志》国家标准宣传贯彻工作，进一步规范地名标志设置和管理，切实发挥地名标志导向功能，现就有关事宜通知如下：

一、GB 17733—2008《地名　标志》是强制性国家标准。该标准中有关地名标志上的汉字书写、少数民族文字书写、地名的罗马字母书写和少数民族与汉语拼音拼写的规定和地名标志辐射性能指标、电气安全性能指标等方面的要求是强制性条款，各地区和部门必须执行。

二、各省、自治区、直辖市质量技术监督局、民政厅（局）和北京、天津、上海市地名主管部门要互相配合，积极开展《地名　标志》系列国家标准的宣贯。结合本地区生产企业、经销单位和检验机构的实际情况，制定宣贯工作方案和计划，并根据不同需要，分地区、分层次、分重点地开展工作，以确保各方对该系列标准的掌握和理解，达到促进标准有效实施的目的。

在开展该国家标准宣传贯彻工作的同时，对地名标志（牌）生产企业较多，产量较大或使用量大的省、自治区、直辖市，应适时开展对生产企业、经销单位以及公共场所实施标准情况的监督检查，并将检查结果报民政部和国家标准化管理委员会。

三、国家标准化管理委员会和民政部将适时组成联合工作组，就 GB 17733—2008《地名　标志》国家标准执行情况在全国范围内进行专项检查。

民政部关于开展地名公共服务工程
检查验收工作的通知

（民函〔2010〕199 号）

各省、自治区、直辖市民政厅（局），新疆生产建设兵团民政局，北京、天津、上海市地名主管部门：

2005 年 5 月 30 日，民政部下发了《关于实施地名公共服务工程的通知》（民函〔2005〕122 号），在全国启动实施了地名公共服务工程，计划用五年时间，基本建立适应国家经济社会发展、符合人民群众要求、体现时代特色的地名公共服务体系。工程实施五年来，在各级党委和政府的正确领导下，在各级民政部门的辛勤努力下，在社会各界的积极支持下，全国各地地名公共服务工程建设的各项工作稳步实施、扎实推进，取得显著成效。根据地名公共服务工程领导小组的总体安排，今年下半年，民政部将组织对各地地名公共服务工程的建设情况进行检查验收。现就有关工作通知如下：

一、组织实施

该项工作在全国地名公共服务工程领导小组领导下，由全国地名公共服务工程领导小组办公室根据工作安排，组成若干小组分期分批进行。

二、时间安排

该项工作开展的时间为 2010 年 8 月至 11 月，分自检和验收两个阶段。2010 年 8 月至 9 月为自检阶段，各省（自治区、直辖市）结合本地实际情况进行自检，并形成自检报告，上报民政部；2010 年 10 月至 11 月为验收阶段，全国地名公共服务工程领导小组派员赴各省、自治区、直辖市进行检查验收。

三、检查验收的主要内容

（一）地名规范工作。主要包括地方法规和规范性文件的制定情况，地方性标准制定情况，地名命名更名规范化管理的实施情况，地名拼写规范化情况，地名文化建设情况。

（二）地名标志工作。主要包括县乡镇各类地名标志设置数量和完成比例，城市地名标志的设置、管理和维护情况，《地名 标志》国家标准的执行情况。

（三）地名规划工作。主要包括各级建制市及县人民政府驻地镇地名规划编制完成情况，地名规划成果质量，地名规划执行情况等。

（四）数字地名工作。主要包括地名数据库建设情况，包括各级政区建立地名数据库数量和完成比率，采集地名信息数量，图形数据配备情况，完成数据汇总上报情况；地名信息化服务情况，包括各级政区和城市建立地名网站数量和内容质量，开展电话问路、设置触摸屏等其他形式地名信息化服务的情况。

四、工作要求

（一）检查验收小组在听取省、自治区、直辖市民政厅（局）专题汇报后，自主选择一至二个地级市（地区）、二至三个县级市（县、市辖区）进行抽查，其中省会城市是检查验收的重点。

（二）检查验收工作要坚持因地制宜、分类指导、实事求是的基本原则。既统筹考虑全国地名公共服务工程的总体安排，又兼顾各地经济社会发展条件的影响；既综合考核工程建设取得的阶段性成果，又注重检查平时督促工作情况；既要严格标准，保证质量，又从实际出发，务求实效。

（三）检查验收工作中要注意总结在地名管理和服务工作中的好做法、好经验，对检查中发现的问题要及时进行整改。要通过检查验收，进一步推动地名公共服务工程建设，完善地名公共服务体系，不断提高地名公共服务水平。

（四）各地自检时，要形成总结报告，并填写地名公共服务工程完成情况统计表（见附表），于2010年10月底前，报送全国地名公共服务工程领导小组。

（五）全国地名公共服务工程领导小组将对各地的检查情况进行通报，并在适当时期召开全国会议，对地名公共服务工程建设情况进行总结。

附件：省（自治区、直辖市）地名公共服务工程进展情况统计表
（略）

民政部关于开展地名清理整顿工作的通知

（民发〔2012〕94号）

各省、自治区、直辖市民政厅（局），北京、天津、上海地名工作主管部门，新疆生产建设兵团民政局：

近年来，各级地名管理部门积极推进地名标准化建设，认真做好地名命名更名、地名规划、地名标志设置等工作，我国地名管理和服务的规范化水平不断提高，较好地满足了社会需要。但是，随着经济社会快速发展，地名管理和使用不规范的问题日益突出，主要表现在：一些地方地名命名跟不上城乡建设步伐，命名更名管理不严，"有地无名、一地多名、重名同音、名不副实"等不规范现象较多；部分地名标志设置不标准，地名拼写译写不规范，楼门牌编码混乱，地名标志导向体系不完善；地名使用监管不到位，个别公共媒体、场所和设施等不使用标准地名，社会使用标准地名的意识不强。这些问题给人们出行交往造成了极大不便，社会反映强烈。为切实加强和规范地名管理，推进地名标准化进程，民政部决定，2012年6月至12月在全国开展地名清理整顿工作，现就有关事项通知如下：

一、总体要求

全面贯彻落实科学发展观，以《地名管理条例》、《地名管理条例实施细则》、《地名 标志》国家标准（GB 17733—2008）等法规、标准为依据，以提高地名标准化水平为目标，以清理整顿现有不规范地名为重点，坚持以人为本、立足服务，着力解决群众反映强烈的不规范地名问题，坚决纠正地名管理和使用中的不规范行为，切实规范地名命名更名管理，深入推进地名标准化建设，创造规范和谐的地名环境，提高地名管理和服务效能。

二、主要任务

（一）清理整顿不规范地名。各地要根据有关地名管理法规，对本地区现存的不规范地名进行一次全面清理筛查，并进行标准化处理。对没有名称的，要及时组织命名；对一地多名的，要确定一个标准地名；对不符合地名命名要求、经论证需要更名的，要进行更名。

（二）清理规范地名标志。按照地名标志管理有关规定，开展地名标志专项检查，以地名书写拼写为重点，对使用非标准地名、使用不规范汉字、使用英文等外文拼写、设置位置不当等不符合国家标准的地名标志进行清理纠正。加强地名标志日常管理和维护，对新命名的地名，要及时增设地名标志；对破损残缺的地名标志，要及时维护更换；对废弃不用的地名标志，要及时清除。

（三）规范地名使用。公共场所使用的地名标志、交通标志、广告等标识，通过广播电视、报刊、网络等公共媒体发布的信息，地图类、工具书类等公开出版物，法律文书、身份证明等各类公文和证件均应使用标准地名。要加强对上述公共场合地名使用情况的监督检查，对违反有关规定使用非标准地名的，要及时纠正。

三、工作措施

（一）加强组织领导。地方各级地名主管部门要高度重视、迅速开展清理整顿工作。要健全工作机制，充分发挥各级地名委员会（地名管理工作联席会议）的作用，加强部门协调配合，形成工作合力。要结合本地实际，突出工作重点，制定实施方案，明确整顿目标、具体任务、工作要求，确保清理整顿工作取得实效。各省级地名主管部门要将本省（自治区、直辖市）清理整顿情况于 2012 年底前报民政部。

（二）加强宣传教育。各级地名主管部门办理地名命名更名后，要及时发布经批准的标准地名，及时汇集公布本行政区域的重要地名，积极开展多种形式的地名查询服务，为社会提供标准规范的地名信息。要充分利用各种形式和渠道，开展地名法规、标准等知识的宣传，大力宣传推广使用标准地名，不断增强社会各界使用标准地名的意识。

（三）加强制度保障。要进一步健全地名管理制度，建立地名规范管理的长效机制。地名命名更名要严格执行《地名管理条例》有关规定、审批权限和程序，加强地名更名的风险评估，坚持地名命名更名论证制度，未经充分论证的，不得进入报批程序。认真编制实施地名规划，提高地名命名更名科学化水平。

民政部办公厅
关于印发《全国地名公共服务示范
测评体系（试行）》的通知

（民办发〔2013〕17号）

各省、自治区、直辖市民政厅（局），新疆生产建设兵团民政局，北京、天津、上海市地名主管部门：

为进一步加强对地名公共服务示范市（县、区）的动态管理，指导示范创建工作，明确示范创建目标，规范示范创建程序，确保示范创建工作科学、客观、公正和公开，我们在总结命名第一批示范市（县、区）工作经验和广泛征求各地民政部门意见的基础上，制定了《全国地名公共服务示范测评体系（试行）》。现印发给你们，请结合本地区实际情况，扎实做好实施工作。各地在实施工作中发现的问题，要及时报告民政部。

全国地名公共服务示范测评体系（试行）

为规范地名公共服务示范测评方法和标准，科学测评全国地名公共服务示范建设，引导各地不断完善地名公共服务体系，提高地名公共服务水平，根据《地名管理条例》、《地名管理条例实施细则》和有关文件要求，制定本测评体系。

一、测评目标

地名公共服务示范测评体系是确定全国地名公共服务示范市（县、区）的标准，主要对地名公共服务体系的地名规范、地名标志、地名规划、数字地名四个专项事务进行测评，科学、公正、客观地衡量地名公共服务水平，综合、全面地反映地名公共服务建设成效。

二、测评对象

测评对象是拟申报全国地名公共服务示范的市（县、区）。

三、测评内容

测评内容包括总体要求、地名规范、地名标志、地名规划、数字地名和增值项目六个方面。具体测评因素及评分方法见附表。

四、分值计算

测评总分＝总体要求分值×10%＋地名规范分值×20%＋地名标志分值×25%＋地名规划分值×20%＋数字地名分值×25%＋增值项目分值

总分值≥80分且地名规范、地名标志、地名规划、数字地名四个专项事务分值均≥70分的市（县、区），可确定为全国地名公共服务示范市（县、区）。

五、组织与实施

地名公共服务示范市（县、区），原则每2年确定公布一批。省级地名主管部门负责组织对本省（自治区、直辖市）的市（县、区）进行测评，并将符合示范的名单报民政部，民政部根据省级上报的示范名单进行抽查。被确定为示范市（县、区）的，由民政部发文公布。

附：1. 总体要求表

2. 地名规范测评表

3. 地名标志测评表

4. 地名规划测评表

5. 数字地名测评表

6. 地名公共服务测评增值表

国务院第二次全国地名普查领导小组
关于印发《加强地名文化保护清理整治
不规范地名工作实施方案》的通知

（国地名普查组发〔2016〕1号）

各省、自治区、直辖市第二次全国地名普查领导小组，新疆生产建设兵团第二次全国地名普查领导小组，国务院第二次全国地名普查领导小组成员单位：

现将《加强地名文化保护清理整治不规范地名工作实施方案》印发给你们，请认真贯彻落实。

加强地名文化保护清理整治不规范地名工作实施方案

地名是国家和民族文化的重要载体。近年来，一些地方大量地名快速消失，不规范地名不断涌现，损害了地名文化，割断了历史文脉。为进一步规范地名管理，加强地名文化建设，现就做好第二次全国地名普查中地名文化保护和不规范地名清理整治工作制定如下方案。

一、总体要求

（一）指导思想。

以党的十八大和十八届三中、四中、五中全会精神为指导，深入贯彻落实习近平总书记和李克强总理关于规范地名管理、保护中华优秀传统文化的重要指示精神，紧密结合第二次全国地名普查和各地各部门实际，积极加强地名文化保护，切实清理整治不规范地名，完善地名管理法规制度，提升地名文化品质和公共服务水平，更好地发挥地名在提升社会治理能力、促进经济发展、服务百姓生活、维护国家主权和权益、弘扬优秀传统文化等方面的积极作用。

（二）目标任务。

以《中华人民共和国国家通用语言文字法》、《地名管理条例》、《地名管理条例实施细则》、《地名　标志》国家标准（GB 17733—2008）和《国务院关于开展第二次全国地名普查的通知》（国发〔2014〕3号）、《第二次全国地名普查实施方案》（国地名普查组发〔2014〕1号）等法律法规和文件规定为依据，充分调查、挖掘、整理地名文化资源，保护地名文化遗产，传承和弘扬地名文化，清理整治地名中存在的"刻意夸大、崇洋媚外、怪异难懂、重名同音"（以下简称"大、洋、怪、重"）以及随意更名等不规范现象，进一步规范地名命名、更名、发布和使用，提升地名法治化、科学化、标准化水平，营造规范有序的地名环境，使地名更好地体现和彰显社会主义核心价值观。

（三）工作原则。

结合普查，依法实施。把地名文化保护和不规范地名清理整治作为第二次全国地名普查的重要内容，与地名普查工作一并部署推进。坚持依法行政，严格遵循有关法规制度，依法保护地名文化、解决不规范地名问题。

立足保护，传承发展。遵循地名命名和演化规律，坚决防止乱改地名，避免大量地名文化遗产快速消失。坚持社会主义文化前进方向，坚定文化自信，坚持文化自觉，继承和发展优秀传统地名文化。

严格标准，稳妥推进。科学确定需要保护的地名和不规范地名的界定标准，正确处理清理整治和保持地名稳定之间的关系。在保持地名相对稳定前提下，按照"管好增量、整治存量"要求，严防新增不规范地名，逐步整治已有不规范地名，分类、分级、分层实施，依法、稳慎、有序推进，避免形成地名更名之风。

为民便民，节约资源。按照为民服务、厉行节约的理念，对体现优秀传统文化和地方文化特色的地名要做好保护、传承和发展，对老百姓已经习惯、可改可不改的地名不要更改，对已有不规范地名标志要结合实际进行更正修补或逐步更换，不搞"一刀切"，做到既方便群众又节约公共资源。

因地制宜，协调一致。坚持实事求是，尊重各地文化差异，重点整改有损国家主权和民族尊严、违背社会主义核心价值观、严重背离公序良俗的不规范地名。加强行政指导和宣传教育，尊重当地群众意见，与有关方面协商一致，避免引发不必要的社会矛盾。

二、主要任务

（一）加强地名文化保护。当前，重点做好以下工作：

——开展地名文化资源调查。地名普查中要注重地名文化信息调查，全面、系统地普查各类地名及其属性信息，既要调查现有地名，也要调查已消失不用的地名；查清地名的拼写、读音、位置等基本信息，详细收集地名的渊源、沿革、含义等文化信息。深入挖掘、系统整理、综合利用普查形成的地名文化资料，建立地名文化资源库和网络查询系统，编纂具有深厚文化内涵的地名图、录、典、志等普查成果。充分发挥科研机构、行业协会等有关单位的优势，结合地名普查实践深化地名文化理论研究，推出一批有价值的研究成果。

——深入推进地名文化遗产保护。按照《全国地名文化遗产保护工作实施方案》（民发〔2012〕117号）要求，进一步健全地名文化遗产保护制度，完善地名文化遗产评价、鉴定、确认标准，制定保护规划，建立科学有效的保护机制。建立国家和省、市、县四级地名文化遗产保护名录体系，坚持科学认定、突出重点、逐步推进，分级分批开展千年古县、千年古镇、千年古村落、少数民族语地名等地名文化遗产认定和保护工作。对地名文化遗产保护名录中仍在使用的地名，除因行政区划调整等特殊原因确需更名的外，要禁止更名；已不使用的地名，要采取就近移用、优先启用等措施加强保护和利用。

——坚持优秀地名文化传承。处理好地名文化保护与地名命名更名的关系，在编制地名规划和开展地名命名更名时，充分挖掘人文历史资源，优先使用反映当地历史、文化、地理、环境的地名，将优秀传统文化融入到新地名中，更好地体现地域特色，延续地名文脉。

——加强地名文化宣传。积极支持引导地名文化产品和产业发展，通过图书、电视、互联网等多种载体，不断丰富地名文化产品和服务。积极搭建地名文化活动平台，广泛开展地名文化展览、征文、知识竞赛、视频征集等文化活动。加强地名文化国际交流，制作一批高质量中国地名文化外文读本和音像制品，结合"一带一路"战略促进地名文化海外传播，增强中华文化的影响力、认同感。

（二）清理整治地名中存在的不规范现象。主要包括居民区、大型建筑物、街巷、道路、桥梁等地名中存在的"大、洋、怪、重"等不规范地名，其具体内涵和标准如下：

——不规范地名中的"大"，指违反《地名管理条例实施细则》关于地名要"反映当地人文或自然地理特征"的规定，在含义、类型和规模方面刻意夸大，地名的专名或者通名超出其指代地理实体实际的现象。专名刻意夸大的主要表现是过分夸大住宅区、建筑物等地理实体的使用功能；通名刻意夸大的主要表现是地名通名层级混乱、名实不符等现象。

——不规范地名中的"洋"，指违反《地名管理条例》关于"凡有损我国领土主权和民族尊严的，带有民族歧视性质和妨碍民族团结的，带有侮辱劳动人民性质和极端庸俗的，以及其他违背国家方针政策的地名，必须更名"、"中国地名的罗马字母拼写，以国家公布的'汉语拼音方案'作为统一规范"和《地名管理条例实施细则》关于"不以外国人名、地名命名我国地名"等规定，盲目使用外语词及其汉字音译形式命名我国地名，以及用外文拼写我国地名等现象。

——不规范地名中的"怪"，指违反《地名管理条例》及其实施细则中地名要"反映当地人文或自然地理特征"、"使用规范的汉字或少数民族语文字"、"避免使用生僻字"等规定，盲目追求怪诞离奇，地名含义不清、逻辑混乱、低级庸俗、繁简混搭、中西混用或带有浓重封建色彩等现象。

——不规范地名中的"重"，指违反《地名管理条例》及其实施细则关于"一个县（市、区）内的乡、镇、街道办事处名称，一个乡镇内的自然村名称，一个城镇内的街、巷、居民区名称，不应重名"等规定，一定区域范围内存在多个地名重名或同音等现象。

对上述"大、洋、怪、重"等不规范地名，要依照有关法规和标准进行标准化处理。对不符合地名命名原则、群众反映强烈的不规范地名，要督促相关单位或产权人进行更名；对有地无名的，要及时进行命名；对一地多名的，要确定一个标准地名；对多地重名的，要通过更名或添加区域限制词等手段解决重名问题。对未按规定履行审批手续擅自命名、更名的，要按规定程序和要求补办命名更名审批手续。要加强对地名使用情况的监督检查，及时纠正在公共场合使用不规范地名的行为，重点清理整治地名标志、交通标志等公共标志，新闻、广告、广播等公共媒体，地图、工具书等公开出版物，公文、证件、车船机票等各类文书票证中使用非标准地名、使用不规范汉字书写地名、使用外文拼写地名等违反法规标准的现象。

三、实施步骤

此次保护和整治工作从 2016 年 2 月开始，到 2017 年 6 月结束，分五个步骤实施。

（一）动员部署。各地要结合第二次全国地名普查和各自实际，于 2016 年 3 月底前制定印发加强地名文化保护和清理整治不规范地名工作实施方案。要加强宣传动员，做好各项准备工作，创造良好工作环境。

（二）普查摸底。各地地名普查办公室要结合本次地名普查，掌握本地地名文化资源以及不规范地名底数详情，分类梳理地名文化遗产和不规范地名情况，提出地名文化遗产保护和不规范地名初步名单，为开展保护和治理提供全面详实的资料。

（三）清理整改。县级以上地方地名普查办公室要组织邀请历史、地理、文化、社会、法律等方面专家成立地名文化保护暨清理整治不规范地名工作专家组，负责有关评审工作。由专家组对普查摸底提出的初步名单进行审核论证，提出地名文化遗产保护和拟清理整治不规范地名建议名单以及相应的处理意见。对专家组提出的建议名单和处理意见，由本级地名普查办公室邀请相关专家和群众代表进行法律评估和相关风险评估，必要时应举行社会听证。对经论证评估属于地名文化遗产的，由地名工作主管部门按程序予以确认后纳入本级保护名录，并筛选出具有代表性的地名文化遗产向上级部门推荐上报。对确实需要命名更名的不规范地名，根据管理权限由相应行政管理部门按照法定程序进行命名更名。地名文化遗产确认或地名命名更名后，要及时向社会公布。此项工作原则上应于 2017 年 3 月底前完成。

（四）健全制度。各地要以第二次全国地名普查和此次活动为契机，大力推进地名法治建设，进一步健全地名法规标准，理顺审批权限，细化工作程序，规范管理措施，建立地名命名、更名、注销和使用管理的长效机制，防止随意命名更名，从源头上遏制新的不规范地名产生，切实保护好地名文化。

（五）总结验收。以上工作完成后，各地要及时总结地名文化保护和清理整治成果经验，将工作情况报上级地名普查领导小组验收。各省、自治区、直辖市和新疆生产建设兵团要将工作总结报告于 2017 年 6 月底前报送国务院第二次全国地名普查领导小组办公室。

四、工作要求

（一）切实加强领导。各地要按照国务院第二次全国地名普查领导小组统一部署，加强组织领导，理顺管理体制，明确职责分工，确保责任到位、任务落实。国务院第二次全国地名普查领导小组成员单位要按照领导小组统一部署和各自分工，配合地方做好本部门、本系统地名文化保护和不规范地名清理整治工作。国务院第二次全国地名普查领导小组将适时开展专项督查。

（二）精心组织实施。各地要高度重视地名文化保护和不规范地名清理整治工作，及时向政府领导报告工作部署和推进情况，加强部门协调配合，明确目标，细化要求，统筹安排，狠抓落实，确保工作顺利进行。

（三）积极宣传引导。各地要充分利用各种形式和渠道，广泛宣传地名法规、标准和政策，大力宣传和弘扬地名文化，发挥舆论引导和监督作用，不断增强社会各界自觉使用标准地名和地名文化保护意识，营造良好社会氛围。

（四）注重长效管理。各地要坚持标本兼治，把阶段性活动和长期性制度建设相结合，在认真总结工作经验的基础上，加大制度建设和文化培育力度，建立健全地名管理法治化、科学化、标准化的长效机制。

河北省标准地名标志制作设置规范

（冀民〔2003〕56 号）

为贯彻落实国家质量技术监督局发布的 GB 17733.1—1999《地名标牌　城乡》强制性国家标准，确保标准地名标志设置工作质量，结合我省实际，特制定本规范。

一、标牌制作标准

地名标牌制作必须严格执行《地名标牌　城乡》国家标准，做到规范、统一、美观、牢固。任何单位和个人不得擅自变通。

（一）街（路）牌：图文书写平面尺寸为（1700～1200）mm×（500～300）mm 长方形，外沿宽度≤25mm。版面内容为：道路汉字名称和汉语拼音。其版面布局为：上部 3/5 区域用于标示汉字名称，下部 2/5 区域用于标示相应的汉语拼音。

（二）巷（胡同、里）牌：图文书写平面尺寸 450mm×150mm 长方形，外沿宽度≤20mm。版面内容为：巷（胡同、里）的汉字名称和汉语拼音。其版面布局为：上部 3/5 区域用于标示汉字名称，下部 2/5 区域用于标示相应的汉语拼音。

（三）楼牌：图文书写平面尺寸为 900mm×500mm 长方形，外沿宽度≤25mm。版面内容为：该楼区汉字名称、汉语拼音、邮政编码和楼房编号。其版面布局为：楼牌左边 3/5 的区域用于标示汉字名称、汉语拼音和邮政编码，其中上部 3/5 的区域用于标示汉字名称，中部 1/5 的区域用于标示相应的汉语拼音，下部 1/5 的区域标示该楼所在区域的邮政编码；楼牌右边 2/5 的区域用于标示楼房编号。邮政编码和楼房编号用阿拉伯数字。楼房编号数字高度不小于 350mm。

（四）大门牌：图文书写平面尺寸为 600mm×400mm 长方形，外沿宽度≤15mm。版面内容为：临街的院落、独立门户及单位所在街道的汉字名称、门牌编号和邮政编码。其版面布局为：上部 1/5 的区域用于标示临街院落、独立门户及单位所在街道汉字名称，中部 3/5 的区域用于标示门牌编号，门牌编号用阿拉伯数字，下部 1/5 的区域用于标示该门所在区域的邮政编码。

（五）中门牌：图文书写平面尺寸为 350mm×240mm 长方形，外沿宽度 ≤15mm。版面内容为：临街院落、独立门户及单位所在街道的汉字名称和门牌编号。其版面布局为：上部 2/5 区域用于标示院落、独立门户及单位所在街道的汉字名称，下面 3/5 的区域用于标示门牌编号，门牌编号用阿拉伯数字。

（六）小门牌：图文书写平面尺寸为 150mm×90mm 长方形，外沿宽度 ≤12mm。版面内容和版面布局同中门牌。

（七）单元牌：图文书写平面尺寸为 300mm×150mm 长方形，外沿宽度 ≤15mm。版面内容为：该单元的汉字单元号。

（八）户牌：图文书写平面尺寸为 125mm×50mm 椭圆形，外沿宽度≤ 3mm。版面内容为：户号。户号为：楼层号加门顺序号组成，用阿拉伯数字。字体所占面积为（85～62）mm×24mm。

（九）地名标牌上所有文字书写都使用等线黑体字，地名汉字书写形式按照国家规定的规范文字，禁止使用繁体字、篆体字、非简化字和自造字。地名标牌上汉语拼音要按普通话拼写。地名中的多音字和异读字，要按普通话审定委员会审定的读音拼写，每个字母一律大写，专名与通名分写，通名已转化为专名的按专名处理，地名中的数词用拼音书写，地名中的代码和街巷中的序数词用阿拉伯数字书写。

（十）标牌颜色：街、路、巷、胡同、里标牌，东西走向、东西向斜街为蓝底白字，南北走向、南北向斜街为绿底白字；楼牌左边书写名称部分为蓝底白字，右边书写楼号部分为白底红字；门、单元、户牌均为蓝底白字。

二、标牌制作要求

（一）省辖市开展设标工作前首先将地名规划报省厅区划地名处审批，确保地名标准、规范，经省厅区划地名处审批后，送经由省厅推荐的、取得部颁发生产资质证书的厂家制作标牌。

（二）市、县（市、区）选择标牌制作材料要符合国家标准要求，不得随意降低标准。各种支架材质、标牌基板、发光和反光材料等要使用有质量担保的正规生产厂家的产品，杜绝以次充好和假冒伪劣材料。

（三）市、县（市、区）在制作地名标牌前，要亲自实地考察厂家生产能力、信誉程度和毁约偿还能力，再与厂家签订生产合同，经公证机关公证后，方可正式生产。

（四）不准选择"无证"厂家生产地名标志。凡自选"无证"厂家、产品达不到质量要求、造成重大经济损失的，除全省通报批评、责令返工外，还要追究当事者的责任。

（五）地名标牌生产厂家要具备资金实力、质量实力、信誉实力和质量赔偿能力、资金周转能力、质量检验能力，且应是有县以上政府部门担保的，否则，不能承担地名标牌生产任务。

（六）标牌成品要经过严格的检验程序。一是厂家自检，做到不合格标牌一块也不出厂；二是市民政局和市质检局联检，确保国家标准贯彻实施；三是用户全面检验，不使一块残次品安装上架；四是设标三个月后省市组织抽检；五是在保质期内随时检。上述检验出的不合格产品，除由厂家重新制作外，还要按产品价值的两倍罚款，由厂家支付。

（七）为了明确责任和扩大厂家知名度，生产标牌的厂家应在标牌背面或边沿注明生产厂家名称和产品出厂日期、保质期。费用不计入地名标志生产成本，由厂家支付。

（八）生产厂家不得将标牌或部分工艺交由他厂生产，否则，省民政厅将建议民政部取消其标牌生产资格。

（九）省民政厅将会同省质检局对标牌生产过程进行产前、产中、产后检查。

三、标牌安装要求

（一）要合理确定街路牌设置数量，充分体现道路标志指位功能。道路十字路口街路牌设置一般不得少于四块，丁字路口不得少于两块。街路牌设置间距：在城市繁华路段，一般应每隔500米设置一块，其它路段可视情而定。

（二）统一装订位置。巷、胡同、里标志牌装订在巷、胡同、里入口处墙壁上，距离地面2米高的位置，高度不够2米时，安装在最高处；门牌统一安装在门口左侧墙壁上，距离地面2米高的位置，高度不够2米时，安装在门口左侧最高处；楼牌统一安装在二楼至三楼中间位置；单元牌统一安装在单元口上面中间位置。户牌统一安装在门的上半部距离地面1.6米中间位置。

（三）要选择好施工队伍，确保安装质量。地名标志安装设置既可由生产厂家负责，也可向社会招聘，无论如何，都要经过试验、培训，取得经验后，再做全面安装。市、县（市、区）设标办要组织人员，逐块检查验收，发现问题及时纠正。

（四）标志设置要对照地名标志设置图纸，达到准确无误。安装设置地名标志应与制作好的标牌平面图相对照，不可凭借感觉随意设置，杜绝错位和张冠李戴现象。

（五）要严格细致，避免摔打碰撞。地名标牌技术含量高、质量要求严、使用资金多。因此，在设置安装时，要严密组织，细致操作，切勿摔打碰撞，确保完好无损。

（六）要协调有关部门单位，保护好标志。设置安装地名标志，涉及城建、城管、交通、公安等部门，在安装前，应与这些部门和相关单位搞好协调，取得他们的支持，以便齐心协力，共同保护好地名标志。

（七）建立地名标志产品生产、安装档案，以备日后查验。地名标志是国家的法定标准物，具有永久的使用价值，因此，从地名标志产品的生产到设置安装，都要建立健全一整套地名标志档案，永久保存，以备查验。

（八）要定期检查，发现问题及时纠正。地名标志设置安装完毕后，要制定管理制度，定期组织检查，发现标牌破损、歪斜、字迹脱落等问题应及时采取相应措施，予以修复。若发现质量问题，在保质期内，则应要求生产厂家返工重做。

河北省城乡街路名称和门楼院牌管理技术规范

（冀民〔2004〕100 号）

为加强和规范地名管理，适应城乡建设、社会发展、对外交往和人民生活的需要，根据国务院《地名管理条例》及有关法律、法规的规定，结合本省实际，制定本规范。

本规范适用于本省行政区域内街、路、巷、门（含单元牌、户牌，下同）、楼（院）等名称的命名、更名、使用、废止、标志设置以及相关的管理活动。

街、路、巷、门、楼（院）等名称管理应当尊重地名形成的历史演变和现状，保持名称的相对稳定。

第一章　命名、更名与废止

第一条　街路名称由通名和专名两部分组成。通名使用路、街、道、胡同、巷、条、里。

第二条　街路划分为三个层次。第一层次为城镇主干街道，用大街、大道、路；第二层次为城乡一般街道，用街、道、路；第三层次为城乡小街道，用小街、巷、胡同、条。死胡同统称里。

第三条　命名的原则是：尊重历史，照顾习惯，方便管理，体现规划，易找好记。

第四条　街、路、巷等名称命名除遵循《地名管理条例》、《地名管理条例实施细则》的规定外，还应当遵循下列规定：

（一）内容健康，体现当地历史、文化、地理或者经济特征，与城市规划所确定的使用功能相适应，名称不能过大和过小。不使用外文和利用外文直译命名，切忌洋化、封建化、小地名冠大帽，读音要洪亮上口，避免谐音不雅，字形搭配要和谐。

（二）名称使用的汉字应当准确、规范、易懂，不准使用生僻字、繁体字、被淘汰的异体字，禁止使用叠字，不用多音字，慎重使用方位词和数词。

（三）同一个城镇、聚落内街路不能重名，不能谐音，并避免同音。

（四）同一个城镇、聚落内第一、二层次街路通名的使用应按方向统一。

（五）没有街区的散列式聚落，对连接院落之间的山涧或田间小路不命名。

第五条 门楼院牌编码除遵循《地名管理条例》、《地名管理条例实施细则》的规定外，还应当遵循下列规定：

（一）按照街、路、胡同、巷、条、里、散落式聚落名称以"户"为基点，不受行政区划限制，按建筑物自然顺序编排门牌号码。

（二）街、路、小街、胡同、巷、条、里两侧都有门口时，东、北侧编单号，西、南侧编双号；只有一侧有门口时，按自然序数编号。

（三）街、路、小街、巷、胡同、条封闭一端为首号，向发展方向编号；无法确定封闭端的，首先确定编码起点，按放射性原则向发展方向分别编号；里自入口处向终点顺序编号。

（四）散列式聚落按道路进入聚落方向由近向远，按自然序数编号。

（五）不得无序跳号、重号。

（六）一个单位、院落、门脸一个号。一个单位多个门时，只在主门编号；一个院落有前门、后门、偏门时，只在前门编号；一个门脸多个门时，只编一个号。

（七）无围墙和院门的临街住宅楼、办公楼、写字楼和平房以单位和片编门牌号，临街楼房底层门脸根据城乡建设规划编主号或主号的支号。

（八）临街较短无名的里，按照编码规则依临街名称编号。

（九）相邻建筑物之间有空地时，按照一定距离预留备用门牌号。

（十）楼群按照进入楼群方向，先由左向右，再由前向后自然顺序编号；单元、户号按照进入单元方向，由左向右自然顺序编号。高层建筑按照电梯出口方向，由左侧开始按照顺时针方向顺序编号。

（十一）临时建筑一般不编号。

第六条 街路更名应遵循下列规定：

（一）不符合《地名管理条例》、《地名管理条例实施细则》规定的和本规范第四条（一）、（二）、（三）、（四）款规定的地名，在征得有关方面和当地群众同意后，予以更名。

（二）因道路改建或者拓宽延伸需要变更街道名称的，因街道名称变更需要变更门牌号码或楼（院）名称的，应当更名。

（三）可改可不改的，当地群众又不同意更改的名称，不予更改。一路多名的，应当确定一个名称。一名多写的，应确定统一的用字。

（四）需要更改的名称，应当随着城乡发展的需要，逐步进行调整。

第七条　街、路、巷、门、楼（院）等名称命名、更名，应当履行下列程序：

（一）城镇街路巷名称的命名、更名，由设区市、县（市）民政部门组织征集、论证、提出方案，经上一级民政部门审核后，由设区市、县（市）人民政府审批，报设区市、省民政部门备案；乡村街路巷名称的命名、更名，由村委会组织征集、论证、提出方案，经乡级政府报县级民政部门审核后，由县级人民政府审批，报设区的市、省民政部门备案。

（二）门、楼（院）牌号码由设区市、县（市）民政部门统一编制管理。

第八条　对街路名称，商业、企业单位提出申请的，当地政府可以实行有偿命名。在有偿命名前，有偿命名的名称应当经设区市民政部门报省民政部门审核。

第九条　在办理命名、更名的工作过程中，应当征求有关部门、专家和群众的意见。

第十条　申报街路名称命名、更名文件的主要内容包括：拟定地名的汉字，标注声调的汉语拼音，罗马字母拼写，命名、更名的理由，拟采用新名的涵义、来源，道路等级、起点、止点、长度，路面宽度、质地、地理位置、走向等，并应填报地名命名、更名审批表。

第十一条　因城乡建设等原因消失的街路名称，应当予以废止。

第十二条　县级以上人民政府民政部门对编制楼（院）、门牌号码，向产权单位或者用户颁发由省民政部门统一制作的标准地名使用证书。

第十三条　任何单位和个人不得擅自编制、变更门楼（院）牌号码。

第二章　使用与管理

第十四条　依照本规范批准的街、路、巷名称和编制的楼（院）、门牌号码为标准地名。

第十五条　书写、拼写街路名称应当遵守下列规定：

（一）街路名称用规范的汉字书写，以汉语普通话为标准读音。使用双语标示时，第一种语言使用汉字，第二种语言按照国际标准和国家标准规定，专名和通名均使用罗马字母拼写，不得使用外文译写。

（二）街路名称的罗马字母拼写，以国家公布的"汉语拼音方案"作为统一规范，按照《中国地名汉语拼音字母拼写规则（汉语地名部分）》的规定拼写。

第十六条　任何单位和个人，在社会活动中都应当使用标准地名。

第十七条　县级以上民政部门负责编辑出版本行政区域的标准地名出版

物，其他部门编辑的地名密集出版物，出版前应送同级民政部门审核地名。

第三章　标志设置与管理

第十八条　街、路、巷、楼（院）、门标志是国家法定的标志物。凡已命名的街、路、巷、胡同、里都要设置地名标志，凡已编排楼（院）、门牌号码的都要设置制作楼（院）门牌。

第十九条　街、路、巷、门、楼（院）标志的内容、式样、规格、质地应当符合国家质量技术监督局发布的中华人民共和国国家标准 GB 17733.1—1999《地名标牌　城乡》和《河北省标准地名标志制作设置规范》。同一区域内同类地名标志的样式、规格等应当统一。

第二十条　街、路、巷标志，在其起止点、交叉处边缘和丁字口设置，较长的街、路，还可在中段边缘增设标志。

第二十一条　新建建设工程的地名标志，应当在工程竣工验收前设置完成，其他地名标志，应当在地名命名、更名被批准之日起 60 日内设置完成。

第二十二条　地名标志有下列情形之一的，设置单位应当及时予以维修或者更换：

（一）使用非标准地名或者用字不规范的；

（二）不符合国家标准的；

（三）已更名的地名，地名标志仍未更改名称的；

（四）锈蚀、破损、字迹模糊或者残缺不全的；

（五）其他原因需要维修和更换的。

河北省居民区和建筑物名称管理技术规范

（冀民〔2008〕78 号）

为加强和规范居民区、建筑物名称管理，推进地名标准化、规范化进程，根据国务院《地名管理条例》及有关法律、法规，结合本省实际，制定本规范。

本规范适用于本省行政区域内居民区、建筑物名称的命名、更名、使用、废止、标志设置以及相关的管理活动。

居民区、建筑物名称管理应当尊重地名形成的历史演变和现状，保持名称的相对稳定。

第一章 命名、更名与废止

第一条 居民区、建筑物名称由通名和专名两部分组成。专名应富有文化内涵，标准规范，各具特色。通名用于分类和区分层次。

第二条 居民区划分为三个层次。第一层次为大型居民区，通名用生活区、城、新村、小区、花园、花苑、庄园、山庄、别墅、公寓等；第二层次为一般居民区，通名用家属院、宿舍等；第三层次为小型居民区，通名用家属楼、住宅楼等。

建筑物划分为三个层次。第一层次为大型建筑物，通名用大厦、商厦、大楼、中心、商城、商场、公园、广场、广厦、宾馆、酒店、饭店等，第二层次为一般建筑物，通名用楼、商店、酒家、人家、阁等；第三层次为小型建筑物，通名用饭馆、店、诊所等。

第三条 通名的使用

（一）生活区、城：指占地面积 20 万平方米以上，并有完善的配套设施（如幼儿园、小学、银行、商店）的居民区名称；用地面积在 20 万平方米以上，具有地名意义，规模大的商场、专卖贸易场所名称；用地面积在 2 万平方米以上（含 2 万平方米），拥有三幢 20 层以上，具有地名作用的大型建筑群名称。符合上述条件之一的可用"生活区"或"城"作通名。"城"应严格控制使用。

在一个街道 500 米内不能有两个相邻"城"的名称。

（二）新村：指集中的相对独立的大型居住区，有相应的配套设施，其建筑面积在 10 万平方米以上的多层或高层住宅楼名称，可用"新村"作通名。

（三）小区：指占地面积 5 万平方米以上，建筑面积 10 万平方米或 30 栋楼以上的居民区名称。县城镇住宅区的建筑面积由各县（市）地名管理部门规定。

（四）花园、花苑：指多草地和人工景点的住宅区名称，绿地面积占整个用地面积百分之五十以上。

（五）别墅：指以 2～3 层为主、规格较高、具有环境良好的住宅区名称，用地面积 1 万平方米以上，其容积率不超过 0.5。

（六）山庄：指地处靠山的低层住宅区名称。不靠山的不准以山庄命名。

（七）公寓：指多层或高层的居民区名称。

（八）大楼：指 8 层以上的综合性办公大楼或住宅楼名称。

（九）大厦：指 10 层以上大型楼宇名称。

（十）商厦：指 8 层以上，底层（或数层）为商业，其余为办公大楼或住宅的高层建筑名称。

（十一）广场：指有宽阔公共场地的建筑物名称。

（十二）商城、商场：指具有商业、娱乐、餐饮等多功能的建筑物名称。

（十三）广厦：指用地面积在 1 万平方米以上或总建筑面积在 10 万平方米以上，有整块露天公共场地（不包括停车场和消防通道），其面积大于 2000 平方米，具有商业、办公、娱乐、餐饮、住宿、休闲等多功能的建筑物名称。但应严格控制。

（十四）公园：指具备水域、花草树木、娱乐设施等条件，可供群众观赏、娱乐、游玩的公共场所。

（十五）中心：指某一特定功能最具规模的建筑物或建筑群名称（如商务中心、物贸中心）。用地面积 2 万平方米以上、建筑面积在 10 万平方米以上，并有宽敞的停车场地，在功能上必须是最具规模、起主导地位的建筑群。

（十六）楼：指 7 层以下的商务楼、办公楼、商住楼、综合楼、写字楼。

（十七）在居住区范围内建造的综合性办公大楼，亦可单独申报命名。

（十八）第二、三层次和其他居民区、建筑物通名的规模掌握和使用其它新的通名，由县（市）、设区市地名管理部门研究决定。

第四条 命名的原则是：尊重历史，照顾习惯，方便管理，体现规划，易找好记。

第五条 居民区、建筑物名称命名除遵循《地名管理条例》、《地名管理条例实施细则》的规定外，还应当遵循下列规定：

（一）含义健康，积极向上，有利于精神文明建设。

（二）体现规划，反映特征，与使用功能相适应。

（三）通俗易懂、照顾习惯，体现当地历史、文化、地理或者经济特征。

（四）名称应与使用性质及规模相符合，不能过大和过小。一般不使用"中国"、"中华"、"全国"、"国家""中央""国际"、"世界"等词语，确需使用"中国"、"中华"、"全国"、"国家"等语词时，申报人应当出具国务院有关主管部门的意见书。须经省地名管理部门核实。

（五）不得以外国地名和未收入我国词语的外国语读音命名地名；不使用外文和利用外文直译命名，切忌洋化、封建化、小地名冠大帽，读音要洪亮上口，避免谐音不雅，字形搭配要和谐。

（六）名实相符，名称使用的汉字应当准确、简明、规范、易懂，符合我国语言习惯，禁止使用生僻字、繁体字、已淘汰的异体字、叠字和容易产生歧义的词语，杜绝使用自造字，不用多音字，慎重使用方位词和数词。

（七）一地一名，不得在同一生活区内再命名若干小名。

（八）同一个城镇、聚落内不能重名，不能同音、谐音。

（九）不得以有损于国家尊严、违背社会主义道德、带有封建和殖民色彩、复古崇洋、格调低下、古怪离奇、任意拔高等不良倾向的词语命名。

（十）体现我国民族自尊、自强、自信，坚持中国特色。

（十一）不以人名命名。

（十二）通名禁止重叠，如"某某广场花园""某某花园城"等。

（十三）不得侵犯他人的专利权和知识产权名称。

第六条　居民区、建筑物更名应遵循下列规定：

（一）不符合《地名管理条例》规定和本规范第五条规定的居民区、建筑物名称，在征得有关方面和当地群众同意后，予以更名。

（二）因改建或者扩建需要变更居民区、建筑物名称的，应当更名。

（三）可改可不改的，当地群众又不同意更改的居民区、建筑物名称，不予更改。一地多名的，应当确定一个名称。一名多写的，应确定统一的用字。同一生活区内有若干小名的，应取消小名。

需要更改的名称，应当随着城乡发展的需要，逐步进行调整。

第七条　居民区、建筑物名称的命名、更名，由开发建设单位（新建项目在取得建筑用地手续后）或产权单位、个人向县（市）、设区市地名管理部门提出申请，经县（市）、设区市地名管理部门初审后，按有关法规和规章确定的审批权限履行报批手续。同时上报设区市、省地名管理部门备案。

第八条 提出居民区、建筑物名称命名、更名方案的主要内容包括：拟定地名的汉字，标注声调的汉语拼音，罗马字母拼写，命名、更名的理由，拟采用新名的涵义、来源，占地面积、建筑面积、楼栋数量、楼层数量、高度、地理位置、主要用途等，并应填报地名命名、更名审批表。

第九条 因城乡建设等原因消失的居民区、建筑物名称，应当予以废止，有特殊历史意义的可酌情保留。

第十条 建立标准地名使用证书制度。《河北省标准地名使用证书》由省地名管理部门统一制作。县级以上人民政府地名管理部门在居民区、建筑物名称履行报批手续的同时，向产权单位、用户发放《河北省标准地名使用证书》。

第十一条 任何单位和个人不得擅自命名居民区、建筑物名称。违反地名管理法规，擅自对居民区、建筑物进行命名（更名），并公开使用未经批准的非标准名称的，一律视为非法地名，地名管理部门不予承认，名称不受保护。

第二章　使用与管理

第十二条 依照本规范核实确认的居民区、建筑物名称为标准地名。

第十三条 书写、拼写居民区、建筑物名称应当遵守下列规定：

（一）居民区、建筑物名称用规范的汉字书写，以汉语普通话为标准读音。使用双语标示时，第一种语言使用汉字，第二种语言按照国际标准和国家标准规定，专名和通名均使用罗马字母拼写，不得使用外文译写。

（二）居民区、建筑物名称的罗马字母拼写，以国家公布的"汉语拼音方案"作为统一规范，按照《中国地名汉语拼音字母拼写规则（汉语地名部分）》的规定拼写。

（三）楼群排序用阿拉伯数字，不得使用英文字母，如"A座"、"B座"。

第十四条 任何单位和个人，在社会活动中都必须使用标准地名。

第十五条 县级以上地名管理部门负责编辑出版本行政区域的标准地名出版物。其他部门编辑的地名密集出版物，出版前应送同级地名管理部门核实地名。

第三章　标志设置与管理

第十六条 居民区、建筑物标志是国家法定的标志物。凡已命名的居民区、建筑物都要设置地名标志。

第十七条 居民区、建筑物标志的内容、式样、规格、质地应当符合国家质量技术监督局发布的中华人民共和国国家标准 GB 17733.1—1999《地名标牌 城乡》和《河北省标准地名标志制作设置规范》。同一区域内同类地名标志的样式、规格等应当统一。

第十八条 新建建设工程的地名标志，应当在工程竣工验收前设置完成，其他地名标志，应当在地名命名、更名被批准之日起 60 日内设置完成。

第十九条 地名标志有下列情形之一的，设置单位应当及时予以维修或者更换：

（一）使用非标准地名或者用字不规范的；

（二）不符合国家标准的；

（三）已更名的地名，地名标志仍未更改名称的；

（四）锈蚀、破损、字迹模糊或者残缺不全的；

（五）其他原因需要维修或者更换的。

第二十条 本规范自发布之日起施行。

河北省居民地名称和标志设置管理规范

（冀地名〔2013〕1号）

为加强和规范城乡街巷、门户、楼院、居民区、建筑物名称和标志设置的管理，推进地名标准化进程，适应城乡建设、社会发展、对外交往和人民生活的需要，根据《地名管理条例》、《地名管理条例实施细则》、《河北省地名管理规定》、《地名　标志》（GB 17733—2008）强制性国家标准，及有关法律、法规的规定，结合本省实际，制定本规范。

本规范适用于本省行政区域内城乡街巷、门户、楼院、居民区、建筑物等名称的命名、更名、销名、使用和标志的设置，以及相关的管理活动。

街巷、门户、楼院、居民区、建筑物等名称管理，应当尊重地名形成的历史演变和现状，保持名称的相对稳定。对历史悠久、具有纪念意义的地名予以保护。任何单位和个人不得擅自命名和更名。

第一章　命名、更名与销名

第一条　街巷、居民区、建筑物名称由专名和通名两部分组成。专名应富有文化内涵，标准规范，各具特色。通名用于分类和区分层次。

第二条　街巷、居民区、建筑物通名均划分为三个层次：

街巷第一层次为主干道，用大街、大道、路；第二层次为次干道，用街、道、路；第三层次为支路，用小街、巷、胡同、条；死胡同统称里。

居民区第一层次为大型居民区，通名用生活区、城、新村、小区、花园、花苑、庄园、山庄、别墅、公寓等；第二层次为一般居民区，通名用家属院、宿舍等；第三层次为小型居民区，通名用家属楼、住宅楼等。

建筑物第一层次为大型建筑物，通名用大厦、商厦、大楼、中心、商城、商场、公园、广场、广厦等；第二层次为一般建筑物，通名用楼、院、阁等；第三层次为小型建筑物，通名用堂、所等。

第三条　通名的使用

（一）生活区、城：指占地面积20万平方米以上，并有完善的配套设施（如幼儿园、小学、银行、商店）的居民区名称；用地面积在20万平方米以上，规模大的商场、专卖贸易场所名称；用地面积在 2 万平方米以上（含 2 万平方米），拥有三幢 20 层以上，具有地名作用的大型建筑群名称。符合上述条件之一的可用"生活区"或"城"作通名。"城"应严格控制使用。

在一个街道 1000 米内原则上不能有两个相邻"城"的名称。

（二）新村：指集中的相对独立的大型居住区，有相应的配套设施，其建筑面积在 10 万平方米以上的多层或高层住宅楼名称，可用"新村"作通名。

（三）小区：指占地面积 5 万平方米以上，建筑面积 10 万平方米或 30 栋楼以上的居民区名称。县城镇住宅区的建筑面积由各县（市）地名管理部门规定。

（四）花园、花苑：指绿地面积占整个用地面积百分之五十以上的多草地和人工景点住宅区名称。

（五）别墅：指以 2～3 层为主、规格较高、具有环境良好，用地面积 1 万平方米以上，其容积率不超过 0.5% 的住宅区名称。

（六）山庄：指地处靠山的低层住宅区名称。不靠山的不准以山庄命名。

（七）公寓：指多层或高层的居民区名称。

（八）大楼：指 8 层以上的综合性办公大楼名称。

（九）大厦：指 10 层以上大型楼宇名称。

（十）商厦：指 8 层以上，底层或数层为商业，其余为办公或住宅的高层建筑名称。

（十一）广场：指有宽阔公共场地的建筑物名称。

（十二）商城、商场：指具有商业、娱乐、餐饮等多功能的建筑物名称。

（十三）广厦：指用地面积在 1 万平方米以上或总建筑面积在 10 万平方米以上，有整块露天公共场地，不包括停车场和消防通道，其面积大于 2000 平方米，具有商业、办公、娱乐、餐饮、住宿、休闲等多功能的建筑物名称。但应严格控制。

（十四）公园：指具备水域、花草树木、娱乐设施等条件，可供群众观赏、娱乐、游玩的公共场所。

（十五）中心：指某一特定功能最具规模的建筑物或建筑群名称（如商务中心、物贸中心）；用地面积 2 万平方米以上、建筑面积在 10 万平方米以上，并有宽敞的停车场地，在功能上必须是最具规模、起主导地位的建筑群。

（十六）楼：指 7 层以下的商务楼、办公楼、商住楼、综合楼、写字楼。

（十七）在居住区范围内建造的综合性办公大楼，亦可单独申报命名。

（十八）第二、三层次居民区、建筑物通名规模的掌握，及使用其它新的通名，由县（市）、设区市地名管理部门研究决定。

第四条 命名的原则是：尊重历史，照顾习惯，方便管理，体现规划，易找好记，雅俗共赏。

第五条 街巷、居民区、建筑物名称命名除遵循《地名管理条例》、《地名管理条例实施细则》的规定外，还应当遵循下列规定：

（十二）不得以有损于国家尊严、违背社会公德、带有封建和殖民色彩、复古崇洋、格调低下、古怪离奇、任意拔高等不良倾向的词语命名。

（十三）体现我国民族自尊、自强、自信，传承中国民族文化。

1. 含义健康，积极向上，有利于精神文明建设。

2. 体现规划，反映特征，与使用功能相适应。

3. 通俗易懂，照顾习惯，体现当地历史、文化、地理或者经济特征。

4. 名称应与使用性质及规模相吻合，不能过大和过小。一般不使用"中国""中华""全国""国家""中央""国际""世界"等词语，确需使用的，申报人应当出具国务院有关主管部门的意见书，并经省地名管理部门核实。

5. 不得以外国地名命名地名；不使用外文和利用外文直译命名，切忌洋化、封建化、小地冠大名。

6. 名实相符，通名要与功能相匹配。

7. 名称用字要选用《现代汉语通用字表》中的字，应当准确、简明、规范、易懂，符合我国语言习惯，禁止使用繁体字、已淘汰的异体字、叠字和容易产生歧义的词语，杜绝使用自造字，不用多音字，慎用方位词和数词。

8. 一地一名，一般不在同一生活区内再命名别名。

9. 同一个城镇、聚落内同类地名不得重名，并避免同音、谐音。

10. 同一个城镇、聚落内第一、二层次街道通名的使用应按方向统一。

11. 没有街区的散列式聚落，连接院落之间的山涧或田间小路不命名。

（十四）一般不以人名命名。

（十五）通名禁止重叠，如"某某广场花园"、"某某花园城"等。

（十六）不得侵犯他人的专利权和知识产权名称。

第六条 门户、楼院号牌编码除遵循《地名管理条例》、《地名管理条例实施细则》的规定外，还应当遵循下列规定：

（一）按照街、路、胡同、巷、条、里和散落式聚落名称以"户"为基点，不受行政区划限制，按建筑物自然顺序编排门牌号码。

（二）街、路、小街、胡同、巷、条、里两侧都有门口时，东、北侧编单号，西、南侧编双号；只有一侧有门口时，按自然序数编号。

（三）街、路、小街、巷、胡同、条、里封闭的一端为首号，向发展方向编号；无法确定封闭端的，首先确定编码起点，按放射性原则向发展方向分别编号。

（四）散列式聚落由中心点向发展方向，按自然序数编号。

（五）不得无序跳号、重号。

（六）一个单位、院落、门脸一个号；一个单位多个门时，只在主门编号；一个院落有前门、后门、偏门时，只在前门编号；一个门脸多门时，只编一个号。

（七）无围墙和院门的临街住宅楼、办公楼、写字楼及平房，以单位和片编门牌号主号与支号；临街楼房底层门脸，根据城乡建设规划编主号或主号的支号。

（八）临街较短无名的里，按照编码规则依临街名称编号。

（九）相邻建筑物之间有空地时，按照一定距离预留备用门牌号。

（十）楼群按照进入楼群方向，先由左向右、再由前向后自然顺序编号；单元、户号按照进入单元方向，由左向右自然顺序编号；高层建筑按照电梯出口方向，由左侧开始，按照顺时针方向顺序编号；楼道两侧都有电梯时，按照进入楼道方向，以左侧电梯出口方向为准，由左侧开始按照顺时针方向顺序编号。

（十一）临时建筑一般不编号。

第七条　街巷、居民区、建筑物更名应遵循下列规定：

（一）不符合《地名管理条例》、《地名管理条例实施细则》规定和本规范第五条规定的街巷、居民区、建筑物名称，在征得有关方面和当地群众同意后，予以更名。

（二）因改建或者扩建需要变更街巷、居民区、建筑物名称的，应当更名；因街巷名称变更需要变更门牌号码或楼（院）名称的，应当更名。

（三）当地群众不同意更改的街巷、居民区、建筑物名称，不要更名；一地一路多名的，应当确定一个名称；一名多写的，应确定统一的用字。

需要更改的名称，应当随着城乡发展的需要，逐步进行调整。

第八条　街巷、居民区、建筑物等名称命名、更名，应当履行下列程序：

（一）城镇街巷名称的命名、更名，由设区市、县（市）地名管理部门通过媒体向社会发布征名公告，广泛征集名称；地名管理部门通过认真筛选提出命名方案；提交地名专家组论证修改后，向社会公示，征求群众意见；再经修订，报同级地名委员会审定后，呈请同级人民政府审批；审批后，报送设区市、省地名管理部门备案。

街区式聚落街巷名称的命名、更名，由村委会组织征名、筛选、提出命名方案；经论证修订后，向社会公示，征求当地群众的意见，再经修订；经乡级政府报县级地名委员会审定后，呈请县级人民政府审批。审批后，报送设区市、省地名管理部门备案。

（二）门户、楼院及单元编号，实行统一编制管理。

（三）居民区、建筑物名称的命名、更名，由项目单位或个人在征得土地使用权后，将拟用名称报所在行政区域地名管理部门审核，经县（市）、设区市地名管理部门审核后，发展改革委、规划、建设等部门方准用拟用名称办理相关立项审批手续。工程完工后，在正式启用前，按有关规章确定的审批权限履行正式命名报批手续。同时上报设区市、省地名管理部门备案。房管和项目验收部门依据政府正式审批的名称办理房产预售许可证和项目验收合格证。未履行正式审核手续前，开发单位、个人和新闻媒体不得擅自使用未经审核的名称做任何广告宣传。

第九条 一般不以企业名称命名街巷名称。企业单位提出申请的，经当地政府批准，可以实行有偿命名。有偿命名所得收入上缴同级财政，用于地名管理专项经费。在有偿命名前，有偿命名的名称应当经设区市地名管理部门报省地名管理部门审核。

第十条 在办理命名、更名的工作过程中，应当征求有关部门、专家和群众的意见。

第十一条 申报街巷、居民区、建筑物名称命名、更名请示文件的主要内容包括：拟定地名的汉字，汉语拼音及声调，命名、更名的理由，拟采用新名的由来、含义。街巷还包括道路等级、起点、止点、长度、走向、路面宽度、质地，地理位置等；居民区、建筑物还包括占地面积、建筑面积、楼栋数量、楼层数、高度、地理位置、主要用途等。并应填报地名命名、更名审批表。

第十二条 因城乡建设等原因消失的街巷、居民区、建筑物名称，应当予以废止。有重要历史意义的应酌情保留。

第十三条 建立标准地名使用证和门牌号码使用证制度。《河北省标准地名使用证》和《河北省门牌号码使用证》由省地名管理部门统一设计样式，并在省地名管理部门的监督下，由各设区市、县（市）地名管理部门通过公开招投标确定厂家印制。县级以上人民政府地名管理部门在居民区、建筑物名称履行审批手续后，向产权单位或者用户发放《河北省标准地名使用证》；在开发商向用户销售住房时，根据编制的门户、楼（院）牌号码，向产权单位或者用户发放《河北省门牌号码使用证》。门牌及使用证费用，旧有住宅、建筑物、沿街门牌由政府承担，新建居民区、建筑物的楼、单元、户牌及使用证费用由项目单位承担。

第十四条　任何单位和个人不得擅自命名更名地名和设置地名标志。违反地名管理法规，擅自命名更名地名和公开使用未经批准的非标准名称的，一律视为非法地名，不予承认，并依法取缔。

第二章　使用与管理

第十五条　地名的命名更名，实行属地管理。

第十六条　依照本规范核实确认批准的街巷、居民区、建筑物名称和编制的门户、楼院号码，为标准地名。

各级地名管理部门，应当将批准的标准地名及时向社会公告，推广使用。

第十七条　书写、拼写街巷、居民区、建筑物名称，应当遵守下列规定：

（一）街巷、居民区、建筑物名称用规范的汉字书写，以汉语普通话为标准读音。对地名专名和通名的拼写均使用罗马字母，不得使用外文译写。

（二）街巷、居民区、建筑物名称的罗马字母拼写，以国家公布的"汉语拼音方案"作为统一规范，按照《中国地名汉语拼音字母拼写规则（汉语地名部分）》的规定拼写。

（三）楼群排序用阿拉伯数字。

第十八条　任何单位和个人，在社会活动中都必须使用标准地名。

第十九条　县级以上地名管理部门负责编辑出版本行政区域的标准地名出版物。其他部门编辑的地名密集出版物，出版前应送同级地名管理部门核实地名。

第三章　标志设置与管理

第二十条　地名标志是国家法定的标志物。地名标志包括自然地理实体地名标志、人文地理实体地名标志。凡已命名的自然地理实体地名和人文地理实体地名都要设置地名标志。

各级地名管理部门负责地名标志的设置、维护、管理工作。

第二十一条　地名标志的分类、设置安全要求、设置方式、设置高度、设置密度、版面内容、版面布局、文字、颜色、图形符号、尺寸规格、外观、基本性能、特殊性能、支撑装置、地名导向标志、外置照明器材等必须严格执行国家质量技术监督检验检疫总局、国家标准化管理委员会发布的《地名标志》（GB 17733—2008）强制性国家标准。做到规范、统一、美观、牢固，任何单位和个人不得擅自变通。同一区域内同类地名标志的样式、规格等应当统一。

第二十二条　地名标志设置前，要制定地名标志设置规划，并报上一级地名管理部门审核后，经公开招标，由具有生产地名标志资质证书的厂家制作。地名标志制作材料，要使用有质量担保、符合国家标准要求的正规生产厂家的产品。地名标志生产厂家要具备资金实力、质量实力、信誉实力和质量赔偿能力、资金周转能力、质量检验能力。严禁"无证"厂家生产地名标志。

第二十三条　地名标志的制作要严格按照《地名　标志》（GB 17733—2008）强制性国家标准规定的试验方法，对试样制备进行地名标志外观检查、耐酸雾腐蚀性能、耐湿热性能、耐高温性能、耐低温性能、耐候性能、辐射性能、抗冲击性能、LED地名标志的亮度和电气安全性能进行试验，对长余辉蓄光地名标志亮度进行测试，并写出实验报告。

第二十四条　生产厂家要加强型式检验和出厂检验，并在地名标志背面或边沿注明生产厂家名称、产品出厂日期和保质期。各级地名管理部门和质检部门要加强联检，上级地名管理部门和质检部门要定期抽检和质保期内的随时检查，确保地名标志设置质量。

第二十五条　地名标志的设置数量，以方便人们的出行、体现指位功能为标准。道路十字路口标志设置不得少于四块，丁字路口不得少于两块。城市较长街道视情况增设。居民区、建筑物标志不得少于一处；门户、楼院、单元、楼层、户标志，各设一块；其他标志，本着方便、实用、指位明显视情况而定。

第二十六条　统一地名标志的设置位置。居民区、建筑物在明显位置设置；街路标志，在其起止点、交叉处边缘和丁字口设置；巷、胡同、里标志在其起止点设置，设置在巷、胡同、里入口处墙壁上，距离地面不得低于2米；门牌统一安装在门口左侧墙壁上，距离地面2米高的位置；楼牌统一安装在甬道二楼至三楼中间位置；单元标志统一安装在单元门口上方中间位置；楼层标志统一安装在本楼层墙壁中间离地面2.2米高的位置；户标志统一安装在门楣的上方位置。

第二十七条　地名标志的设置安装由厂家或专业队伍对照地名标志设置图纸实施。当地地名管理部门要严密组织，细致操作。城管、交通、公安等部门要积极配合和支持，确保地名标志的设置顺利实施，并共同做好地名标志保护工作。

第二十八条　建立地名标志产品生产、设置档案。地名标志具有永久的使用价值，从地名标志产品的生产到设置安装，都要建立完整的地名标志档案，永久保存，以备查验。

第二十九条　地名标志设置安装完毕后，要制定管理制度，定期组织检查，发现标志破损、歪斜、字迹脱落等问题应及时采取相应措施，予以修复。若发现质量问题，在保质期内，则应要求生产厂家返工重做。

第三十条　新建工程项目的地名标志，在工程竣工验收前设置完成，其他地名标志在地名命名更名被批准之日起 60 日内设置完成。

第三十一条　地名标志有下列情形之一的，设置单位应当及时予以维修或者更换：

（一）使用非标准地名或者用字、拼写不规范的；

（二）不符合国家有关标准的；

（三）已更名的地名，地名标志仍未更换的；

（四）锈蚀、破损、字迹模糊或者残缺不全的；

（五）其他原因需要维修和更换的。

河北省农村面貌改造提升行动
农村地名标志设置实施方案

按照省委、省政府关于实施农村面貌改造提升行动工作部署，为切实搞好农村面貌改造提升行动农村地名标志设置工作，特制定以下实施方案。

一、任务目标

（一）加强农村地名管理。改造农村面貌，打造农村名片，提升农村形象。

（二）设置农村地名标志。结合村庄建筑和文化特色进行精心设计，采用石头雕刻、建设门楼等多种形式，在村庄入口处设置村地名标志；在村内设置街、路、巷、居民小区、楼、院、门、户牌等地名标志，提升村庄精细化管理水平，为人们的生产、生活和出行、交往提供方便。

（三）加强农村地名标志维护管理。对已经设置的农村地名标志，进行一次全面维护修缮，已经损毁的应当重新进行设置。

（四）根据社会经济发展的实际编制农村地名规划，有条件的县（市）统一制作发放《河北省标准地名使用证》和《河北省门牌号码使用证》。

二、设置标准

严格按照中华人民共和国国家标准 GB 17733—2008《地名　标志》规范，设置农村地名标志，做到美观、大方、醒目、坚固。

三、资金筹措

农村地名标志设置属公益事业。根据《河北省地名管理规定》（省政府令〔2010〕第7号）第三十三条第三款农村地名标志的设置、维护和管理所需经费由县级人民政府承担的规定，县级财政要安排专项资金，加大支持力度，确保资金投入。

四、保障措施

（一）加强组织领导。各级党委政府和民政部门要把农村地名标志设置工作摆在突出位置，列入议事日程。

（二）明确责任目标。县、乡（镇）党委、政府要加强对此项工作的领导，村"两委"要结合本地实际，在广泛征求村民意见的基础上研究制定具体实施方案，落实情况列入农村面貌改造提升行动内容和政府工作年度考核目标。

（三）加大督导力度。省民政厅要组织各市县民政部门加强专项工作督导，确保按规定时限完成农村地名标志设置任务。

五、完成时限

2015 年 7 月底前完成村地名标志设置及维护修缮工作，10 月底前完成街巷、门牌等标志设置及维护修缮工作。

六、考核验收

各级民政部门会同农村面貌改造提升行动领导小组办公室，做好农村地名标志设置考核验收工作，实行逐级验收制度：各县（市、区）对县域内的重点村农村地名标志设置工作组织验收；各设区市对所辖县（市、区）农村地名标志设置工作验收情况进行抽查。

省民政厅会同省农村面貌改造提升行动领导小组办公室对各地农村地名标志设置任务完成及验收情况，进行一定比例的抽查及全面考核。对工作积极主动、力度大、成效好的设区市、县（市、区）予以通报表彰；对于工作不力、效果不明显、群众不满意的，限期整改，经督办仍无改进的，在全省予以通报批评。

吉林省民政厅　吉林省发展计划委员会
吉林省建设厅　吉林省国土资源厅关于规范
城镇建筑物名称和楼门牌管理的通知

（吉民发〔2002〕100 号）

各市（州）、县（市、区）民政局、计委、建设局、国土局：

根据《吉林省地名管理规定》（以下简称《规定》）的有关要求，为做好我省地名管理工作，进一步规范全省城镇建筑物名称的命名、更名和楼门牌设置的管理，现将有关要求通知如下：

一、依据《规定》，加强城镇建筑物名称管理，建立命名更名注册登记制度，不断提高全省城镇建筑物名称规范化、标准化水平。根据《规定》第十五条"建设单位在申办道路、桥梁、隧道、建筑工程等用地手续和商品房预售许可证、房产证时，凡涉及地名命名、更名的，须向土地、房管、公安等部门提供标准地名批准文件。无地名批准文件或拒不提供地名批准文件的，有关部门不予办理相关手续"的规定，从 2003 年 1 月 1 日起，凡新建居民区、建筑物和构筑物涉及命名、更名的，建设单位和开发商必须按《规定》要求到当地县以上民政部门办理注册登记手续并由民政部门代收公告费。没有办理地名注册登记手续的，计划、建设、国土资源管理部门不予办理建设工程用地、商品房销售许可证、房产证等有关手续。

二、依据《规定》，切实作好新建建筑物的楼门牌设置工作，不断完善城镇地名的导向标志。根据《规定》第二十条"新建和改建的住宅区、建筑群，其地名标志的制作、安装所需费用，由建设开发单位列入基建预算，在办理建设工程立项审批等有关手续时，一并办理地名标志的设置手续"的规定，从 2003 年 1 月 1 日起，新建、改建的住宅区、建筑群的楼门牌的制作、安装费用，由建设开发单位列入基建预算，并在办理建设工程立项审批、规划用地许可证等有关手续时，要到建设工程所在地的县以上民政部门一并办理楼门牌的设置手续。没有楼门牌设置批准手续的，相关部门不予办理工程立项、规划用地许可、商品房销售许可、发布销售广告等手续。

设置楼门牌的收费标准按 2001 年 9 月 7 日吉林省财政厅、吉林省物价局联合下发的《关于设置城镇地名标志收费问题的复函》（吉财综〔2001〕3002号）文件确定的标准执行。

　　三、密切配合，共同作好我省城镇地名管理工作。城镇建筑物名称的管理和楼门牌的设置，是一项严肃的、不容忽视的行政管理工作，具有较强的政治性、政策性和社会性，直接关系到城镇形象和城镇管理的大问题，各有关部门要密切配合、相互支持，共同做好城镇地名管理工作。

上海市公安局关于贯彻执行
《上海市门弄号管理办法》的实施意见

（沪公发〔2011〕258 号）

为进一步加强本市的门弄号管理，规范申请、受理、编订、制作及日常管理等各项工作，以适应经济和社会发展的需要，方便居民群众生活，根据《上海市门弄号管理办法》的规定，特制定如下实施意见：

一、门弄号编订

（一）房屋应当使用市或区（县）地名办、市或区（县）建交委批准命名的路名编订门弄号。编排顺序：按道路、里弄、村宅的走向，由东向西、由南向北（浦东新区由西向东、由北向南），左单右双的顺序编号。贯穿市郊的道路从市区到郊区，贯穿两个郊区之间的道路以道路名称第一个字为起点。但门弄号编订顺序原已颠倒或受地理条件限制必须颠倒编订的除外。

（二）门弄号应当按照顺序排列，两幢建筑物不得使用同一门弄号。20公里以内的道路，按每隔 4 米的间距编订门弄号；超过 20 公里的道路，按每隔 6 米的间距编订门弄号。相邻建筑物间距超过门弄号编订规定间距的，应留出备用的门弄号。

（三）新建住宅小区原则上以住宅小区四周道路名称编订门弄号。分期建造的住宅小区，应按规划平面图纸一次性编好门弄号。

（四）新建房屋（包括住宅小区）底层作商场、办公用房，楼上作居民住宅的，底层门牌以路名编订；楼上从前门分门进出的，可单独编号，从后门进出的，可编订弄内门弄号。

（五）住宅小区内建筑物门弄号编订以住宅小区进口为起点，按 S 形顺序编订，一个门编订一个门弄号。门内各套房间分层编室号。户号采用阿拉伯数字（一层为 101、102、……，二层为 201、202、……，以此类推）。地形复杂的，可本着衔接好的原则编号。

（六）高架或轨道下的房屋，以其所在的道路路名编订门弄号，并在路名旁注明"高架"或"轨道"字样，以示与道路两侧建筑物门弄号的区别。

（七）现有建筑物之间的新建房屋或破墙开店的，按上述编订原则编订门弄号。相邻房屋之间无预留号的，以其前门弄号编订"支号"。"支号"按－1、－2、－3……顺序编订。

（八）楼群围建院墙并设有大门的，以院墙大门为单位编订门弄号。

（九）未经市政府正式命名的规划道路两侧建筑物先编订临时门弄号，待正式命名后再按规定编订正式门弄号。

（十）乡（镇）行政村辖区内的建筑物，以××乡（镇）××村（行政村）名称编订门弄号。编订原则是：以行政村进口处为首号，按每隔6至10米间距朝里连续编订（相邻建筑物间距超过10米的，应当留出备用的门弄号），具体编订要求如下：

1. 行政村内村民户在50户左右的，不分单双按S形顺序连续编订。

2. 行政村内村民户在100户左右的，并以一条道路分隔成二块住宅区的，以道路一侧为单号、另一侧为双号进行编订。

3. 行政村内村民户在100户以上的，应划分成若干区域，每个区域加以代码，不分单双按S形顺序编订，101号至199号为第一区域；201号至299号为第二区域；301号至399号为第三区域，以此类推进行编订。

4. 行政村内地形复杂的，可本着便于衔接的原则进行编订。

（十一）门弄号一般不予变动。但遇有下列情况之一的，应当变更门弄号：

1. 因道路建设或者其他原因更改道路路名的。

2. 门弄号编订混乱，有错号、跳号、重号等现象的。

二、门弄楼牌样式

（一）本市统一样式门弄楼牌的规格、样式、质料和颜色为：

1. 铝质门牌分正式门牌和临时门牌两种，均采用防伪全反光膜材料，经冲压成型使阿拉伯数字突出的工艺制作，为长方形，绿底白字，其规格为：$250 \times 180 \times 1$（mm）。临时门牌右下角有"临"字样。

2. 铝质弄牌。采用防伪全反光膜材料，经冲压成型使阿拉伯数字及弄字突出的工艺制作，为长方形，绿底白字，规格为：$600 \times 200 \times 1$（mm）。

3. 铝质楼牌。采用防伪全反光膜的工艺制作，为长方形，上半部分绿底白字，下半部分为白底红字，规格为：$800 \times 500 \times 1$（mm）。

（二）特殊样式门牌的规格、样式、质料和颜色为：

1. 铜质门牌。为长方形，黄铜质黑字，分为三种规格：一号式，$300 \times 220 \times 1$（mm）；二号式，$500 \times 200 \times 1$（mm）；三号式，$500 \times 350 \times 1.2$（mm）。

2. 个性化门弄牌。依法确认的文物、优秀历史建筑、历史文化风貌保护区的建筑，经市局人口办批准同意后，可自行设计制作安装与建筑物风格相协调的门弄牌。

三、门弄号受理与审批

（一）经批准建造的建筑物需要编订门弄号的，应由投资建设的单位或个人向建筑物所在地公安派出所申请门弄号。具体办理程序如下：

1. 公安派出所查验申请单位或个人提供的建设工程规划许可证、规划平面图纸或者居住房屋改为非居住使用凭证等相关批准证明以及申请书（单位申请须由负责人签名、加盖公章；个人申请须由产权所有者签名或盖章）。

2. 公安派出所根据单位或个人提交的申请材料进行实地勘察，在建房规划平面图上标注门弄号位置，填写《门弄号审批表》（见附件一），提出具体编订意见，附上加盖公安派出所核对章的建设工程规划许可证、规划平面图纸或者居住房屋改为非居住证明复印件，报公安派出所分管领导审核，并将相关审批信息录入门弄号编制管理系统。经公安派出所分管领导审核同意后，将审批材料报分（县）局人口办审批。对编订涉及跨区（县）门弄号的，由相关分（县）局人口办审核后，报市局人口办审批。对批准同意的，由分（县）局人口办签发《编订（变更）门弄号通知》（见附件二）。对未批准同意的，由分（县）局人口办签发《门弄号审批决定意见书》（见附件三）。

3. 公安派出所根据市局或分（县）局人口办审批决定，对批准同意的，及时向申请单位或个人发放《编订（变更）门弄号通知》，并按门弄牌制作的相关要求制作门弄牌。对未批准同意的，应向申请单位或个人发放《门弄号审批决定意见书》。

（二）未经批准建造、改建的建筑物，由公安派出所根据行政管理和实际情况的需要，填写《门弄号审批表》，提出具体编订意见，并将相关审批信息录入门弄号编制管理系统。报公安派出所分管领导审核同意后，上报分（县）局人口办审批。经分（县）局人口办批准后，公安派出所按门弄牌制作的相关要求制作临时门弄牌。

（三）对申请制作个性化门弄牌的，公安派出所应审核申请单位或个人提交的申请书、市或区（县）文物、房屋管理部门出具的文物、优秀历史、历史文化风貌保护区建筑物及同意制作个性化门弄牌的证明、个性化门弄牌设计图纸等材料，经审核同意后，填写《个性化门弄牌审批表》（见附件四），附上申请单位或个人提交的相关证明材料，经分（县）局人口办审核后，报市局人口办审批。市局人口办批准同意后，签发《制作个性化门弄牌通知单》（见附件五），由公安派出所通知申请单位或个人按照批准的样式自行制作；对未批准同意的，市局人口办签发《门弄号审批决定意见书》后，公安派出所应向申请单位或个人发放《门弄号审批决定意见书》，并告知制作统一样式门弄牌或铜质门牌。

四、门弄号审批期限

公安派出所自受理门弄号申请之日起 7 个工作日内提出门弄号编订意见报分（县）局人口办审批；分（县）局人口办应当在 7 个工作日内经实地勘察后作出审批决定。其中编订涉及跨区（县）门弄号的，分（县）局人口办应当报市局人口办审批，由市局人口办会同分（县）局人口办经实地勘察后作出审批决定。

五、门弄楼牌的制作

对申请制作统一样式门弄楼牌或铜质门牌的，公安派出所审核后，应将门弄楼牌制作信息逐一输入门弄号编制管理系统，分（县）局人口办对派出所输入的门弄楼牌制作信息进行审核，分别于每月 1 日和 15 日之前将制作信息上报市局人口办，市局人口办审核、汇总后，于每月 5 日和 20 日前将制作信息送门弄牌制作厂家制作。门弄牌制作厂家应在 20 个工作日内完成制作。

六、门弄楼牌的安装

门弄楼牌由公安机关负责监制，乡（镇）、街道相关部门负责门弄楼牌的安装。分（县）局人口办收到厂方制作的门弄楼牌时，应当场进行质量验收。对经验收合格的门弄楼牌，在 5 个工作日内发放到公安派出所。公安派出所收到制作好的门弄楼牌后，打印门弄楼牌安装表，一并与制作好的门弄楼牌在 3 个工作日内送乡（镇）人民政府、街道办事处相关职能部门，由乡（镇）人民政府、街道办事处相关职能部门在 7 个工作日内完成安装任务。派出所应指导并配合做好辖区门弄楼牌安装工作，确保门弄楼牌设置规范。具体设置、安装要求如下：

（一）门牌应设置在建筑物底层房屋门框的左上方或右上方，安装高度不低于 1.80 米。

（二）弄牌应设置在里弄街坊的弄口或者住宅小区的进出口，安装高度不低于 2.50 米。

（三）楼牌应设置在住宅小区内，每幢房屋的两侧，安装高度在二楼与三楼之间。

（四）门弄楼牌安装应醒目、统一、牢固，相同建筑物门弄楼牌安装高低应一致。在安装新门弄楼牌的同时，拆除旧的门弄楼牌。

七、门弄楼牌的费用承担

统一样式的门弄楼牌的制作、安装和维护费用，由建筑物所在地区（县）人民政府承担。

特殊样式的门弄牌的制作、安装和维护费用，由投资建设的单位和个人、产权所有人或者管理部门承担。

八、日常管理

（一）公安派出所应定期对辖区门弄楼牌安装、设置情况进行监督检查，及时发现并向分（县）局人口办和安装部门反馈未安装、安装不规范的门弄楼牌情况，确保门弄楼牌安装及时到位。

（二）公安派出所根据乡（镇）、街道在日常维护管理、城市网格化管理部门在巡查中发现并获反馈的门弄牌缺失、污损的情况，做好门弄牌上报制作工作。

（三）公安派出所应加强门弄牌基础信息的维护更新工作，每月组织对辖区门弄牌基础信息进行一次实地核对，在门弄牌基础信息数据库内注销依法拆除建筑物的门弄牌信息、据实增加新编订或更改的门弄牌信息，确保门弄牌基础信息鲜活、准确。

（四）分（县）局人口办对经批准同意更改的门弄号填写《门弄号变更对照汇总表》（见附件六），每季度上报市局人口办，经市局人口办整理汇总后上报市局指挥部，由市局指挥部通过公安门户网站向社会公告。

（五）因新辟道路、更改路名等原因变更门弄号的，公安机关应在市或者区（县）地名办、市或者区（县）建交委牵头下，3个月内完成门弄号编制、变更工作。

（六）市局人口办、分（县）局人口办应定期对全市门弄楼号编订、门弄楼牌设置和门弄牌基础信息维护等情况进行检查，通报检查情况，督促整改，促进门弄号规范化管理。

九、法律责任

对有下列行为之一的，应按照《上海市门弄号管理办法》的有关规定予以处罚：

（一）擅自确定、更改门弄号的，由市或者区、县公安部门责令限期改正；逾期未改正的，处以300元以上3000元以下的罚款。

（二）擅自移动、拆除门弄号标牌，或者影响正常使用，或者造成损坏的，由市或者区、县公安部门责令限期改正；逾期未改正的，处以警告或者50元以下的罚款。造成经济损失的，应当依法赔偿。

十、施行日期

本实施意见自2011年9月1日起施行。1999年9月14日上海市公安局下发的《关于贯彻执行〈上海市门弄号管理办法〉的实施意见》（沪公发〔1999〕79号）同时废止。

浙江省民政厅关于进一步规范
地名标志管理的通知

（浙民区字〔1998〕126 号）

各市、地、县民政局（地名办）：

地名标志管理是地名管理的重要组成部分，是推广标准地名的有效途径，也是为经济建设和社会发展服务的重要手段。经十余年努力，全省城乡普遍开展了路（巷）牌、指路牌、村牌、住宅区示意牌、门（楼）牌等地名标志的设置，初步改变了无牌、无号的状况，成效明显，深受社会各界的欢迎。近年来，随着社会经济的发展、特别是城镇建设的发展，社会交往的增多，对地名标志的制作、设备与管理提出了新的要求。为了进一步加强和完善这项工作，特通知如下：

1. 要进一步抓紧地名标志的设置工作。设置地名标志是民政部门的职能之一。各地要继续做好城镇和农村的路牌、门（楼）牌、住宅区示意牌的设置；继续抓好国（省）道两侧村镇地名标志的设置以及村与自然村牌的设置；要把类似经济开发区等新区内的路牌、门（楼）牌等标志设置工作提到重要的位置。要加强依法管理，对前几年设置的地名标志要认真加以清理、检查，纠错补缺，清除重号、漏号和擅自设置的不规范的地名标志，其式样、布局、书写内容，各地地名管理机构要根据《浙江省地名管理办法》（浙江省人民政府令第 56 号）的有关规定，严格审定。

2. 地名标志上的地名必须是标准地名。书写必须规范。汉字书写按《关于地名用字的若干规定》（国语字〔1987〕第 9 号），汉语拼音按《中国地名汉语拼音字母拼写规则（汉语地名部分)》（〔84〕中地字第 17 号）等文件执行。

3. 地名标志的用材、式样、大小、色彩等要与自然景观、人文景观相协调。县级以上城区及开发区的主干道路的门路、路牌必须使用铜、不锈钢等不易破损的高档材料。主干道路的门牌规格，杭州、宁波、温州、绍兴、嘉兴、湖州、金华、衢州、舟山、台州市区的不得小于 30×45（厘米），县城及开发区的不应小于 20×30（厘米）。其它的路牌、门牌等地名标志用材、大小、色彩等由各地自定，但必须统一。

4. 要充分开发地名标志的广告效用。无论城镇或乡村，地名标志设置的位置均处醒目之地，是进行公益广告和商业广告较理想的媒体。各地在充分开发这一资源上，做过许多尝试，收到十分明显的社会效益和经济效益，做法可取，但要依照《中华人民共和国广告法》等有关法规行事，牢牢把握地名标志指位性第一的原则，防止喧宾夺主。

5. 加强地名标志的制作管理。多年来，各地设置的地名标志用料不统一，有的一条街上不但有搪瓷的、铝合金的、铜质的门牌，而且大小、式样各异。有的制作厂家偷工减料，以次充好。为了全面提高标志质量，确保地名标志设置、制作健康有序的发展，各地要严把制作关，严格制作规程，为此省厅决定，各地、各类地名标志制作逐步实行由浙江省地名委员会办公室监制，此外推荐厅属康源广告公司地名标牌制作中心承制（具体实施细则另行通知）。

浙江省民政厅 浙江省质量技术监督局
关于规范地名标志设置的若干意见

（浙民区字〔2000〕105号）

根据 GB 17733.1—1999《地名标牌 城乡》国家标准，为统一、规范标志的种类、规格尺寸、用材及设置要求，在严格执行国家强制性技术规范的前提下，我们结合本省实际，研究制订了地名标志设置的若干规范性意见，包括对国家标准中的部分推荐条款作了进一步具体化。

一、街路、巷牌

街路牌的以下规格仅指地名标牌部分，对地名标牌下的示意图、广告及其他内容的附加牌尺寸不作限定，但要确保地名标牌的突出、醒目及兼顾牌面整体的协调美观。

双杆或基座式：（1000—1200）mm×（300—400）mm；

单杆式：800mm×300mm 或 900mm×350mm。

巷弄牌：450mm×300mm。

二、街路、巷牌设置要求

街路牌：在道路交叉口必须设置，市区内长距离无交叉口路段两侧，要求每隔 450—550 米各设置一件。

巷弄牌：原则上在道路交叉口均应设置，长距离无交叉口的路段每隔 300—400 米应设置一件；巷弄牌的装钉高度一般为 2.5—3.0 米。

三、区界标志

辖两区以上的城市在城区内应设区界标志，标牌内容包括区名、简要概况、平面示意图及该标志所设位置在图中的标记等；其牌面应不小于 1.5 平方米，具体布局和设计可根据实际情况确定，以醒目、实用、美观、牢固为原则。

四、住宅区内各类地名标牌

幢（楼）牌：900mm×500mm，或直径为 650mm。适用材料：铝合金、搪瓷、不锈钢或其他材质。为使幢（楼）牌的式样与街区、住宅区的景观、格调相协调，达到兼具点缀街区、美化城市的作用，允许对幢（楼）牌的款式和色彩进行个性化设计，但面积应不小于上述要求，且应保持标牌内容的清晰醒目。

单元牌：240mm×170mm。适用材料：铝合金或搪瓷。

高层楼宇的楼层牌：直径不小于250—300mm。适用材料：搪瓷、铝合金或其他材质。楼层牌上只写楼层的阿拉伯数字。

室户牌：120mm×80mm或100mm×60mm。适用材料：铜或铝合金。高级商品住宅区内的室户牌，可根据开发商的意见统一调整规格尺寸和采用其他高档材料。

幢门号指示牌：800mm×400mm，适用材料：铝合金或搪瓷。幢门号指示牌适用于沿街路的二楼以上居住用房的门牌号与底层商业用房的街路门牌分别编号，及幢（楼）牌号即为门牌号的情况。其标牌的上半部分书写街路、巷名称，下半部分书写编号的阿拉伯数字（允许采用集合式编号，如"××路××弄第1号至5号"可写成"××路××弄1—5"）。

住宅区示意图牌：较大住宅区的主要出入口均须设置标示楼幢及编号、附属设施、通道分布的示意图牌。住宅区占地面积在2万平方米以上的，其示意图牌的面积不小于4平方米（适用材料：铝合金或其他材质）；小于上述占地面积的住宅区，其示意图牌大小允许在达到所标示内容清晰、醒目的前提下按实际情况确定。

五、门牌

大型商店、高大建筑物、重要机关企事业单位设置大门牌，规格分三种：300mm×200mm；400mm×300mm；600mm×400mm（不包括外沿和折边尺寸，下同）。适用材料：铜质或不锈钢、铝合金；城乡结合地段也可选用搪瓷。

街路住户及一般单位企业设置小门牌，尺寸为210mm×150mm或180mm×140mm。适用材料：铝合金或搪瓷等。

小巷弄及农村住户设置小门牌，尺寸为150mm×100mm；210mm×150mm。适用材料：搪瓷或铝合金。

六、幢（楼）、门牌装钉

幢（楼）牌：一般情况在每幢楼两端山墙上应各钉一块。特殊情况可从实际出发只在一侧设置。其装钉高度，五层以下的楼房装钉在2—3层的山墙中线上；五层以上的楼房装钉在3—4层的山墙中线上。

门牌：一般情况下设置在门框上方正中央。如正上方不能装钉，则可统一装钉在该街路门牌排序门型的门牌，根据具体情况装钉在醒目位置。

七、地名标志书写字体

所有地名标志的书写均使用黑体字（正等线或扁等线体字）。

八、同一市区同级、同走向的街路、巷牌，同一住宅区内的楼牌、单元牌、楼层牌、室户牌等应分别保持规格、款式和书写格式的一致。同一市内的门牌的内容项目和书写格式应统一。

九、承担地名标牌生产的单位，必须确保产品符合规定的各项技术标准和质量要求。用户选择采用反光膜、长余辉蓄光以及其他材料、工艺的标牌，其用料必须符合环保要求。污染超标或质量未达到 GB 17733.1—1999《地名标牌　城乡》国家标准要求的标牌产品不得交付使用。

安徽省公安厅　安徽省民政厅　安徽省财政厅　安徽省住房城乡建设厅关于在全省开展门楼牌号清理整顿工作的意见

（皖政办〔2010〕51 号）

为配合第六次全国人口普查工作的开展，利用普查前的户口整顿工作进行我省"实有人口、实有房屋"信息集中采集，进一步提高社会管理服务的效率和质量，维护全省社会治安秩序，现就在全省开展门楼牌号清理整顿工作提出如下意见：

一、目标任务

总体目标：以公安派出所户籍管理系统和派出所基础信息管理系统的地址信息为基础，从本通知下发之日起，力争用 3 个月的时间，统一规范街路巷、小区名称和门楼牌号，并在此基础上建立并施行地址管理的长效机制，确保今后的地址管理不重、不错、不漏、不乱。

具体工作任务：

（一）全面规范街路巷、小区命名和门楼牌编号。各市、县和各相关部门明确职责，理顺关系，切实加强地址规范化管理，对街、路、巷、小区、自然村等地名不规范的，进行标准化处理；对无门牌（号）或者门牌有差错的，按规范理顺编号，从根本上解决街路巷、小区名称和门楼牌号设置不规范、更新不及时等问题。

（二）全面采集、核对地址信息。在统一领导、统一地址规范的前提下，各市、县和各有关部门按职能分工，对本行政区域内的所有地址信息进行全面采集、核对；对暂时不具备条件设置正式地址的地方，也要统一设置临时地址，并在设置正式地址后立即修正。

（三）建立部门信息共享交换机制和地址管理长效协同机制。建立相关部门长效协同机制，并以此为基础，采取社会化管理的方法，改变目前部门分散管理的现状，并在政府领导下建立本行政区域地址数据库，统一实现地址信息的动态排查和更新维护；建立健全地址管理的部门信息共享交换机制，确保本行政区域内的地址信息统一、完整、准确和鲜活。

二、组织领导

（一）成立省门楼牌号管理协调工作领导小组。省成立由省公安厅牵头，省民政厅、省财政厅、省住房城乡建设厅等部门参加的省门楼牌号管理协调工作领导小组，主要负责协调解决门楼牌号管理和使用工作中的实际问题，建立部门信息共享和长效协同机制，推进全省门楼牌号清理整顿工作。领导小组下设办公室，办公地点设在省公安厅治安总队。

（二）建立健全市、县门楼牌号管理工作协调机构。各市、县政府也应根据本地实际，以有利于门楼牌号管理为原则，成立本地区门楼牌号管理工作协调机构，抓紧起草本地区门楼牌编制、清理和管理工作的具体意见，建立门楼牌管理工作推进协同机制，抓紧组织实施，确保按期完成任务。

三、工作要求

（一）充分认识加强门楼牌号管理的重要意义。门楼牌号涉及到群众户籍、房产、邮政通信、有线电视、供电供水等日常生活的各个方面，加强门楼牌号管理工作，是政府行政管理的重要内容，对于构建和谐社会、创新社会管理和服务、维护政治和治安具有十分重要的意义，也是解决影响第六次全国人口普查质量和效果的基础性工作。各地、各部门要切实提高认识，稳妥扎实开展门楼牌号清理整顿工作，按照统一、规范、协同和减少群众负担的原则，理顺和规范街路巷、小区和门楼牌号，"逐房核对"采集信息，在尊重历史的基础上，保证地址信息的唯一性和准确性。要通过多种途径和方式，广泛宣传门楼牌号清理整顿工作的意义、内容、要求和时间安排，最大限度地取得广大群众的理解、支持和参与。

（二）认真落实部门分工负责制。门楼牌号清理整顿工作，任务重，情况复杂，涉及到千家万户和每个人，是一项社会工程。各地要进一步明确部门职责，将任务分解到具体部门。各相关部门要把门楼牌号清理整顿工作作为当前一项重要任务，各司其职，协调配合，集中力量，认真抓好地址信息采集、核对工作。公安部门要按照部门职能分工，对本行政区域内的所有地址信息进行全面采集、核对；对不具备条件设置正式地址的地方，也要设置临时地址，并录入"两个实有"管理信息系统。民政部门负责街路巷、小区等地名的规范统一，解决一地多名、重名、无名等问题，做好新建地区的系列命名和地名规划工作。门楼牌管理归属民政部门的市、县（市、区），民政部门要继续做好此项工作。房地产行政主管部门要积极配合有关部门，共同做好房地产开发项目名称的核定工作，督促开发建设单位按核定的规范名称进行销售，制作、安装门楼牌；要督促物业服务单位加强门楼牌的日常维护管理，并加强房屋权属管理特别是涉及房屋权属地址的登记管理。

（三）严禁设立门楼牌收费项目。各地要根据本地实际，明确门楼牌号清理整顿责任主体，严格按新版《地名标志》国家标准统一门楼牌制作标准，严禁设立门楼牌工本费收费项目。新建住宅小区或楼宇等可落实责任单位的，其门楼牌制作、安装与维护费用由相关责任单位承担。公共场所以及无责任单位场所的门楼牌制作、安装和维护费用，由所属县（市、区）人民政府承担。财政部门要将公共场所以及无责任单位场所的门楼牌制作、安装、维护费用纳入同级财政预算，统筹安排门楼牌号清理整顿工作经费。县（市、区）也可根据本辖区管理工作需要，探索由政府购买服务、公益性社会组织具体实施的工作方式。

安徽省楼门牌号清理整顿工作方案

（皖公通〔2013〕33号）

　　为进一步规范我省楼门牌号的编制，以适应社会管理的需要，方便群众生产生活，本着既尊重历史，又便于扩展和兼容的原则，并结合现阶段我省地理信息系统建设实际情况，特制定本方案。

　　一、目标任务

　　从本方案下发之日起，力争用5个月的时间，统一规范街路巷、小区名称和楼门牌号，并在此基础上建立并施行地址管理的长效机制，确保今后的地址管理不重、不错、不漏、不乱。

　　二、组织领导

　　（一）成立省楼门牌号管理协调工作领导小组。省成立由公安厅、民政厅组成的省楼门牌号管理协调工作领导小组，主要负责协调解决楼门牌号管理和使用工作中的实际问题，建立部门信息共享和长效协同机制，推进全省楼门牌号清理整顿工作。

　　（二）建立健全市、县楼门牌号管理工作协调机构。各地也应根据本地实际，以有利于楼门牌号管理为原则，成立本地区楼门牌号管理工作协调机构，负责拟定本地区楼门牌号编制、清理和管理工作的具体意见，建立楼门牌管理工作推进协同机制，抓紧组织实施，确保按期完成任务。

　　（三）县级公安、民政部门在本县（区）楼门牌号管理工作协调机构的领导下负责本县（区）楼门牌编制工作。遇有特殊情况，在同一县（区）内涉及不同派出所的，由县级楼门牌号管理工作协调机构协调解决；涉及不同区（县）的，由相关的县级楼门牌号管理工作协调机构协调解决；协调不成的，由市级楼门牌号管理工作协调机构协调解决。各市楼门牌号管理工作协调机构负责对本市门牌编制管理工作进行指导、协调、检查和监督；省楼门牌号管理协调工作领导小组对全省楼门牌编制管理工作进行指导、协调、检查和监督。

　　三、工作要求

　　（一）充分认识加强楼门牌号管理的重要意义。楼门牌号涉及到群众户籍、房产、邮政通信等日常生活的各个方面，加强楼门牌号管理工作，是政府行政管理的重要内容，对于构建和谐社会、创新社会管理和服务、维护政治和治安稳定具有十分重要的意义。各地要切实提高认识，稳妥扎实开展楼门牌号清理整顿工作，通过多种途径和方式，广泛宣传楼门牌号清理整顿工作的意义、内容、要求和时间安排，最大限度地取得广大群众的理解、支持和参与。

（二）认真落实部门分工负责制。楼门牌号清理整顿工作，任务重，情况复杂，涉及到千家万户和每个人，是一项社会工程。各地公安、民政部门要进一步明确职责，分解任务。公安部门要对本行政区域内的所有地址信息进行全面采集、核对；对不具备条件设置正式地址的地方，要设置临时地址，并录入标准地址库管理系统。民政部门负责街路巷、小区等地名的规范统一，解决一地多名、重名、无名等问题，做好新建地区的系列命名和地名规划工作。楼门牌管理归属民政部门的市、县（市、区），民政部门要继续做好此项工作。

（三）无楼门牌的要按照《地名标志》（GB 17733—2008）国家标准规定的设置。

四、工作原则

（一）在按本方案制编门牌号的过程中尽量做到维持现状。各管理部门之间分工明确以及楼门牌号编制流程清晰的市、县（区）可维持现行管理体制不变；（二）已出台楼门牌号管理规范的市、县（区）可沿用原规范；（三）为方便群众，尊重历史，此前已编制好的门牌号，可不受本方案中楼门牌号编制原则和方法的限制。

五、编制方法

（一）道路两侧的门牌，按"自东向西，自南向北，左单右双"的原则按顺序连续编号。非正东西向或正南北向的道路，近东西向的按自东向西顺序编号，近南北向的，按自南向北顺序编号。

（二）市内建成区向外延伸的道路自市区向市外编制门口牌号。由主要道路两侧延伸的道路或建筑物、住宅楼，以主要道路为门牌号码的编制起点。

（三）长度较短、两侧建筑物较少或一侧为河流、绿地、公园等自然地理实体的道路，门牌号码可采取自由连续编号。

（四）道路两侧门牌号码的编制应基本对应，按一楼一号的原则编制楼门牌号。道路两侧无单位或相关建筑物的，应按每6米左右一个楼门牌号的原则预留。

（五）对于起始于主要道路一侧，长度较短不便命名的道路，可以主要道路所处门牌号码向内连续编号。

（六）新建住宅小区原则上以住宅小区四周道路名称编制门牌号，主进口门牌号为小区的门牌号。分期建造的住宅小区，应按规划的平面图纸，一次性编好楼牌。

（七）住宅小区内楼号编制应以住宅小区主进口左端为起点，按"S"形顺序自左向右连续编制。一幢楼编一个楼号，楼内各套房间分层编号，户号采用阿拉伯数字，一层为101、102……，二层为201、202、……，依次类推。

（八）沿道路的楼房，其底层做商场、店铺、办公用房，楼上做居民住宅的，底层一律以路名编制门牌，楼上住户从前门分门进出的，可单独编号；从后门进出的，可编院内楼幢号。

（九）乡镇村辖区内的建筑物，以某某乡（镇）某某村某某组名称编制门牌号。编制方法是以村民组进口处为首号，按"S"形顺序编制；住户超过100户，并以一条道路分隔成两块住宅区的，以道路左侧为单号，右侧为双号进行编制；村民组地形复杂的，可本着便于衔接的原则进行编制。乡村住户是整体建筑物的（含楼房和平房），以整体建筑物编号，建筑物内的每一门为副号。其中一个副号为户号，其它副号为房屋编号。

（十）无名街路巷、自然村（城中村）、小区以及独立建筑物等按《安徽省地名管理办法》（2001年安徽省人民政府令第135号）命名。

六、注重成果运用

公安、民政部门要相互支持，相互配合，部门资源信息共享，共同推动我省楼门牌标志设置工作，做到标准规范、编制科学、指示作用清晰。民政部门要将此次清理整顿的成果及时补充、更新到国家地名和区划数据库管理系统（3.0版），在坚持工作原则的基础上，今后，在办理户籍、产权登记、营业执照、税务登记等工作时，所提供的住址信息应以此次整顿后的楼门牌号码为准。

福建省政府办公厅
关于实施标准地址二维码管理工作的意见

（闽政办〔2017〕18 号）

为全面提升地名地址服务管理水平，强化实有房屋、实有人口管理，破解社会治理基础性难题，深入推进"平安福建"建设，保障我省重大活动安全顺利举办，决定在全省实施标准地址二维码管理工作，现就做好相关工作提出以下意见。

一、把握工作要求

（一）统一标准，建立标准地址库。强化地址标准化管理，制定全省标准地址编制规范，统一地址描述、数据标准，实行地址唯一性编号。整合公安、民政部门地址信息库，建立全省统一的标准地址库，集中开展地址清理采集，有效解决地址"重、错、漏"问题，实行地址新增、变更、停用、注销全周期统一管理。

（二）明确载体，推广二维码门牌。将地址唯一性编号对应生成地址二维码，在实体门牌中添加地址二维码图案，升级为二维码门牌，实现移动智能终端的自动识读、接入应用。现有建筑实体的大中小门牌、梯位牌统一更换为二维码门牌，新增建筑实体所有门牌（包括大中小门牌、梯位牌、室牌）统一安装二维码门牌。地址二维码包含地址编号信息，不同用户依授权应用不同平台获取关联信息、开展关联应用。

（三）加强协同，推进基础性应用。建立以标准地址为"应用根"的协同管理机制，推动综治、国土、建设、房管、工商、质监、规划、市政、供水、电力、燃气、通信等相关部门以及街道、社区、物业、社会组织等基层单位应用标准地址开展机构、房屋、人员管理，增强管理协同化，将社会综合治理的触角延伸到最基础管理单元。民政、公安要加强与国土、建设、房管、规划等部门的沟通协调，提早介入城区规划、楼房建设，及时命名地名、事先编制地址、分配门牌，实现有房就有址、有址要有牌、有牌可应用。

（四）着眼民生，提供便利化服务。在互联网搭建符合公安、民政工作需求，并可拓展满足社会和居民需求的地址信息公共服务平台。探索地址二维码的名片化、门户化应用，实现地址信息可收藏、可分发、可关注、可应用，分角色、定制式提供基于目标地址、目标房屋的信息查询、通知通报、地点导航、物业服务、房屋管理、费用缴交、快递送餐、报警急救、出租出售等民生服务。

二、明确职责任务

公安、民政部门要认真贯彻落实《福建省地名管理办法》（省政府令第143号）、《福建省标准地址编制规范（试行）》及二维码门牌制作规范，结合本地实际，编写发布标准地址编制规范的相关地方标准，认真履职，通力协作，实施标准地址信息的采集、维护、应用、管理和二维码门牌的制作、安装。要根据职能认真落实本地标准地址管理平台的建设管理、升级改造工作，为标准地址二维码管理工作提供有效支撑。

民政部门是地名地址管理的主管部门，负责地名的命名、更名以及楼（院）、门牌号编制工作，会同公安机关落实标准地址和二维码门牌的统一编制、统一管理、统一应用。公安部门是地名地址管理的主要参与、应用部门，要充分发挥职能优势，协同民政部门共同做好地名地址管理工作。

楼（院）、门牌号编制职能目前仍在公安部门的地方，公安部门要全力组织推进标准地址二维码管理各项工作，待各项条件成熟后，再进行职能移交。民政部门要主动配合，及时对未命名的地名尤其是居民地地名进行命名，积极协同公安部门开展地址集中清理采集和二维码门楼牌换发等工作。楼（院）、门牌号编制职能已经移交民政部门的地区，民政部门要牵头统筹地名"二普"与标准地址二维码管理相关工作，进一步提升地名地址管理水平；要依托公安部门地址管理系统开展地址清理、地址标注以及门牌二维码生成等工作，待全省统一标准地名地址库建成后，再进行系统应用切换。公安部门要会同民政部门开展地址清理采集，建立完善标准地址信息采集、维护、应用的常态化对接机制，大力推广应用二维码门牌。楼（院）、门牌地址地名信息由公安、民政等相关部门共享共用。

三、抓好组织实施

公安、民政部门要联合成立工作组，全力抓好地址清理及二维码门牌换发工作，并同步实行地址标注。公安部门要组织人员逐户开展访查，全面采集辖区实有房屋、实有人口信息，督促引导出租房主、企事业主通过各种渠道主动申报信息，力争实现地址清理、二维码门牌换发、地址标注、房屋登记和人员信息采集全覆盖。以上各项工作，厦门市要在2017年6月30日前全面完成，其他设区市和平潭综合实验区要在2017年7月31日前全面完成。

福建省标准地址编制规范（试行）

（闽公综〔2016〕531 号）

第一章 总 则

第一条 为满足城市建设、社会发展、民生服务需要，主动适应"大智移云"条件下社会治理工作，全面提升地址管理服务水平，根据《国务院关于行政区划管理的规定》《福建省警用标准地址规范》《福建省居民地地名标志》等，制定本规范。

第二条 标准地址是公民、法人及其他组织居住、工作和生产经营场所地理空间位置的标识。

第三条 标准地址信息是对实际标准地址进行采集、整理、编码和标注加工处理后，由文字和数字组成的、按特定结构排列且具有空间地理位置的数据集。

第四条 标准地址信息要素。标准地址信息要素是指构成标准地址信息的基础信息项，包括地址全称、地址编码、行政区划、地名路名、门牌号、小区、楼座、梯位、户室、所属乡镇（街道）、所属社区/居（村）委会、地理坐标、属性标识等十三个要素。

第五条 标准地址行政管理属性。标准地址信息要素中，行政区划、所属乡镇（街道）、所属社区/居（村）委会构成标准地址的行政管理属性。同一门牌号下的标准地址，其行政管理属性必须唯一。

第六条 标准地址层级构成。标准地址信息要素中，行政区划、地名路名、门牌号、小区、楼座、梯位、户室构成标准地址七个层级，从第三个层级门牌号开始，可以构成标准地址。地址层级间呈树状隶属关系，可逐级展开。

如：（福建省福州市鼓楼区）崎上路 49 号、崎上路 49 号华福山庄、崎上路 49 号华福山庄 6 座、崎上路 49 号华福山庄 6 座 1 梯、崎上路 49 号华福山庄 6 座 1 梯 101 室均可构成标准地址。

第二章　标准地址全称生成规则

第七条　标准地址全称。标准地址全称是指对标准地址的通用性、规范性文字描述，每条标准地址对应一个全称。

第八条　标准地址全称使用汉字和半角阿拉伯数字、半角"－"、大写半角字母，不得使用全角、"＋""、"等其他字符。

第九条　标准地址全称由行政区划、地名路名、门牌号、小区、楼座、梯位、户室等要素分层级依次组合构成。

第一级：行政区划，为必需项，指该标准地址所在县（市、区）。

描述为：福建省××市××区（标准地址所在地为区）或福建省××市/县（标准地址所在地为县或县级市）。符合 GB/T2260《中华人民共和国行政区划代码》标准。

如：福建省福州市鼓楼区、福建省寿宁县。

第二级：地名路名，为必需项，指该标准地址所在乡（镇）名、村名、街路巷名（自然村名、组名、队名）等标准地名，以及部队名等。

1. 城区（一般指所在地为街道或设区市的区）的地名路名，直接描述为街路巷名。

如：（福建省漳州市芗城区）民主路、（福建省石狮市）八七路。

2. 农村（一般指所在地为乡镇）的地名路名，描述为"乡（镇）名＋街路巷名"或"乡（镇）名＋村名＋街路巷名（自然村名、组名、队名）"。

如：（福建省龙海市）石码镇人民路、（福建省福清市）沙埔镇赤礁村商厝。

3. 部队的地名路名，描述为部队代号。

如：（福建省武夷山市）70135 部队。

第三级：门牌号，为必需项，指街路巷（自然村、组、队）上具体的门牌号码或门牌号后缀（子门牌），以及部队分队号，描述为：××（半角数字）号或××（半角数字）－××（半角数字）号或××（半角数字）分队。

如：（福建省福州市鼓楼区华林路）12 号、（福建省福州市鼓楼区华林路）12－1 号、（福建省武夷山市 70135 部队）12 分队。

第四级：小区（建筑物群），为非必需项，指同一门牌号上的多个建筑物，描述为：××小区（花园、山庄、宿舍、苑等）。

如：（福建省福州市鼓楼区崎上路 49 号）华福山庄。

第五级：楼座（建筑物），为非必需项，指单体建筑物（包括有单独门牌号的建筑物或建筑群中有楼牌的楼座），描述为××大厦（楼、中心等）或×

×座（幢、栋等）。

如：（福建省龙岩市新罗区西安南路 65 号）塔泉大厦、（福建省宁德市蕉城区城东路 17 号华侨小区）1 座。

第六级：梯位，为非必需项，指建筑物中以不同入口等划分的相对独立单元，描述为：××梯（单元等）。

如：（福建省福州市晋安区秀峰路 123 号高佳苑 28 座）3 梯。

第七级：户室，为非必需项，指建筑物中的具体户室，描述为：××室。

如：（福建省福州市鼓楼区新店镇幸福村 1 号金城小区 3 幢 1 单元）301 室。

第三章　标准地址编码规则

第十条　标准地址编码采取全球唯一性编号，使用 GUID 编码规则（全球唯一标识符，36 位），是由数字（0—9）、大写字母（A—F）和连接符（－）组成的字符串。

第十一条　标准地址信息其他要素可以修改、变更，但地址编码一经生成，保持不变。

第十二条　标准地址编码可对应生成二维码，便于智能终端的自动识读、接入应用。

第四章　标准地址标注规则

第十三条　标准地址的地理坐标信息通过地址标注产生，标识该标准地址的空间属性。

第十四条　标准地址的标注应依托于矢量或影像电子地图进行，以单一建筑物为标注对象，获取的空间坐标信息为该建筑物所对应要素层级下所有标准地址的地理坐标。

第十五条　标注点应为建筑物底座的几何中心，门牌号地址应以安装门牌的建筑物为标注对象。

第五章　标准地址信息共享规则

第十六条　标准地址信息应依托专门平台进行管理，实行统一登记、统一变更、统一注销、统一应用。

第十七条　地址管理专门平台以信息共享方式向其他系统平台提供标准地址应用服务。

第十八条　标准地址信息共享数据项见下表。

序号	数据项名称	长度	
1	地址编码	36	GUID（全球唯一标识符）
2	地址全称	100	
3	行政区划代码	6	采用 GB/T2260《中华人民共和国行政区划代码》中的全部数字代码
4	行政区划名称	60	
5	地名路名_地址编码	36	GUID（全球唯一标识符）
6	地名路名	60	
7	门牌号_地址编码	36	GUID（全球唯一标识符），指向门牌号的地址编码
8	门牌号	20	
9	小区_地址编码	36	GUID（全球唯一标识符），指向小区的地址编码
10	小区	30	
11	楼座_地址编码	36	GUID（全球唯一标识符），指向楼座的地址编码
12	楼座	30	
13	梯位_地址编码	36	GUID（全球唯一标识符），指向单元的地址编码
14	梯位	20	
15	户室	10	
16	所属乡镇街道代码	9	前6位表示县及县以上行政区划，符合 GB/T2260 规定；后3位符合 GB/T10114《县以下行政区划编码规则》
17	所属乡镇街道	60	
18	所属居村（委）代码	15	GAT 2000.33—2014 公安信息代码第 33 部分：社区、居（村）委会编码规则
19	所属居村（委）	60	
20	城乡分类属性	3	采用 GA/T 2000.42《公安信息代码第 42 部分：城乡分类代码》
21	经度坐标	10	WGS-84 坐标系
22	纬度坐标	10	WGS-84 坐标系
23	属性标识	1	0-注销，1-启用，2-停用
24	启用日期	8	yyyy-mm-dd

序号	数据项名称	长度	
25	停用日期	8	yyyy－mm－dd
26	注销日期	8	yyyy－mm－dd
27	登记单位名称	60	
28	登记单位代码	18	单位统一社会代码
29	登记时间	14	yyyy－mm－dd hh：mm：ss
30	登记人	50	
31	最后变更时间	14	yyyy－mm－dd hh：mm：ss

第六章　附　则

　　第十九条　本规范自公布之日起施行，由福建省民政厅、公安厅负责解释，凡与本规范不一致的，以本规范为准。

福建省二维码门牌制作规范

（闽公综〔2016〕531 号）

为适应我省二维码门牌制作、应用需要，对照《福建省居民地地名标志》（DB35/T 1392—2013），对相关内容作出以下调整：

一、调整制作要求

（一）大门标志（大门牌）。尺寸：600mm×400mm（图文书写平面尺寸550mm×350mm、外沿宽度≤25mm），厚度2mm。版面内容：临街的院落独立门户及单位所在街区的汉字名称、该门牌的编号、二维码。版面布局：大门牌上部1/5的区域标示临街院落、独立门户及单位所在街区汉字名称，中部3/5的区域标示该门的编号，编号用阿拉伯数字，下部1/5的区域标示该门所在邮局投递区域的邮编。二维码：75mm×75mm，距下边缘43mm，距右边缘58mm。其他制作要求不变。

（二）中门标志（中门牌）。尺寸：400mm×300mm（图文书写平面尺寸370mm×270mm、外沿宽度≤15mm），厚度1.5mm。版面内容：临街院落、独立门户及单位所在街区的汉字名称和该门的编号、二维码。版面布局：上部2/5区域标示院落、独立门户及单位所在街区汉字名称，下部3/5的区域标示该门的编号，编号用阿拉伯数字表示。二维码：50mm×50mm，距下边缘48mm，距右边缘48mm。其他制作要求不变。

（三）小门标志（小门牌）。尺寸：240mm×160mm（图文书写平面尺寸216mm×136mm、外沿宽度≤12mm），厚度1mm。版面内容：标志地址的汉字名称和该标志的编号（农村的门牌标示所在的村委会汉字名称及自然村的专名）、二维码。版面布局：小门牌上部2/5的区域标示汉字名称，下部3/5区域标示门牌编号，编号用阿拉伯数字。二维码：30mm×30mm，距下边缘30mm，距右边缘30mm。其他制作要求不变。

（四）楼单元（梯位）标志（梯位牌）。尺寸：350mm×150mm（图文书写平面尺寸320mm×120mm，外沿宽度≤15mm），厚度1mm。版面内容：多层住宅楼的梯位编号，单元牌编号用汉字书写、二维码。版面布局：梯位牌中间3/5的区域标示汉字名称。二维码：30mm×30mm，距下边缘30mm，距右边缘30mm。其他制作要求不变。

（五）室标志（室牌）。室牌样式可由开发商或物业结合整体建筑风格统一设计，但版面内容必须包括住户编号及二维码（二维码尺寸：25mm × 25mm）。室牌参考尺寸：120mm × 80mm（图文书写平面尺寸108mm × 68mm、外沿宽度≤6mm），厚度1mm。其他制作要求不变。

楼标志（楼牌）因设置位置太高，暂不考虑添加二维码。

二、调整设置要求

为确保二维码刷码方便，将大门牌设置高度调整为距地面2.0～2.5m。其他设置要求不变。

三、二维码门牌样式

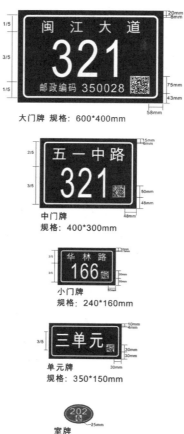

大门牌 规格：600*400mm

中门牌
规格：400*300mm

小门牌
规格：240*160mm

单元牌
规格：350*150mm

室牌
规格：120*80mm

山东全省标准地名标志制作设置规范

（鲁民办〔2001〕6号）

为确保标准地名标志设置工作质量，使我省设标工作全面达到国家标准，特制定本规范。

一、标牌制作标准

标牌制作执行《地名标牌 城乡》国家标准，任何个人、单位不得擅自变通。

街（路）牌：图文书写平面尺寸为（1700～1200）mm×（500～300）mm，外沿宽度≤25mm；版面内容为：道路汉字名称和汉语拼音。其版面布局为：上部3/5区域用于标示汉字名称，下部2/5区域用于标示相应的汉语拼音。

巷牌：图文书写平面尺寸为450mm×150mm，外沿宽度≤25mm；版面内容为：巷的汉字名称和汉语拼音。其版面布局为：上部3/5区域用于标示汉字名称，下部2/5区域用于标示相应的汉语拼音。

楼牌：图文书写平面尺寸为900mm×500mm，外沿宽度≤25mm；版面内容为：该楼所在街区汉字名称、汉语拼音、编号和邮编；其版面安排为：楼牌左边3/5的区域用于标示所在街区名称、汉语拼音和邮编，其中上部3/5的区域用于标示汉字名称，中部1/5的区域用于标示相应的汉语拼音，下部1/5的区域标示该楼所在邮局投递区域的邮编。楼牌的右边2/5的区域用于标示楼房编号，编号用阿拉伯数字，数字高度不小350mm。

小门牌：图文书写平面尺寸为150mm×90mm，外沿宽度≤25mm；版面内容为：院落或独立门户所在街区的汉字名称和该门的编号。其版面安排为：小门牌的上部2/5的区域用于标示院落或独立门户所在街区的汉字名称，下面3/5的区域用于标示该门的编号，编号用阿拉伯数字。小门牌还包括楼房的单元牌和户牌，规格尺寸各地可根据实际酌定。

大门牌：图文书写平面尺寸为600mm×400mm，外沿宽度≤25mm。版面内容为：临街的院落、独立门户及单位所在街区的汉字名称、该门的编号和邮编；其版面安排为：大门牌上部1/5的区域用于标示临街院落、独立门户及单位所在街区汉字名称，中部3/5的区域用于标示该门的编号，下部1/5

的区域用于标示该门所在邮局投递区域的邮编。

中门牌：图文书写平面尺寸为 350mm×240mm，外沿宽度≤25mm；版面内容为：使用大门牌太大、小门牌太小的临街院落、独立门户及单位所在街区的汉字名称和该门的编号；其版面安排为：中门牌的上部 2/5 区域用于标示院落、独立门户及单位所在街区的汉字名称，下面 3/5 的区域用于标示该门的编号，编号用阿拉伯数字。

地名标牌上所有文字书写都使用等线黑体字，地名汉字书写形式用国家规定的规范文字，禁止使用繁体字、篆体字、非简化字和自造字。地名标牌上汉语拼音要按普通话拼写。地名中的多音字和异读字，要按普通话审定委员会审定的读音拼写，每个字母一律大写，专名与通名分写，通名已转化为专名的按专名处理，地名中的数词用拼音书写，地名中的代码和街巷中的序数词用阿拉伯数字书写。以上六种标牌的版面布局要协调，间距适中，美观大方，科学合理。

二、标牌制作要求

1. 市、县（市、区）开展设标工作前要先将地名规划报省设标办审批，确保地名标准、规范；然后，填写《市、县（市、区）设置街路巷楼门牌审批表》一式四份，经省设标办审批后，送经由省厅推荐的、取得部颁生产资质证书的厂家制作标牌。

2. 市、县（市、区）选择标牌制作材料要符合国家标准要求，不得随意降低标准。各种支架材质、标牌基板、发光和反光材料等要使用有质量担保的正规生产厂家的产品，杜绝以次充好和假冒伪劣材料。

3. 市、县（市、区）在制作地名标牌前，要亲自实地考察厂家生产能力、信誉程度和毁约偿还能力，再与厂家签订生产合同，经公证机关公证后，方可正式生产。

4. 不准选择"无证"厂家生产地名标志。凡自选"无证"厂家、产品达不到质量要求、造成重大经济损失的，除全省通报批评、责令返工外，还要追究当事者的责任。

5. 地名标牌生产厂家要具备资金实力、质量实力、信誉实力和质量赔偿能力、资金周转能力、质量检验能力，且应是有县以上政府部门担保的，否则，不能承担地名标牌生产任务。

6. 标牌成品要经过严格的检验程序。一是厂家自检，做到不合格标牌一块也不出厂；二是省设标办和省质检局联检，确保国家标准贯彻实施；三是用户全面检验，不使一块残次品安装上架；四是设标三个月后省市组织抽检；五是在保质期内随时检验。上述检验出的不合格产品，除由厂家重新制作外，还要按产品价值的两倍罚款，由厂家支付。对经常生产残次品的厂家，省设标办将建议民政部取消其生产资格，并通知全省不得再定做该厂家的产品。

7. 为了明确责任和扩大厂家知名度，生产标牌的厂家应在标牌背面或边沿注明生产厂家名称和产品出厂日期、保质期。此项费用不计入地名标志生产成本，由厂家支付。

8. 生产厂家不得将标牌或部分工艺交由他厂生产，否则，省设标办将建议民政部取消其标牌生产资格。

9. 省设标办将会同省质检局对标牌生产过程进行产前、产中、产后检查。

三、标牌设置要求

1. 要慎定街路牌规格尺寸，符合协调、实用、美观原则。地级以上城市主干道街路牌平面尺寸一般为 1700mm×500mm，次干道按标准规定的范围视情酌定；县（市、区）以下城市主干道街路牌平面尺寸一般为 1500mm×400mm，次干道参照主干道标准酌定。

2. 要合理确定街路牌设置数量，充分体现道路标志指位功能。道路十字路口街路牌设置一般不得少于四块，丁字路口不得少于两块。街路牌设置间距，在城市繁华路段，一般应每隔 500 米设置一块，其它路段可视情而定。

3. 要选择好施工队伍，确保安装质量。地名标志安装设置既可由生产厂家负责，也可向社会招聘，无论如何，都要经过试验、培训，取得经验后，再做全面安装。市、县（市、区）设标办要组织人员，逐块检查验收，发现问题及时纠正。

4. 标志设置要对照地名标志设置图纸，达到准确无误。安装设置地名标志应与制作好的标牌平面图相对照，不可凭借感觉随意设置，杜绝错位和张冠李戴现象。

5. 要严格细致，避免摔打碰撞。地名标牌技术含量高、质量要求严、使用资金多。因此，在设置安装时，要严密组织，细致操作，切勿摔打碰撞，确保完好无损。

6. 要协调有关部门单位，保护好标志。设置安装地名标志，涉及城建、城管、交通、公安等部门，在安装前，应与这些部门和相关单位搞好协调，取得他们的支持，以便齐心协力，共同保护好地名标志。

7. 建立地名标志产品生产、安装档案，以备日后查验。地名标志是国家的法定标志物，具有永久的使用价值，因此，从地名标志产品的生产到设置安装，都要建立健全一整套地名标志档案，永久保存，以备查验。

8. 要定期检查，发现问题及时纠正。地名标志设置安装完毕后，要制定管理制度，定期组织检查，发现标牌破损、歪斜、字迹脱落等问题应及时采取相应措施，予以修复。若发现质量问题，在保质期内，则应要求生产厂家返工重做。

河南省公安厅　河南省民政厅
关于实施标准地址二维码管理
和门楼牌换发工作的意见

（豫公通〔2017〕31号）

各省辖市、省直管县（市）公安局、民政局：

为进一步提升社会治理基础工作水平，建立完善全省标准地址信息化建设和门楼牌管理工作机制，强化实有房屋、实有人口、实有单位管理，深入推进平安河南建设，决定在全省实施标准地址二维码管理和门楼牌换发工作，制定本意见。

一、指导思想

以实施网络强国战略、推进"互联网＋政务服务"体系建设为指引，以"尊重历史、科学配置、统一规范、方便群众"为原则，全面组织开展标准地址二维码管理和门楼牌换发工作，为全省开展平安创建提供最基础的信息资源，为服务经济社会发展和创新社会治理提供基础支撑，为群众生产、生活、工作等提供更加精准便利的地质信息服务。

二、目标任务

总体目标：依法依规对全省标准地址命名和门楼牌编制进行清理整顿，建设全省统一的标准地址库，推广二维码实体门牌换发工作，建立健全标准地质信息化建设和门楼牌管理工作机制。

（一）建立全省统一的标准地址库。按照国家法律、法规、公安部及我省地名管理有关规定，统一地址数据编制标准，制定全省标准地址编制规范，实行地址唯一性编号，建立全省统一的标准地址库；统一地址归口管理，完成地址清理核对采集，解决地址"重、错、漏"问题；同意提供标准地址接口服务，向社会提供栅格地图、空间查询、地址查询、地址匹配、智能搜索等接口服务，政府各职能部门可以通过信息化手段调用标准地址库相关信息，逐步实现标准地址的唯一性。

（二）推广二维码技术在标准地址库和门楼牌管理中的应用。利用二维码一码多读等特点，将地址唯一性编码对应生成地址二维码，在实体门牌中添加地址二维码图案，升级为二维码门牌，实现移动智能终端的自动识读、接入应用。现有建筑物和今后新增建筑物统一换发和安装二维码实体门楼牌。

（三）实现政府部门间的工作协同和社会信息共享。建立健全政府部门间以标准地址为基础的工作协同和社会共享机制。民政、公安要加强与国土、建设、房管、规划等部门的沟通协调，提早介入城区规划、楼房建设，及时命名地名，事先编制地址、分配门楼牌；政府各职能部门以及供水、电力、燃气、供暖以及通信等企事业单位要依托标准地址和二维码门楼牌，开展各自系统的信息化应用；要通过标准地址信息化建设，强化政府部门间的工作协同，实现有房就有地址、有地址就有门楼牌、有门楼牌就有信息化应用、有信息化应用就有政府部门间的社会信息共享。

（四）提供精细化便民利民服务。以全省统一的标准地址库为基础，在互联网搭建地址信息公共服务平台，同时满足公安、民政单位等政府各职能部门工作需求，并可接入能够满足社会和居民需求的第三方公共服务。逐步实现基于目标地址、目标房屋的信息查询、通知通报、地点导航、物业服务、房屋管理、费用缴交、快递快餐、报警急救、出租出售等便民利民服务。

三、职责分工

按照"政府主导，民政、公安牵头，部门协作，社会参与"的原则，合力推进标准地址二维码管理和门楼牌换发工作。各相关成员单位工作职责如下：

省公安厅：联合省民政厅，建设基于二维码技术应用和可实现信息共享的全省标准地址库，组织对全省地址信息进行清理、核对、采集，协助民政部门推进二维码实体门楼牌换发工作。督促各级公安机关组织社区民警、社区辅警以及社会力量，对标准地址、门楼牌编制以及安装现状进行调查登记和规范标识。推进标准地址库信息资源和二维码实体门牌在本部门的行业应用。

省民政厅：依据《河南省地名管理办法》，组织各级民政部门，对全省现有街路巷、住宅小区、大型建筑物等地名地址进行梳理；根据有关地名管理法规，对各地现存的不规范地名进行清理筛查，并进行标准化处理；规范统一全省地名命名，解决一地多名、重名、无名等问题；会同省公安厅建设全省标准地址库；制定二维码实体门楼牌的制作标准；推进二维码实体门楼牌换发工作；将标准地址库和二维码实体门楼牌信息实现与全省社区公共服务综合信息平台的关联共享；推进标准地址库信息资源和二维码实体门牌在本部门的行业应用。

四、工作要求

（一）提高认识，加强领导。标准地名地址信息是重要的社会基础公共资源，完整、准确的标准地址信息能够保证社会各界信息传递的准确性和高效率，是满足人民群众和社会公共管理对地名服务需求最有效的形式，关系到全省公共信息服务功能，是城市运行管理精细化、智能化的迫切需要。各地各有关部门要高度重视此项工作，加强组织领导，精心组织，周密部署，安排专项资金，全力抓好标准地址库建设和二维码实体门楼牌编制改造工作。要将标准地址信息采集和门楼牌日常维护管理工作经费纳入年度财政预算，建立长效管理机制，协调相关部门，在时间、人员、经费等方面给予充分保证，切实把工作抓牢抓实，抓出成效。

（二）理顺体制，协作配合。根据国家地名条例和《河南省地名管理办法》，民政部门是地名地址管理的主管部门，负责地名的命名、更名以及楼院、门牌号编制工作，会同公安机关落实标准地址和二维码门牌的统一编制、统一管理、统一应用。公安部门是地名地址管理的重要参与、应用部门，要充分发挥职能优势，协同民政部门共同做好地名地址管理工作。

（三）试点先行，稳步推进。郑州市、洛阳市、新乡市、三门峡市、长垣县明确为试点市和试点直管县，2017 年 8 月 30 日前，要基本完成试点任务，其他地市和直管县要提前开展地名清理和各项准备工作，并于 2017 年 9 月全面启动二维码门楼牌换发工作。各级各有关部门要加强对标准地址库建设和门楼牌换发工作的指导、检查、督查，及时掌握工作进展、工作成效等情况，及时发现解决工作中存在的情况和问题。

（四）广泛宣传，营造氛围。标准地址库建设和门楼牌换发工作涉及千家万户、各行各业。在国土、建设、规划、工商、税务等政府部门登记管理，以及电子商务、物流、互联网企业的快速配送等移动互联运营管理方面发挥着重要作用。各级各有关部门要宣传标准地址库建设和二维码门楼牌换发工作的重要意义，争取广大群众的理解、支持和配合，营造全社会共同关注、共同参与、共同推进的良好氛围。

广西壮族自治区人民政府办公厅
关于在农村实行门牌、户口簿管理有关问题的通知

（桂政办〔1992〕46号）

随着农村改革不断深化，农村商品经济、文化交流蓬勃发展，城乡之间人口流动量也日益增加，农村社会治安出现了许多新情况和新问题。解放（编者注：中华人民共和国成立）以来，由于农村没有统一钉制门牌和制发户口簿，使公安机关了解农村社会治安情况和执行任务十分不便；邮电、工商、税务、银行、民政、保险和计划生育等部门在农村开展工作，需要找当事人也有诸多不便；港、澳、台同胞查找亲人也很困难。因此，在农村实行钉制门牌、制发户口簿，加强农村人口管理也十分必要。现将农村钉制门牌、制发户口簿的有关事宜通知如下：

一、加强对农村钉制门牌、制发户口簿工作的领导。这项工作涉及面广、工作量大，牵动全区农村家家户户，各级人民政府要组织专门人员具体负责，一定要认真做好广泛宣传教育工作，要在人力、物力、财力上给予大力支持。各地根据实际情况可成立"钉制门牌、制发户口簿"临时办公室。临时办公室由公安机关具体负责，财政、工商、税务、民政、保险、计划生育等有关部门参加。各有关部门要通力合作，切实做好农村钉制门牌、制发户口簿的工作，并于一九九三年底前全部完成这项工作。

二、经费问题。采取"取之于民，用之于民"的办法，收回工本费。具体收费办法由自治区物价局、财政厅、公安厅下达。

三、门牌、户口簿的式样、规格。由自治区公安厅统一设计定点制作，各地不得擅自联系厂家制作，为节约财政开支，已钉制门牌、制发户口簿的农村地区，可继续使用。

四、原已实行门牌、户口簿管理的城镇，可参照此通知执行。

广西壮族自治区人民政府办公厅
关于进一步做好全区门牌管理工作的通知

（桂政办发〔2009〕181号）

各市、县人民政府，自治区农垦局，自治区人民政府各组成部门、各直属机构：

门牌号码编制管理是国家地名管理的重要组成部分，每一个门牌号码都是一个具体的地理实体名称，代表着一个特定的地理位置，如一个单位或一个住户等，它与经济社会活动和人民群众日常生活密切相关，涉及经济生活、社会交往、城乡建设等诸多方面，如房产登记、户籍管理、工商注册、通水通电、邮电通讯、探亲访友、商务活动、案情报警等，是政府公共管理和服务的重要内容。为进一步做好我区的门牌管理工作，经自治区人民政府同意，现将有关事项通知如下：

一、充分认识门牌钉制工作的重要性，切实加强门牌钉制工作的组织领导。各地门牌钉挂是一项社会公益性服务事业，是政府部门进一步加强社会公共秩序管理工作的需要，是政府为民办实事的一项重要内容。门牌钉挂管理事关广大人民群众的切身利益，关系社会经济发展和维护社会稳定。据不完全统计，截至2009年6月，全区应钉挂居民门牌约为1420万块，已钉挂居民门牌约750万块，约占应钉挂门牌总数的53%，其中已钉挂城镇门牌435万块，约占城镇应钉挂数的89%，农村门牌315万块，约占农村应钉挂数的34%，门牌钉挂工作的稳步开展，推动了户籍管理制度改革和城乡一体化建设的进程，在经济社会发展中发挥了极其重要作用。但是随着近年来我区经济的快速发展，道路改造、撤乡并镇、区域合并等变动较大，钉制门牌的任务仍十分繁重。各级人民政府要加强门牌钉制工作的组织领导，落实专门的人员具体负责，加强督促检查，在原来钉挂门牌工作的基础上，抓好门牌钉挂各项工作措施落实，协调解决工作中遇到的问题和困难，把好事办实、办好，务必在2011年底前完成门牌钉挂任务。

二、进一步加强门牌钉制经费保障，确保门牌钉制工作顺利完成。我区的门牌钉挂工作量主要集中在广大的农村地区，能否按期完成任务，将影响全区户籍管理制度改革和城乡一体化建设的进程，任务十分艰巨。2007年11月，自治区财政厅、物价局向社会公布了《广西壮族自治区行政事业性收费清理整顿结果的通告》（桂财综〔2007〕55号），取消了门牌制作工本费。按照"分级管理，分级负担"的原则，各级财政部门应根据同级公安机关门牌制作和钉挂工作的需要，将门牌制作和钉挂所需经费纳入年度财政预算；未能纳入年度预算的，要通过专项追加等形式予以安排。各级公安机关要加强对门牌制作和钉挂经费的管理和使用，确保专款专用。

三、各部门要各司其责，密切配合，确保门牌管理工作的顺利开展。各级公安机关要充分发挥职能作用，当好政府的参谋，结合当地工作的实际，认真研究并重新修订门牌钉挂管理工作计划、实施方案，严格执行门牌管理的相关规定，负责门牌的编制和日常管理工作，确保我区门牌设置和管理工作标准化、规范化和科学化。各级发改、财政、物价、计划、建设、土地、民政等有关部门要积极配合，简化办事程序，提高行政效能，确保此项工作的顺利开展。

海南省居民地名称和标志设置管理规范（试行）

（琼民地〔2013〕1 号）

第一章　总　则

第一条　为加强和规范城乡街巷、居民区、建筑物名称和标志设置的管理，推进地名标准化进程，适应城乡建设、社会发展、对外交往和人民生产生活的需要，根据《地名管理条例》、《地名管理条例实施细则》、《海南省地名管理办法》、《地名标志》（GB 17733—2008），及有关法律、法规的规定，结合本省实际，制定本规范。

第二条　本规范适用于本省行政区域内城乡街巷、居民区、建筑物等名称的命名、更名、使用、销名和标志设置以及相关的管理活动。

第三条　门（楼）牌的编制管理工作由公安机关负责。

第四条　街巷、居民区、建筑物等名称管理，应当尊重地名形成的历史演变和现状，保持名称的相对稳定。对历史悠久、具有纪念意义的地名予以保护。任何单位和个人不得擅自命名和更名。

第二章　命名、更名与销名

第五条　街巷、居民区、建筑物名称由专名和通名两部分组成。专名应富有文化内涵，标准规范，各具特色。通名用于分类和区分层次。

第六条　街巷、居民区、建筑物通名均划分为三个层次：

街道第一层次为快速路和主干路，用大道、路；第二层次为次干路，用街、路；第三层次为支路，用街、巷、里。规划路面宽达 50 米以上（含 50 米），长度达 3000 米以上的，其通名可称为大道；规划路面宽 10 米以上 50 米以下的，其通名可称路；规划路面宽 5 米以上 10 米以下的，其通名可称街；规划路面宽在 5 米以下的，其通名可称巷或里。

居民区第一层为大居民区，通名用生活区、城、新村、小区、花园、花苑、庄园、山庄、别墅、公寓等；第二层次为一般居民区，通名用家属院、宿舍等；第三层次为小型居民区，通名用家属楼、住宅楼等。

建筑物第一层次为大型建筑物，通名用大厦、商厦、大楼、中心、商城、商场、公园、广场、广厦、宾馆、酒店、饭店等；第二层次为一般建筑物，通名用楼、商店、酒家、院、阁等；第三层次为小型建筑物，通名用饭馆、店、诊所等。

第七条　通名的使用

（一）生活区、城：生活区指占地面积 10 万平方米以上，并有完善的配套设施（如幼儿园、小学、银行、商店）的居民区名称；用地面积在 10 万平方米以上，规模大的商场、商品专卖场所名称；用地面积在 2 万平方米以上（含 2 万平方米），拥有三幢 18 层以上，具有地名作用的大型建筑群名称。符合上述条件之一的可用"生活区"或"城"作通名。"城"应严格控制使用。

一个街道 1000 米内原则上不能有两个相邻"城"的名称。

（二）新村：指集中的相对独立的大型居民区，有相应的配套设施，其建筑面积在 10 万平方米以上的多层或高层住宅楼名称，可用"新村"作通名。

（三）小区：指占地面积 5 万平方米以上，建筑面积 10 万平方米或 15 栋楼以上的居民区名称。县城镇住宅区的建筑面积由各市县民政局规定。

（四）花园、花苑：指绿地面积占整个用地面积百分之五十以上的多草地和人工景点住宅区名称。

（五）别墅：指以 2—3 层为主、规格较高、具有环境良好，用地面积 1 万平方米以上，其容积率不超过 0.5 的住宅区名称。

（六）山庄：指地处靠山的低层住宅区名称。不靠山的不准以山庄命名。

（七）公寓：指多层或高层的居民区名称。

（八）大楼：指 8 层以上的综合性办公大楼名称。

（九）大厦：指 10 层以上大型号楼宇名称。

（十）商厦：指 8 层以上，底层或数层为商业，其余为办公或住宅的高层建筑名称。

（十一）广场：指有宽阔公共场地的建筑物名称。

（十二）商城、商场：指具有商业、娱乐、餐饮等多功能的建筑物名称。

（十三）广厦：指用地面积在 1 万平方米以上或总建筑面积在 10 万平方米以上，有整块露天公共场地，不包括停车场和消防通道，其面积大于 2000 平方米，具有商业、办公、娱乐、餐饮、住宿、休闲等多功能的建筑物名称。但应严格控制。

（十四）公园：指具备水域、花草树木、娱乐设施等条件，可供群众观赏、娱乐、游玩的公共场所。

（十五）中心：指某一特定功能最具规模的建筑物或建筑群名称（如商务

中心、物贸中心）；用地面积 2 万平方米以上、建筑面积在 10 万平方米以上，并有宽敞的停车场，在功能上必须是最具规模、起主导地位的建筑群。

（十六）楼：指 7 层以下的商务楼、办公楼、商住楼、综合楼、写字楼。

（十七）在居住区范围内建造的综合性办公大楼，亦可单独申报命名。

除上述通名外，其它通名的使用由市县民政局研究决定。

第八条　命名的原则是：尊重历史，照顾习惯，方便管理，体现规划，易找好记，雅俗共赏。

第九条　街巷、居民区、建筑物名称命名除遵循《地名管理条例》、《地名管理条例实施细则》的规定外，还应当遵循下列规定：

（一）含义健康，积极向上，有利于精神文明建设。

（二）体现规划，反映特征，与使用功能相适应。

（三）通俗易懂，照顾习惯，体现当地历史、文化、地理或者经济特征。

（四）名称应与使用性质及规模相吻合，不能过大和过小。一般不使用"中国"、"中华"、"全国"、"国家"、"中央"、"国际"、"世界"等词语，确需使用的，申报人应当出具国务院有关主管部门的意见书，并经省民政厅核实。

（五）不得以外国地名命名地名；不使用外文和利用外文直译命名，切忌洋化、封建化、小地冠大名。

（六）名实相符，通名要与功能相匹配。

（七）名称用字要选用《现代汉语通用字表》中的字，应当准确、简明、规范、易懂，符合我国语言习惯，禁止使用繁体字、已淘汰的异体字、叠字和容易产生歧义的词语，杜绝使用自造字，不用多音字，慎用方位词和数词。

（八）一地一名，一般不在同一生活区内再命名别名。

（九）同一个城镇、聚落内同类地名不得重名，并避免同音、谐音。

（十）同一个城镇、聚落内第一、二层次街道通名的使用应按方向统一。

（十一）没有街区的散列式聚落，连接院落之间的山涧或田间小路不命名。

（十二）不得以有损于国家尊严、违背社会公德、带有封建和殖民色彩、复古崇洋、格调低下、离奇古怪等不良倾向的词语命名。

（十三）体现我国民族自尊、自强、自信，传承中华民族文化。

（十四）一般不以人名命名。

（十五）通名禁止重叠，如"某某广场花园"、"某某花园城"等。

（十六）不得侵犯他人的专利权和知识产权名称。

第十条　街巷、居民区、建筑物更名应当遵循下列规定：

（一）不符合《地名管理条例》、《地名管理条例实施细则》规定和本规

325

范第八条规定的街巷、居民区、建筑物名称，在征得有关部门和当地群众同意后，予以更名。

（二）因改建或扩建需要变更街巷、居民区、建筑物名称的，应当更名。

（三）可改可不改的，当地群众又不同意更改的街巷、居民区、建筑物名称，不予更改；一地多名的，应当确定一个名称；一名多写的，应确定统一的用字。同一生活区内有若干小名的，应取消小名。

需要更改的名称，应当随着城乡发展的需要，逐步进行调整。

第十一条 街巷、居民区、建筑物等名称命名、更名，应当履行下列程序：

（一）城镇街巷名称的命名、更名，由市县民政部门实地勘察后，提出命名、更名方案，向社会公开征求意见，根据反馈意见，从中择优，拟定命名、更名方案呈报市县人民政府审批；批准后，报送省民政厅备案。

街区式聚落街巷名称的命名、更名，由村（居）委会组织征名，筛选、提出命名方案；经论证修订后，向社会公示，征求当地群众的意见，再经修订；经乡镇政府报市县民政局审定后，呈报市县人民政府审批。批准后，报送省民政厅备案。

（二）居民区、建筑物名称的命名、更名，由项目单位或个人在征得土地使用权后，将拟用名称报所在地民政局审核。经所在地民政部门审核同意后，发改、规划、建设部门方准用拟用名称办理相关立项审批手续。工程完工后，所在地民政局正式予以命名，同时上报上级民政部门备案。房管和项目验收部门依据政府正式审批的名称办理房产预售许可证和项目验收合格证。未履行正式审核手续前，开发单位、个人和新闻媒体不得擅自使用未经审核的名称做任何广告宣传。公安、住建、工商等部门对居民区建筑物通名进行编制门牌、办理房产证和营业执照时，要凭民政部门出具的地名审核通知书才能办理相关手续。

第十二条 一般不以企业名称命名街巷名称。企业单位提出申请的，经当地政府批准，可以实行有偿命名。有偿命名所得收入上缴同级国库，实行收支两线管理。

第十三条 在办理命名、更名的过程中，应当征求有关部门、专家和群众的意见，必要时应当举行听证会。

第十四条 申请地名命名、更名，申请人应当提交下列材料：

（一）申请书；

（二）可行性研究报告；

（三）申请人是企业或者个人的，还应当提供营业执照、法定代表人身份证明或者公民个人身份证明。

第十五条 申报街巷、居民区、建筑物名称命名、更名请示文件的主要内容包括：拟定地名的汉字，汉语拼音及声调，命名、更名的理由，拟采用新名的由来、含义。街巷还包括道路等级、起点、止点、长度、走向，路面宽度、质地，地理位置等；居民区、建筑物还包括占地面积、建筑面积、楼栋数量、楼层数、高度、地理位置、主要用途等。并应填报地名命名、更名审批表。

第十六条 各级民政部门应当对地名命名、更名的申请进行严格审核。符合规定的，应当予以批准。不予批准的，应当说明理由。

第十七条 经批准的地名，由所在地的民政局在30个工作日内报省民政厅备案并向社会公布。法律法规另有规定的除外。

第十八条 因城乡建设等原因消失的街巷、居民区、建筑物名称，应当予以废止。有重要历史意义的应酌情保留。

第十九条 建立标准地名使用证制度。《海南省标准地名使用证》由省民政厅统一设计印制。各市县民政局在居民区、建筑物名称履行审批手续后，向产权单位或者用户发放《海南省标准地名使用证》。

第二十条 任何单位和个人不得擅自命名更名地名和设置地名标志。违反地名管理法规，擅自命名更名地名和公开使用未经批准的非标准名称的，一律视为非法地名，并依法取缔。

第三章 使用与管理

第二十一条 地名的命名更名，实行属地管理。

第二十二条 依照本规范核实确认批准的街巷、居民区、建筑物名称为标准地名。

各级民政部门，应当将批准的标准地名及时向社会公告，推广使用。

第二十三条 书写、拼写街巷、居民区、建筑物名称，应当遵守下列规定：

（一）街巷、居民区、建筑物名称用规范的汉字书写，以汉语普通话为标准读音。使用双语标示时，第一种语言使用汉字，第二种语言按照国际标准和国家标准规定，对地名专名和通名均使用罗马字母拼写，不得使用外文译写。

（二）楼群排序用阿拉伯数字，不得使用英文字母，如"A座"、"B座"。

第二十四条 任何单位和个人，在社会活动中都必须使用标准地名。

第二十五条 县级以上民政部门负责编辑出版本行政区域内标准地名的

出版物。其他部门编辑的地名密集出版物，出版前应送同级地名管理部门核实地名。

第四章　标志设置与管理

第二十六条　地名标志是国家法定的标志物。地名标志包括自然地理实体地名标志、人文地理实体地名标志。凡已命名的自然地理实体地名和人文地理实体地名都要设置地名标志。

各级民政部门负责地名标志的设置、维护、管理工作。

第二十七条　地名标志的分类、设置安全要求、设置方式、设置高度、设置密度、版面内容、版面布局、文字、颜色、图形符号、尺寸规格、外观、基本性能、特殊性能、支撑装置、地名导向标志，外置照明器材等必须严格执行国家质量监督检验检疫总局、国家标准化管理委员会发布的《地名　标志》（GB 17733—2008），做到规范、统一、美观、牢固，任何单位和个人不得擅自变通。同一区域内同类地名标志的样式、规格等应当统一。

第二十八条　地名标志设置前，要制定地名标志设置规划，并报上一级民政部门审核同意后，经公开招标，由具有生产地名标志资质证书的厂家制作。严禁"无证"厂家生产地名标志。

第二十九条　地名标志的制作要严格按照《地名　标志》（GB 17733—2008）规定的试验方法，对试样进行技术检测，确保地名标志质量。

第三十条　地名标志的设置数量，以方便人们的出行、体现指位功能为标准。道路十字路口标志设置不得少于四块，丁字路口不得少于两块。城市较长街道视情增设。居民区、建筑物标志不得少于一处。

第三十一条　统一地名标志的设置位置。居民区、建筑物在明显位置设置；街路标志，在其起止点、交叉处边缘和丁字口设置；巷、里、弄标志在其起止点设置，设在入口处墙壁上，距离地面不得低于2米。

第三十二条　地名标志的设置安装由厂家或专业队伍对照地名标志设置图纸实施。当地民政部门要严密组织，细致操作。各市县民政部门要积极协调城管、交通、公安等部门配合和支持，确保地名标志的设置顺利实施，并共同做好地名标志保护工作。

第三十三条　建立地名标志产品生产、设置档案。地名标志具有永久的使用价值，从地名标志的生产到设置安装，都要建立完整的地名标志档案，永久保存，以备查验。

第三十四条　地名标志设置安装完毕后，要制定管理制度，定期组织检查，发现标志破损、歪斜、字迹脱落等问题应及时采取措施，予以修复。若发现质量问题，在保质期内，应要求生产厂家返工重做。

第三十五条　新建工程项目的地名标志，在工程竣工验收前设置完成，其他地名标志在地名命名被批准之日起 60 日内设置完成。

第三十六条　地名标志有下列情形之一的，设置单位应当及时维修或更换。

（一）使用非标准地名或用字，拼写不规范的；

（二）不符合国家有关标准的；

（三）已更名的地名，地名标志仍未更换的；

（四）锈蚀、破损、字迹模糊或残缺不全的；

（五）其他原因需要维修和更换的。

第三十七条　本规范自印发之日起施行。

重庆市民政局关于进一步加强和
改进地名管理工作的意见

（渝民发〔2011〕74号）

各区县（自治县）民政局、北部新区社会保障局：

近年来，各级民政部门全面贯彻落实《重庆市地名管理条例》，认真做好地名命名更名、地名标志设置、地名规划及地名数据库建设等工作，有效促进了地名管理规范化、标准化建设。当前，在我市经济社会快速发展的新形势下，社会各界和人民群众对地名工作提出了新要求，地名管理工作面临新任务。为深入推进全市地名管理工作，更好地服务社会和人民，现提出如下意见：

一、充分认识地名管理工作重要意义

地名管理工作是一项政治性、政策性、科学性强的行政管理工作，与当地经济社会活动和群众生活息息相关。地名反映一个城市历史文化、发展轨迹及城市管理水平。加强地名管理工作，有利于地名适应经济发展和社会管理需要，有利于不断满足人民群众对地名服务需求，有利于促进地名工作规范化、标准化发展。各地要提高认识、统一思想，充分行使地名管理职能，依据地名法规认真履行职责，切实做好地名管理工作。及时应对和处置地名管理工作中遇到的新情况、新问题，不断提高地名管理水平，为全社会提供便捷、有效的地名公共服务。

二、大力提升地名公共服务水平

（一）加强地名规范管理。地名管理是一项政策性及社会性极强的行政管理工作，各地要提高依法行政能力和依法管理地名的自觉性，提升地名公共服务水平。

1. 规范地名命名更名工作。按照《重庆市地名管理条例》、《重庆市地名专名与通名使用规范》（渝民发〔2008〕168号）、《关于进一步规范地名命名及门楼牌编制工作的通知》（渝民发〔2008〕86号）等地名法规及规范性文件，严格法定程序和审批权限，并按照市民政局统一制作的《重庆市地名命名更名报批意见表》、《重庆市各类建筑物名称登记备案表》及填报要求上报。

凡经区县（自治县）政府审批的地名，在政府审批之日起 15 个工作日内将地名审批件送市民政局备案。同时，各地要依据《重庆市地名管理条例》第二十七至二十九条、《民政部地名管理条例实施细则》等法规、规章和一系列政策，商请有关部门依法处置违反法规的地名命名及使用情况。

2. 及时开展公租房地名工作。建设公租房是我市民心工程。各地要积极做好所涉及区域的地名规划以及道路、小区地名命名工作。公租房（含安置房）命名及《关于进一步规范地名命名及门楼牌编制工作的通知》（渝民发〔2008〕86 号）第三、四条规定以外的，具有地名意义的各类构建筑物名称命名工作，按照登记备案程序进行办理。

3. 做好地名命名超前管理。按照《重庆市地名管理条例》第十二条及《重庆市人民政府办公厅关于认真贯彻执行重庆市地名管理条例的通知》（渝办〔2001〕4 号）、《重庆市民政局关于建筑物冠名审核项目取消后有关问题的通知》（渝民发〔2004〕103 号），各区县（自治县）民政局要主动协调发改委、建委、规划等部门，建立联动机制，特别对新建居民住宅区，要切实做到"开发建设单位在向建设规划部门办理项目规划审批的同时，向民政部门办理名称登记审核手续"，实现地名命名更名有序管理。

（二）科学实施地名规划。地名规划是加强地名服务管理的手段。随着城市建设快速发展，各地新建道路、街、巷、桥梁等不断增加，为解决地名命名工作中存在的"先建路、后命名"问题，改变地名命名滞后现状，按照《民政部建设部关于开展城市地名规划工作的通知》（民发〔2005〕65 号）、《关于加强地名文化遗产保护的通知》（地标委〔2004〕4 号）及我市地名规划要求，各区县（自治县）民政局要积极与规划、建设、国土、宣传、文物、文化、旅游等部门沟通协调，建立协同管理制度，以辖区城市总体规划为依托，结合自然地理特征、发展历史、人文背景、城市建设现状及特点，按照"尊重历史、照顾习俗、突出特点、好找好记、内涵优美"原则，强化和丰富文化内涵、历史文脉，编制新开发区前置地名规划、旧城改造区保护性地名规划，提高地名命名更名科学性和前瞻性，加快地名规划适应城市管理和城镇化发展需要。市民政局每年将培育打造 1—2 个地名规划示范区县，并作为全市年度亮点工作重点推进。

（三）推进地名标志长效管理。按照 2005 年市政府第 54 次常务会议要求，主城各区要积极配合市政委做好城区新命名、更名地名标志设置工作，主动、及时提供标准名称、设置数量、规范样式等；根据地名法规和地名设标要求，主城区以外各区县要做好新命名、更名地名标志设置、维护及管理。要完善县乡镇地名标志设置，力争 3—5 年统一城乡地名标志设置样式。制作上，坚持经济实用原则，各地要按 GB 17733—2008《地名 标志》要求，书写规范、方便适用；管理上，建立经费、人员、职责三保障的长效管理维护机制，探索建立城乡一体化的地名标志服务体系，促进县乡镇地名设标适应新农村建设和城乡统筹发展需要。同时要积极配合公租房管理部门做好全市公租房地名标志设置工作。

（四）强化数字地名良性发展。地名数据库是开展地名管理工作的信息化平台，是地名公共服务工程的重点，数据库质量的优劣直接影响地名管理工作效果。区县地名数据库是市级地名数据库的重要组成部分，各地要将地名数据库建设纳入当地经济社会发展和民政事业"十二五"规划，积极争取财政支持。各地主要负责本辖区区划、地名、界线管理属性数据库信息采集、录（导）入和图上位置的关联、核对。要根据建库实际需要，购置必备的计算机及附属设备，明确专人负责数据库建设。建立地名数据库信息月报制度，各地每月 5 日前将更新后的数据库信息汇总后上报市民政局。要尽快到我局完成国家地名数据库管理系统 V3.0 升级，按照管理系统要求和操作规程，及时、准确、全面录入（更新）数据库信息，特别是新增的地名和变更的区划信息。各地要立即清理辖区内区划、地名、界线管理信息，及时完善、核报数据，为地名信息化建设奠定基础。

三、大力加强地名工作目标考核

加强和改进地名管理工作，已纳入《2011 年全市民政工作要点》、《重庆市民政局 2011 年工作要点任务分解表》，作为今年民政目标考核内容。各地要高度重视，明确责任，狠抓落实。同时，市民政局将对各地地名管理工作进行抽查，重点抽查地名命名更名申报程序、审批权限、非标准地名使用及查处、地名规划、地名设标长效管理、数字地名建设等情况，并适时通报抽查结果。各区县（自治县）民政局要认真自查，并于 8 月 31 日以前将自查报告书面报送市民政局。

重庆市关于进一步加强和规范
地名管理工作的通知

（渝民发〔2015〕57号）

各区县（自治县）民政局、发展改革委、规划局、公安（分）局、国土房管（分）局（房管局）、交通局、市政局、工商局，北部新区、万盛经开区有关部门：

地名管理是一项政治性、政策性、科学性较强的行政管理工作，与经济社会发展和人民群众生活息息相关。随着我市五大功能区域战略推进，新城建设、旧城改造不断扩大，道、路、街、大型建筑物、居民地等快速新增，社会各界和广大群众对地名工作提出新的要求。为进一步加强和规范我市地名管理，按照国务院《地名管理条例》和《重庆市地名管理条例》规定，结合第二次全国地名普查，现将有关事项通知如下。

一、科学超前开展地名规划

（一）城市地名规划是在城市建设现状和发展规划基础上，依据有关法规，对城市拟命名地名作出的科学规划。各区县（自治县）在新城建设、旧城改造、片区开发及城市总体规划时，要按照民政部、建设部《关于开展城市地名规划工作的通知》（民发〔2005〕65号）要求，以区域社会经济发展规划和城市规划为依据，落实区县政府驻地镇（街道）为地名规划范围（有条件的区县可推行到乡、镇政府驻地），将地名规划与建设规划同步制定。

（二）地名规划由各地民政部门负责，规划、公安、市政等部门积极协同做好地名规划编制及组织实施工作。要遵循名副其实、规范有序、雅俗共赏、好找易记的原则，体现地名规划与城市建设规划同步、规范通名与优化专名相协调等编制原则，组织专家论证，公开征求社会意见。各地编制的地名规划设计书和规划图等报经市民政局组织评审通过后，报请区县政府审批。经审批的地名规划作为地名命名、更名依据，各地要认真组织落实，有关单位要严格执行。

（三）要促进地名规划与城乡规划的衔接，各地规划部门要将民政部门纳入新编或者修编城市总体规划、控制性详细规划征求意见会的成员单位，协助做好地名规划工作。

二、严格地名命名更名规范

各地发展改革、规划等部门在办理建设项目审批手续时，应规范使用标准地名，如属非标准地名，应注明暂用名。各地民政部门要指导建设项目审批过程中使用标准地名。公安部门按照《重庆市门楼号牌管理办法》规定，要依据地名主管部门公布的道、路、街、巷、居民住宅区、村组名称等标准地名，对房屋建筑按顺序编制门楼号，设置门楼牌，对未出具标准地名批准或备案手续的，不得为其编制门楼号牌。

三、完善地名标志设置体系

（一）主城区（含北部新区，下同）地名标志设置、管理、维护工作按照 2005 年市政府第 54 次常务会议精神，由市市政委负责。主城区民政部门要积极配合，每月底向区市政部门书面函告当月新增、更名的标准地名名称。市政部门按照市、区分级管理体制要求及时设置、更新、维护地名标志，实行有效管理，相关情况适时分别通报市、区民政部门。

（二）主城以外各区县民政部门要切实做好地名标志设置工作。在落实《地名　标志》（GB 17733—2008）规定的使用规范汉字、少数民族文字、汉语拼音、少数民族语地名汉语拼音拼写和符合辐射性能、电气安全性能要求等 6 项强制性标准基础上，各地要大胆探索，运用社会手段，发挥市场在资源配置中的作用，建立健全地名标志设置、维护、管理长效机制。各地要加大农村地区地名标志设置力度，2016 年前基本建成城乡一体、衔接有序的地名标志服务体系。

（三）各地建设、公安、国土房管、交通、工商等部门在标识、标志、导向、门楼牌、广告、牌匾等方面涉及地名时，均应按《重庆市地名管理条例》要求使用标准地名。

四、工作要求

（一）各地民政、发展改革、规划、公安、国土房管、交通、市政、工商等部门要提高认识、统一思想，高度重视地名管理工作，加强领导，落实责任。

（二）市级建立地名管理工作联席会议制度，互通情况，信息共享。各地相关部门要通力合作，建立健全地名管理联动机制，落实联席会议、情况通报、工作联络、资源共享等制度。各区县（自治县）民政部门要积极与有关部门沟通协调，各有关部门要按照各自职能职责，主动、及时落实地名管理相关工作，努力形成密切协作、齐抓共管的良好局面。

青海省人民政府办公厅转发省清理整顿地名标志工作领导小组办公室关于重申各类地名标志设计制作规定的意见的通知

（青政办〔1998〕156 号）

省人民政府同意省清理整顿地名标志工作领导小组办公室《关于重申各类地名标志设计制作规定的报告》，现转发给你们，请认真贯彻执行。

地名标志设置是地名管理工作的重要内容，是实现地名管理工作规范化、科学化的重要举措。为此，省地名委等 10 部门专门发出通知，对地名标志的设计、制作等作出了具体规定。但在实际工作中，一些地区、部门违反有关规定，擅自设计、制作地名标志，既浪费了人力、财力、物力，又影响了此项工作的严肃性，必须加以纠正。各地区、各部门要按照有关规定自觉接受主管部门的管理和指导，确保清理整顿地名标志工作的顺利进行。

关于重申各类地名标志设计制作规定的意见

经省政府批准，青海省地名委员会、民政厅、公安厅、建设厅、交通厅、广播电视厅、工商行政管理局、邮电管理局、电力工业局、中国人民武装警察部队青海省消防总队于一九九七年四月三十日发出了《关于清理整顿全省城镇地名标志的通知》，明确要求："为改变我省地名标志的混乱和落后状况，必须对设计与制作实行统一管理。今后全省的各类地名标志（牌）、地名使用证的规格、式样、质料等技术规范一律由青海省地名委员会办公室负责设计、监制，并执行统一价格，其他任何单位和个人均不得自行设计、生产和制作。"一年多来，绝大多数地区和部门认真贯彻通知精神，依法行政、依法管理的力度不断加大，收到了明显效果。但是，仍有少数地区的一些部门和单位在擅自设计、制作、出售地名标志，特别是任意制作门牌现象极为突出，边整顿边违犯，给地名标志管理工作造成了新的混乱，严重干扰了清理整顿工作的顺利进行。对此，为维护省政府政令的统一性和严肃性，按照国家和省政府以往对地名管理工作的有关法规，特此重申，全省各类地名标志〔包括自然地理实体的山、河、湖、沙滩、水道、地形区等名称；行政区划中各级行政区域和各级人民政府派出机构所辖区域名称；居民地名称中城镇、片区、开发区、自然区、片村、农林牧渔点及街、巷、居民区、楼群（含楼、门牌），建筑物等名称；各专业部门使用的具有地名意义的台、站、港、场等名称，还包括名胜古迹、纪念地、游览地、企事业单位等名称〕的规格、式样、质料等技术规范，一律由青海省地名委员会办公室负责设计、监制，并执行青海省物价局批准的统一价格，使用《青海省地名标志专用发票》，其他任何部门、单位、个人均不得自行设计、生产和制作，坚决杜绝乱摊派乱收费行为。

以上报告如无不妥，望批转执行。

新疆维吾尔自治区人民政府
地名命名、地名标志设置工作实施方案

随着我区城市的快速发展和新农村建设的快速推进，我区城镇化水平不断提高，城乡新建道路、房屋增加较快，街路巷、小区、村、户无命名、无编号、命名不标准等问题较为普遍。加之有的地方存在城乡地名命名不全、不规范，街路巷、村、户无编号、标志设置不落实等问题。这些问题的存在，不仅给治安、消防、户籍、邮电、交通以及医疗急救、抢险救灾等社会服务管理工作带来不便，也给处突、维稳、警务信息、社会治安管理和各种应急处置造成很大困难。为进一步做好城乡街路巷、小区、户的命名、编号和标志设置工作，现结合我区实际，制定本实施方案。

一、指导思想

以科学发展观为指导，以国家标准 GB 17733—2008《地名标志》为依据，以完善公共服务功能，方便群众生产生活，强化社会管理，促进社会和谐稳定为目的，积极稳妥地开展地名命名、编号、地名标志设置工作，为我区经济社会发展创造良好的社会环境。

二、任务目标

这次地名命名、地名标志设置工作重点是对原有未命名的街、路、巷、居民区、楼、院、门和村、户等地名进行普查、命名、门牌号编制、地名标志设置；对新建未命名和未设标的街、路、巷、居民区、楼、院、门和村、户等地名进行普查、命名、门牌号编制、地名标志设置；对不规范、不标准、不符合要求的街、路、巷、居民区、楼、院、门和村、户等地名进行重新普查、命名、门牌号编制、地名标志设置。通过地名命名、编号、地名标志设置工作，建立完善的城乡地名标志服务体系，充分发挥地名标志的指位导向和美化城市功能，实现我区街有街标、路有路标、门有门号、好认好找的预期目标。

三、工作原则

地名命名、地名标志设置是一项社会系统工程，要牢牢把握如下原则：

（一）编码科学化原则。各地要根据实际，按照好记好找，有利延伸、便于插空的要求，制定科学可行的编码规则。

（二）设置规范化原则。街路巷地名标志设置要统一规范，力求美观大方，经久耐用；各式各类门户牌设置要整齐规范，不重不漏。

（三）规格标准化原则。要严格执行《地名标牌　城乡》国家标准和地名标志在选材、规格、书写、色彩、工艺等方面的规定。地名标志的安装位置、高度、方向、密度要科学合理，整齐划一。

（四）管理制度化原则。在地名命名、地名标志设置的同时要建立维护管理机制，制定相关规章制度，明确各有关方面的责任，做到地名命名规范、地名标志设置不损坏、不丢失。

四、方法步骤

地名命名、地名标志设置工作要统一领导，有计划、按步骤进行。具体方法步骤是：

（一）准备和普查登记阶段（2013 年 11 月 25 日—12 月 31 日）

1. 制定规划、出台方案，建立机构、配备队伍，召开会议、安排任务，培训业务、强化职责。

2. 门、户登记。对各式各类门户的登记，要逐街逐路、逐村、逐小区、逐门逐户进行核对，登记造册，统计出各类应设地名标志的数量、规格等，并设计出平面图和号码编排表。对于一户多间的房屋，采取门户牌号加附号的编制原则进行编制。

3. 街、路、巷登记。要登清街、路、巷的条数、名称、起止点、拟制作标牌的地名标志数量，并标示在平面图上。

普查登记是做好地名命名、地名标志设置的基础，要全面细致，真实准确，做到不重登、不漏登、不错登。

（二）门户牌号码编制阶段（2014 年 1 月 1 日—1 月 31 日）

1. 街、路、巷两侧的建筑基本定型的，按现有情况依次编码；如有在建工程、可建工程或属棚户区改造范围内的，暂缓编码，但要编制预留号码。街、路两侧所有机关、团体、企事业单位、部队、居民住宅及营业铺面的门户，都是地名标志设置范围，不受机构级别和行业隶属关系限制，均统一编号，使用相关规定的标准门牌，任何单位和个人不得自行编号，自行制作。

2. 街、路、巷两侧门牌号的编制应基本对应，采取自东向西或自南向北，东双西单，南双北单的顺序连续编号；由主要街路延伸的，仍按原街路定位编码。

3. 门户牌编制要做好街路巷与街路巷之间，门户与门户之间编码的衔接，不能重复，不能断档。门户牌编号的起点要因地制宜，一般选择不再延伸的一端为首号起点，实施封闭式编法；如果是分段命名的，则从分段处开始，实施中心放射式编法。

门户牌编码是做好地名标志设置工作的关键，要进行科学规划，既要做到好认好找，又要兼顾有利延伸和便于插空。

（三）地名标志制作阶段（2014 年 2 月 1 日—2014 年 3 月 31 日）

为确保地名标志质量，符合 GB 17733—2008《地名 标志》国家标准，地名标志设置的制作要统一由有"全国标准地名标志产品生产资质证书"的厂家公开洽购。任何单位或个人无权更改或变通国家标准中的技术指标。

（四）标牌安装阶段（2014 年 4 月 1 日—4 月 30 日）

地名标志是法定标志物，必须统一组织安装，达到稳固、整齐、位置明显、易找易看的要求。

街路巷地名标志正面与道路平行，一般安装在交叉路口或道路的起止点位置，对于较长的道路可在适当的位置进行加密设置。支架空余部分可附设广告，广告内容必须符合国家有关政策法规。大、小门牌统一安装在门左上角或正上方。

（五）检查验收阶段（2014 年 5 月 1 日—5 月 30 日）

地名标志安装结束后，由自治区民政厅组织人员对各地地名命名、地名标志设置工作进行全面验收。

五、经费来源

自治区开展地名标志设置的工作经费由自治区财政解决；街路巷、居民区、楼、院、门和村、户地名标志设置经费由当地财政解决；开发商新建的小区楼栋、单元、户地名标志设置经费由房地产开发商承担。

六、工作要求

（一）各地要将地名命名、地名标志设置工作列入议事日程，作为提高本辖区实有人口和实有房屋管理水平的重要基础性工作来抓，建立政府主导、民政牵头、部门配合、社会参与的工作机制，明确职责和要求，抓好落实。民政部门要发挥牵头作用，与相关部门积极配合共同做好地名命名、地名标志设置等工作。

（二）各县市民政部门要及时对城镇、农村街、路、巷、小区地名命名和编号，并及时通知公安部门。在这次地名命名、地名标志设置工作中，对新增地名和民政部门暂未规划编号的，可先由县（市、区）公安部门商当地民政部门尽快命名编号后，民政部门按规定程序报批并将工作成果及时通知公安部门。

（三）各地公安部门要积极配合民政部门合理规划街、路、巷、小区门牌，并将规范后的地名和编号及时录入相关平台。规范后的地名民政部门要不断进行更新、维护。

（四）为确保地名标牌质量，各地要按照自治区发改委、财政厅《关于我区城乡标牌收费标准的通知》要求与持有民政部颁发的《全国标准地名标志产品生产合格证书》的新疆生产厂家洽购，《全国标准地名标志产品生产合格证书》以民政部地名研究所网站 2012 年 7 月 17 日公布的检测合格企业名单为准。

下篇
技术标准

国家标准：
GB 17733—2008
《地名　标志》

前　言

本标准中 5.2.1.1、5.2.1.2、5.2.1.3、5.2.1.4、5.7.7、5.8.3.3 六项内容为强制性条款。其余条款为推荐性条款。

本标准代替 GB 17733.1—1999《地名标牌　城乡》。

本标准与 GB 17733.1—1999《地名标牌　城乡》相比，主要变化如下：

——本标准的名称更改为《地名标志》；

——在术语和定义一章中，删除了地名标牌、街牌、巷牌、楼牌、门牌五条术语，增加了地名、地名标志两条术语（本版的第 3 章；1999 版的第 3 章）；

——在术语和定义一章中，删除了代号部分（1999 版的第 3 章）；

——在分类一章中，删除了型号部分（1999 版的第 4 章）；

——在分类一章中，GB 17733.1—1999 只包括居民地地名标志中的街、巷、楼、门地名标志，本标准中地名标志的类型增加为人文地理实体地名标志和自然地理实体地名标志，其中人文地理实体地名标志包括：居民地地名标志、行政区域地名标志、专业区地名标志、设施地名标志，以及纪念地和旅游地地名标志，自然地理实体地名标志包括：海域地名标志、水系地名标志、地形地名标志（本版的第 4 章；1999 版的第 4 章）；

——在要求一章中，修改了地名标志的颜色、尺寸规格和外观的要求（本版的 5.4、5.5、5.6；1999 版的 5.2、5.4、5.5）；

——在要求一章中，删除了版面、书写的要求（1999 版的 5.1、5.3）；增加了地名标志的设置、版面内容、版面布局的要求（本版的 5.1、5.2、5.3）；

——在要求一章中，修改了地名标志的基本性能要求（本版的 5.7；1999 版的 5.6.1、5.6.2、5.6.3、5.6.4、5.6.5），修改了反光地名标志和长余辉蓄光地名标志的特殊性能要求（本版的 5.8.1、5.8.2；1999 版的 5.6.6、

5.6.7），删除了地名标志的特殊性能要求（1999 版的 5.6.8），增加了 LEU 地名标志、金属腐蚀地名标志以及碑碣式地名标志的特殊性能要求（本版的 5.8.3、5.8.4、5.8.5）；

——在要求一章中，增加了地名标志的支撑装置、地名导向标志、外置照明器材的要求（本版的 5.9、5.10、5.11）；

——在试验方法一章中，修改了外观检查试验方法（本版的 6.2；1999 版的 6.1）、耐盐雾腐蚀性能试验方法（本版的 6.3；1999 版的 6.3.4）、耐湿热性能试验方法（本版的 6.4；1999 版的 6.3.5）、耐候性能试验方法（本版的 6.7；1999 版的 6.3.2）、辐射性能试验方法（本版的 6.8；1999 版的 6.2）、抗冲击性能试验方法（本版的 6.9；1999 版的 6.4）、长余辉蓄光地名标志亮度测试方法（本版的 6.10；1999 版的 6.2），增加了试样制备（本版的 6.1）、耐高温性能试验方法（本版的 6.5）、耐低温性能试验方法（本版的 6.6）、LED 地名标志的亮度和电气安全性能试验方法（本版的 6.11）、试验报告（本版的 6.12）；

——增加了规范性附录"汉语拼音字母字样和阿拉伯数字字样"（见附录 A）；

——增加了资料性附录"地名标志版面示例"（见附录 B）；

——增加了规范性附录"地名标志长余辉蓄光粉的要求"（见附录 C）；

——增加了规范性附录"地名标志长余辉蓄光膜的要求"（见附录 D）。

本标准的附录 A、附录 C、附录 D 为规范性附录，附录 B 为资料性附录。

本标准由中华人民共和国民政部提出。

本标准由全国地名标准化技术委员会归口。

本标准由民政部区划地名司、民政部地名研究所负责起草。

本标准主要起草单位：常州华日升反光材料有限公司、河北格林光电技术有限公司、大连路明发光科技股份有限公司、四川新力实业集团有限公司。

本标准参加起草单位：温州市宝兴印业有限公司、清华大学新型陶瓷与精细工艺国家重点实验室、河北大学物理科学与技术学院、衡水立车企业集团有限公司、大连新兴喷涂技术开发公司、艾利（中国）有限公司。

本标准主要起草人：戴均良、刘保全、孙秀东、陈德彧、宋久成、庞森权、汪太明、王晓伏、陆亚建。

本标准于 1999 年首次发布，本次为第一次修订。

地名 标志

1 范围

本标准规定了地名标志的术语定义、分类、要求、试验方法、检验规则和包装等。

本标准适用于地名标志的生产、流通、使用和监督检验。

2 规范性引用文件

下列文件中的条款通过本标准的引用而成为本标准的条款。凡是注日期的引用文件，其随后所有的修改单（不包括勘误的内容）或修订版均不适用于本标准，然而，鼓励根据本标准达成协议的各方研究是否可使用这些文件的最新版本。凡是不注日期的引用文件，其最新版本适用于本标准。

GB/T 191 包装储运图示标志（GB/T 191—2000，eqv ISO 780：1997）

GB/T 1720 漆膜附着力测定法

GB/T 1732 漆膜耐冲击性测定法

GB/T 1733 漆膜耐水性测定法

GB/T 2423.10 电工电子产品环境试验 第2部分：试验方法 试验 Fc 和导则：振动（正弦）（GB/T 2423.10—1995，idt IEC 60068—2—6：1982）

GB 2893 安全色 （GB 2893—2001，neq ISO 3864：1984）

GB/T 3979 物体色的测量方法

GB/T 6543 瓦楞纸箱

GB 7000.1 灯具一般安全要求与试验（GB 7000.1—2002.idt IEC 60598—1：1999）

GB/T 7248 框架木箱

GB/T 9174 一般货物运输包装通用技术条件

GB/T 10001 （所有部分）标志用公共信息图形符号

GB/T 11185 漆膜弯曲试验（锥形轴）（GB/T 11185—1989，eqv ISO 6860：1984）

GB/T 12464 普通木箱（GB/T 12964—2002.neq JISZ 1402，1999）

GB/T 17136 土壤质量总汞的测定冷原子吸收分光光度法

GB/T 17137 土壤质量总铬的测定火焰原子吸收分光光度法

GB/T 17141 土壤质量铅、镉的测定石墨炉原子吸收分光光度法

GB/T 17693.1—1999 外语地名汉字译写导则英语

GB/T 18833—2002　公路交通标志反光膜

少数民族语地名汉语拼音字母音译转写法 1976－06 国家测绘总局、中国文字改革委员会

中国地名汉语拼音字母拼写规则（汉语地名部分）1984－12－25 中国地名委员会、中国文字改革委员会、国家测绘局

3　术语和定义

下列术语和定义适用于本标准。

3.1

地名　geographical names

人们对各个地理实体赋予的专有名称。

［GB/T 17693.1—1999，定义2.1］

3.2

地名标志　signs of geographical names

标示地理实体专有名称及相关信息的设施。

4　分类

4.1　自然地理实体地名标志

4.1.1　海域地名标志，包括海洋、海湾、海峡、海滩、海岛、群岛、岬角、半岛等的地名标志。

4.1.2　水系地名标志，包括河流、河源、河口、湖泊、陆地岛屿（包括河岛、湖岛等）、冰川（包括冰斗、冰川谷等）、瀑布、泉等的地名标志。

4.1.3　地形地名标志，包括平原、盆地、高原、丘陵、山脉、山口、山谷、山峰、火山、草原、森林、沙漠、戈壁、绿洲等的地名标志。

4.2　人文地理实体地名标志

4.2.1　居民地地名标志，包括街、巷、区片、小区、门、楼、楼单元、楼层和村等的地名标志。

4.2.2　行政区域地名标志，包括省级（省、自治区、直辖市和特别行政区）地名标志、地级（地级市、自治州、地区行政公署和盟等）地名标志、县级（县、县级市、市辖区、自治县和旗等）地名标志、乡级（乡、镇、民族乡和苏木等）地名标志。

4.2.3　专业区地名标志，包括矿区、农业区、林区、牧区、渔区、工业区、边贸区、开发区、自然保护区等的地名标志。

4.2.4　设施地名标志，包括火车站、汽车站、地（城）铁站、海港、河港、渡口、飞机场、桥梁（例如公路桥梁、铁路桥梁、城镇内的立交桥和过街桥等）、隧道（例如公路隧道、铁路隧道、城镇内的地下通道等）、环岛等

具有地名意义的交通设施的地名标志，池塘、海塘、水库、蓄洪区、灌溉渠、堤坝、运河等具有地名意义的水利设施的地名标志，发电站、输变电站等具有地名意义的电力设施的地名标志。

4.2.5　纪念地和旅游地地名标志，包括风景区、公园、人物纪念地（例如陵园、人物纪念馆、纪念堂等）、事件纪念地（例如古战场等）、宗教纪念地（例如寺、庙、教堂等）等的地名标志。

5　要求

5.1　设置

5.1.1　安全要求

设置的地名标志不应存在：

a）对人身造成任何伤害的潜在危险；

b）对环境造成任何污染的潜在危险。

5.1.2　设置方式

地名标志一般可采用：立柱式（安装在一根或一根以上的立柱上）、悬臂式、附着式（如钉挂、粘贴、镶嵌等）、碑碣式，以及其他方式设置。

5.1.3　设置高度

一般情况下，立柱式、悬臂式和附着式地名标志的下边缘距地面的高度不宜小于 2m。小于 2m 时，地名标志的边角应为圆弧形。

5.1.4　设置密度

5.1.4.1　应因地制宜地确定地名标志的设置密度，以确保能够充分发挥其指位导向功能。

5.1.4.2　一般情况下，街、巷的交叉口均应设置街、巷地名标志。当两交叉口间隔大于 300m 时，可适当增加街、巷地名标志的数量。

5.2　版面内容

5.2.1　文字

5.2.1.1　地名标志上的汉字应使用规范汉字书写。

5.2.1.2　少数民族自治地区的地名标志应标示当地政府规定的一种少数民族文字，其使用的字体按照国家有关规定执行。

5.2.1.3　汉语拼音拼写方法按照《中国地名汉语拼音字母拼写规则（汉语地名部分)》的规定执行。

5.2.1.4　少数民族语地名汉语拼音拼写按照《少数民族语地名汉语拼音字母音译转写法》拼写。

5.2.1.5　地名标志的文字应使用黑体字。汉语拼音字母字样和阿拉伯数字字样见附录1。

5.2.1.6 地名标志的文字端正，笔画清楚，排列整齐，间隔均匀，整体位置适中。

5.2.2 图形符号

5.2.2.1 下列地名标志可增加图形符号：

a）专业区地名标志；

b）设施地名标志；

c）纪念地和旅游地地名标志。

5.2.2.2 图形符号及其绘制等应符合 GB/T 10001 中的相关规定。

5.2.3 指示方向信息

街、巷地名标志可增加标明街、巷走向的指示方向信息。

5.2.4 邮政编码

大门地名标志可增加所在区域的邮政编码。

5.3 版面布局

5.3.1 文字

5.3.1.1 海域、水系、地形、行政区域、专业区、设施、纪念地和旅游地地名标志，以及街、巷、区片、小区、村等居民地名标志，上部五分之三的区域标示地理实体的汉字名称，下部五分之二的区域标示地理实体名称的汉语拼音。版面示例分别见图 B.1～图 B.15。

5.3.1.2 楼地名标志左边五分之三的区域标示所在街区、村的汉字名称和汉语拼音，其中汉字名称标示在上部五分之三的区域，汉语拼音标示在下部五分之二的区域。右边五分之二的区域标示楼宇编号，编号用阿拉伯数字书写，高度不小于 350mm。版面示例见图 B.16。

5.3.1.3 门地名标志上部五分之二的区域标示院落、独立门户所在街区、村的汉字名称，下部五分之三的区域标示该门的编号，编号用阿拉伯数字书写。版面示例见图 B.17。

5.3.1.4 楼单元地名标志宽度的中部五分之三区域标示楼单元名称。第一单元用"一单元"表示，依次类推。版面示例见图 B.18。

5.3.1.5 楼层地名标志直径的中部五分之三区域标示楼层编号。地上第一层用"1"表示，依次类推；地下第一层用"B1"表示，依次类推。版面示例见图 B.19。

5.3.1.6 碑碣式地名标志竖置时，上部五分之四的区域标示地理实体的汉字名称，下部五分之一的区域标示地理实体名称的汉语拼音，汉字名称竖写，汉语拼音横写。版面示例见图 B.20。标示少数民族文字时，少数民族文字标示在汉字名称之下，其中上部五分之三的区域标示地理实体的汉字名称，中部五分之一的区域标示少数民族文字，下部五分之一的区域标示汉语拼音，少数民族文字横写。

碑碣式地名标志横置时，上部五分之三的区域标示地理实体的汉字名称，下部五分之二的区域标示地理实体名称的汉语拼音，汉字名称和汉语拼音横写。版面示例见图 B.21。

5.3.1.7　除竖置的碑碣式地名标志外，一般情况下，标示少数民族文字时，少数民族文字标示在汉字名称之上，原汉字名称书写区域的上部三分之一的区域标示少数民族文字，下部三分之二区域标示汉字名称，其他部分比例不变。

5.3.2　图形符号

设置图形符号时，地名标志左边五分之二的区域标示图形符号，右边五分之三的区域标示地理实体的汉字名称和汉语拼音，其中汉字名称标示在上部五分之三的区域，汉语拼音标示在下部五分之二的区域。版面示例见图 B.22。

5.3.3　指示方向信息

指示方向信息标示在汉语拼音两侧，并与汉语拼音保持一定间距。指示方向信息的汉字高度与汉语拼音的高度相同。版面示例见图 B.23。

5.3.4　邮政编码

大门地名标志标示邮政编码时，上部五分之一的区域标示院落、独立门户所在街区、村的汉字名称。中部五分之三的区域标示该门的编号，编号用阿拉伯数字书写。下部五分之一的区域标示该门所在区域的邮政编码，在"邮政编码"四个字后空一格标示编码，编码用阿拉伯数字书写。版面示例见图 B.24。

5.4　颜色

地名标志的颜色要求见表1。表中的白色，采用长余辉蓄光材料制作时可为黄绿色或蓝绿色。

除以基板颜色和棕色作为背景颜色外，地名标志应采用 GB 2893 规定的安全色。

碑碣式地名标志的背景颜色可采用基板颜色，文字颜色应采用黑色或红色。

地名标志上图形符号的颜色应符合 GB/T 10001 中的相关规定，并与标志材质、背景颜色以及标志上文字的颜色保持相互协调。

表1　颜色要求

类型		颜色背景	文字颜色
居民地地名标志	街、巷地名标志	蓝色（东西走向，包括东西向的斜街）绿色（南北走向，包括南北向的斜街）	白色
	区片、小区、门、楼单元、楼层、村地名标志	蓝色	白色
		基板颜色（金属腐蚀地名标志）	黑色或红色
	楼地名标志	左边书写名称区域为蓝色、右边书写楼号区域为白色	左边书写名称区域为白色、右边书写楼号区域为红色
		基板颜色（金属腐蚀地名标志）	黑色或红色
行政区域、设施地名标志		蓝色	
专业区、海域、水系、地形地名标志		绿色	白色
纪念地和旅游地地名标志		棕色	

5.5　尺寸规格

5.5.1　地名标志图文书写平面的尺寸规格要求见表2。

表2　尺寸规格要求（单位为毫米）

类型			图文书写平面尺寸		外沿宽度
			长	宽	
居民地地名标志	街地名标志		1200 ~ 1700	300 ~ 700	≤25
	巷地名标志		460	160	≤20
	区片、小区、村地名标志		800 ~ 1700	300 ~ 700	≤25
	门地名标志	大	570	370	≤15
		中	270	170	≤15
		小	150	90	≤12
	楼地名标志		900	500	≤25
	楼单元地名标志		300 ~ 400	150 ~ 200	≤15
	楼层地名标志		直径：200 ~ 400		≤15
行政区域地名标志			2000 ~ 7000	900 ~ 2500	≤25
专业区地名标志			1500 ~ 3000	600 ~ 1200	≤25
设施、纪念地和旅游地地名标志			1500 ~ 3000	800 ~ 1500	≤25
海域、水系、地形地名标志			1500 ~ 5700	600 ~ 1800	≤25

5.5.2 碑碣式地名标志竖置时，图文书写平面的宽为（300～1000）mm，高为（600～2000）mm；碑碣式地名标志横置时，图文书写平面的宽为（1000～2000）mm，高为（600～1200）mm。

5.6 外观①

5.6.1 地名标志的外观应平滑、整齐。

5.6.2 按照6.2规定的方法试验后，地名标志不应存在以下缺陷：

a）明显的毛刺、裂纹；

b）明显的划痕、损伤和颜色不均匀；

c）面积大于20mm² 的气泡；

d）发光、反光性能明显不均匀。

5.7 基本性能

5.7.1 基板

5.7.1.1 基板可采用下列材料：

a）金属材料；

b）无机非金属材料；

c）高分子材料。

5.7.1.2 基板应具有一定的硬度、抗冲击性能、耐弯曲性能和抗拉伸性。

5.7.1.3 基板表面应光滑、平整，没有伤痕、裂纹、污垢。

5.7.1.4 必要时，金属材料应做好表面防锈处理。

5.7.2 耐盐雾腐蚀性能

按照6.3规定的方法试验120h后，试样表面不应出现变色、起泡和侵蚀等现象。

5.7.3 耐湿热性能

按照6.4规定的方法试验48h后，试样表面不应出现起泡、生锈和脱落等现象。

5.7.4 耐高温性能

按照6.5规定的方法试验24h后，试样表面不应出现裂缝、软化、剥离、皱纹、起泡、翘曲和外观不均匀等现象。

5.7.5 耐低温性能

按照6.6规定的方法试验72h后，试样表面不应出现裂缝、软化、剥离、

---

① 如无特殊说明，本标准中5.6和5.7所提出的要求，只适用于立柱式、悬臂式、附着式地名标志，不适用于碑碣式地名标志。

皱纹、起泡、翘曲和外观不均匀等现象。

5.7.6 耐候性能

按照 6.7 规定的方法试验 1200h 后，试样表面不应出现变色、裂缝、长霉、生锈、凹陷、起泡、侵蚀、剥离、粉化、变形和脱落等现象。

5.7.7 辐射性能

按照 6.8 规定的方法试验，α、β、γ 辐射值不应高于本底读数两倍。

5.7.8 抗冲击性能

使用漆膜作底面的地名标志，其抗冲击性能应符合 5.8.2.3 中 b）列项的要求；其他地名标志按照 6.9 规定的方法试验后，试样不应破损。

5.8 特殊性能

5.8.1 反光地名标志

5.8.1.1 色度性能按照 GB/T 18833—2002 中 7.3 规定的方法试验，试样表面的各种颜色的色品坐标和亮度因数应在 GB/T 18833—2002 中的表 1 的范围内，各种颜色色品图见 GB/T 18833—2002 中的图 3。

5.8.1.2 逆反射性能按照 GB/T 18833—2002 中 7.4 规定的方法试验，试样表面的逆反射系数值不应低于 GB/T 18833—2002 中规定的四级反光膜的要求。

5.8.2 长余辉蓄光地名标志

5.8.2.1 按照 6.10 规定的方法试验，试样初始亮度应高于 10000mcd/m^2，激发结束 10h 的亮度不应低于 3mcd/m^2。

5.8.2.2 使用的长余辉蓄光粉的性能要求应符合附录 C 的相应规定。

5.8.2.3 使用漆膜作底面时，漆膜的性能应符合：

a）耐水性能：除试样可按照 6.1 制备外，按照 GB/T 1733 规定的方法试验 5min 后，不应出现失光、变色、起泡、起皱、脱落、生锈等现象；

b）抗冲击性能：除试样可按照 6.1 制备外，按照 GB/T 1732 规定的方法试验后，不应出现裂纹、皱纹及剥落等现象；

c）耐弯曲性能：除试样可按照 6.1 制备外，按照 GB/T 11185 规定的方法试验后，不应出现裂纹、剥落等现象；

d）附着力性能：除试样可按照 6.1 制备外，按照 GB/T 1720 规定的方法试验，附着力的级别不应低于二级。

5.8.2.4 使用长余辉蓄光膜制作地名标志时，长余辉蓄光膜的性能要求应符合附录 D 的相应规定。

5.8.3 LED（发光二极管）地名标志

5.8.3.1 亮度性能按照 6.11.1 规定的方法试验后，发光部分的亮度不

应低于 $15000\mathrm{mcd}/\mathrm{m}^2$。

5.8.3.2　耐机械振动性能应符合：标志正常通电情况下，在振动频率 $1\sim150\mathrm{Hz}$ 的范围内按照 GB/T 2423.10 规定的方法进行试验。在 $1\sim9\mathrm{Hz}$ 时按加速度控制，位移 3.5mm；在 $9\sim150\mathrm{Hz}$ 时按加速度控制，加速度为 $10\mathrm{m}/\mathrm{s}^2$。$1\mathrm{Hz}{\rightarrow}9\mathrm{Hz}{\rightarrow}150\mathrm{Hz}{\rightarrow}9\mathrm{Hz}{\rightarrow}1\mathrm{Hz}$ 为一个循环，共试验 20 个循环后，产品功能正常，结构不受影响，零部件无松动。

5.8.3.3　电气安全性能应符合：

a）保护接地端子：按照 6.11.2 规定的方法试验，标志应有保护接地端子及其标记；

b）绝缘电阻性能：按照 6.11.3 规定的方法试验，测得标志两个电极与表面之间的绝缘电阻不应低于 20MΩ。

c）安全耐压性能：按照 6.11.4 规定的方法试验后，不应出现击穿的现象。

5.8.3.4　使用太阳能电池供电时，太阳能电池应符合国家相关标准的规定。使用的其他电源也应符合国家相关标准的规定。

5.8.4　金属腐蚀地名标志

表面、接缝应平整光滑。使用的漆膜应符合 5.8.2.3 中的要求。

5.8.5　碑碣式地名标志

其建构筑物应牢固可靠，且具有一定的刚性。

5.9　地名标志的支撑装置

5.9.1　立柱式和悬臂式地名标志，立柱和悬臂应采用耐腐蚀、抗冲击性能好的金属材料和其他新型材料。材料表面光滑，没有污垢、伤痕、裂纹、折叠、轧折、离层和结疤。立柱管顶端应加柱帽。

立柱和悬臂的尺寸，标志与立柱、悬臂的连接方式，立柱的基础大小等，应根据设置地点的风力、标志尺寸规格等因素确定。

必要时，立柱和悬臂等制作完成后，应进行防腐和防锈处理。

5.9.2　附着式地名标志的固定应牢固可靠，其附着的建构筑物应具有一定的刚性。

5.9.3　碑碣式地名标志的固定应牢固可靠。

5.10　地名导向标志

5.10.1　地名导向标志标示地名标志所示地理实体周围的平面图、单位指向等指示信息，用于引导人们方便地到达目的地，通常附着在地名标志的支撑装置上。

5.10.2　区片、小区、街、村、行政区域等地名标志宜附设该区片、小区、街、村、行政区域周围的平面图、单位指向牌等地名导向标志。必要时，其他地名标志可附设地名标志所示地理实体周围的平面图、单位指向牌等地名导向标志。

5.10.3　地名导向标志的安装应牢固可靠。

5.11　外置照明器材

外置照明器材应符合 GB 7000.1 中的相关规定。

6　试验方法

6.1　试样制备

根据不同情况，按下列办法之一制备试样：

a）以完整的标志产品作为试样；

b）从标志产品中划出相应尺寸作为试样；

c）从标志产品中截取相应尺寸作为试样。

6.2　外观检查试验方法

6.2.1　裂纹和气泡

在明亮的环境中（光照度不小于 150lx），面对反光地名标志和长余辉蓄光膜制作的地名标志的图文书写平面目测，然后在表面滴墨水，3min 后将墨水擦掉，检查是否有残留的墨水渗透其中。用四倍放大镜检查气泡，并测量气泡的面积。

6.2.2　损伤和颜色

在明亮的环境中（光照度不小于 150lx），面对地名标志图文书写平面目测，检查是否存在损伤和颜色不均匀等现象。按照 GB 2893 和 GB/T 3979 测量颜色是否符合相关要求。

6.2.3　发光性能

在黑暗环境中，距离标志 5m 处目测正常发光的 LED 地名标志和激发后的长余辉蓄光地名标志图文书写平面，检查是否存在明显发光不均匀现象。

6.3　耐盐雾腐蚀性能试验方法

6.3.1　试验溶液

试验溶液应按照如下步骤配制：

a）将化学纯的氯化钠溶解于蒸馏水或去离子水中，配制成质量分数为 5% ±0.1% 的溶液；

b）采用化学纯的盐酸或氢氧化钠调节溶液的 pH 值，使其在 6.5 ~ 7，但浓度仍须符合本条 a）中的规定，pH 值的测量采用精度为 0.3 的精密 pH 值试纸；

c）溶液在使用之前应过滤。

6.3.2　试验设备

采用盐雾试验箱进行试验。

6.3.3　试验条件

试验条件应符合下列要求：

a）试验时，盐雾箱内的温度为 35℃ ±2℃；

b）试验采用连续雾化；

c）盐雾不得直接喷射到试样上；

d）试验箱工作空间内顶部、内壁以及其他部位的冷凝液不得滴落到试样上；

e）试验设备内外气压应平衡；

f）雾化时，应防止油污、尘埃等杂质和喷射空气的温湿度影响试验箱内的试验条件。

6.3.4　试验步骤

试验按照如下步骤进行：

a）把尺寸为（150～450）mm×150mm 的试样放入盐雾箱内，其受试表面与竖直方向成 30°角；

b）相邻两试样保持一定的间隙，行间距不少于 75mm；

c）试样放置后，按照 6.3.3 规定的试验条件进行规定时间的试验；

d）试验结束后，用流动水轻轻洗去试样表面盐沉积物，再在蒸馏水中漂洗，洗涤水温不得超过 35℃，然后恢复 2h；

e）用四倍放大镜检查试样表面。

6.4　耐湿热性能试验方法

6.4.1　试验设备

采用调温调湿箱进行试验。

6.4.2　试验条件

试验条件应符合下列要求：

a）试样的特性不应明显地影响调温调湿箱内的温湿度条件；

b）调温调湿箱内壁和顶部的凝结水不应滴落到试样上。

6.4.3　试验步骤

试验按照如下步骤进行：

a）把尺寸为（150～600）mm×（90～400）mm 的试样放入调温调湿箱内，相邻两试样正面不相接触；

b）把箱内温度逐渐升至 47℃ ±2℃，相对湿度升至 96% ±2%，达到规定温湿度时，开始计时；

　　c）使试样在规定温湿度条件下进行规定时间的试验；

　　d）关闭电源，使试验箱自然降至室温；

　　e）取出试样，放置2h，用四倍放大镜检查试样表面。

6.5　耐高温性能试验方法

6.5.1　试验设备和试验条件

试验设备应符合6.4.1的要求。试验条件应符合6.4.2的要求。

6.5.2　试验步骤

试验按照如下步骤进行：

　　a）把尺寸为（150~600）mm×（90~400）mm的试样放入调温调湿箱内，相邻两试样正面不相接触；

　　b）把箱内温度逐渐升至70℃±2℃，达到规定温度时，开始计时；

　　c）使试样在规定温度条件下进行规定时间的试验；

　　d）关闭电源，使试验箱自然降至室温；

　　e）取出试样，放置2h，用四倍放大镜检查试样表面。

6.6　耐低温性能试验方法

6.6.1　试验设备和试验条件

试验设备应符合6.4.1的要求。试验条件应符合6.4.2的要求。

6.6.2　试验步骤

试验按照如下步骤进行：

　　a）把尺寸为（150~600）mm×（90~400）mm的试样放入调温调湿箱内，相邻两试样正面不相接触；

　　b）把箱内温度逐渐降至-40℃±2℃，达到规定温度时，开始计时；

　　c）使试样在规定温度条件下进行规定时间的试验；

　　d）关闭电源，使试验箱自然升至室温；

　　e）取出试样，放置2h，用四倍放大镜检查试样表面。

6.7　耐候性能试验方法

6.7.1　试验设备

对试验设备要求如下：

　　a）采用氙灯耐气候试验机进行试验；

　　b）试验机应配备辐照计对累积辐射能量进行监测；

　　c）试验机内应配备黑板测温计，测量试样表面的温度。

6.7.2　试验条件

试验条件应符合下列要求：

　　a）试验过程中，采用连续光照；

　　b）黑板温度为：63℃±3℃；

　　c）喷水周期为：每120min为一个周期，其中18min，连续喷水，102min不喷水。

6.7.3　试验步骤

试验按照如下步骤进行：

　　a）将尺寸为150mm×90mm的试样固定于试样架上；

　　b）按6.7.2规定的试验条件进行规定时间的试验；

　　c）达到规定时间后，若试样所受累积辐射能量小于$4.32×105kj/m^2$，则应延长试验时间，以保证试样所受累积辐射能量值；

　　d）经过规定时间试验后，试样用质量分数为5%±0.5%的盐酸溶液浸泡45s，然后用水彻底冲洗，最后用干净软布擦干，用四倍放大镜检查试样表面。

6.8　辐射性能试验方法

6.8.1　试验设备

采用α、β、γ辐射仪测量试样辐射值，试验设备要求如下：

　　a）α探测效率≥35%（$2π\Phi35^{239}Pu$面源），本底读数小于3个/min；

　　b）β探测效率≥30%（$2π\Phi30^{90}Sr+^{90}Y$面源），本底读数小于120个/min；

　　c）γ探头灵敏度：对^{226}Ra≥6个/min。

6.8.2　试验条件

一般情况下，试验宜在温度为23℃±2℃，相对湿度为50%±10%的环境中进行。环境中不应有明显的辐射干扰。

6.8.3　试验步骤

试验按照如下步骤进行：

　　a）将α测试探头与操作台连接起来，测量周围环境中α射线的本底值；

　　b）测量试样α射线的辐射值；

　　c）更换β、γ探头，测量周围环境中β、γ射线的本底值；

　　d）测量试样β、γ射线的辐射值；

　　e）将测得的试样辐射值与本底值对比。

6.9　抗冲击性能试验方法

6.9.1　试验设备

对试验设备要求如下：

　　a）采用落球冲击试验机进行试验；

　　b）钢球为实心，质量为0.1kg±0.005kg。

6.9.2　试验条件

一般情况下，试验宜在温度为23℃±2℃，相对湿度为50%±10%的环境中进行。

6.9.3　试验步骤

试验按照如下步骤进行：

a）把试样受试面朝上水平放置在试验机的冲击平板上；

b）在试样上方 1m 处，用 6.9.1 规定的钢球自由落下，冲击试样；

c）重新选取 2 个冲击点，重复本条 b）中的过程；

d）冲击后，用四倍放大镜检查试样。

注：本试验方法不适用于使用漆膜作底面的试样。

6.10　长余辉蓄光地名标志亮度测试方法

6.10.1　试验设备

试验设备使用：

a）D65 标准光源；

b）微光亮度仪：精度≤0.1mcd/m^2。

6.10.2　试验条件

一般情况下，试验宜在温度为 23℃ ±2℃，相对湿度为 50% ±10% 的环境中进行。

6.10.3　试验步骤

试验按照如下步骤进行：

a）试验前，试样应避光存放不得少于 12h；

b）采用 D65 标准光源对试样进行激发，激发时间为 15min，激发照度为 4500lx；

c）激发结束，关掉 D65 标准光源；

d）打开微光亮度仪的电源开关，校准设备；

e）用微光亮度仪测量试样的初始亮度；

f）将试样避光存放 10h，用微光亮度仪测量试样的亮度。

6.11　LED 地名标志的亮度和电气安全性能试验方法

6.11.1　亮度性能试验方法

试样正常通电情况下，用 6.10.1 规定的微光亮度仪测量试样的亮度。

6.11.2　安全标记检查方法

采用目测的方法检查保护接地端子及其标记。

6.11.3　绝缘电阻性能试验方法

6.11.3.1　试验设备

对试验设备要求如下：

a）采用能提供 500V 直流测试电压的绝缘电阻测试仪进行试验；

b）仪器接地应妥善可靠。

6.11.3.2　试验条件

试验条件应符合下列要求：

a）操作应在绝缘垫子上进行，操作人员应戴上绝缘手套；

b）一般情况下，试验宜在温度为 23℃ ±2℃，相对湿度为 50% ±10% 的环境中进行。

6.11.3.3　试验步骤

试验按照如下步骤进行：

a）接通电源，校准设备；

b）用 500V 测试电压测量试样某一电极与试样表面之间的绝缘电阻；

c）测量试样另一电极与试样表面之间的绝缘电阻；

d）测量结束，关闭设备电源。

6.11.4　安全耐压性能试验方法

6.11.4.1　试验设备

对试验设备要求如下：

a）采用安全耐压测试仪进行试验；

b）仪器能提供 1500V 交流有效值的测试电压；

c）仪器接地应妥善可靠。

6.11.4.2　试验条件

试验条件应符合 6.11.3.2 的要求。

6.11.4.3　试验步骤

试验按照如下步骤进行：

a）接通电源，校准设备；

b）在试样的电源接线端子与金属外框或可触及的金属构件间施加 1500V 的试验电压，试验 1min；

c）测量结束，关闭设备电源。

6.12　试验报告

试验报告应包括下列内容：

a）受试产品的名称；

b）试验条件；

c）试验设备；

d）说明采用本国家标准中的哪些条款；

e）与本国家标准所规定内容的任何不同之处；

f）试验结果（试验数据及评定结果）；

g）试验日期。

7　检验规则

7.1　型式检验

7.1.1　型式检验的条件

型式检验的条件应符合下列规定：

a）新生产地名标志或转移地址生产地名标志时；

b）地名标志的结构、材料、工艺有较大改变，可能影响产品性能时；

c）停产六个月，恢复生产时；

d）正常批量生产，超过一年时；

e）出厂检验结果与上一次型式检验有较大差异时；

f）国家质量监督检验机构提出型式检验的要求时。

7.1.2　型式检验的项目

型式检验的项目包括本标准第5章和第8章规定的全部要求。

7.1.3　型式检验的组批、抽样、判定

7.1.3.1　用相同材料和工艺生产的地名标志，累计生产1500件，作为一个检验批。

7.1.3.2　一个检验批，共抽取3件，每生产500件随机抽取1件。

7.1.3.3　型式检验时，标准中的全部强制条款有1件的一项不合格时，该型式检验批产品判为不合格；若其他条款出现不合格，应在该批产品中每500件抽取2件，对不合格项进行检验，若仍有1件检验不合格时，则该型式检验批产品判为不合格。

7.2　出厂检验

7.2.1　出厂检验的条件

向用户交货前，应由生产企业的质量检验部门进行出厂检验。

7.2.2　出厂检验的项目

出厂检验项目应包括下列内容：

a）版面内容、版面布局；

b）文字和背景的颜色及色差；

c）尺寸规格；

d）外观；

e）其他性能。

7.2.3　出厂检验的组批、抽样、判定

7.2.3.1　交给每一个用户的产品，作为一个检验批（超过1500件时，应增加检验批）。

7.2.3.2　一个检验批，共抽取 3 件，每生产 500 件随机抽取 1 件，少于 1500 件时，也要抽取 3 件。

7.2.3.3　出厂检验时，若出现一项不合格，应进行返工；返工后重新对不合格项进行检验，若仍不合格，则该出厂检验批产品判为不合格。

8　包装

8.1　产品包装

地名标志的包装应符合 GB/T 9174 的规定，可采用瓦楞纸箱或木箱等包装，包装箱应符合 GB/T 6543、GB/T 7284 和 GB/T 12464 的规定。地名标志之间要加衬垫，不满的箱内要加填充材料。

8.2　包装标志

8.2.1　按照 GB/T 191 的规定，在瓦楞纸箱或木箱上标示"小心轻放"、"禁止滚翻"、"怕湿"等的图示标志。

8.2.2　包装箱上应有明显标签，标签上应包括下列内容：

a) 地名标志的名称和数量；

b) 地名标志产品标准代号；

c) 地名标志生产厂的名称、地址、邮政编码和电话号码；

d) 质量（净重和毛重）；

e) 出厂日期。

8.2.3　包装箱内应附有下述文件：

a) 型式检验报告；

b) 出厂检验合格证；

c) 使用说明书；

d) 装箱单。

8.3　包装件运输

地名标志可用各种交通工具运输。运输时，要避免碰撞、摩擦、雨淋、化学腐蚀性药品及有害气体的侵蚀。

8.4　包装件贮存

地名标志应贮存在清洁、通风的场所，能避免雨、雪、水和腐蚀性物质的侵蚀。

附录 A
（规范性附录）
汉语拼音字母字样和阿拉伯数字字样

A.1 汉语拼音字母字样

A B C D E F G H
I J K L M N O P
Q R S T U V W X
Y Z

A.2 阿拉伯数字字样

1 2 3 4 5 6 7 8
9 0

附录 B
（资料性附录）
地名标志版面示例

图 B.1　海域地名标志版面示例

图 B.2　水系地名标志版面示例

图 B.3　地形地名标志版面示例

图 B.4　省级地名标志版面示例

石家庄市
SHIJIAZHUANG SHI

3/5

图 B.5 地级地名标志版面示例

平山县
PINGSHAN XIAN

3/5

图 B.6 县级地名标志版面示例

平山镇
PINGSHAN ZHEN

3/5

图 B.7 乡级地名标志版面示例

大港开发区
DAGANG KAIFAQU

3/5

图 B.8 专业区地名标志版面示例

金门大桥
JINMEN DAQIAO

3/5

图 B.9 设施地名标志版面示例

五指岩景区
WUZHIYAN JINGQU

3/5

图 B.10 纪念地和旅游地地名标志版面示例

中山街
ZHONGSHAN JIE

3/5

图 B.11 街地名标志版面示例

柳荫巷
LIUYIN XIANG

3/5

图 B.12 巷地名标志版面示例

上清区片
SHANGQING QUPIAN

3/5

图 B.13 区片地名标志版面示例

幸福小区
XINGFU XIAOQU

3/5

图 B.14 区片地名标志版面示例

王家庄
WANGJIAZHUANG

3/5

图 B.15 村地名标志版面示例

清风
小区
QINGFENG XIAOQU

8

3/5

3/5

图 B.16 楼地名标志版面示例

363

图 B.17　门地名标志版面示例

图 B.18　楼单元地名标志版面示例

图 B.19　楼层地名标志版面示例

图 B.20　竖置的碑碣式地名标志版面示例

图 B.21　横置的碑碣式地名标志版面示例

图 B.22　带有图形符号的地名标志版面示例

图 B.23　带有指示方向信息的地名标志版面示例

图 B.24　带有邮政编码的地名标志版面示例

附录 C
（规范性附录）
地名标志长余辉蓄光粉的要求

C.1　外观形态

长余辉蓄光粉的外观形态为固体粉末状。

C.2　亮度性能

把长余辉蓄光粉放置在透明容器中，按照 6.10 规定的方法试验，测得初始亮度应高于 $10000mcd/m^2$，激发结束 10h 的亮度不应低于 $10mcd/m^2$。

C.3　粒度分布

采用激光粒度分析仪测得，粒径在 $40\sim180\mu m$ 范围内的长余辉蓄光粉的质量百分含量不应小于 90%。

C.4　辐射性能

按照 6.8 规定的方法试验，α、β、γ 辐射值不应高于本底读数两倍。

C.5　重金属含量

长余辉蓄光粉的重金属含量应符合下列要求：

a）铅：准确称取 0.5g（精确至 0.0001g）长余辉蓄光粉，按照 GB/T 17141 中第 6 章规定的方法测量铅的含量应符合表 C.1 中的相应规定；

b）镉：准确称取 0.5g（精确至 0.0001g）长余辉蓄光粉，按照 GB/T 17141 中第 6 章规定的方法测量镉的含量应符合表 C.1 中的相应规定；

c）铬：准确称取 0.5g（精确至 0.0001g）长余辉蓄光粉，按照 GB/T 17137 中第 6 章规定的方法测量铬的含量应符合表 C.1 中的相应规定；

d）汞：准确称取 0.5g（精确至 0.0001g）长余辉蓄光粉，按照 GB/T 17136 中第 6 章规定的方法测量汞的含量应符合表 C.1 中的相应规定。

表 C.1　重金属含量要求

重金属类型	限量值　mg/kg
铅	≤90
镉	≤75
铬	≤60
汞	≤60

附录 D
（规范性附录）
地名标志长余辉蓄光膜的要求

D.1 外观

D.1.1 长余辉蓄光膜应有平滑、光洁的外表面。在白天明亮的环境中（光照度不小于150lx），把长余辉蓄光膜自由平放在一平台上，面对长余辉蓄光膜或其防沾纸目测，不应观察到划痕、条纹、气泡和颜色不均匀等缺陷和损伤。其防沾纸也应平滑、干净、无气泡、无污点或其他杂物。

D.1.2 长余辉蓄光膜发光效果应均匀，在暗室中检查激发后长余辉蓄光膜的发光效果，应无明显的暗道、条纹、盲区，允许有轻微的因杂质等引起的盲区存在，单个盲区的面积不应大于$1mm^2$。

D.1.3 长余辉蓄光膜通常应以成卷的形式供货。成卷包装的长余辉蓄光膜应均匀、平整、紧密地被缠绕在一刚性的圆芯上，不应有任何参差不齐的边缘、变形、缺损或夹杂无关的材料等缺陷。每卷长余辉蓄光膜长度不应少于45.72m，并应给出至少0.3m的富余量。整卷长余辉蓄光膜应尽可能减少断头，在不可避免出现拼接时，宽度方向不能拼接，长度方向的接头不应超过三处，在成卷膜的边缘应可看到拼接处。每拼接一处应留出0.5m长余辉蓄光膜的富余量，每段长余辉蓄光膜的连续长度不应小于10m。

D.2 颜色可印刷性能

长余辉蓄光膜应具有颜色的可印刷性能。按照长余辉蓄光膜生产商推荐的彩色的、与长余辉蓄光膜相匹配的油墨及印刷条件、印刷方式等，可对长余辉蓄光膜进行各种颜色的印刷。

D.3 耐候性能

按照6.7规定的方法试验1200h后：

a）长余辉蓄光膜应无明显的裂缝、凹陷、起泡、侵蚀、剥离、粉化或变形；

b）从任何一边均不应出现超过0.8mm的收缩，也不应出现长余辉蓄光膜从基板边缘翘曲或脱离的痕迹；

c）按照6.10规定的方法试验，测得长余辉蓄光膜的初始亮度应高于$5000mcd/m^2$，激发结束10h的亮度不应低于$1.5mcd/m^2$。

D.4 耐盐雾腐蚀性能

按照6.3规定的方法试验120h后，长余辉蓄光膜表面不应出现变色、起泡或侵蚀等现象。

D. 5　耐溶剂性能

按照 GB/T 18833—2002 中 7.7 规定的方法试验后，长余辉蓄光膜表面不应出现软化、皱纹、渗漏、起泡、开裂或表面边缘被溶解等现象。

D. 6　抗冲击性能

按照 6.9 规定的方法试验后，长余辉蓄光膜在受到冲击的表面以外，不应出现裂缝、层间脱离或其他损坏。

D. 7　耐弯曲性能

按照 GB/T 18833—2002 中 7.9 规定的方法试验后，长余辉蓄光膜表面不应出现裂缝、剥落或层间分离等现象。

D. 8　耐高温性能

按照 6.5 规定的方法试验 24h 后，长余辉蓄光膜表面不应出现裂缝、软化、剥离、皱纹、起泡和外观不均匀等现象。

D. 9　耐低温性能

按照 6.6 规定的方法试验 72h 后，长余辉蓄光膜表面不应出现裂缝、软化、剥离、皱纹、起泡和外观不均匀等现象。

D. 10　收缩性能

按照 GB/T 18833—2002 中 7.11 规定的方法试验后，长余辉蓄光膜试样任何一边的尺寸在 10min 内，其收缩不应超过 0.8mm；在 24h 内，其收缩不应超过 3.2mm。

D. 11　附着性能

按照 GB/T 18833—2002 中 7.12 规定的方法试验后，长余辉蓄光膜在 5min 后的剥离长度不应大于 20mm。

D. 12　防沾纸的可剥离性能

按照 GB/T 18833—2002 中 7.13 规定的方法试验后，长余辉蓄光膜无须用水或其他溶剂浸湿，即可方便地手工剥下防沾纸。防沾纸也不应有破损、撕裂或从长余辉蓄光膜上沾下黏合剂的现象。

D. 13　抗拉荷载

按照 GB/T 18833—2002 中 7.14 规定的方法试验后，每 25mm 宽度长余辉蓄光膜的抗拉荷载值（F）不应小于 24N。

D. 14　辐射性能

按照 6.8 规定的方法试验，α、β、γ 辐射值不应高于本底读数两倍。

D. 15　亮度性能

按照 6.10 规定的方法试验，测得初始亮度应高于 $10000mcd/m^2$，激发结束 10h 的亮度不应低于 $3mcd/m^2$。

民政行业标准：
MZ 016—2010
《地名 标志 陆地边境自然地理实体》

前 言

本标准中 4.6.1 条中 a）项、4.6.2 条中 a）项、4.6.2 条中 b）项、4.6.3、4.9.7 五项内容为强制性条款。其余条款为推荐性条款。

本标准的附录 A 为资料性附录。

本标准由中华人民共和国民政部区划地名司提出。

本标准由中华人民共和国民政部批准。

本标准由全国地名标准化技术委员会归口。

本标准由民政部地名研究所负责起草。

本标准主要起草人：戴均良、刘保全、孙秀东、商伟凡、陈德彧、宋久成、庞森权、刘静、汪太明。

地名 标志 陆地边境自然地理实体

1 范围

本标准规定了陆地边境自然地理实体名称标志的术语定义、要求、试验方法和检验规则等。

本标准适用于碑碣式及摩崖石刻式陆地边境自然地理实体名称标志的生产、设置、检验和监督。

2 规范性引用文件

下列文件中的条款通过本标准的引用而成为本标准的条款。凡是注日期的引用文件，其随后所有的修改单（不包括勘误的内容）或修订版均不适用于本标准，然而，鼓励根据本标准达成协议的各方研究是否可使用这些文件的最新版本。凡是不注日期的引用文件，其最新版本适用于本标准。

GB 2893 安全色（GB 2893—2001，neq ISO 3864：1984）

GB 17733 地名　标志

少数民族语地名汉语拼音字母音译转写法 1976 – 06 国家测绘总局、中国文字改革委员会

中国地名汉语拼音字母拼写规则（汉语地名部分）1984 – 12 – 25 中国地名委员会、中国文字改革委员会、国家测绘局

3　术语和定义

下列术语和定义适用于本标准。

3.1

陆地边境自然地理实体 natural features along national boundaries

沿陆地国界线我方一侧纵深 10 公里范围内的自然地理实体，包括山地、盆地、沙漠、河流、湖泊、岛屿等。

3.2

地名标志 signs of geographical names

标示地理实体专有名称及相关信息的设施。

［GB/T 17733，定义 3.2］

4　要求

4.1　基本要求

地名标志的设置应做到醒目、美观、规范、稳固。

4.2　设置方式

4.2.1　碑碣式

碑碣式设置分为两种：

a）竖式碑碣式；

b）横式碑碣式。

4.2.2　摩崖石刻式

摩崖石刻式地名标志采用在山地或岛屿的石壁等天然物体表面进行镂刻的方式。

4.3　规格

4.3.1　碑碣式版面尺寸

碑碣式地名标志的版面尺寸分别为：

a）碑碣式竖置时，版面的高、宽比为 2：1，高为（800～2000）mm，宽为（400～1000）mm；

b）碑碣式横置时，版面的高、宽比为 3：15，高为（600～1200）mm，宽为（1000～2000）mm。

注：在规定的尺寸幅度内，版面的高、宽可酌情同比缩放。

4.3.2　摩崖石刻式的版面尺寸

摩崖石刻式可根据当地自然条件和周围环境，参照碑碣式的比例确定适宜的尺寸规格。

4.3.3　厚度

厚度以确保地名标志的稳固为前提，由各地根据实际情况确定。

4.4　颜色

4.4.1　版面颜色

地名标志的版面应采用下列颜色：

a）背景一般采用基材本色；

b）可根据需要涂刷其它颜色。

4.4.2　文字颜色

文字颜色应符合 GB 2893 关于颜色的规定，应采用下列颜色：

a）红色；

b）黑色。

4.5　书写内容

4.5.1　主体内容

地名标志应书写下列内容：

a）地名的汉字形式；

b）地名的汉语拼音字母拼写形式；

c）民族自治区域地名的通用民族文字。

4.5.2　附设内容

地名标志应附设下列内容：

a）设立单位署名：当地县级以上人民政府；

示例：勐海县人民政府

b）设立时间：年度、月份使用阿拉伯数字。

示例：2008 年 12 月

4.6　书写要求

4.6.1　汉字书写

汉字书写应符合下列要求：

a）使用规范汉字；

b）字体可采用魏碑体或黑体。

4.6.2　民族文字书写

民族文字书写应符合下列要求：

a）在民族自治区域，标示法律规定的通用民族文字；

b）民族文字的字体，按照国家和民族自治区域的有关规定执行。

4.6.3　汉语拼音字母拼写

汉语地名罗马化拼写遵循《中国地名汉语拼音字母拼写规则（汉语地名部分)》，拼音字母全部大写，使用黑体字，不标声调。

4.6.4　阿拉伯数字书写

阿拉伯数字按 GB 17733 附录 A 中图 A.2 中的规定书写。

4.6.5　书写方式

一般采用阴文雕刻的方式书写，刻深不低于5mm，然后涂漆。

4.7　版面布局

4.7.1　基本原则

各项内容整体上分布适中，字体端正，笔画清楚，排列整齐，间隔均匀。

4.7.2　竖置

地名标志竖置时，版面布局如下：

a）无民族文字时，上部五分之四区域竖写地名的汉字形式，下部五分之一区域横写地名的汉语拼音字母形式，示例见附录 A 中图 A.1；

b）有民族文字时，上部五分之一区域横写地名的民族文字形式，中部五分之三区域竖写地名的汉字形式，下部五分之一区域横写地名的汉语拼音字母形式，示例见附录 A 中图 A.2；

c）特殊情况可做适当调整。

4.7.3　横置

地名标志横置时，版面布局如下：

a）无民族文字时，上部五分之三区域横写地名的汉字形式，下部五分之二区域横写地名的汉语拼音字母形式，示例见附录 A 中图 A.3；

b）有民族文字时，上部五分之一区域横写地名的民族文字形式，中部五分之二区域横写地名的汉字形式，下部五分之二区域横写地名的汉语拼音字母形式，示例见附录 A 中图 A.4；

c）特殊情况可做适当调整。

4.7.4　附设内容标示

地名标志附设内容采用下列方式标示：

a）碑碣式书写在底座正面或碑体背面适当位置；

b）摩崖石刻式书写在版面外适当位置。

4.8　设立位置

地名标志应靠近所标示的自然地理实体，可设立在下列位置：

a）山地名称标志，在山口、山腰、山顶、分界处及山间居民地等处设置；

b）盆地名称标志，在盆地的中心及进入盆地边缘地带等处设置；

c）河流名称标志，在渡口、桥梁、源地、汇流处、入海口及岸边居民地等处设置；

d）湖泊名称标志，在湖口、渡口、景区、湖边交通线及沿湖居民地等处设置；

e）岛屿名称标志，在登岸处、最高点及面向航线等明显处设置，最高点碑体应在正反两面书写相同内容；

f）其它地名标志，沙漠、沼泽等可在通常到达的边缘地带设置。

4.9　基本性能

4.9.1　基材

基材应满足下列要求：

a）具有一定的硬度、抗冲击性能、耐腐蚀的石材；

b）碑碣表面应平整，没有伤痕、裂纹、污垢。

4.9.2　耐盐雾腐蚀性能

除试样制备外，其余按照 GB 17733 中 6.3 规定的方法试验 120h 后，试样漆膜表面不应出现变色、起泡和侵蚀等现象。

4.9.3　耐湿热性能

除试样制备外，其余按照 GB 17733 中 6.4 规定的方法试验 48h 后，试样漆膜表面不应出现起泡和脱落等现象。

4.9.4　耐高温性能

除试样制备外，其余按照 GB 17733 中 6.5 规定的方法试验 24h 后，试样漆膜表面不应出现裂缝、软化、剥离、皱纹、起泡、翘曲和外观不均匀等现象。

4.9.5　耐低温性能

除试样制备以及试验箱试验温度为 -60℃±2℃外，其余按照 GB 17733 中 6.6 规定的方法试验 72h 后，试样漆膜表面不应出现裂缝、软化、剥离、皱纹、起泡、翘曲和外观不均匀等现象。

4.9.6　耐候性能

除试样制备外，其余按照 GB 17733 中 6.7 规定的方法试验 1200h 后，试样漆膜表面不应出现变色、裂缝、长霉、起泡、侵蚀、剥离、粉化、变形和脱落等现象。

4.9.7　辐射性能

除试样制备外，其余按照 GB 17733 中 6.8 规定的方法试验，α、β、γ 辐射值不应高于本底读数两倍。

4.9.8　支撑装置

实地固定碑碣式地名标志的可因地制宜，固定应牢固可靠。

5　试验方法

5.1　试样制备

取 200mm×150mm 基材，均匀涂上同质的漆，作为试样。

5.2　试验方法

耐盐雾腐蚀性能试验、耐湿热性能试验、耐高温性能试验、耐低温性能试验、耐候性能试验及辐射性能试验分别按 GB 17733 中 6.3、6.4、6.5、6.6、6.7 及 6.8 规定的方法试验。

5.3　试验报告

试验报告包括内容遵照 GB 17733 中 6.12 的规定。

6　检验规则

6.1　型式检验

型式检验的条件、项目及组批、抽样、判定遵照 GB 17733 中 7.1 的规定。

6.2　出厂检验

出厂检验的条件、项目及组批、抽样、判定遵照 GB 17733 中 7.2 的规定。

附录 A
（资料性附录）
地名标志版面示例

图 A.1　无民族文字的竖置版面示例

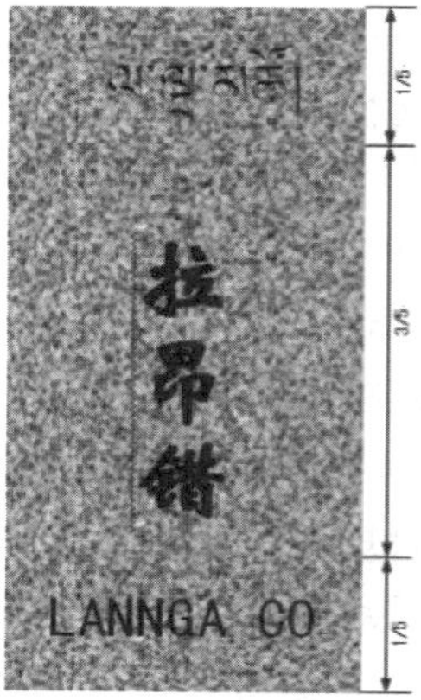

图 A.2　有民族文字的竖置版面示例

图 A.3　无民族文字的横置版面示例

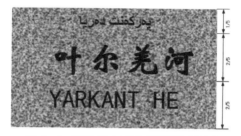

图 A.4　有民族文字的横置版面示例

民政行业标准：
MZ/T 054—2014
《地名　标志设置规范　居民地和行政区域》

前　言

本标准按照 GB/T 1.1—2009 给出的规则起草。

本标准由全国地名标准化技术委员会归口。

本标准起草单位：民政部地名研究所、厦门市民政局、集美大学。

本标准主要起草人：许启大、宋久成、张清华、吴坚、闫雪怡、许天福、林婉霞。

地名　标志设置规范　居民地和行政区域

1　范围

本标准规定了居民地和行政区域地名标志的术语和定义、分类、设置要求等技术指标。

本标准适用于居民地和行政区域地名标志的设置。

2　规范性引用文件

下列文件对于本标准的应用是必不可少的。凡是注日期的引用文件，仅所注日期的版本适用于本标准。凡是不注日期的引用文件，其最新版本（包括所有的修改单）适用于本标准。

GB 17733—2008《地名　标志》

3　术语和定义

下列术语和定义适用于本标准。

3.1

地名　geographical names

人们对各个地理实体赋予的专有名称。

［GB/T 17693.1—2008，定义2.1］

3.2

地名标志 signs of geographical names

标示地理实体专有名称及相关信息的设施。

［GB 17733—2008，定义3.2］

4 分类

4.1 居民地地名标志

包括街、巷、区片、小区、门、楼、楼单元、楼层和村等的地名标志。
［GB 17733—2008，定义4.2.1］

4.2 行政区域地名标志

包括省级（省、自治区、直辖市和特别行政区）地名标志、地级（地级市、自治州、地区行政公署和盟等）地名标志、县级（县、县级市、市辖区、自治县和旗等）地名标志、乡级（乡、镇、民族乡和苏木等）地名标志。
［GB 17733—2008，定义4.2.2］

5 设置要求

5.1 基本要求

居民地和行政区域地名标志的设置应符合 GB 17733—2008 中 5.1.1、5.1.2、5.1.3、5.1.4 的规定。

5.2 安装方式及方向要求

5.2.1 安装方式

综合考虑环境、标志特性等因素选择设置方式，同一路段，同类地名标志设置方式应保持一致。地名标志设置宜采取以下几种方式：

a）立柱式（安装在一根或一根以上的立柱上）；

b）悬臂式；

c）附着式（如钉挂、粘贴、镶嵌等）；

d）碑碣式。

5.2.2 方向要求

街、巷地名标志应与所标示的街、巷平行；行政区域地名标志应与通过行政区域的道路垂直。

5.3 位置要求

5.3.1 居民地地名标志

5.3.1.1 街地名标志

5.3.1.1.1 地名标志应设置在街的起止点、中间主要岔路口；无交叉路段宜每隔500m设置1个地名标志；城市繁华的无交叉路段宜每隔300m设置

1 个地名标志。

5.3.1.1.2 交叉路口地名标志设置应符合以下条件：

a）至少设置 2 个地名标志；

b）采取立柱式设置时，设置位置不应在转角处，而应设置在距离转角沿道路方向 5m 以上适当位置；

c）采取交叉悬臂式设置时，设置位置宜在道路转角处，且地名标志与所标示道路平行。

d）弧线形路口的设置位置不应在弧线处，而应设置在直线道路旁。

5.3.1.1.3 地名标志不应与其他标志相互遮挡。

5.3.1.1.4 地名标志设置应避开以下设施：

a）斑马线；

b）人行道的斜坡；

c）盲道。

5.3.1.1.5 具有隔离带的街，应在道路两侧同时设置地名标志。

5.3.1.2 巷地名标志

5.3.1.2.1 地名标志应设置在巷的起止点、交叉口。

5.3.1.2.2 300m 以上非直线形的巷，转折点距离起止点、交叉点 50m 以上的，在转折点处应设置地名标志。

5.3.1.3 区片地名标志

地名标志应设置在所标示区片面向主要道路的一侧。

5.3.1.4 小区地名标志

地名标志应设置在小区出入口。宜在小区面向道路的明显位置增设地名标志。

5.3.1.5 门地名标志

地名标志应设置在主要出入口。

5.3.1.6 楼地名标志

地名标志应设置在面向主要道路的楼墙上，高度位于第 2 层至第 3 层或距离地面约 6m 处。

5.3.1.7 楼单元地名标志

地名标志应设置在楼单元出入口正上方。

5.3.1.8 楼层地名标志

地名标志应设置在：

位于楼梯与每层连接处的正上方；

位于电梯出口上方和出口对面墙上不低于 2m 高处。

5.3.1.9 村地名标志

地名标志应设置在通向村的道路的显著位置；若国道靠近村，在国道靠近村的一侧应设立地名标志。

5.3.2 行政区域地名标志

5.3.2.1 一般要求

a）地名标志设置应符合以下要求：

b）遵循上级行政区域地名标志优先设置原则；

c）位于所标示的行政区域范围内；

d）标志正面朝向非标示行政区域；

e）包含但不限于5.3.2.2、5.3.2.3、5.3.2.4、5.3.2.5所列出的位置。

5.3.2.2 省级地名标志

地名标志应设置在：

a）通过省级行政区域的主要交通道路与区域界线的交叉点；

b）与省级行政区域界线重合的地理实体（如道路、河流）的起始点、转折点、终点。

5.3.2.3 地级地名标志

地名标志应设置在通过地级行政区域的道路与地级行政区域界线的交叉点。与地级行政区域界线重合的道路上宜设置地名标志。

5.3.2.4 县级地名标志

地名标志应设置在通过县级行政区域的道路与县级行政区域界线的交叉点。

5.3.2.5 乡级地名标志

地名标志应设置在通过乡级行政区域的道路与乡级行政区域界线的交叉点。

民政行业标准：
MZ/T 055—2014
《LED 街巷导向标志》

前 言

本标准按照 GB/T 1.1—2009 给出的规则起草。

请注意本文件的某些内容可能涉及专利。本文件的发布机构不承担识别这些专利的责任。

本标准由全国地名标准化技术委员会（SAC/TC 233）提出并归口。

本标准负责起草单位：民政部地名研究所。

本标准参与起草单位：厦门市民政局、集美大学、厦门市天艺传媒有限公司、常州华日升反光材料股份有限公司。

本标准主要起草人：许启大、宋久成、范晨芳、刘立彬、林婉霞、林少敏。

LED 街巷导向标志

1 范围

本标准规定了 LED（发光二极管）街巷导向标志的术语和定义、分类、要求、试验方法、检验规则、包装等。

本标准适用于 LED 街巷导向标志的生产和检验。

2 规范性引用文件

下列文件对于本文件的应用是必不可少的。凡是注日期的引用文件，仅注日期的版本适用于本文件。凡是不注日期的引用文件，其最新版本（包括所有的修改单）适用于本文件。

GB 2312 信息交换用汉字编码字符集基本集

GB/T 2828.1—2012 计数抽样检验程序第 1 部分：按接收质量限（AQL）

检索的逐批检验抽样计划

GB/T 2828. 4—2008 计数抽样检验程序第 4 部分：生成质量水平的评定程序

GB/T 2828. 11—2008 计数抽样检验程序第 11 部分：小总体生成质量水平的评定程序

GB/T 3979—2008 物体色的测量方法

GB 4208—2008 外壳防护等级（IP 代码）

GB/T 8416—2003 视觉信号表面色

GB/T 10001 标志用公共信息图形符号

GB/T 17733—2008 地名标志

GB/T 18833—2012 道路交通反光膜

GB/T 23828—2009 高速公路 LED 可变信息标志

GB/T 24823—2009 普通照明用 LED 模块性能要求

GB/T 24824—2009 普通照明用 LED 模块测试方法

3 术语和定义

下列术语和定义适用于本文件。

3. 1

地名标志 signs of geographical names

标示地理实体专有名称及相关信息的设施

［GB 17733—2008，定义 3. 2］

3. 2

LED 街巷导向标志

light-emitting diode guidance sign for streets

以 LED 为光源，用来显示与街巷相关导向信息的地名标志。

3. 3

LED 显示屏型街巷导向标志

LED display type guidance sign for streets

以 LED 显示屏为显示方式的 LED 街巷导向标志。

3. 4

LED 灯箱型街巷导向标志

LED light box type guidance sign for streets

以 LED 灯箱为显示方式的 LED 街巷导向标志。

3. 5

LED 镶嵌型街巷导向标志

LED mosaic type guidance sign for streets

4　分类

LED 街巷导向标志以导向标志信息的显示方式可分为：

a）LED 显示屏型街巷导向标志；

b）LED 灯箱型街巷导向标志；

c）LED 镶嵌型街巷导向标志。

5　要求

5.1　版面内容

5.1.1　文字

LED 街巷导向标志上的文字应符合国家标准 GB 17733—2008 相关要求。

LED 显示屏幕上单个文字的显示不低于 16×16 像素。最小尺寸：汉字 120mm×120mm，汉语拼音 60mm×60mm。

5.1.2　图形符号

LED 街巷导向标志上的图形符号及其绘制应符合 GB/T 10001 中相关规定。

5.1.3　动态信息

LED 街巷导向标志可显示动态信息。所显示动态信息宜包括相邻道路名称、指示方向和方位的箭头及所配文字等，均应以单色、自右向左或从上向下滚动方式显示。

5.2　版面布局

LED 街巷导向标志的版面布局应符合 GB 17733—2008 相关规定。

5.3　颜色

5.3.1　文字信息颜色

LED 街巷导向标志所显示文字信息宜用以下颜色其中之一单色显示：

a）红色；

b）黄色；

c）绿色；

d）白色。

5.3.2　背景颜色

LED 显示屏型街巷导向标志的背景颜色可为基板颜色，LED 灯箱型街巷导向标志和 LED 镶嵌型街巷导向标志的背景颜色应符合 GB 17733—2008 中 5.4 的要求。

5.4　尺寸规格

LED 街巷导向标志的尺寸规格要求见表1。

表1 LED 地名标志尺寸规格对照表 单位：毫米

类型	尺寸规格			外沿宽度
	长	宽	厚	
LED 街导向标志	1200～1700	300～700	≤150	≤25
LED 巷导向标志	460～560	160～260	≤150	≤25

5.5 外观

按照 6.3 规定的方法试验后，LED 街巷导向标志应符合如下要求：

a）明显的毛刺、飞边、损伤少于 3 个；

b）划痕、裂纹小于 2mm；

c）显示屏平整度小于 1mm；

d）模块拼接间隙小于 1mm；

e）LED 显示屏幕上的杂点个数不大于万分之一；

f）装配牢固，结构稳定。

5.6 外壳防护等级

LED 街巷导向标志的外壳防护等级应满足 GB 4208—2008 中的规定，不低于 IP65。

5.7 LED 单元模块规格

LED 显示屏所用 LED 单元模块的技术指标应符合如下要求：

a）尺寸不小于 305mm×150mm；

b）像元间距不大于 5mm；

c）像素中心距不大于 10mm；

d）像素解析度不小于 512 像元；

e）封装方式：表贴式。

5.8 反光膜

LED 街巷导向标志中所使用的反光膜应符合 GB 17733—2008 及 GB/T 18833—2012 相关规定。

5.9 基本性能

5.9.1 耐盐雾性能

LED 街巷导向标志的印刷电路板、外壳防腐层和像素及其支撑底板（其他部件由供需双方协定）经 120h 的盐雾试验后，应无明显锈蚀现象，金属构件应无红色锈点，印刷电路板经过 24h 自然晾干后，试验环境温度下应正常工作。

5.9.2 耐湿热性能

LED 街巷导向标志在不通电的状态，温度 + 40℃ 条件下，相对湿度 (96 ±2)% 条件下，试验 8h 后，试验环境温度下 LED 街巷导向标志应正常工作。

5.9.3 耐高温性能

LED 街巷导向标志在不通电的状态，温度 + 70℃ 条件下，试验 8h 后，试验环境温度下 LED 街巷导向标志应正常工作。

5.9.4 耐低温性能

LED 街巷导向标志在不通电的状态，温度 – 40℃ 条件下，试验 8h 后，试验环境温度下 LED 街巷导向标志应正常工作。

5.9.5 耐候性能

LED 街巷导向标志的印刷电路板、外壳防腐层和像素及其支撑底板（其他部件由供需双方协定）经两年自然暴晒试验或 1200h 人工加速老化试验累积能量达到 $3.5 \times 10^3 \mathrm{kj/m^2}$ 后，产品外观应无明显褪色、粉化、龟裂、溶解、锈蚀等老化现象，色品坐标满足 5.11.3 的要求，试验环境温度下 LED 街巷导向标志应正常工作。

5.9.6 耐冲击性能

按 6.7.6 的方法进行试验后，不应出现裂纹等破损。

5.10 电性能

5.10.1 功率因数

LED 的功率因数应符合：功率≤5W，功率因素≥0.5；5W < 功率≤15W，功率因素≥0.7；功率 > 15W，功率因素 > 0.85。功率因素应符合宣称值，实测值应不小于宣称值的 95%。

LED 模块的功率：非显示屏型 LED 模块在额定电压/电流和额定频率下稳定工作时，其实际消耗的功率与额定功率之差应不大于 10%。非显示屏型的 LED 模块在额定电压和额定频率下稳定工作时，其实际消耗的功率与额定功率之差不应大于 15%。

5.10.2 LED 失效性能

LED 街巷导向标志失控的像素个数与像素总数比应小于万分之一。

5.11 光学性能

5.11.1 视认性能

LED 街巷导向标志的视认角应不小于 30 度；静态最佳视认距离应为 5 ~ 30m。

5.11.2 发光强度性能

单颗 LED 发光强度应符合：红色不小于 3cd，绿色不小于 6cd，蓝色不小于 20cd，黄色不小于 5.5cd。各颜色最大发光强度不大于 25cd。

5.11.3 色度性能

LED 街巷导向标志所显示颜色应属于图 1 和表 2 的颜色范围。

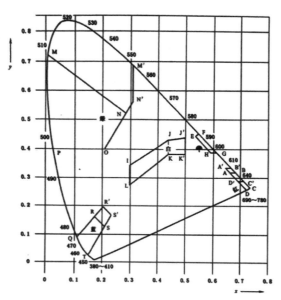

注：引自 GB/T 8416—2003 视觉信号表面颜色

图 1 LED 街巷导向标志像素发光颜色在 CIE 1931 色度图（x，y）上的色品区域图

表 2 LED 街巷导向标志颜色在 CIE 1931 色度图上的色品区域顶点坐标

颜色	边界线交点色品坐标							
	1		2		3		4	
	x	y	x	y	x	y	x	y
白色	0.300	0.342	0.440	0.432	0.440	0.382	0.300	0.276
红色	0.660	0.320	0.680	0.320	0.735	0.265	0.721	0.259
绿色	0.009	0.720	0.310	0.684	0.310	0.562	0.284	0.520
蓝色	0.109	0.087	0.173	0.160	0.208	0.125	0.149	0.025
黄色	0.536	0.444	0.547	0.452	0.613	0.387	0.593	0.387

5.11.4 LED 模块色漂移

LED 街巷导向标志的 LED 模块的平均颜色漂移不应大于表 3 的要求。

表 3 模块的平均颜色漂移

寿命时间的颜色特性	参数			
	3 000h		6 000h	
	Δu	Δv	Δu	Δv
颜色坐标	± 0.004	± 0.004	± 0.004	± 0.004

5.11.5 扫描性能

LED 街巷导向标志显示内容应清晰稳定。采用动态扫描驱动显示方式的显示屏，扫描方式应采用 1/4 扫描，每屏刷新频率不低于 400Hz。

5.12 安全性能

5.12.1 设置安全

LED 街巷导向标志的小边缘距地面的高度不宜小于 2m。小于 2m 时，LED 街巷导向标志的边角不宜过锐。

5.12.2 保护接地端子

LED 街巷导向标志应有保护接地端子及保护接地端子标记。

5.12.3 对地漏电流性能

按照 6.10.1 规定的方法测试后，LED 街巷导向标志的对地漏电流不超过 3.5mA（交流有效值）。

5.12.4 绝缘电阻性能

按照 6.10.2 规定的方法试验后，LED 街巷导向标志两个电极与表面的绝缘电阻不应低于 20MΩ。

5.12.5 安全耐压性能

按照 6.10.3 规定的方法试验后，LED 街巷导向标志不应出现击穿的现象。

5.13 功能要求

5.13.1 显示内容

LED 街巷导向标志的 LED 模块在关闭状态时，LED 街巷导向标志不应产生微光。应至少显示 GB 2312 指定的全部汉字和数字及字符，并且能控制全亮与全灭。

5.13.2 自检功能

LED 街巷导向标志应设置自检功能和工作状态指示灯。

通过自检功能，应将发光像素、通信接口及其他单元的工作状态正确检测出来，可在工作状态指示灯上显示并上传给主控单元。

5.13.3 调光功能

LED 街巷导向标志应具备时间调光功能，即可根据预设时间调节亮度，使 LED 模块白天正常光照情况下，LED 模块所显示信息清晰可见，夜晚不形成光污染。

宜具备环境调光功能，即可根据环境亮度调节光强以不产生光晕。

6 试验方法

6.1 试验条件

6.1.1 发光二极管的试验条件

试验条件应符合下列要求：

a）环境温度：（25±1）℃；

b）环境湿度：（50±5）%。

6.1.2 其他项目的试验条件

试验条件应符合下列要求：

a）环境温度：+15℃ ~ +35℃；

b）环境湿度：35% ~75%；

c）大气压力：85 ~106 kPa。

6.2 试样制备

应按下列办法之一制备试样：

a）以完整 LED 街巷导向标志为试样；

b）截取合适单元模块或合适尺寸材料。

6.3 外观检验试验方法

在明亮的环境中（光照度不小于150 lx）由检测人员通过目测法和手感法给出合格与不合格两个等级。

6.4 外壳防护等级试验方法

按 GB 4802—2008 规定试验。

6.5 LED 单元模块试验方法

用目测法及精度为0.1mm 的钢尺测量。

6.6 反光膜试验方法

按 GB 17733—2008 规定试验。

6.7 基本性能试验方法

6.7.1 耐盐雾腐蚀性能试验方法

按 GB 17733—2008 中的6.3 方法进行试验。

6.7.2 耐湿热性能试验方法

按 GB 17733—2008 中的6.4 方法进行试验。

6.7.3 耐高温性能试验方法

按 GB 17733—2008 中的6.5 方法进行试验。

6.7.4 耐低温性能试验方法

按 GB 17733—2008 中的 6.6 方法进行试验。

6.7.5 耐候性能试验方法

按 GB 17733—2008 中的 6.7 方法进行试验。

6.7.6 抗冲击性能试验方法

按 GB 17733—2008 中的 6.9 方法进行试验。

6.8 电性能试验方法

6.8.1 功率因数试验方法

用电量测量仪（也称数字电参数表），通过内接法和外接法测量交流供电的 LED 模块功率及功率因素。测三次数值，取平均值。每次测试取 7 个点，测得相应电流和电压数值绘得功率图，计算功率因素。

6.8.2 LED 失效性能试验方法

可用目测法对 LED 失控性能进行测试，或由试样的自检功能测试。

6.9 光学性能试验方法

6.9.1 视认性能试验方法

用目测法，在距 LED 街巷导向标志 5 m、15 m、25 m、45 m 处分别检测视认效果。

6.9.2 发光强度性能试验方法

试样正常通电情况下，可按 GB 17733—2008 中的 6.10.1 规定，用微光亮度仪测量试样的亮度再换算。

6.9.3 色度性能试验方法

用积分球光谱辐射计通过替代法测量 LED 模块的平均颜色特性。可采用如下步骤：

a）用普通白炽灯或卤钨灯作为标准灯，对积分球系统定标；

b）用同类型的 LED 模块作为标准灯校准积分球光谱辐射计；

c）测量 LED 模块的功率分布，按 GB/T 3979—2008 推荐的方法计算被测 LED 模块的平均颜色参数。

6.10 安全性能试验方法

6.10.1 对地漏电流性能试验方法

在 1.1 倍额定电源电压下，测试 LED 显示屏电源线对金属外框间的对地漏电流。

6.10.2 绝缘电阻性能试验方法

按 GB 17733—2008 中的 6.11.3 方法进行试验。

6.10.3 安全耐压性能试验方法

按 GB 17733—2008 中的 6.11.4 方法进行试验。

6.11 试验报告

试验报告应包括下列内容：

a）受试产品的名称；

b）试验条件；

c）试验设备；

d）说明采用本标准的哪些条款；

e）与本标准所规定内容的任何不同之处；

f）实验结果（试验数据及评定结果）；

g）试验日期。

7 检验规则

7.1 型式检验

产品的型式检验应由国家法定的质量监督机构组织进行。

凡有下列情况之一时，应进行型式检验：

a）新产品试制定型鉴定或老产品转厂生产；

b）正式生产后，如结构、材料、工艺有较大改变，可能影响产品性能时；

c）产品停产半年以上，恢复生产时；

d）正常批量生产时，每年一次；

e）国家质量监督机构提出要求时。

型式检验的样品应随机抽取一个完整的样品。

型式检验的项目及顺序按 LED 街巷导向标志类型，依表 4（按 GB/T 2828.1 制定）逐项进行。

型式检验中，电气安全性能不合格时，该次型式检验为不合格；若其他项目出现不合格时，应在同一批产品中加倍抽取试样，对不合格项进行检验，若仍不合格，则该次型式检验不合格。

表 4 样品检验项目、分类及 AQL

特性名称	分类	AQL
外观	C	3
外壳防护等级	B	2
LED 单元模块规格	A	1
反光膜	A	1
耐盐雾性能	A	1

续表

特性名称	分类	AQL
耐湿热性能	A	1
耐高温性能	A	1
耐低温性能	A	1
耐候性能	A	1
耐冲击性能	A	1
功率因数	B	2
LED 失效性能	B	2
视认性能	A	1
发光强度性能	A	1
色度性能	B	2
LED 模块色漂移	B	2
扫描性能	B	2
对地漏电流性能	A	0
绝缘电阻性能	A	0
安全耐压性能	A	0
功能要求	B	2

7.2　出厂检验

生产厂商可按 GB/T 2828.1—2012 进行出厂检验。

7.3　监督检验

监督部门可按 GB/T 2828.4—2008 和 GB/T 2828.11—2008 进行监督检验。

8　包装

LED 街巷导向标志的产品包装、包装标志、包装件运输及包装件贮存应符合 GB 17733—2008 中第 8 章所规定的包装要求。

参考文献

［1］GB 7000.1—2007　灯具　第 1 部分：一般要求与试验

［2］DB 3502/Z 015—2011 LED 地名标志　路（街、巷）

［3］CIE 217—2007　LED 的测量

［4］CIE 15：2004　比色法

［5］SJ/T 11141—2003　LED 显示屏通用规范

［6］SJ/T 11241—2003　LED 显示屏测试方法

民政行业标准：
MZ/T 109—2018
《地名标志用支撑件》

前　言

本标准按照 GB/T 1.1—2009 给出的规则起草。

请注意本文件的某些内容可能涉及专利。本文件的发布机构不承担识别这些专利的责任。

本标准由全国地名标准化技术委员会（SAC/TC 233）提出并归口。

本标准起草单位：民政部地名研究所。

本标准主要起草人：范晨芳、教明铭、罗剑兴、李森、李欢书。

地名标志用支撑件

1　范围

本标准规定了地名标志用支撑件的要求、试验方法、检验规则、包装等。

本标准适用于金属钢构件地名标志用支撑件的生产、使用和质量评定。

2　规范性引用文件

下列文件对于本文件的应用是必不可少的。凡是注日期的引用文件，仅所注日期的版本适用于本文件。凡是不注日期的引用文件，其最新版本（包括所有的修改单）适用于本文件。

GB/T 228.1 金属材料 拉伸试验 第1部分：室温试验方法

GB/T 1732 漆膜耐冲击测定法

GB/T 2406.1 塑料 用氧指数法测定燃烧行为 第1部分：导则

GB/T 8162 结构用无缝钢管

GB/T 11547 塑料 耐液体化学试剂性能的测定

GB/T 13793 直缝电焊钢管

GB/T 16938 紧固件 螺栓、螺钉、螺柱和螺母通用技术要求

GB 17733—2008 地名　标志

GB/T 18226—2015 公路交通工程钢构件防腐技术条件

GB/T 26941.1—2011 隔离栅 第 1 部分：通则

3　术语和定义

下列术语和定义适用于本文件。

3.1

地名标志　signs of geographical names

标示地理实体专有名称及相关信息的设施。

［GB 17733—2008，定义 3.2］

3.2

支撑件　support

支撑、连接和紧固地名标志牌的构件。

4　要求

4.1　设置

4.1.1　地名标志用支撑件一般采用立柱式、悬臂式等方式设置。

4.1.2　根据设置需要选择预埋或直埋的方式。

4.2　结构

4.2.1　支撑件一般应采用金属钢构件，也可根据需要采用铝合金型材、钢筋混凝土柱或木柱等。金属钢构件采用不耐腐蚀材料时，应进行镀锌或涂塑等防腐处理。

4.2.2　金属钢构件的形状和尺寸应符合设计要求，结构用无缝钢管的外径、厚度、弯曲度应符合 GB/T 8162 的要求，直缝电焊钢管的外径、厚度、弯曲度应符合 GB/T 13973 的要求。

4.2.3　根据需要加盖涂有防腐层的柱帽，柱帽结构尺寸应符合设计要求。

4.3　外观

4.3.1　支撑件表面应光滑无污垢，不应存在明显的锈蚀、裂纹、破损、划痕、变形、离层、结疤等缺陷。

4.3.2　支撑件外观颜色应与标志板协调一致。

4.3.3　镀锌层应均匀完整，颜色一致、光滑、不应有流挂、滴瘤或多余结块、漏镀及焊缝等缺陷。

4.3.4　涂塑层应均匀光滑、连续，无肉眼可分辨的小孔、空间、孔隙、裂缝、脱皮等缺陷。

4.4　涂层性能

4.4.1　镀锌量

采用金属钢构件作支撑件，其涂层质量应符合 GB/T 18226 的要求，按 5.3.1 规定的方法试验，其镀锌量应满足以下规定：

a）立柱、悬臂、法兰盘等大型构件，其镀锌量不应低于 $600g/m^2$；

b）紧固件等小型构件，其镀锌量不应低于 $350g/m^2$。

4.4.2　镀锌层均匀性

按 5.3.2 规定的方法试验后，镀锌层表面应均匀，无金属铜的沉淀物。

4.4.3　镀锌层附着性能

镀锌构件的镀锌层和基底金属应连接紧密牢靠，按 5.3.3 规定的方法试验后，镀锌层不应出现剥离、凸起、开裂或起层到用裸手指可以擦掉的程度等现象。

4.4.4　涂塑层耐冲击性能

按 5.3.4 规定的方法试验后，除冲击部位外，无明显裂纹、皱纹及涂塑层脱落等现象。

4.4.5　涂塑层抗弯曲性能

按 5.3.5 规定的方法试验后，涂塑层应无肉眼可见的裂纹或脱落等现象。

4.4.6　涂塑层附着性能

按 5.3.6 规定的方法试验后，热塑性粉末涂层不低于 2 级，热固性粉末涂层不低于 0 级。

4.4.7　涂塑层耐化学药品性能

按 5.3.7 的方法试验后，涂塑层应无气泡、软化、黏结丧失等现象。

4.4.8　涂塑层阻燃性能

涂塑层和高分子塑料构件应为难燃材料，按 5.3.8 规定的方法试验后，其氧指数应大于 27。

4.5　材料力学性能

立柱、悬臂、紧固件等支撑件的力学性能应符合 GB/T 8162、GB/T 13793、GB/T 228.1、GB/T 16938 及有关要求。

4.6　环境性能

4.6.1　耐候性能

按 5.4.1 规定的方法人工加速老化 1200h 试验后：

a）支撑件应无裂纹、裂痕、锈迹、腐蚀、凹陷、起泡、剥离、粉化等现象；

b）涂层性能应符合 GB/T 18226 中的相关要求。

4.6.2　耐盐雾腐蚀性能

按5.4.2的方法试验后，支撑件表面涂层不应有变色、起泡，金属钢构件不应有腐蚀现象。

4.6.3　耐高温性能

按5.4.3的方法试验后，支撑件表面涂层不应出现裂缝、软化、剥落、皱纹、起泡、翘曲等现象。

4.6.4　耐低温脆化性能

按5.4.4规定的方法试验后：

a）支撑件表面涂层不应出现变色、开裂等现象；

b）按5.3.4规定的方法对支撑件进行冲击后，其性能应符合4.4.4的要求。

4.6.5　耐湿热性能

按5.4.5规定的方法试验后，支撑件表面涂层不应出现软化、剥落、皱纹、起泡、翘曲等现象。

4.6.6　抗风性能

地名标志用支撑件在以下情况，不应出现开裂、变形及与地名标志板分离等现象：

a）一般城市使用时，承受蒲福风力表中的8级以上风1h；

b）强风城市、沿海城市和非城市地区使用时，承受蒲福风力表中的12级以上风1h。

5　试验方法

5.1　制备试样

根据需要按下列方法之一制备试样：

a）以完整的支撑件产品作为试样；

b）从支撑件产品中截取试验所需尺寸作为试样；

c）使用支撑件原材料，按试验所需要求制成试样。

试验前，试样应在标准试验环境（温度23℃±2℃、相对湿度50%±10%）中放置24h。

5.2　外观检查试验方法

在明亮的环境中（光照度不小于150lx）目测检查，外观是否存在缺陷。

5.3　涂层性能试验方法

5.3.1　镀锌量试验方法

镀锌层附着量采用重量法测定，按GB/T 26941.1—2011中附录C方法试验。

5.3.2 镀锌层均匀性试验方法

截取 300mm 的立柱试样，采用硫酸铜浸渍法，按 GB/T 26941.1—2011 中附录 A 方法试验。

5.3.3 镀锌层附着性能试验方法

采用锤击试验测定，按 GB/T 26941.1—2011 中附录 B 方法试验。

5.3.4 涂塑层耐冲击性能试验方法

截取 300mm 的立柱试样，按 GB/T 1732 规定的方法试验。

5.3.5 涂塑层抗弯曲性能试验方法

制取 300mm 长的试样，在 15s 内以均一速度绕芯棒 180°，芯棒直径为试样直径的 4 倍。

5.3.6 涂塑层附着性能试验方法

按 GB/T 26941.1 中规定的方法试验。

5.3.7 涂塑层耐化学药品性能试验方法

按 GB/T 11547 规定的方法试验，试验溶液浓度和浸泡时间见表 1。

表 1 涂塑层耐化学药品性能试验要求

溶液类型	溶液浓度（%）	浸泡时间（h）
H_2SO_4	30	720
NaOH	1	240
NaCl	10	720

注：H_2SO_4、NaOH 和 NaCl 溶液均为质量百分比浓度。

5.3.8 涂塑层阻燃性能试验方法

涂塑层的阻燃性能按 GB/T 2406.1 中的规定试验。

5.4 环境性能试验方法

5.4.1 耐候性能试验方法

制取 150mm×90mm 的试样，按 GB 17733 的耐候性能试验方法进行试验。

5.4.2 耐盐雾腐蚀性能试验方法

制取 150mm×90mm 的试样按 GB 17733 的耐盐雾腐蚀性能试验方法进行试验。

5.4.3 耐高温性能试验方法

制取 150mm×90mm 的试样按 GB 17733 的耐高温性能试验方法进行试验。

5.4.4 耐低温脆化性能试验方法

制取 150mm×90mm 试样无遮挡放入调温调湿箱中，控制温度在 −60℃±5℃，进行 168h 的试验。试验后在常温环境下放置 2h，按 5.3.4 的规定进行耐冲击性能与试验前结果进行比对。

5.4.5 耐湿热性能试验方法

制取 150mm×90mm 的试样按 GB 17733 的耐湿热性能试验方法进行试验。

6 检验规则

6.1 型式检验

6.1.1 型式检验条件

下列情况之一时，应进行型式检验：

a）新产品试制定型鉴定或老产品转厂生产时；

b）正式生产后，如结构、材料、工艺有较大改变，可能影响产品性能时；

c）产品停产一年或一年以上，恢复生产时；

d）正常批量生产时，两年一次；

e）出厂检验结果与上一次型式检验有较大差异时；

f）国家质量监督机构提出要求时。

6.1.2 型式检验项目

型式检验的项目包括本标准第 5 章的全部要求。

6.1.3 型式检验抽样

型式检验的样品应随机抽取一个完整的样品。

6.2 出厂检验

6.2.1 出厂检验条件

向用户交货前，应由生产厂商的质量检验部门进行出厂检验。

6.2.2 出厂检验项目

出厂检验项目应包括下列内容：

a）尺寸规格；

b）外观；

c）其他性能。

6.3 判定规则

按照 GB 17733—2008 中 7.2.3 的要求进行。

7 产品的标志、包装、运输和贮存

按照 GB 17733—2008 中第 8 章的要求进行。

民政行业标准：
MZ/T 110—2018
《地名标志用蓄光膜》

前　言

本标准按照 GB/T 1.1—2009 给出的规则起草。

请注意本文件的某些内容可能涉及专利。本文件的发布机构不承担识别这些专利的责任。

本标准由全国地名标准化技术委员会（SAC/TC 233）提出并归口。

本标准负责起草单位：民政部地名研究所。

本标准主要起草人：王胜三、宋久成、范晨芳、罗剑兴、李森。

地名标志用蓄光膜

1　范围

本标准规定了地名标志用蓄光膜的术语和定义、要求、试验方法、检验规则和产品的标志、包装、运输和贮存。

本标准适用于楼牌、门牌、街巷牌等地名标志用蓄光膜的生产、制作和质量评定。

2　规范性引用文件

下列文件对于本文件的应用是必不可少的。凡是注日期的引用文件，仅所注日期的版本适用于本文件。凡是不注日期的引用文件，其最新版本（包括所有的修改单）适用于本文件。

GB/T 2406.2—2009 塑料 用氧指数法测定燃烧行为 第 2 部分：室温试验

GB/T 2918 塑料试样状态调节和试验的标准环境

GB/T 3681 塑料 自然日光气候老化、玻璃过滤后日光气候老化和菲涅尔透镜加速日光气候老化的暴露试验方法

GB/T 5169. 10 电工电子产品着火危险试验 第 10 部分：灼热丝/热丝基本试验方法 灼热丝装置和通用试验方法

GB/T 5169. 11 电工电子产品着火危险试验 第 11 部分：灼热丝/热丝基本试验方法 成品的灼热丝可燃性试验方法

GB/T 6994—2006 船舶电气设备 定义和一般规定

GB/T 8170 数值修约规则与极限数值的表示和判定

GB 17733—2008 地名　标志

GB/T 18833—2012 道路交通反光膜

GA 480. 3—2004 消防安全标志通用技术条件 第 3 部分：蓄光消防安全标志

3　术语和定义

下列术语和定义适用于本标准。

3.1

地名标志　signs of geographical names

标示地理实体专有名称及相关信息的设施。

［GB 17733—2008，定义 3. 2］

3.2

蓄光膜　long afte rglow film

能够在紫外光或可见光照射停止后，持续一段时间发出可见光的膜。

3.3

离型材料　self release material

防止预浸料粘连且保护预浸料不受污染的材料。

3.4

亮度　luminance

在某方向上单位投影面积的面光源沿该方向的发光强度。

4　要求

4.1　外观

按照 5.3 规定的方法试验，蓄光膜的外观应平滑、光洁，不应存在涂胶不均或局部无胶，不应观察到明显的异物、划痕、条纹、起泡、褶皱、凹陷、变形、颜色不均匀等缺陷与损伤。其离型材料应平滑、干净、无气泡、无污点或其他杂物。

4.2　颜色可印刷性能

按照厂商推荐的与蓄光膜相匹配的油墨、印刷条件及印刷方式等，可对其进行各种颜色的印刷。

4.3 光学性能

4.3.1 发光性能

按照 5.4.3 规定的方法试验，蓄光膜表面应无明显暗道、条纹、盲区等发光不均匀现象。允许有轻微的因杂质等引起的盲区存在，单个盲区的面积不应大于 $1mm^2$。

4.3.2 亮度性能

按照 5.4.4 规定的方法试验，蓄光膜的初始亮度应高于 $10000mcd/m^2$，激发结束 10h 后的亮度不应低于 $3mcd/m^2$。

4.3.3 色度性能

按照 5.4.5 规定的方法试验，蓄光膜的色品坐标和亮度因数应符合表 1 的规定。

表 1 蓄光膜的色品坐标范围和亮度因数

用角点坐标确定的色品坐标范围																		亮度因数 β
1		2		3		4		5		6		7		8		9		
x	y	x	y	x	y	x	y	x	y	x	y	x	y	x	y	x		
0.378	0.425	0.320	0.339	0.323	0.339	0.317	0.328	0.313	0.323	0.306	0.322	0.311	0.333	0.315	0.336	0.336	0.422	≥0.68

表中数值引自 GA 480.3—2004 中表 1。

4.4 基本性能

4.4.1 附着性能

蓄光膜背胶应具备足够的附着力，且各结构层间结合牢固。按照 5.5 规定的方法试验，5min 后的剥离长度 L 不应大于 20mm。

4.4.2 离型材料可剥离性能

按照 5.6 规定的方法试验后，离型材料可方便地手工剥离，且无破损、撕裂或从蓄光膜上带下背胶等现象出现。

4.4.3 抗拉荷载性能

按照 5.7 规定的方法试验，蓄光膜的抗拉荷载值不应小于 24N。

4.4.4 耐弯曲性能

按照 5.8 规定的方法试验后，蓄光膜表面不应出现裂缝、剥落、层间脱离或其他现象。

4.4.5 收缩性能

按照 5.9 规定的方法试验后，蓄光膜不应出现明显收缩。任何一边的尺寸在 10min 内收缩不应超过 0.8mm，24h 内收缩不应超过 3.2mm。

4.4.6 耐盐雾腐蚀性能

按照 5.10 规定的方法试验 120h 后，蓄光膜表面不应出现变色、渗漏、起泡或被侵蚀等现象。

4.4.7 耐湿热性能

按照 5.11 规定的方法试验 48h 后，蓄光膜表面不应出现变色、软化、褶皱、起泡或剥离等现象。

4.4.8 耐高温性能

按照 5.12 规定的方法试验 24h 后，蓄光膜表面不应出现变色、软化、褶皱、起泡或剥离等现象。

4.4.9 耐低温性能

按照 5.13 规定的方法试验 72h 后，蓄光膜表面不应出现变色、裂纹、褶皱、起泡或剥离等现象。

4.4.10 耐候性能

按照 5.14 规定的方法自然老化 24 个月或人工加速老化 1200h 试验后：

a）蓄光膜表面不应出现明显变色、变形、裂缝、凹陷、起泡、侵蚀、剥离或脱落等现象；

b）蓄光膜从任何一边均不应出现超过 0.8mm 的收缩，也不应出现从基板边缘脱离的痕迹；

c）按照 5.4.4 规定的方法测量，蓄光膜的初始亮度应高于 $5000 mcd/m^2$，激发结束 10h 后的亮度不应低于 $1.5 mcd/m^2$。

4.4.11 辐射性能

按照 5.15 规定的方法试验，α、β、γ 辐射值不应高于本底读数的两倍。

4.4.12 抗冲击性能

按照 5.16 规定的方法试验后，蓄光膜在受到冲击的表面以外不应出现裂缝、剥落、层间脱离或其他现象。

4.4.13 耐溶剂性能

按照 5.17 规定的方法试验后，蓄光膜表面不应出现变色、软化、褶皱、裂缝、渗漏、起泡、剥离或被溶解等现象。

4.4.14 耐燃烧性能

按照 5.18 规定的某一方法试验，根据所采用的试验方法，蓄光膜应达到下列相关性能要求：

a）蓄光膜的氧指数不应低于 26（对应 5.18.1）；

b）通过 850℃ 灼热丝试验（对应 5.18.2）；

c）通过阻燃性试验（对应 5.18.3）。

5　试验方法

5.1　试样制备

根据不同情况，按下列方法之一制备试样：

a）直接裁取相应尺寸作为试样；

b）裁取相应尺寸，剥离离型材料制备试样；

c）使用基板制备试样，其基板应符合以下要求：

1）厚度为0.8～2.0mm的金属板；

2）表面应光滑、平整，无伤痕、裂纹和污垢，必要时，适当打磨清洗、做防锈处理；

3）应具有一定的硬度、抗冲击、耐弯曲和抗拉伸性能。

d）按本标准规定的要求制备试样。

5.2　试验条件

试验前，应按照GB/T 2918的规定，在温度为23℃±2℃，相对湿度为50%±10%的环境中放置24h以上；试验中，宜在相同温、湿度环境下进行各项试验。

5.3　外观检查试验方法

在明亮的环境中（光照度不少于150lx），面对蓄光膜和离型材料进行目测检查。

5.4　光学性能试验方法

5.4.1　试样制备

将150mm×150mm的蓄光膜剥离离型材料后，粘贴于同等尺寸的基板上，制成试样。

5.4.2　试验条件

试验前，试样应避光存放；试验中，除规定的激发时间内的激发光源照射外，不允许有可见光或紫外光等杂散光干扰。

5.4.3　发光性能试验方法

按照GB 17733—2008中的6.2.3方法进行试验。

5.4.4　亮度性能试验方法

按照GB 17733—2008中的6.10方法进行试验。

5.4.5　色度性能试验方法

在黑暗环境中，使用最小分度值小于10^{-3}的一级测色仪，对试样5个不同部位进行色品坐标和亮度因数测量，计算5个部位的平均值作为测量结果。

5.5　附着性能试验方法

按照GB/T 18833—2012中的6.8方法进行试验。如图1所示，裁取

200mm×25mm 的蓄光膜制成试样。

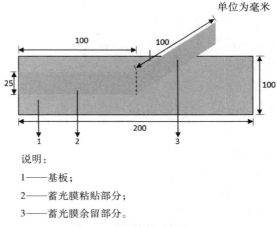

说明：

1——基板；

2——蓄光膜粘贴部分；

3——蓄光膜余留部分。

图1 附着性能试样图示

将蓄光膜面朝下，平放在附着性测试仪器上，如图2所示，使用800g±4g的重锤，与基板成90°角下垂。5min后，测量蓄光膜被剥离的长度L。

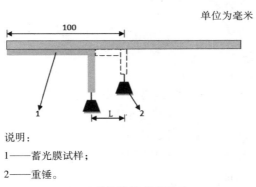

说明：

1——蓄光膜试样；

2——重锤。

图2 附着性能试验图示

5.6 离型材料可剥离性能试验方法

将6600g±33g重物压在150mm×25mm的蓄光膜试样上面，置于70℃±2℃的调温调湿箱中4h，在试验箱自然降至室温后，用手剥离离型材料，并进行检查。

5.7 抗拉荷载性能试验方法

裁取150mm×25mm的蓄光膜剥离中间100mm的离型材料制成试样，装入精度为0.5级的拉力试验机夹紧装置中，使试样宽度上负荷均匀分布，开启试验机，以300mm/min的速度拉伸，记录断裂时的抗拉荷载值。

5.8 耐弯曲性能试验方法

按照 GB/T 18833—2012 中的 6.7 方法进行试验，裁取 230mm×70mm 的蓄光膜作为试样，使用耐弯曲性能测试仪器，在 1s 内沿长度方向绕直径为 3.20mm±0.05mm 的圆棒进行对折弯曲，然后放开试样，检查其表面变化。

5.9 收缩性能试验方法

裁取 230mm×230mm 的蓄光膜剥离离型材料制成试样，背面朝上放置在平台上。在 10min 和 24h 时，分别测出试样的尺寸变化。

5.10 耐盐雾腐蚀性能试验方法

按照 GB 17733—2008 中的 6.3 方法进行试验。

5.11 耐湿热性能试验方法

按照 GB 17733—2008 中的 6.4 方法进行试验。

5.12 耐高温性能试验方法

按照 GB 17733—2008 中的 6.5 方法进行试验。

5.13 耐低温性能试验方法

按照 GB 17733—2008 中的 6.6 方法进行试验。

5.14 耐候性能试验方法

耐候性能试验分为自然老化试验和人工加速老化试验两种方法，其中前者可作为仲裁试验。

5.14.1 自然老化试验方法

将 150mm×90mm 的蓄光膜剥离离型材料，粘贴在同等尺寸的基板上制成试样。按 GB/T 3681 规定，将试样安装到至少高于地面 0.8m 的老化架上，试样面朝正南方，与水平面成当地的纬度角或 45°±1°。试样表面不应被其他物体遮挡阳光，不得积水。试验地点的选择尽可能近似实际使用环境或代表某一气候类型最严酷的地方。

试验开始后，每 1 个月做一次表面检查，6 个月后，每 3 个月做一次表面检查，直至达到试验期限，进行最终检查及有关性能试验。

5.14.2 人工加速老化试验方法

按照 GB 17733—2008 中的 6.7 方法进行试验。

5.15 辐射性能试验方法

按照 GB 17733—2008 中的 6.8 方法进行试验，其中 6.8.1 试验设备 c) γ 探头灵敏度：对 ^{226}Ra≥6 个/s。

5.16 抗冲击性能试验方法

按照 GB 17733—2008 中的 6.9 方法进行试验。

5.17　耐溶剂性能试验方法

按照 GB/T 18833—2012 中的 6.12 方法进行试验。如图 3 所示，将 3 条 140mm×25mm 的蓄光膜剥离离型材料，间距均匀地粘贴在 150mm×150mm 基板上制成试样。

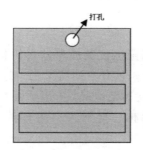

图 3　耐溶剂性能试样图示

将试样分别浸没在装有表 2 所示溶剂的器皿中，到规定的时间后取出，放置在通风橱内干燥后，检查其表面变化。

表 2　溶剂及浸没时间

溶剂	浸没时间（min）	备注
汽油	10	标准车用汽油
乙醇	1	优级纯（95%）

5.18　耐燃烧性能试验方法

应从 5.18.1～5.18.3 所列方法中择一试验。

5.18.1　氧指数测量

按照 GB/T 2406.2—2009 规定的方法进行试验。

5.18.2　灼热丝试验方法

5.18.2.1　试验条件

试验条件应符合下列要求：

a）试验仪器应符合 GB/T 5169.10 的要求；

b）电容器纸大小为（200±5）mm。

5.18.2.2　试验方法

按照 GB/T 5169.11 规定，在 850℃下对蓄光膜进行两次灼热丝试验。

试样上的火焰或发热现象应在撤去灼热丝后 30s 内消失，任何燃烧或熔化产生的液滴均不应点燃水平铺在试样下方的电容器纸。

试验过程中，应避免第一测试对第二次测试的结果可能造成的影响。

5.18.3　阻燃性试验方法

按照 GB/T 6994—2006 规定的方法进行试验。

5.19　数值修约规则

按照 GB/T 8170 规则进行修约。

6　检验规则

6.1　型式检验

产品的型式检验应由国家法定的质量监督机构组织进行。型式检验的项目应包括本标准的全部要求。凡有下列情况之一时，应进行型式检验：

a）新产品试制定型鉴定或老产品转厂生产；

b）正式生产后，如结构、材料、工艺有较大改变，可能影响产品性能时；

c）产品停产半年以上，恢复生产时；

d）正常批量生产时，每年一次；

e）国家质量监督机构提出要求时。

6.2　出厂检验

每批蓄光膜产品出厂前，应由生产企业的质量检验部门随机抽样，进行出厂检验。出厂检验项目应包括下列内容：

a）外观质量；

b）光度性能；

c）色度性能；

d）抗冲击性能；

e）耐弯曲性能；

f）附着性能；

g）收缩性能；

h）离型材料可剥离性能；

i）耐溶剂性能。

6.3　判定规则

6.3.1　交给每一个用户的产品，作为一个检验批（超过 1000 ㎡时，应增加检验批）。

6.3.2　对每个检验批进行各项性能试验时，至少取样 3 个，在试样试验结果全部合格的基础上，以 3 个（或 3 个以上）试样试验结果的自述平均值作为试验结果。

6.3.3　经检验产品，如指标全部合格，则判该批产品合格；如有一项指标不合格，可加倍抽取样品，对不合格项进行复检，若复检结果全部合格，则该批产品合格；若复检结果仍有任一指标不合格，则判定该批产品不合格。

7 产品的标志、包装、运输和贮存

7.1 标志

在蓄光膜的正面应有清晰、耐久的制造厂商商标、型号或其他代表性的符号标记，在离型材料的表面宜有蓄光膜的批号或其他产品标识。

在每卷蓄光膜包装箱外，应有制造厂商名称、商标和中文说明。

7.2 包装

成卷包装的蓄光膜，每箱应符合以下要求：

a）使用环保材料包装后，再通过支架悬空放置于纸箱内；

b）包装箱内应附使用说明书、产品检验合格报告或证书等证明材料；

c）包装箱上应标明盒内所装蓄光膜的数量、生产日期、批号等情况。

7.3 运输和贮存

纸箱应有足够的强度和刚度，可保护蓄光膜在运输、贮存中免受损伤。

蓄光膜应贮存在通风、干燥的场所，贮存期不宜超过 1 年。

A 引导语
（资料性附录）
蓄光膜在地名标志上的应用示例

图 A.1 至图 A.5 给出了蓄光膜在地名标志上的几种应用参考示例。

图 A.1 蓄光膜在街地名标志上的应用示例

图 A.2 蓄光膜在楼地名标志上的应用示例

图 A.3　蓄光膜在门地名标志上的应用示例

图 A.4　蓄光膜在楼层地名标志上的应用示例

图 A.5　蓄光膜在带有图形符号的地名标志上的应用示例

北京地方标准：
DB11/T 856—2011
《门牌、楼牌设置规范》

前　言

本标准按照 GB/T1.1—2009 给出的规则起草。

本标准由北京市公安局提出并归口。

本标准由北京市公安局组织实施。

本标准主要起草单位：北京市公安局人口管理总队。

本标准主要起草人：刘涛、张威、胡峥、闫建斌、杨志刚。

门牌、楼牌设置规范

1　范围

本标准规定了门牌、楼牌、单元牌、户牌的基本要求，以及编号原则和安装等要求。

本标准适用于建筑物门牌、楼牌、单元牌、户牌的设置。

2　规范性引用文件

下列文件对于本文件的应用是必不可少的。凡是注日期的引用文件，仅所注日期的版本适用于本文件。凡是不注日期的引用文件，其最新版本（包括所有的修改单）适用于本文件。

GB 17733—2008 地名标志

GB 2893—2008 安全色

3　术语和定义

下列术语和定义适用于本标准

3.1

门牌 address sign

标示院落、独立门户名称的地名标牌

407

3.2

楼牌 building number sign

标示楼房名称的地名标牌

3.3

单元牌 stairwell number sign

标示同一住宅楼各楼门名称的地名标牌

3.4

户牌 apartment number sign

标示同一住宅楼内，各套房屋名称的地名标牌

3.5

标准地名 formal place name

经地名行政主管部门批准和发布的地名

4 基本要求

4.1 设置

4.1.1 本规范无特别规定的应符合 GB 17733 的相关要求。

4.1.2 建筑物应设置门牌、楼牌：住宅楼还应设置单元牌及户牌。

4.1.3 门牌、楼牌、单元牌、户牌的设置应纳入城乡建设工程实施计划，并进行综合设计、同步施工、独立验收，同时交付使用。

4.1.4 门牌、楼牌缺漏破损，或增开新门、增建房屋的，产权单位或产权人应及时申请设置门牌或楼牌。

4.1.5 楼号、单元号、户号应当依次顺序编号，不应跳号。

4.1.6 门牌、楼牌由公安机关统一编号设置，单元牌、户牌由建设单位或产权单位统一编号设置。

4.2 文字

4.2.1 门牌、楼牌、单元牌应符合 GB 17733 的相关要求，使用汉字应规范，拼音应准确。

4.2.2 汉语拼音拼写方法应符合 GB 17733 的相关要求。

4.2.3 楼牌、门牌、单元牌中的汉字采用黑体。

4.2.4 楼牌、门牌的汉字下方加注汉语拼音。汉语拼音字母采用等线体。字样如图1所示。小门牌不加注汉语拼音。

ABCDEFGHIJKLMN
OPQRSTUVWXYZ

图1 汉语拼音字母字样

4.2.5 楼牌号、门牌号、户牌号使用阿拉伯数字。阿拉伯数字采用等线体。字样如图 2 所示。单元号使用小写汉字数码。

9876543210

图 2 阿拉伯数字字样

4.2.6 楼牌号、门牌号、单元号、户牌号不应使用规定以外的字母和符号，地下楼层除外。

4.2.7 地名标牌要求文字端正、笔画清楚、排列整齐、间隔均匀、整体位置适中。

4.2.8 其他文字内容和位置要求应符合 GB 17733 的相关要求。

4.3 基材

4.3.1 基板的种类选择符合 GB 17733—2008 第 5.7.1.1 款的相关要求。

4.3.2 基材性能要求符合 GB 17733—2008 第 5.7 条的相关要求。

4.3.3 采用金属材料做基材时，应做好基材表面的防锈及防氧化处理，保证户外使用 7 年以上不生锈或氧化变色。

4.3.4 基材厚度应满足各种类、各规格地名标志产品的硬度性能要求，且表面要光滑、平整、没有伤痕、裂纹或污垢，各规格种类基材厚度选择参照附录 A 基材推荐表。

4.3.5 楼牌基材应满足户外高空安装的安全要求，不宜采用质量过大的材料，基材底色要与长余辉蓄光材料颜色有区别，易识别，宜使用铝合金板或铝塑板材料；门牌基材根据建筑物情况和规格要求，宜使用铝合金板、铝塑板、铜板或不锈钢板材料；单元牌基材根据规格要求，宜使用铝合金板或铝塑板材料。各规格种类基材材质选择参照附录 A 基材推荐表。

4.3.6 楼牌、大门牌、中门牌的选材可根据产权人需求及建筑物实际情况，在第 43 条列举的材料范围内选择。

4.4 规格尺寸

4.4.1 楼牌规格：1100mm×600mm。

4.4.2 门牌规格：大门牌：700mm×500mm；中门牌：350mm×250mm；小门牌：150mm×90mm。

4.4.3 单元牌规格：大单元牌：400mm×200mm；中单元牌：300mm×150mm。

4.4.4 门牌的规格选择应根据建筑物的实际情况进行设置。大门牌，设置在机关、团体、部队、工厂、学校等单位和适宜安装大门牌的院门；中门牌，设置在铺面房和适宜安装中门牌的院门；小门牌，设置在平房和适宜安装小门牌的院门。

4.5 类型

4.5.1 楼牌

包括：反光长余辉蓄光楼牌、烤漆楼牌、LED（发光二极管）楼牌。

4.5.2 门牌

包括：反光门牌、长余辉蓄光门牌、氟碳铝塑板门牌、铜质门牌、不锈钢门牌。

4.5.3 单元牌

包括：反光单元牌、长余辉蓄光单元牌。

4.6 颜色

4.6.1 楼牌

4.6.1.1 反光长余辉蓄光楼牌：蓝底、红数字、白边，发光字发光图案（详见图3）。

图3 反光长余辉蓄光楼牌

4.6.1.2 烤漆楼牌：蓝底、白字、红数字、白边（详见图4）。

图4 烤漆楼牌

4.6.2 门牌

4.6.2.1 反光门牌：红底反光、白字、白数字、白边（详见图5）。

4.6.2.2 长余辉蓄光门牌：红底、发光字、发光数字、发光边（详见图6）。

图5 反光门牌

图6 长余辉蓄光门牌

4.6.2.3 氟碳铝塑板门牌：黄底、黑字、黑数字（详见图7）。

图7 氟碳铝塑板门牌

4.6.2.4 铜质门牌：黄底（铜本色）、黑字、黑数字（详见图8）。

图8 铜质门牌

4.6.2.5 不锈钢门牌：不锈钢本色底、黑字、黑数字（详见图9）。

图9 不锈钢门牌

4.6.3 单元牌

4.6.3.1 反光单元牌：蓝底、白字、白数字、白边（详见图10）。

图10 反光单元牌

4.6.3.2 长余辉蓄光单元牌：蓝底、发光字、发光边（详见图11）。

图11 长余辉蓄光单元牌

4.6.4 发光文字和图案为黄绿色发光材料本色；除基板颜色为背景颜色外，地名标志应采用 GB 2893 规定的安全色。颜色参见附录 B 颜色色值表。

4.7 版面布局

4.7.1 楼牌版面布局图例（详见图12～图15）。

图 12　楼牌版面布局

图 13　楼牌版面布局

图 14　楼牌版面布局

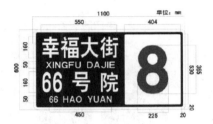

图 15　楼牌版面布局

4.7.2　大门牌版面布局图例（详见图 16～图 18）。

图 16　大门牌版面布局

图 17　大门牌版面布局

图 18　大门牌版面布局

4.7.3 中门牌版面布局图例（详见图 19 ~ 图 22）。

图 19 中门牌版面布局

图 20 中门牌版面布局

图 21 中门牌版面布局

图 22 中门牌版面布局

4.7.4 小门牌版面布局图例（详见图 23）。

图 23 小门牌版面布局

4.7.5 大单元牌版面布局图例（详见图 24）。

图 24 大单元牌版面布局

4.7.6 中单元牌版面布局图例（详见图25）。

图25 中单元牌版面布局

4.8 性能

符合 GB 17733—2008 第5.8条特殊性能的相关要求。

5 编号原则

5.1 门牌编号的一般原则

5.1.1 东西街巷，由东向西，北侧编单号，南侧编双号。

5.1.2 南北街巷，由北向南，西侧编单号，东侧编双号。

5.1.3 东北－西南街巷，由东北向西南，偏北侧编单号，偏南侧编双号。

5.1.4 西北－东南街巷，由西北向东南，偏西侧编单号，偏东侧编双号。

5.1.5 不通行的胡同，不分方向，一律由入口向里，右侧编单号，左侧编双号。

5.1.6 仅一侧有建筑物、有门户的，按左、右侧只编单号或只编双号。

5.2 楼牌编号的一般原则

5.2.1 院落内的楼房及附属建筑物，从东北方向起按 S 形顺序编楼牌号（如图26所示）。

5.2.2 地形复杂的院落，院内楼房及附属建筑物本着衔接、好找的原则编楼牌号。

5.3 单元号、户号编号的一般原则

5.3.1 住宅楼楼门由东向西或由北向南顺序编单元号。

5.3.2 每栋楼单元号应独立编排，不应与前一栋楼单元号连排。

5.3.3 住宅楼内各套房屋分层编户号，户号采用房间所在的自然楼层数＋房间顺序号构成，房间顺序号按背向楼梯间，顺时针编号（如：一层为101、102……，二层201、202……，十层1001、1002……，依次类推）。地下第一层用"B1"标识，依次类推。

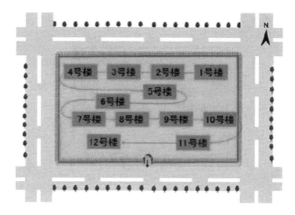

图 26　S 形编楼牌号示意图

5.4　新建建筑物门牌、楼牌的编号原则

5.4.1　新建建筑物门牌、楼牌的编号，按照建设工程总平面图确定的建筑布局先期编号。

5.4.2　新建建筑物之间留有空地或待拆迁地区，按照每隔 10 米距离预留一个号的原则编门牌号。后期在空地或待拆迁地区竣工的建筑物，在预留号范围内按顺序进行补编门牌号。

5.4.3　老旧建筑物翻建、改扩建的，原门牌号或楼牌号符合编号原则的沿用原号。

5.4.4　楼房或院落之间新建楼房或增开新门的，有预留号的按预留号顺序编楼牌号或门牌号，无预留号的按其前号加甲、乙……的顺序编楼牌号或门牌号。楼牌版面设计如图 14 所示。门牌版面设计如图 21 所示。

5.5　特殊情况的编号原则

5.5.1　同一院落，形成两个以上门的，确定一个主门，以主门所在街巷名称编门牌号。其余各门按其所在位置，依据主门门牌号，按编号原则编方位门牌号。方位门牌的街巷名称、号码，应与主门门牌号相一致（如图 27 所示）。方位门牌版面设计如图 18 所示。

5.5.2　院落四周，用于生产经营、商业服务等并已形成独立门户的临街平房，依据主门门牌号，按编号原则编子母门牌号（如图 28 所示）。子母门牌版面设计如图 19 所示。

5.5.3　院落所在地域是标准地名或历史形成地名的，院落四周用于生产经营、商业服务等并已形成独立门户的临街平房，依据所在方位，按编号原则编方位门牌号（如图 29 所示）。方位门牌版面设计如图 20 所示。

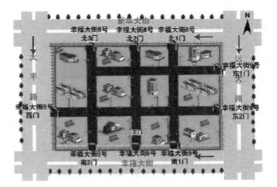

图27 院落方位门牌编号示意图

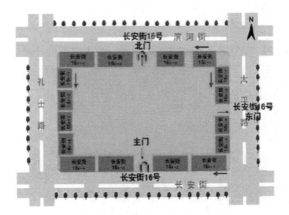

图28 子母门牌编号示意图

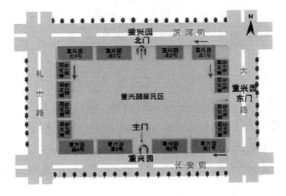

图29 方位门牌编号示意图

5.5.4 院落所在地域是以街巷名称编排门牌号的，院内楼房及附属建筑物，依据该院门牌号，按编号原则编楼牌号（如图30所示）。楼牌版面设计如图15所示。

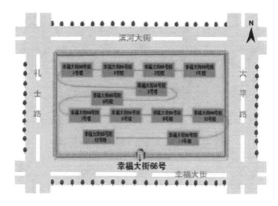

图30 院落所在地域是街巷地名，院内楼房编号示意图

5.5.5 院落所在地域是标准地名的，院内楼房及附属建筑物，依据该标准地名，按编号原则编楼牌号，主门不以所在街巷名称编门牌号（如图31所示）。楼牌版面设计如图12所示。

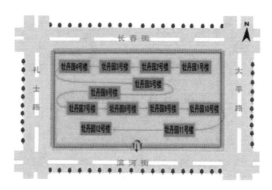

图31 院落所在地域是标准地名，院内楼房编号示意图

5.5.6 院落所在地域是历史形成的地名，院内楼房及附属建筑物，依据该地名，按编号原则编楼牌号，主门不以所在街巷名称编门牌号（如图32所示）。楼牌版面设计如图4和13所示。

5.5.7 无院落的平房，以排为单位，由北向南或由东向西按顺序编门牌号。

5.5.8 街巷两侧两层以上独立建筑物，没有形成院落的，依据主门所在

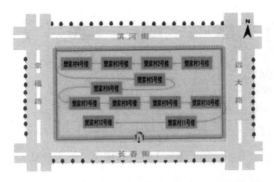

图32 院落所在地域是历史形成地名，院内楼房编号示意图

街巷名称编楼牌号。楼牌版面设计如图 3 所示。

5.5.9 地下防空设施（不含楼房地下室）已形成出入门的，按编号原则编门牌号。

5.5.10 跨区（县）距离较长未分段命名的公路，依据所属街道、乡镇地域划分并命名各路段。公路两侧建筑物，按编号原则编各段门牌号（如图 33 所示）。路段门牌版面设计如图 17 所示。

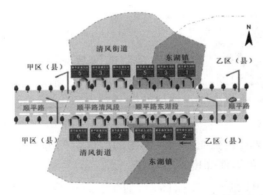

图33 跨区（县）分段公路两侧建筑物门牌编号示意图

5.5.11 高速公路两侧的建筑物，依据其辅路分段命名的路名，按编号原则编各段门牌号。

5.5.12 同一基座上建多栋楼房的建筑物，基座单独编一楼号，基座上的楼房按编号原则分别编楼牌号（如图 34 所示）。

5.5.13 同一栋楼房的一层用于生产经营、商业服务等并已形成独立门户的，依据该楼号，按编号原则编子母门牌号（如图 35 所示）。子母门牌版面设计如图 22 所示。

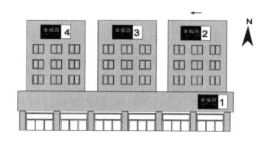

图 34　同一基座上建筑物楼牌编号示意图

图 35　同一栋楼房底商子母门牌编号示意图

6　安装要求

6.1　基本要求

6.1.1　门牌、楼牌、单元牌、户牌的安装应高度合适、位置明显、醒目，不能遮挡，便于识别、不易脱落、不易涂改、不易破坏。

6.1.2　同一栋楼至少应在楼体两侧分别安装一块楼牌。

6.2　位置要求

6.2.1　小门牌安装在面对门左上角的门框。门框上不便安装的，可安装在门左侧位置上，距地面高度不宜小于二米。

6.2.2　大、中门牌安装在面对门的左侧位置，距地面高度不宜小于二米。

6.2.3　楼牌安装在楼房临街及便于查找的一侧。距地面高度不宜小于五米（位于二楼与三楼之间）。

6.2.4　建筑物在规划设计时，要在相应的地方预留安装门牌、楼牌、单元牌、户牌的位置。

6.3　安装方式

门牌、楼牌、单元牌、户牌的安装方式一般采用附着式，如钉挂、粘贴、镶嵌。

附录 A
（资料性附录）
各规格种类地名标志基材推荐表

表 A.1　各规格种类地名标志基材推荐表

序号	种类	规格（mm）	基材	厚度（mm）	备注
1	楼牌	1100×600	铝合金板	1.5	
			铝塑板	4	其中铝板厚度0.5mm×2mm，氟碳喷涂保护
2	门牌	750×500	铝合金板	1.5	
			铝塑板	4	其中铝板厚度0.5mm×2mm，氟碳喷涂保护
			铜板	1	
			不锈钢板	1	
		350×250	铝合金板	1	
			铝塑板	4	其中铝板厚度0.5mm×2mm，氟碳喷涂保护
			铜板	1	
			不锈钢板	1	
		150×90	铝合金板	0.8	
3	单元牌	400×200	铝合金板	1.5	
			铝塑板	4	其中铝板厚度0.5mm×2mm，氟碳喷涂保护
		300×150	铝合金板	1	
			铝塑板	4	其中铝板厚度0.5mm×2mm，氟碳喷涂保护

附录 B
（资料性附录）
颜色色值推荐表

表 B.1　颜色色值推荐表

序号	颜色	色值	备注
1	红色	红 199C	基材颜色为背景颜色的，不在此推荐范围内做推荐，基材本色可为背景颜色。
2	蓝色	蓝 2768PC	
3	白色	白 PRO. BLACK C	
4	黑色	黑 PRO. BLACK C	

福建地方标准：
DB35/T 1392—2013
《居民地地名标志》

前 言

本标准按照 GB/T 1.1—2009 给出的规则起草。

本标准由福建省民政厅提出并归口。

本标准主要起草单位：集美大学、福建省民政厅、厦门市民政局。

本标准参加起草单位：厦门市龙微工贸有限公司、厦门市天艺广告有限公司。

本标准主要起草人：林婉霞、饶添发、傅一民、王加胜、许居银、许天福、梁瑞秋、郑俊峰。

居民地地名标志

1 范围

本标准规定了居民地地名标志的术语和定义、分类、设置要求、制作要求、安装要求及其他技术指标等。

本标准适用于居民地地名标志的生产、流通、使用和监督检验。

2 规范性引用文件

下列文件对于本文件的应用是必不可少的。凡是注日期的引用文件，仅所注日期的版本适用于本文件。凡是不注日期的引用文件，其最新版本（包括所有的修改单）适用于本文件。

GB 2893 安全色

GB/T 10001（所有部分）标志用公共信息图形符号

GB 17733—2008 地名 标志

中国地名汉语拼音字母拼写规则（汉语地名部分）1984 – 12 – 25 中国地

名委员会、中国文字改革委员会、国家测绘局

3　术语和定义

GB 17733—2008 界定的以及下列术语和定义适用于本标准。

3.1

居民地地名标志 geographical name signs of residential area

标示居民地地理实体专有名称及相关信息的设施。

3.2

地名导向标志 guiding signs of geographical names

标示两个或两个以上地理实体位置之间的关联信息，用于引导人们寻找目的地的导向设施。

4　分类

4.1　总则

本标准所称的居民地地名标志分为路（街）标志、巷标志、门标志、楼标志、楼单元（梯位）标志、街巷导向标志、小区导向标志等。

4.2　路（街）标志

用于宽度 4m 以上的道路，或者商贸集散路段。

4.3　巷标志

用于巷（胡同、里弄）或宽度 4m 以下的道路。

4.4　楼标志

用于 10 层及以上的建筑物志（个别地区 7～9 层建筑物也可使用，但同一地区的选用应保持一致）。

4.5　楼单元（梯位）标志

用于住宅的楼梯口和沿街店面。

4.6　门标志

4.6.1　大门标志：用于 7～9 层的建筑物的出入口、别墅群、小区出入口及有围墙（或独立门户）的机关、企事业单位、大中型公共建筑物的较大型的主门。

4.6.2　中门标志：用于 6 层以下建筑物的出入口及机关、企事业单位、大中型公共建筑物的主门。

4.6.3　小门标志：用于分布比较密集、不宜使用大门或中门标志的建筑物。

4.6.4　室标志：用于建筑物内的每套居民住宅或写字楼房门。

4.7　街巷导向标志

用于路（街）、巷（胡同、里弄）的导向标志。

4.8 小区导向标志

用于居民地之区片、小区的导向标志。

5 设置要求

5.1 安全要求

地名标志不应存在：

a）对人身造成伤害和车辆行走造成损害的潜在危险；

b）对环境造成污染的潜在危险。

5.2 设置方式

地名标志按 GB 17733—2008 第 5.1.2 条规定的方式设置。

5.3 设置高度

一般情况下，路（街）、巷的立柱式、悬臂式或附着式地名标志的下边缘距地面的高度不宜小于 2m，上边缘距地面的高度不宜超过 2.6m，宽度以相协调为宜；其它居民地地名标志设置高度参照第 5.4 条。

5.4 设置位置

5.4.1 路（街）标志

路（街）的起止点、中间主要岔路口应设路（街）标志；一般情况下长度 2000m 以上的道路每间隔 500m 宜设一个路（街）标志；城市繁华路段每间隔 300m 宜设一个标志；道路十字路口的路（街）标志一般设置为四个，或根据实际情况适当增加标志数量，但不应多于八个；丁字路口一般设置二个标志，或根据实际情况适当增加标志数量，但不应多于五个。安装位置应符合以下要求：

a）直线形丁字或十字路口的路（街）标志，其设置点位应在距两条道路的路沿相交点 5m（含 5m）以外的合适位置；两条相交道路以弧线连接的路口，其设置点位应在道路弧线与直线路沿连接点以外的合适位置；

b）路（街）标志的正面应与道路中心线或标志所在处的路沿平行，且距同侧路沿不少于 250mm；

c）路（街）标志不应遮挡同侧的交通标志和其它警示性标志；

d）路（街）标志不应设置在斑马线、人行道、无障碍通道上，尽量避开道路隔离带、绿化带和其它地面公共设施。

5.4.2 巷标志

设置在巷的起止点、岔路口。较长的巷一般每间隔 300m 宜设置一个巷标志（附着式巷标志直接设于巷的墙面）。

5.4.3 楼标志

设置在建筑物靠路边外墙面，高度为距地面 7.5~8.0m 处（或在建筑物的 2 ~ 3 层）。

5.4.4 楼单元（梯位）标志

设置在楼梯入口处上方外墙面或沿街店面左侧门柱上，距地面 2.0 ~ 2.5m 处。

5.4.5 门标志

中门标志、小门标志设置在建筑物的门户、出入口处外墙面，距地面 2.0 ~ 2.5m 处；大门标志设置在靠路边的出入口处外墙面，高度为距地面 3.5 ~ 4.0m 处（或位于楼的 1 ~ 2 层），室标志；设置在每套居民住宅入户门框上方外墙面、距地面 2.0 ~ 2.5m 处居中位置。同一楼层的各室标志设置高度尽量保持一致。

5.4.6 街巷导向标志

依附在立柱式路（街）标志的支撑装置上。在繁华地带每间隔 500m 左右可设置一个导向标志，其它地方根据实际情况确定设置方案。

5.4.7 小区导向标志

5.4.7.1 大号牌导向标志：设置在居民地之区片、小区出入口处适当位置。

5.4.7.2 中号牌导向标志：设置在居民地之区片、小区内岔路口处适当位置。

5.4.7.3 小号牌导向标志：设置在居民地之区片、小区内适当位置。

6 制作要求

6.1 路（街）标志

6.1.1 平面尺寸规格

6.1.1.1 立柱式标志（除灯箱式外）

见表 1，同一道路选用标志的尺寸规格应一致。

表 1 路（街）标志尺寸规格

类型	内框平面尺寸规格		外沿宽度	说明
	长	宽		
路（街）标志	1500 ~ 1700	400 ~ 500	20 ~ 25	适用于双向 4 车道以上的道路
	1200 ~ 1500	300 ~ 400	15 ~ 20	适用于双向 4 车道及以下的道路

6.1.1.2 灯箱式路（街）标志

尺寸规格同立柱式，灯箱的结构尺寸及造型应与标志相协调。

6.1.2 版面内容

路（街）的汉字名称及汉语拼音；可附加标示该路（街）方向及紧邻路

（街）、巷等地名。

6.1.3　版面布局

标志的上部二分之一区域标示该路（街）的汉字名称；下部二分之一区域标示该名称的汉语拼音、路（街）方向和紧邻路（街、巷）等汉字名称，汉字与汉语拼音字体的高度应一致。

6.1.4　颜色

东西走向（含与东西走向夹角小于 45°的道路）标志的背景颜色为 GB 2893 规定的蓝色；南北走向（含与南北走向夹角小于 45°的道路）标志的背景颜色为 GB 2893 规定的绿色；文字颜色为白色（采用蓄光材料的为 GB 2893 规定的黄色）。

6.1.5　文字

按 GB 17733—2008 第 5.2.1 条执行。

6.1.6　制作材料

标志的制作可使用下列材料或具有相同或更优性能的材料：

a）基板：采用轧制铝板或其它耐腐蚀金属板材；

b）底面：采用漆膜作底面，采用 4 级及以上反光膜；

c）发光材料：采用长余辉蓄光膜（粉）；

d）固定用料：紧固螺钉、强力黏合剂。

6.1.7　方向标示

根据标志所在当前位置的左右两侧方向指示方位，分为：东、西、南、北、东南、东北、西南和西北。

6.1.8　版面示例

参见图 B.1。

6.2　巷标志

6.2.1　尺寸规格

尺寸规格为 830mm×330mm×1.5mm，单侧外沿宽度 15mm，或尺寸规格为 450mm×150mm×1.5mm，单侧外沿宽度 15mm。

6.2.2　版面内容

巷的汉字名称及其汉语拼音、紧邻路（巷）的汉字名称（或巷的起止号码）及方向标示。

6.2.3　版面布局

上部四分之二区域标示该巷的汉字名称；中部四分之一区域标示该巷名称的汉语拼音；下部四分之一标示紧邻路（街）、巷等的汉字名称（或该巷的起止门牌号码），并在其左右两侧标示方向。

6.2.4 颜色、文字、制作材料及方向标示

要求同第 6.1.4 ~ 6.1.7 条。

6.2.5 版面示例

参见图 B.2 、图 B.3。

6.3 楼标志

6.3.1 尺寸规格

尺寸规格为 940mm × 540mm × 2mm，单侧外沿宽度 20mm，内框线条粗细以相协调为宜。

6.3.2 版面内容

汉字地名及其汉语拼音和楼标志号。

6.3.3 版面布局

标志的左边五分之三的区域标示地名的汉字及汉语拼音，其中汉字名称标示在上部五分之三的区域，汉语拼音标示在下部五分之二的区域；右边五分之二的区域标示楼标志号（用阿拉伯数字书写，字体高度为 360mm）。

6.3.4 颜色

标志的左边五分之三的区域背景颜色为 GB 2893 规定的蓝色，文字颜色为白色；右边五分之二的区域背景颜色为白色，文字颜色为 GB 2893 规定的红色。

6.3.5 楼标志的文字

要求同第 6.1.5 条。

6.3.6 制作材料

基板、底面、发光材料要求同第 6.1.6 条中的 a)、b) 与 c)；固定用料为紧固螺钉（水泥钉）、强力黏合剂。

6.3.7 版面示例

参见图 B.4、图 B.5、图 B.6。

6.4 楼单元（梯位）标志

6.4.1 尺寸规格

尺寸规格为 260mm × 180mm × 1mm，单侧外沿宽度 10mm，内框线条粗细以相协调为宜。

6.4.2 版面内容

汉字地名及楼单元（梯位）标志号。

6.4.3 版面布局

上部五分之二区域标示汉字地名，下部五分之三区域标示楼单元（梯位）

标志号（用阿拉伯数字书写）。

6.4.4 颜色

标志的背景颜色为 GB 2893 规定的蓝色；文字颜色为白色。

6.4.5 文字

要求同第6.1.5条。

6.4.6 制作材料

基板、底面、发光材料要求同第6.1.6条中的 a）、b）与 c）；固定用料：紧固螺钉（水泥钉）、强力黏合剂。

6.4.7 版面示例

参见图 B.7。

6.5 门标志

6.5.1 尺寸规格

见表2。

表2 门标志尺寸规格 单位：mm

类型	内框平面尺寸规格			外沿宽度		外沿宽度
	长	宽	厚	长	宽	
大门标志	640	440	2	600	400	20
中门标志	380	270	1.5	350	240	15
小门标志	170	110	1	150	90	10
室标志	110	80	1	100	70	5

6.5.2 版面内容

大、中、小门标志的版面内容分别对应第4.6.1～4.6.3条中所涉及地理实体的汉字名称及编号，室标志标示门编号。

6.5.3 版面布局

6.5.3.1 大、中、小门标志的上部五分之二区域标示汉字地名，下部五分之三标示该门标志编号（用阿拉伯数字书写）。

6.5.3.2 室标志号用阿拉伯数字书写。

6.5.4 文字、颜色、制作材料

要求同第6.4.4～6.4.6条。

6.5.5 版面示例

参见图 B.8、图 B.9、图 B.10、图 B.11。

6.6　街巷导向标志

6.6.1　版面内容

可标示该区域的主要路（街）、巷，政府部门、公共事业单位、医院、学校、避灾场所，标志性建筑物、名胜古迹、旅游景点及机场、车站、码头等。

6.6.2　版面布局

导向标志版面可分为简明地图和主要地理实体的名称、编号、指向两部分，标志的另一面可刊发公益宣传信息。

6.6.3　图形符号

地图中的图形符号及其绘制应符合 GB/T 10001（所有部分）中的相关规定。

6.6.4　颜色

6.6.4.1　地图中涉及国际或国内规定的通用颜色相应标准标示，其中，水体用蓝色，陆地用黄色，绿地用绿色，道路用白色标示。

6.6.4.2　地图中导向文字应为黑色。

6.6.4.3　地图中宜用红色记号标示所立导向标志当前的路（街）位置。

6.6.4.4　地图中其它颜色可根据实际需要适当调整。

6.6.5　版面示例

见图 B.12。

6.7　小区导向标志

6.7.1　版面内容

可为居民地（区片、小区）名称及其内的居民住宅、服务机构、娱乐休闲场所、停车场等名称与编号、所立标志的当前位置和小区入、出口。

6.7.2　版面布局

6.7.2.1　大号导向标志：可分为上下两部分，上部分为主要地理实体的名称、编号与方向指示，下部分为简明示意图（小区平面图）。

6.7.2.2　中、小号导向标志：可分为上下两部分，上部分为主要地理实体名称、编号与方向指示，下部分可为公益宣传信息。

6.7.3　图形符号

地图中的图形符号及其绘制应符合 GB/T 10001（所有部分）中的相关规定。

6.7.4　颜色

6.7.4.1　符合第 6.6.4.1 条的要求。

6.7.4.2　地图中凡涉及示意图例应按照 GB/T 10001（所有部分）进行标示。

6.7.4.3 导向文字应以 GB 2893 规定的蓝色为底，字为白色。

6.7.4.4 指示方向的箭头部分统一用白底蓝色字。

6.7.4.5 图中导向标志的当前位置以红色记号标示。

6.7.4.6 小区名称以蓝色为底，红色的字标示。

6.7.4.7 其它颜色可根据实际需要适当调整。

6.7.5 版面示例

见图 B.13、图 B.14、图 B.15。

7 安装要求

地名标志及地名导向标志的安装应牢固可靠，主要技术指标应按照 GB 17733—2008 执行。

8 其他技术指标

地名标志产品的试验方法、检验规则、包装等技术指标应按照 GB 17733—2008 执行。

附录 A
（规范性附录）
汉语拼音字母字样和阿拉伯数字字样

A.1 汉语拼音字母字样

A B C D E F G
H I J K L M N
O P Q R S T
U V W X Y Z

A.2 阿拉伯数字字样

1 2 3 4 5 6 7 8 9 0

附录 B
（资料性附录）
地名标志版面示例

B.1 路（街）标志

见图 B.1。

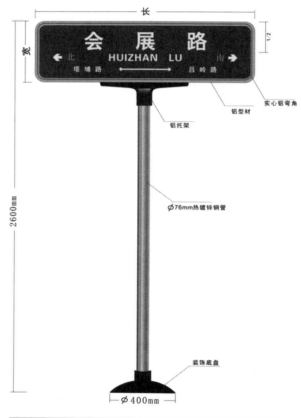

类型	内框平面尺寸规格(单位:mm)		外沿宽度	说明
	长	宽		
路(街)标志	1500～1700	400～500	20～25	适用于双向4车道以上的道路
	1200～1500	300～400	15～20	适用于双向4车道及以下的道路

图 B.1 路（街）标志

B.2 巷标志

单杆式巷标志见图 B.2，附着式巷标志见图 B.3。

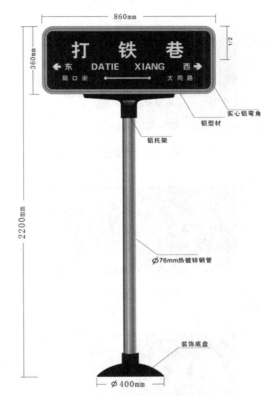

图 B.2 单杆式巷标志

图 B.3 附着式巷标志

B. 3　楼标志

见图 B. 4、图 B. 5、图 B. 6。

图 B. 4　楼标志

图 B. 5　楼标志

图 B. 6　楼标志

B. 4　楼单元（梯位）标志

见图 B. 7。

图 B. 7　楼单元标志

B.5 门标志

大门标志见图 B.8，中门标志见图 B.9，小门标志见图 B.10，室标志见图 B.11。

图 B.8 大门标志

图 B.9 中门标志

图 B.10 小门标志

B.11 室标志

B.6 街巷导向标志

见图 B.12。

图 B.12 街巷导向标志

B.7　小区导向标志

小区大号导向标志见图 B.13，小区中号导向标志见图 B.14，小区小号导向标志见图 B.15。

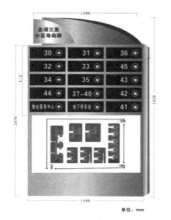

图 B.13　小区大号导向标志　　　　图 B.14　小区中号导向标志

图 B.15　小区小号导向标志

福建地方标准：
DB35/T 1391—2013
《居民地门、楼地名标志编号规范》

前 言

本标准按照 GB/T 1.1—2009 给出的规则起草。

本标准由福建省民政厅提出并归口。

本标准主要起草单位：福建省民政厅、厦门市民政局、三明市民政局。

本标准参加起草单位：厦门精图信息技术股份有限公司、集美大学。

本标准主要起草人：饶添发、傅一民、王加胜、许居银、许天福、梁瑞秋、郑俊峰、林婉霞。

居民地门、楼地名标志编号规范

1 范围

本标准规定了居民地的门、楼地名标志的编号原则和编号方法。

本标准适用于门、楼地名标志顺序号的编制。

2 规范性引用文件

下列文件对于本文件的应用是必不可少的。凡是注日期的引用文件，仅所注日期的版本适用于本文件。凡是不注日期的引用文件，其最新版本（包括所有的修改单）适用于本文件。

GB 17733—2008 地名 标志

3 术语和定义

3.1 序数编码

从街（路、巷）起点起，每户一号，按照左单右双的原则编号。

3.2 量化编码

也称距离编码。以街（路、巷）起点到门户中心线距离量算，每2米为

437

一个号，按照左单右双的原则编号。

4 编号原则

4.1 规范性

4.1.1 应使用建筑物所在的标准地名。

4.1.2 文字及版面布局应符合 GB 17733—2008 的要求。

4.1.3 顺序编号应使用阿拉伯数字。

4.1.4 对错号、跳号、重号等现象应进行规范化处理。

4.2 完整性

4.2.1 门、楼地名标志号应由标准地名和顺序号组成。

4.2.2 室标志号应由层号和顺序号组成。

4.2.3 门、楼地名标志号应与其地理实体空间位置相对应。

4.2.4 室标志号的层号应与其所在楼层相一致。

4.3 统一性

实行一楼一号、一梯一号、一层一号、一门（室）一号。

4.4 稳定性

门、楼地名标志号应保持稳定。

4.5 连续性

4.5.1 门、楼地名标志编号可采用序数编码或量化编码（也称距离编码）。

4.5.2 采用序数编码的，从路（街、巷）起点起，每户一号，按照左单右双的原则编号。

4.5.3 采用量化编码的，以路（街、巷）起点到门户中心线距离量算，单侧每 2 米为一个号，两侧等距的单、双号应相对应。

4.6 方向性

4.6.1 线性分布的建筑物

4.6.1.1 东西走向道路，原则上按照自西向东、左单右双编号。

4.6.1.2 南北走向道路，原则上按照自南向北、左单右双编号。

4.6.1.3 走向不明确道路，从道路起点开始，按照左单右双编号。

4.6.1.4 道路起点的确定：可选择距离城市中心较近的路口、多条道路交叉路口、人口密集地的路口作为道路的起点。

4.6.2 面状分布的建筑物

从主入口开始，按顺时针方向、先外后里、由近及远、先左后右原则编号。

4.7 实用性

门、楼地名标志的编号应科学合理，方便寻找。

5 编号方法

5.1 沿路（街、巷）的建筑物（群）

5.1.1 单体建筑物

单栋建筑物有梯位（单元）、商场、车库等多个独立出入口且内部不互通的，每个出入口分别编制门标志号；有互通出入口的应共用一个门标志号。编号格式"标准路（街、巷）名称＋梯标志号＋室标志号"（见示例1）；或者"标准路（街、巷）名称＋楼标志号＋单元号＋室标志号"（见示例2）；标示性门标志按"标准路（街、巷）名称＋起、止梯标志号"（见示例3）；或者"标准路（街、巷）名称＋楼号"（见示例4）。

示例1：厦禾路100号501室；

示例2：厦禾路100号一单元501室；

示例3：厦禾路100~101号；

示例4：厦禾路100号。

5.1.2 面状分布建筑物（群）

5.1.2.1 有标准居民区名称的建筑物（群）

按"标准居民地名称＋楼标志号＋单元号＋室标志号"（见示例1），或者"标准居民区名称＋梯标志号＋室标志号"（见示例2）编制。其出主入口处的标示性门标志按"标准路（街、巷）名称＋标准居民区名称＋起、止楼（梯）门标志号"（见示例3）或者"标准路（街、巷）名称序号＋标准居民区名称＋起、止楼（梯）标志号"（见示例4）编制。

示例1：西林东里1号一单元302室；

示例2：西林东里1号302室；

示例3：莲前西路西林东里1~100号或莲前西路西林东里1—100号；

示例4：莲前西路3号西林东里1~100号或莲前西路3号西林东里1—100号。

5.1.2.2 没有标准居民区名称的建筑物（群）

按建筑群主入口所在"标准路（街、巷）名称＋楼标志号＋单元号＋室标志号"编制（见5.1.2.1示例1），或者"标准路（街、巷）名称＋梯标志号＋室标志号"编制（见5.1.2.1示例2）。其主出入口处的标示性门标志按"标准路（街、巷）名称＋起、止梯标志号"编制（见5.1.2.1示例3）或者"标准路（街、巷）名称＋起、止楼号"编制（见5.1.2.1示例4）。

5.1.2.3 非沿路（街、巷）的建筑物（群）

用住宅区名称或选择出入建筑物最近的标准路（街、巷），按"标准地名＋楼单元（梯）门标志号＋室标志号"或者"标准地名＋梯标志号＋室标志号"依次编号。

5.2　建筑群内的空地

应预留合适号码段。

5.3　室地名标志

5.3.1　层号按照地上部分自下而上、地下部分自上而下顺序编号。地上第一层用"1"表示，依次类推。地下第一层用"B1"，依次类推。

5.3.2　同层同梯的室号，以主楼梯口为起点，按照从左到右或顺时针方向依次编号。

5.4　其它

楼、门地名标志未预留编号的，可用添加附号方式编号，但派生级别不多于两级。其编号格式为"标准地名＋楼门梯标志号＋'之'＋派生楼门梯标志号＋室标志号"（见示例1），或者"标准地名＋楼门梯标志号＋'—'＋派生楼门梯标志号＋室标志号"（见示例2）。

示例1：文园路46之2号201；

示例2：文园路46—2号201。

重庆地方标准：
DB50/T 571—2014
《门楼牌设置规范》

前　言

本标准按照 GB/T1.1—2009 给出的规则起草。

本标准由重庆市公安局提出并归口。

本标准起草单位：重庆市公安局治安管理总队。

本标准主要起草人：刘昌勇、曹龙文、肖中俊、张学峰、康志华。

门楼牌设置规范

1　范围

本标准规定了门楼牌的术语和定义、分类与设置、编号规则、设计、制作、安装要求。

本标准适用于重庆市行政区域内房屋建筑的门楼牌。

2　规范性引用文件

下列文件对于本文件的应用是必不可少的。凡是注日期的引用文件，仅所注日期的版本适用于本文件。凡是不注日期的引用文件，其最新版本（包括所有的修改单）适用于本文件。

GB 2893 安全色

GB 17733—2008 地名标志

GB/T 18833—2012 道路交通反光膜

3　术语和定义

下列术语和定义适用于本文件。

3.1

门楼牌 gate tower sign

441

标示房屋建筑专有名称及相关信息的地名标志。

3.2

门牌 address sign

标示临道路街巷商业门市、小区（院落）、独立门户名称和编号的地名标志。

3.3

楼幢牌 floor of building number sign

标示楼房编号的地名标志。

3.4

单元牌 stairwell number sign

标示同一楼房各单元编号的地名标志。

3.5

户牌 apartment number sign

标示同一楼房内，各套房屋编号的地名标志。

3.6

标准地名 formal place names

经地名主管部门批准和公布的道路、街巷、小区等名称。

4 原则

4.1 门楼牌设置应以标准地名为基础，遵循统一管理、顺序编号、简洁准确、方便群众原则。

4.2 门楼牌设置应纳入城乡建设工程统一计划，保持唯一、清晰、准确、完整。

4.3 门楼牌设置应根据道路、街巷、房屋建筑分布及结构状况，可依次设置门牌、楼幢牌、单元牌、户牌。

4.4 门楼牌设置不应存在对人身造成任何伤害的潜在危险，对环境造成污染的潜在危险。

5 分类与设置

5.1 门楼牌分类与设置

5.1.1 按版面尺寸不同，门楼牌可分为大号牌、中号牌、小号牌，设置符合以下要求：

机关、团体、企事业单位、住宅小区大门，沿道路、街巷的起止门牌，住宅小区、工矿厂区、工业园区、机关企事业单位大院楼房的楼幢牌等，设置大号牌；

沿道路、街巷房屋建筑的门牌，楼房的楼门单元牌，设置中号牌；

楼房内各套房屋的户牌，农村居民房屋建筑的门牌，设置小号牌；

农村地区的集中修建居住区房屋或者分散楼幢式房屋的门牌，可设置中号牌。

5.1.2　按设置对象不同，门楼牌分为门牌、楼幢牌、单元牌、户牌，设置应符合以下要求：

沿道路、街巷房屋建筑设置门牌，见附录图 A.1；

住宅小区、工矿厂区、工业园区、机关企事业单位大院内楼房设置楼幢牌，见附录图 A.2；

两个及以上单元的楼房楼门出入口设置单元牌，见附录图 A.3；

同一楼内各套房设置户牌，见附录图 A.4～图 A.5。

5.2　门牌分类与设置

5.2.1　门牌分为主号牌、附号牌、负号牌、临时牌，设置应符合以下要求：

沿道路、街巷的建筑设置主号牌，见附录图 B.1～图 B.3；

依附于主号牌下的独立门户设置附号牌，见附录图 B.4～图 B.6；

平街层以下或地下的房屋建筑设置负号牌，见附录图 B.7～图 B.8；

各种临时的房屋建筑设置临时牌，见附录图 B.9。

5.2.2　农村房屋建筑设置农村门牌，见附录图 B.10～图 B.12。

5.2.3　经确认为文物保护单位（文物点）、优秀历史建筑、优秀近现代建筑、乡土建筑、历史文化保护区的房屋建筑等特殊房屋建筑，可以设置与其建筑风貌、历史文化特点相协调的特殊门牌。

6　编号规则

6.1　门牌编号规则

6.1.1　依照房屋建筑的实际坐落，统筹规划、科学有序地编排门牌号。

6.1.2　面对道路、街巷起止走向，实行一侧单号、一侧双号；道路、街巷仅一侧有房屋建筑，另一侧不能建房屋建筑的，按自然顺序编号。

6.1.3　无起止点的道路、街巷，由城区内向外延伸编号；有广场的，以广场为中心向外编号；与主干道相连的，以主干道为起点编号；环形道路的，以主干道为起点顺时针编号。

6.1.4　门牌编号坚持一门一号：连续编排；楼房或小区（院落）间新建楼房或增开新门，有预留号的按预留号顺序确定门楼牌编号，无预留号的在现有编号下按顺序确定附号牌编号；附号牌下的新增门牌编号采用分支号，用"甲、乙……"标识进行区分，见附录图 B.6；编排方法见附录图 D.1～图 D.4。

6.1.5 农村地区房屋建筑具备以道路、街巷名称编制门楼牌的，以道路、街巷名称编号；农民新村等集中修建的居住区，可按标准地名确定门牌编号；散居的农村房屋建筑在尊重历史、习俗条件下，依自然环境及便于衔接的方式确定门牌编号。

6.1.6 道路、街巷两侧有空地待建设，应根据建设规划或者实际情况，适当预留门牌编号；未预留编号又需增开新门，在现有门牌编号下按顺序编附号。

6.1.7 不得重号、挑号，除预留号和历史原因形成的编号外，严禁跳号。

6.2 楼幢牌编号规则

6.2.1 一幢楼（包含平房）编一个楼幢号，相邻楼幢应连续编排。分期建设的房屋或小区（院落）内有空旷区域可能扩建房屋建筑的，预留后期建设楼房的楼幢编号；有建设工程总平面图的在图上对已批准建设的楼幢编制楼幢号。

6.2.2 住宅小区、工矿厂区、工业园区、机关、团体、企事业单位大院内的楼房及附属房屋建筑，从主出入口左侧第一排第一幢楼起按反"S"、倒"之"字形或者顺时针方式确定楼幢编号。编排方法见附录图 D。

6.2.3 地形复杂的小区（院落）内，楼房及附属房屋建筑按导向明确、排列有序的原则确定楼幢编号。

6.3 单元牌、户牌编号规则

6.3.1 楼房的单元编号应面向楼房入口自左往右按顺序编号，严禁跳号；每幢楼房单元编号应独立编排，不应与前后楼房单元连续编号。

6.3.2 楼房（含写字楼）内各套房屋采用自然楼层数和房屋顺序号确定房屋编户号。自然楼层数按单元、分楼层，按顺序确定，中间不得跳号；户号以背向楼梯间入口从左侧第一套房起按顺时针确定房屋顺序编号，严禁跳号，见附录图 A.4；编排方法见附录图 D.14；平街层以下的，自上而下按顺序确定自然楼层数和按以上规则编户号，并在户号前加"负"标识，见附录图 A.5。

6.4 特殊情况编号规则

6.4.1 临道路、街巷的多个出入口的封闭小区（院落）、半封闭小区（院落），在主干道出入口处先编一个主号，再确定楼幢编号、单元编号、房屋编号，其他出入口不再编门牌号。编排方法见附录图 D.5。

6.4.2 沿道路、街巷两侧的住宅楼，其主出入口朝向道路的，一律按道路名称编制门牌号，其主出入口不面向道路的，也可按实际地名编制门牌号。

6.4.3　不临道路、街巷的非小区（院落）的房屋，以排为单位，由习惯走向按顺序确定门牌编号。

6.4.4　商业门市楼房，第一层临道路、街巷的门市，沿道路、街巷起止走向顺序确定门牌编号：编排方法见附录图 D.6。第二层以上有独立出入口的，应在第一层的主出入口确定一个主号，按自然楼层＋顺序编号，见附录图 B.5；平街层以下的，应在平街层的主出入口确定一个主号，按自然楼层＋顺序编号进行编号，在楼层前加"负"标识，见附录图 B.7～图 B.8。

6.4.5　开放式商业门市、住宅混合建筑，第一、二层为商业门市、第三层以上为居民住宅或办公用房，第一层临道路、街巷的，沿道路、街巷起止走向顺序确定门牌编号；第一层不临道路、街巷的，应先在临街处确定一个主号后，按附号牌编号；第二层以上有独立出入口的，应在第一层独立出入口处确定主号，再按自然楼层数，顺序编号；三层以上居民住宅或办公用房，从门市分门出入的，应在第一层出入口处的主号基础上以自然楼层数，顺序编号；不从门市分门进出的，按其出入口所在位置按规定确定门牌编号。编排方法见附录图 D.7、图 D.8。

6.4.6　地下人防工程、较大地下公用建筑、地下车库等地下房屋建筑，从地平线开始向下按自然楼层数"负 1 号、负 2 号……"依次确定编号；地下建筑是独立房间的，按地面房屋户号牌规则编号。

6.4.7　跨行政区域未分段命名的道路、街巷两侧的房屋建筑，应以标准地名为基础按顺序统一编号。编排方法见附录图 D.9。

6.4.8　同一裙楼上建多幢楼房的，裙楼与楼房统一编号：裙楼与楼房是同一出入口的，应按编号规则确定楼幢编号；裙楼与楼房不是同一出入口的，单独编门牌号。

6.4.9　小区（院落）内既有单位又有居民住宅的，在主出入口处编一个主号，单位房屋在主号基础上编附号，居民住宅按楼幢顺序编楼户号。编排方法见附录图 D.12。机关、团体、企事业单位院的房屋只编门牌号，其楼房内楼户号由管理单位自行编制。

6.4.10　小区（院落）内有平房、别墅、高层建筑的，多房屋的联排平房、别墅应按房屋建筑布局顺序确定楼幢编号，再按顺序确定房屋编号；独立的平房、别墅，在小区主要出入口的主号基础上按顺序编附号。编排方法见附录图 D.13。

6.4.11　城区（镇）成片分散住宅区的房屋，以主要出入口临近的道路、街巷，对独立楼幢或者门户按顺序一幢确定一个门牌号，再根据实际情况对独立成套的房屋进行单元编号、房屋编号。

6.4.12　无道路、街巷地名的集中居住区，可先按经地名主管部门命名的小区名称确定门楼牌编号，待正式命名标准地名后，应在"小区名"前冠"路街巷"名称。

6.4.13　农村地区的分散式独幢楼房，以幢为单位编门牌号；楼房下有商业门市的，商业门市和楼门单元在确定的门牌号下按顺序编附号，楼内有独立成套（间）房屋的，分楼层，按顺序确定房编号。编排方法见附录图 D.10。

7　设计

7.1　文字

7.1.1　门楼牌上的汉字应使用规范汉字书写。

7.1.2　门楼牌中的文字应使用黑体字。文字端正，笔画清楚。排列整齐，间隔均匀，整体位置适中。

7.1.3　门牌的汉字下方加注汉语拼音。汉语拼音字母采用等线体，全部大写。字样如图 1 所示。汉语拼音拼写方法按《中国地名汉语拼音字母拼写规则〈汉语地名部分〉》规定。农村牌不加注拼音。

ABCDEFGHIJKLMN OPQRSTUVWXYZ

图 1　汉语拼音字母字样

7.1.4　门楼牌号使用的阿拉伯数字采用等线体。字样如图 2 所示。单元号使用小写汉字数码。

9876543210

图 2　阿拉伯数字字样

7.2　颜色

7.2.1　门楼牌背景颜色统一为蓝色，白字、白框。

7.2.2　除以基板颜色为背景颜色外，地名标志应采用 GB2893 规定的安全色。

7.3　版面

7.3.1　内容

7.3.1.1　门牌版面内容为房屋建筑所在道路、街巷的汉字名称、汉语拼音和编号：机关、团体、企事业单位、住宅小区大门门牌和沿道路、街巷的起止门牌应增加所在区域的邮政编码。农村门牌版面内容为房屋建筑所在村组的汉字名称、编号。主号牌的顺序编码后不带"号"字，见附录图 B.1～图 B.3。

7.3.1.2　楼幢牌版面内容为楼房的顺序编号。

7.3.1.3　单元牌版面内容为楼门单元的顺序编号。

7.3.1.4　户牌版面内容为房屋所在的楼层和顺序编号。

7.3.2　尺寸

7.3.2.1　大号牌尺寸：600mm × 400mm × 1.5mm，见附录图 C.1～图 C.4。

7.3.2.2　中号牌尺寸：300mm × 180mm × 1.5mm，见附录图 C.5～图 C.15

7.3.2.3　小号牌尺寸：150mm × 90mm × 1.5mm（仅适用农村牌）、120mm × 80mm × 1.5mm（仅适用户牌），见附录图 C.16～附录图 C.19。

8　制作

8.1　性能

门牌号性能应符合 GB 17733—2008 第5.7、5.8 条的规定。

8.2　特殊门牌

文字、版面应符合第7.1、7.3 条规定，基板基材、颜色可调整。

8.3　材料

8.3.1　门楼牌基板应采用铝合金板。

8.3.2　主号牌、附号牌、负号牌、临时牌、楼幢牌、单元牌的顺序编码、边框以及附号牌、负号牌、楼幢牌、单元牌的汉字采用冲压成型凸出制作工艺。大号牌、中号牌的路名、拼音和邮政编码以及小号牌采用油墨丝网印刷。

8.3.3　门楼牌采用蓝色反光膜底，反光膜应符合 GB/T18833—2012 规定Ⅳ类及以上。

9　安装

9.1　基本要求

9.1.1　门楼牌安装应统一、规范，位置明显、醒目，不能遮挡，便于识别。

9.1.2　门楼牌可采用附着式设置，固定应牢固可靠，其附着的房屋建筑应具有一定刚性。

9.1.3　门楼牌的更换不应损坏房屋建筑的外观。

9.2　位置

9.2.1　沿道路、街巷的门牌原则上安装在面对正门的左侧，下边缘距地面 2~2.5m 处。

9.2.2 农村门牌安装在面对房屋底层正门门楣上方中间。

9.2.3 楼幢牌安装在楼房靠近主干道、繁华街道的一侧墙面或楼房两边山墙中间，安装位置可根据楼房的高低程度确定，10 层以下的楼房安装在 2 层至 3 层间；10 层以上的楼幢房安装在 3 至 4 层间。

9.2.4 负号牌安装在车库或地下建筑物主要出入口处。

9.2.5 单元牌安装在楼房楼门单元出入口上方中间位置。

9.2.6 户牌安装在房屋门楣上方中间位置，距门框上沿 3~5cm。

9.2.7 同一道路、街巷的门牌或同一住宅风的楼幢牌，应安装在同一水平线上。

附录 A
（资料性附录）
门楼牌示例

图 A.1 给出门牌示例。图 A.2 给出楼幢牌示例。图 A.3 给出单元牌示例。图 A.4~图 A.5 给出户牌示例。

图 A.1 门牌示例

图 A.2 楼幢牌示例

图 A.3 单元牌示例

图 A.4 户牌示例

图 A.5 户牌示例

附录 B
（资料性附录）
门牌示例

图 B.1 ~ 图 B.3 给出主号牌示例。图 B.4 ~ 图 B.6 给出附号牌示例。图 B.7 ~ 图 B.8 给出负号牌示例。图 B.9 给出临时牌示例。图 B.10 ~ 图 B.12 给出农村牌示例。

图 B.1 主号牌（起始）示例

图 B.2 主号牌（终止）示例

图 B.3 单位（小区）主号牌示例

图 B.4 附号牌示例

图 B.5 附号牌示例

图 B.6 附号牌示例

图 B.7 负号牌示例

图 B.8 负号牌示例

图 B.9　临时牌示例

图 B.10　农村门牌示例

图 B.11　农村门牌示例

图 B.12　农村门牌示例

附录 C
（资料性附录）
门楼牌版面布局尺寸示例

图 C.1 ~ 图 C.4 给出大号牌版面布局尺寸示例。图 C.5 ~ 图 C.15 给出中号牌版面布局尺寸示例。图 C.16 ~ 图 C.19 给出小号牌版面布局尺寸示例。

图 C.1　大号牌版面布局尺寸示例

图 C.2　大号牌版面布局尺寸示例

图 C.3　大号牌版面布局尺寸示例

图 C.4　大号牌版面布局尺寸示例

图 C.5 中号牌版面布局尺寸示例

图 C.6 中号牌版面布局尺寸示例

图 C.7 中号牌版面布局尺寸示例

图 C.8 中号牌版面布局尺寸示例

图 C.9 中号牌版面布局尺寸示例

图 C.10 中号牌版面布局尺寸示例

图 C.11 中号牌版面布局尺寸示例

图 C.12 中号牌版面布局尺寸示例

图 C.13　中号牌版面布局尺寸示例

图 C.14　中号牌版面布局尺寸示例

图 C.15　中号牌版面布局尺寸示例

图 C.16　小号牌版面布局尺寸示例

图 C.17　小号牌版面布局尺寸示例

图 C.18　小号牌版面布局尺寸示例

图 C.19　小号牌版面布局尺寸示例

附录 D

（资料性附录）

门楼牌号编排示例

图 D.1～图 D.10 给出编排门牌号示例。图 D.11～图 D.13 给出编排楼幢号示例。图 D.14 给出编排户号示例。

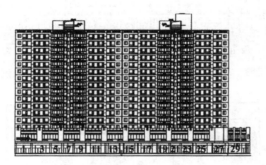

图 D.1 编排门牌号示例

图 D.2 同一幢楼住宅、商业门市编排门牌号示例

图 D.3 同一幢楼住宅、商业门市编排门牌号示例

图 D.4　同一幢楼住宅、商业门市编排门牌号示例

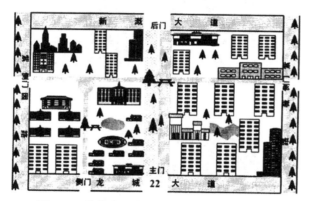

图 D.5　临街小区多外出入口编排门牌号示例

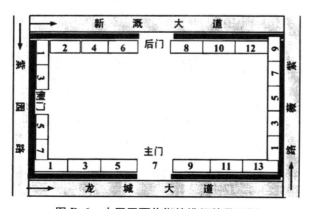

图 D.6　小区四面临街编排门牌号示例

A 楼梯间有门牌号

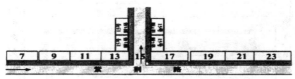

B 楼梯间没有门牌号

C 楼梯间在商业门市里

图 D.7 临街二层以上商业门市编排门牌号示例

A 通道有门牌号

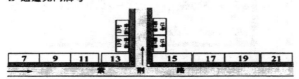

B 通道无门牌号

图 D.8 不临街商业门市编排门牌号示例

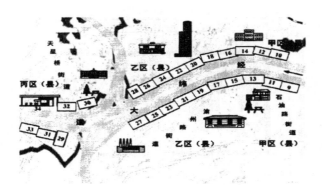

图 D.9 跨区（县）临街房屋编排门牌号示例

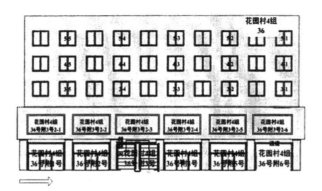

图 D.10　农村分散式楼幢编排门牌号示例

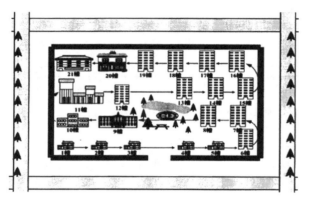

图 D.11　反"S"形编排楼幢号示例

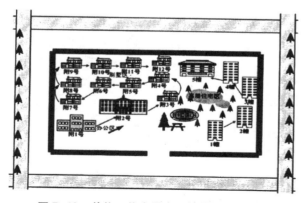

图 D.12　单位、住宅混合区编排楼幢号示例

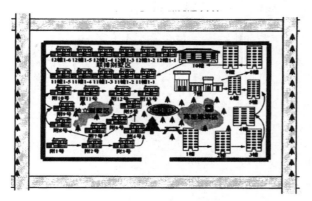

图 D.13　别墅、高层混合建筑群编排楼幢号示例

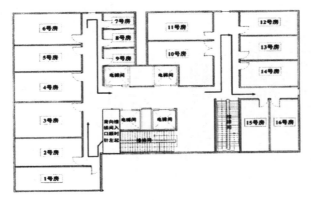

图 D.14　编排户号示例

附录

其他资料

中华人民共和国产品质量管理法

(2000 年主席令第 71 号修正)

第一章 总 则

第一条 为了加强对产品质量的监督管理，提高产品质量水平，明确产品质量责任，保护消费者的合法权益，维护社会经济秩序，制定本法。

第二条 在中华人民共和国境内从事产品生产、销售活动，必须遵守本法。

本法所称产品是指经过加工、制作，用于销售的产品。

建设工程不适用本法规定；但是，建设工程使用的建筑材料、建筑构配件和设备，属于前款规定的产品范围的，适用本法规定。

第三条 生产者、销售者应当建立健全内部产品质量管理制度，严格实施岗位质量规范、质量责任以及相应的考核办法。

第四条 生产者、销售者依照本法规定承担产品质量责任。

第五条 禁止伪造或者冒用认证标志等质量标志；禁止伪造产品的产地，伪造或者冒用他人的厂名、厂址；禁止在生产、销售的产品中掺杂、掺假，以假充真，以次充好。

第六条 国家鼓励推行科学的质量管理方法，采用先进的科学技术，鼓励企业产品质量达到并且超过行业标准、国家标准和国际标准。

对产品质量管理先进和产品质量达到国际先进水平、成绩显著的单位和个人，给予奖励。

第七条 各级人民政府应当把提高产品质量纳入国民经济和社会发展规划，加强对产品质量工作的统筹规划和组织领导，引导、督促生产者、销售者加强产品质量管理，提高产品质量，组织各有关部门依法采取措施，制止产品生产、销售中违反本法规定的行为，保障本法的施行。

第八条 国务院产品质量监督部门主管全国产品质量监督工作。国务院有关部门在各自的职责范围内负责产品质量监督工作。

县级以上地方产品质量监督部门主管本行政区域内的产品质量监督工作。

县级以上地方人民政府有关部门在各自的职责范围内负责产品质量监督工作。

法律对产品质量的监督部门另有规定的，依照有关法律的规定执行。

第九条　各级人民政府工作人员和其他国家机关工作人员不得滥用职权、玩忽职守或者徇私舞弊，包庇、放纵本地区、本系统发生的产品生产、销售中违反本法规定的行为，或者阻挠、干预依法对产品生产、销售中违反本法规定的行为进行查处。

各级地方人民政府和其他国家机关有包庇、放纵产品生产、销售中违反本法规定的行为的，依法追究其主要负责人的法律责任。

第十条　任何单位和个人有权对违反本法规定的行为，向产品质量监督部门或者其他有关部门检举。

产品质量监督部门和有关部门应当为检举人保密，并按照省、自治区、直辖市人民政府的规定给予奖励。

第十一条　任何单位和个人不得排斥非本地区或者非本系统企业生产的质量合格产品进入本地区、本系统。

第二章　产品质量的监督

第十二条　产品质量应当检验合格，不得以不合格产品冒充合格产品。

第十三条　可能危及人体健康和人身、财产安全的工业产品，必须符合保障人体健康和人身、财产安全的国家标准、行业标准；未制定国家标准、行业标准的，必须符合保障人体健康和人身、财产安全的要求。

禁止生产、销售不符合保障人体健康和人身、财产安全的标准和要求的工业产品。具体管理办法由国务院规定。

第十四条　国家根据国际通用的质量管理标准，推行企业质量体系认证制度。企业根据自愿原则可以向国务院产品质量监督部门认可的或者国务院产品质量监督部门授权的部门认可的认证机构申请企业质量体系认证。经认证合格的，由认证机构颁发企业质量体系认证证书。

国家参照国际先进的产品标准和技术要求，推行产品质量认证制度。企业根据自愿原则可以向国务院产品质量监督部门认可的或者国务院产品质量监督部门授权的部门认可的认证机构申请产品质量认证。经认证合格的，由认证机构颁发产品质量认证证书，准许企业在产品或者其包装上使用产品质量认证标志。

第十五条　国家对产品质量实行以抽查为主要方式的监督检查制度，对可能危及人体健康和人身、财产安全的产品，影响国计民生的重要工业产品以及消费者、有关组织反映有质量问题的产品进行抽查。抽查的样品应当在市场上或者企业成品仓库内的待销产品中随机抽取。监督抽查工作由国务院产品质量监督部门规划和组织。县级以上地方产品质量监督部门在本行政区域内也可以组织监督抽查。法律对产品质量的监督检查另有规定的，依照有关法律的规定执行。

国家监督抽查的产品，地方不得另行重复抽查；上级监督抽查的产品，下级不得另行重复抽查。

根据监督抽查的需要，可以对产品进行检验。检验抽取样品的数量不得超过检验的合理需要，并不得向被检查人收取检验费用。监督抽查所需检验费用按照国务院规定列支。

生产者、销售者对抽查检验的结果有异议的，可以自收到检验结果之日起十五日内向实施监督抽查的产品质量监督部门或者其上级产品质量监督部门申请复检，由受理复检的产品质量监督部门作出复检结论。

第十六条 对依法进行的产品质量监督检查，生产者、销售者不得拒绝。

第十七条 依照本法规定进行监督抽查的产品质量不合格的，由实施监督抽查的产品质量监督部门责令其生产者、销售者限期改正。逾期不改正的，由省级以上人民政府产品质量监督部门予以公告；公告后经复查仍不合格的，责令停业，限期整顿；整顿期满后经复查产品质量仍不合格的，吊销营业执照。

监督抽查的产品有严重质量问题的，依照本法第五章的有关规定处罚。

第十八条 县级以上产品质量监督部门根据已经取得的违法嫌疑证据或者举报，对涉嫌违反本法规定的行为进行查处时，可以行使下列职权：

（一）对当事人涉嫌从事违反本法的生产、销售活动的场所实施现场检查；

（二）向当事人的法定代表人、主要负责人和其他有关人员调查、了解与涉嫌从事违反本法的生产、销售活动有关的情况；

（三）查阅、复制当事人有关的合同、发票、账簿以及其他有关资料；

（四）对有根据认为不符合保障人体健康和人身、财产安全的国家标准、行业标准的产品或者有其他严重质量问题的产品，以及直接用于生产、销售该项产品的原辅材料、包装物、生产工具，予以查封或者扣押。

县级以上工商行政管理部门按照国务院规定的职责范围，对涉嫌违反本法规定的行为进行查处时，可以行使前款规定的职权。

第十九条 产品质量检验机构必须具备相应的检测条件和能力，经省级以上人民政府产品质量监督部门或者其授权的部门考核合格后，方可承担产品质量检验工作。法律、行政法规对产品质量检验机构另有规定的，依照有关法律、行政法规的规定执行。

第二十条　从事产品质量检验、认证的社会中介机构必须依法设立，不得与行政机关和其他国家机关存在隶属关系或者其他利益关系。

第二十一条　产品质量检验机构、认证机构必须依法按照有关标准，客观、公正地出具检验结果或者认证证明。

产品质量认证机构应当依照国家规定对准许使用认证标志的产品进行认证后的跟踪检查；对不符合认证标准而使用认证标志的，要求其改正；情节严重的，取消其使用认证标志的资格。

第二十二条　消费者有权就产品质量问题，向产品的生产者、销售者查询；向产品质量监督部门、工商行政管理部门及有关部门申诉，接受申诉的部门应当负责处理。

第二十三条　保护消费者权益的社会组织可以就消费者反映的产品质量问题建议有关部门负责处理，支持消费者对因产品质量造成的损害向人民法院起诉。

第二十四条　国务院和省、自治区、直辖市人民政府的产品质量监督部门应当定期发布其监督抽查的产品的质量状况公告。

第二十五条　产品质量监督部门或者其他国家机关以及产品质量检验机构不得向社会推荐生产者的产品；不得以对产品进行监制、监销等方式参与产品经营活动。

第三章　生产者、销售者产品质量责任和义务

第一节　生产者的产品质量责任和义务

第二十六条　生产者应当对其生产的产品质量负责。

产品质量应当符合下列要求：

（一）不存在危及人身、财产安全的不合理的危险，有保障人体健康和人身、财产安全的国家标准、行业标准的，应当符合该标准；

（二）具备产品应当具备的使用性能，但是，对产品存在使用性能的瑕疵作出说明的除外；

（三）符合在产品或者其包装上注明采用的产品标准，符合以产品说明、实物样品等方式表明的质量状况。

第二十七条　产品或者其包装上的标识必须真实，并符合下列要求：

（一）有产品质量检验合格证明；

（二）有中文标明的产品名称、生产厂厂名和厂址；

（三）根据产品的特点和使用要求，需要标明产品规格、等级、所含主要成分的名称和含量的，用中文相应予以标明；需要事先让消费者知晓的，应当在外包装上标明，或者预先向消费者提供有关资料；

（四）限期使用的产品，应当在显著位置清晰地标明生产日期和安全使用期或者失效日期；

（五）使用不当，容易造成产品本身损坏或者可能危及人身、财产安全的产品，应当有警示标志或者中文警示说明。

裸装的食品和其他根据产品的特点难以附加标识的裸装产品，可以不附加产品标识。

第二十八条　易碎、易燃、易爆、有毒、有腐蚀性、有放射性等危险物品以及储运中不能倒置和其他有特殊要求的产品，其包装质量必须符合相应要求，依照国家有关规定作出警示标志或者中文警示说明，标明储运注意事项。

第二十九条　生产者不得生产国家明令淘汰的产品。

第三十条　生产者不得伪造产地，不得伪造或者冒用他人的厂名、厂址。

第三十一条　生产者不得伪造或者冒用认证标志等质量标志。

第三十二条　生产者生产产品，不得掺杂、掺假，不得以假充真、以次充好，不得以不合格产品冒充合格产品。

第二节　销售者的产品质量责任和义务

第三十三条　销售者应当建立并执行进货检查验收制度，验明产品合格证明和其他标识。

第三十四条　销售者应当采取措施，保持销售产品的质量。

第三十五条　销售者不得销售国家明令淘汰并停止销售的产品和失效、变质的产品。

第三十六条　销售者销售的产品的标识应当符合本法第二十七条的规定。

第三十七条　销售者不得伪造产地，不得伪造或者冒用他人的厂名、厂址。

第三十八条　销售者不得伪造或者冒用认证标志等质量标志。

第三十九条　销售者销售产品，不得掺杂、掺假，不得以假充真、以次充好，不得以不合格产品冒充合格产品。

第四章　损害赔偿

第四十条　售出的产品有下列情形之一的，销售者应当负责修理、更换、退货；给购买产品的消费者造成损失的，销售者应当赔偿损失：

（一）不具备产品应当具备的使用性能而事先未作说明的；

（二）不符合在产品或者其包装上注明采用的产品标准的；

（三）不符合以产品说明、实物样品等方式表明的质量状况的。

销售者依照前款规定负责修理、更换、退货、赔偿损失后，属于生产者的责任或者属于向销售者提供产品的其他销售者（以下简称供货者）的责任的，销售者有权向生产者、供货者追偿。

销售者未按照第一款规定给予修理、更换、退货或者赔偿损失的，由产品质量监督部门或者工商行政管理部门责令改正。

生产者之间，销售者之间，生产者与销售者之间订立的买卖合同、承揽合同有不同约定的，合同当事人按照合同约定执行。

第四十一条 因产品存在缺陷造成人身、缺陷产品以外的其他财产（以下简称他人财产）损害的，生产者应当承担赔偿责任。

生产者能够证明有下列情形之一的，不承担赔偿责任：

（一）未将产品投入流通的；

（二）产品投入流通时，引起损害的缺陷尚不存在的；

（三）将产品投入流通时的科学技术水平尚不能发现缺陷的存在的。

第四十二条 由于销售者的过错使产品存在缺陷，造成人身、他人财产损害的，销售者应当承担赔偿责任。

销售者不能指明缺陷产品的生产者也不能指明缺陷产品的供货者的，销售者应当承担赔偿责任。

第四十三条 因产品存在缺陷造成人身、他人财产损害的，受害人可以向产品的生产者要求赔偿，也可以向产品的销售者要求赔偿。属于产品的生产者的责任，产品的销售者赔偿的，产品的销售者有权向产品的生产者追偿。属于产品的销售者的责任，产品的生产者赔偿的，产品的生产者有权向产品的销售者追偿。

第四十四条 因产品存在缺陷造成受害人人身伤害的，侵害人应当赔偿医疗费、治疗期间的护理费、因误工减少的收入等费用；造成残疾的，还应当支付残疾者生活自助具费、生活补助费、残疾赔偿金以及由其扶养的人所必需的生活费等费用；造成受害人死亡的，并应当支付丧葬费、死亡赔偿金以及由死者生前扶养的人所必需的生活费等费用。

因产品存在缺陷造成受害人财产损失的，侵害人应当恢复原状或者折价赔偿。受害人因此遭受其他重大损失的，侵害人应当赔偿损失。

第四十五条 因产品存在缺陷造成损害要求赔偿的诉讼时效期间为二年，

自当事人知道或者应当知道其权益受到损害时起计算。

因产品存在缺陷造成损害要求赔偿的请求权,在造成损害的缺陷产品交付最初消费者满十年丧失;但是,尚未超过明示的安全使用期的除外。

第四十六条 本法所称缺陷,是指产品存在危及人身、他人财产安全的不合理的危险;产品有保障人体健康和人身、财产安全的国家标准、行业标准的,是指不符合该标准。

第四十七条 因产品质量发生民事纠纷时,当事人可以通过协商或者调解解决。当事人不愿通过协商、调解解决或者协商、调解不成的,可以根据当事人各方的协议向仲裁机构申请仲裁;当事人各方没有达成仲裁协议或者仲裁协议无效的,可以直接向人民法院起诉。

第四十八条 仲裁机构或者人民法院可以委托本法第十九条规定的产品质量检验机构,对有关产品质量进行检验。

第五章 罚 则

第四十九条 生产、销售不符合保障人体健康和人身、财产安全的国家标准、行业标准的产品的,责令停止生产、销售,没收违法生产、销售的产品,并处违法生产、销售产品(包括已售出和未售出的产品,下同)货值金额等值以上三倍以下的罚款;有违法所得的,并处没收违法所得;情节严重的,吊销营业执照;构成犯罪的,依法追究刑事责任。

第五十条 在产品中掺杂、掺假,以假充真,以次充好,或者以不合格产品冒充合格产品的,责令停止生产、销售,没收违法生产、销售的产品,并处违法生产、销售产品货值金额百分之五十以上三倍以下的罚款;有违法所得的,并处没收违法所得;情节严重的,吊销营业执照;构成犯罪的,依法追究刑事责任。

第五十一条 生产国家明令淘汰的产品的,销售国家明令淘汰并停止销售的产品的,责令停止生产、销售,没收违法生产、销售的产品,并处违法生产、销售产品货值金额等值以下的罚款;有违法所得的,并处没收违法所得;情节严重的,吊销营业执照。

第五十二条 销售失效、变质的产品的,责令停止销售,没收违法销售的产品,并处违法销售产品货值金额二倍以下的罚款;有违法所得的,并处没收违法所得;情节严重的,吊销营业执照;构成犯罪的,依法追究刑事责任。

第五十三条 伪造产品产地的,伪造或者冒用他人厂名、厂址的,伪造或者冒用认证标志等质量标志的,责令改正,没收违法生产、销售的产品,并处违法生产、销售产品货值金额等值以下的罚款；有违法所得的，并处没收违法所得；情节严重的，吊销营业执照。

第五十四条 产品标识不符合本法第二十七条规定的，责令改正；有包装的产品标识不符合本法第二十七条第（四）项、第（五）项规定，情节严重的，责令停止生产、销售，并处违法生产、销售产品货值金额百分之三十以下的罚款；有违法所得的，并处没收违法所得。

第五十五条 销售者销售本法第四十九条至第五十三条规定禁止销售的产品，有充分证据证明其不知道该产品为禁止销售的产品并如实说明其进货来源的，可以从轻或者减轻处罚。

第五十六条 拒绝接受依法进行的产品质量监督检查的，给予警告，责令改正；拒不改正的，责令停业整顿；情节特别严重的，吊销营业执照。

第五十七条 产品质量检验机构、认证机构伪造检验结果或者出具虚假证明的，责令改正，对单位处五万元以上十万元以下的罚款，对直接负责的主管人员和其他直接责任人员处一万元以上五万元以下的罚款；有违法所得的，并处没收违法所得；情节严重的，取消其检验资格、认证资格；构成犯罪的，依法追究刑事责任。

产品质量检验机构、认证机构出具的检验结果或者证明不实，造成损失的，应当承担相应的赔偿责任；造成重大损失的，撤销其检验资格、认证资格。

产品质量认证机构违反本法第二十一条第二款的规定，对不符合认证标准而使用认证标志的产品，未依法要求其改正或者取消其使用认证标志资格的，对因产品不符合认证标准给消费者造成的损失，与产品的生产者、销售者承担连带责任；情节严重的，撤销其认证资格。

第五十八条 社会团体、社会中介机构对产品质量作出承诺、保证，而该产品又不符合其承诺、保证的质量要求，给消费者造成损失的，与产品的生产者、销售者承担连带责任。

第五十九条 在广告中对产品质量作虚假宣传，欺骗和误导消费者的，依照《中华人民共和国广告法》的规定追究法律责任。

第六十条 对生产者专门用于生产本法第四十九条、第五十一条所列的产品或者以假充真的产品的原辅材料、包装物、生产工具，应当予以没收。

第六十一条 知道或者应当知道属于本法规定禁止生产、销售的产品而为其提供运输、保管、仓储等便利条件的，或者为以假充真的产品提供制假生产技术的，没收全部运输、保管、仓储或者提供制假生产技术的收入，并处违法收入百分之五十以上三倍以下的罚款；构成犯罪的，依法追究刑事责任。

第六十二条　服务业的经营者将本法第四十九条至第五十二条规定禁止销售的产品用于经营性服务的，责令停止使用；对知道或者应当知道所使用的产品属于本法规定禁止销售的产品的，按照违法使用的产品（包括已使用和尚未使用的产品）的货值金额，依照本法对销售者的处罚规定处罚。

第六十三条　隐匿、转移、变卖、损毁被产品质量监督部门或者工商行政管理部门查封、扣押的物品的，处被隐匿、转移、变卖、损毁物品货值金额等值以上三倍以下的罚款；有违法所得的，并处没收违法所得。

第六十四条　违反本法规定，应当承担民事赔偿责任和缴纳罚款、罚金，其财产不足以同时支付时，先承担民事赔偿责任。

第六十五条　各级人民政府工作人员和其他国家机关工作人员有下列情形之一的，依法给予行政处分；构成犯罪的，依法追究刑事责任：

（一）包庇、放纵产品生产、销售中违反本法规定行为的；

（二）向从事违反本法规定的生产、销售活动的当事人通风报信，帮助其逃避查处的；

（三）阻挠、干预产品质量监督部门或者工商行政管理部门依法对产品生产、销售中违反本法规定的行为进行查处，造成严重后果的。

第六十六条　产品质量监督部门在产品质量监督抽查中超过规定的数量索取样品或者向被检查人收取检验费用的，由上级产品质量监督部门或者监察机关责令退还；情节严重的，对直接负责的主管人员和其他直接责任人员依法给予行政处分。

第六十七条　产品质量监督部门或者其他国家机关违反本法第二十五条的规定，向社会推荐生产者的产品或者以监制、监销等方式参与产品经营活动的，由其上级机关或者监察机关责令改正，消除影响，有违法收入的予以没收；情节严重的，对直接负责的主管人员和其他直接责任人员依法给予行政处分。

产品质量检验机构有前款所列违法行为的，由产品质量监督部门责令改正，消除影响，有违法收入的予以没收，可以并处违法收入一倍以下的罚款；情节严重的，撤销其质量检验资格。

第六十八条　产品质量监督部门或者工商行政管理部门的工作人员滥用职权、玩忽职守、徇私舞弊，构成犯罪的，依法追究刑事责任；尚不构成犯罪的，依法给予行政处分。

第六十九条　以暴力、威胁方法阻碍产品质量监督部门或者工商行政管理部门的工作人员依法执行职务的，依法追究刑事责任；拒绝、阻碍未使用暴力、威胁方法的，由公安机关依照《中华人民共和国治安管理处罚法》的规定处罚。

第七十条　本法规定的吊销营业执照的行政处罚由工商行政管理部门决定，本法第四十九条至第五十七条、第六十条至第六十三条规定的行政处罚由产品质量监督部门或者工商行政管理部门按照国务院规定的职权范围决定。法律、行政法规对行使行政处罚权的机关另有规定的，依照有关法律、行政法规的规定执行。

第七十一条　对依照本法规定没收的产品，依照国家有关规定进行销毁或者采取其他方式处理。

第七十二条　本法第四十九条至第五十四条、第六十二条、第六十三条所规定的货值金额以违法生产、销售产品的标价计算；没有标价的，按照同类产品的市场价格计算。

第六章　附　则

第七十三条　军工产品质量监督管理办法，由国务院、中央军事委员会另行制定。

因核设施、核产品造成损害的赔偿责任，法律、行政法规另有规定的，依照其规定。

第七十四条　本法自 1993 年 9 月 1 日起施行。

中华人民共和国招投标法

（2017 年主席令第 86 号修正）

第一章　总　则

第一条　为了规范招标投标活动，保护国家利益、社会公共利益和招标投标活动当事人的合法权益，提高经济效益，保证项目质量，制定本法。

第二条　在中华人民共和国境内进行招标投标活动，适用本法。

第三条　在中华人民共和国境内进行下列工程建设项目包括项目的勘察、设计、施工、监理以及与工程建设有关的重要设备、材料等的采购，必须进行招标：

（一）大型基础设施、公用事业等关系社会公共利益、公众安全的项目；

（二）全部或者部分使用国有资金投资或者国家融资的项目；

（三）使用国际组织或者外国政府贷款、援助资金的项目。

前款所列项目的具体范围和规模标准，由国务院发展计划部门会同国务院有关部门制定，报国务院批准。

法律或者国务院对必须进行招标的其他项目的范围有规定的，依照其规定。

第四条　任何单位和个人不得将依法必须进行招标的项目化整为零或者以其他任何方式规避招标。

第五条　招标投标活动应当遵循公开、公平、公正和诚实信用的原则。

第六条　依法必须进行招标的项目，其招标投标活动不受地区或者部门的限制。任何单位和个人不得违法限制或者排斥本地区、本系统以外的法人或者其他组织参加投标，不得以任何方式非法干涉招标投标活动。

第七条　招标投标活动及其当事人应当接受依法实施的监督。

有关行政监督部门依法对招标投标活动实施监督，依法查处招标投标活动中的违法行为。

对招标投标活动的行政监督及有关部门的具体职权划分，由国务院规定。

第二章 招 标

第八条 招标人是依照本法规定提出招标项目、进行招标的法人或者其他组织。

第九条 招标项目按照国家有关规定需要履行项目审批手续的，应当先履行审批手续，取得批准。

招标人应当有进行招标项目的相应资金或者资金来源已经落实，并应当在招标文件中如实载明。

第十条 招标分为公开招标和邀请招标。

公开招标，是指招标人以招标公告的方式邀请不特定的法人或者其他组织投标。

邀请招标，是指招标人以投标邀请书的方式邀请特定的法人或者其他组织投标。

第十一条 国务院发展计划部门确定的国家重点项目和省、自治区、直辖市人民政府确定的地方重点项目不适宜公开招标的，经国务院发展计划部门或者省、自治区、直辖市人民政府批准，可以进行邀请招标。

第十二条 招标人有权自行选择招标代理机构，委托其办理招标事宜。任何单位和个人不得以任何方式为招标人指定招标代理机构。

招标人具有编制招标文件和组织评标能力的，可以自行办理招标事宜。任何单位和个人不得强制其委托招标代理机构办理招标事宜。

依法必须进行招标的项目，招标人自行办理招标事宜的，应当向有关行政监督部门备案。

第十三条 招标代理机构是依法设立、从事招标代理业务并提供相关服务的社会中介组织。

招标代理机构应当具备下列条件：

（一）有从事招标代理业务的营业场所和相应资金；

（二）有能够编制招标文件和组织评标的相应专业力量。

第十四条 招标代理机构与行政机关和其他国家机关不得存在隶属关系或者其他利益关系。

第十五条 招标代理机构应当在招标人委托的范围内办理招标事宜，并遵守本法关于招标人的规定。

第十六条 招标人采用公开招标方式的，应当发布招标公告。依法必须进行招标的项目的招标公告，应当通过国家指定的报刊、信息网络或者其他媒介发布。

招标公告应当载明招标人的名称和地址、招标项目的性质、数量、实施地点和时间以及获取招标文件的办法等事项。

第十七条 招标人采用邀请招标方式的，应当向三个以上具备承担招标项目的能力、资信良好的特定的法人或者其他组织发出投标邀请书。

投标邀请书应当载明本法第十六条第二款规定的事项。

第十八条 招标人可以根据招标项目本身的要求，在招标公告或者投标邀请书中，要求潜在投标人提供有关资质证明文件和业绩情况，并对潜在投标人进行资格审查；国家对投标人的资格条件有规定的，依照其规定。

招标人不得以不合理的条件限制或者排斥潜在投标人，不得对潜在投标人实行歧视待遇。

第十九条 招标人应当根据招标项目的特点和需要编制招标文件。招标文件应当包括招标项目的技术要求、对投标人资格审查的标准、投标报价要求和评标标准等所有实质性要求和条件以及拟签订合同的主要条款。

国家对招标项目的技术、标准有规定的，招标人应当按照其规定在招标文件中提出相应要求。

招标项目需要划分标段、确定工期的，招标人应当合理划分标段、确定工期，并在招标文件中载明。

第二十条 招标文件不得要求或者标明特定的生产供应者以及含有倾向或者排斥潜在投标人的其他内容。

第二十一条 招标人根据招标项目的具体情况，可以组织潜在投标人踏勘项目现场。

第二十二条 招标人不得向他人透露已获取招标文件的潜在投标人的名称、数量以及可能影响公平竞争的有关招标投标的其他情况。

招标人设有标底的，标底必须保密。

第二十三条 招标人对已发出的招标文件进行必要的澄清或者修改的，应当在招标文件要求提交投标文件截止时间至少十五日前，以书面形式通知所有招标文件收受人。该澄清或者修改的内容为招标文件的组成部分。

第二十四条 招标人应当确定投标人编制投标文件所需要的合理时间；但是，依法必须进行招标的项目，自招标文件开始发出之日起至投标人提交投标文件截止之日止，最短不得少于二十日。

第三章 投 标

第二十五条 投标人是响应招标、参加投标竞争的法人或者其他组织。

依法招标的科研项目允许个人参加投标的，投标的个人适用本法有关投标人的规定。

第二十六条 投标人应当具备承担招标项目的能力；国家有关规定对投标人资格条件或者招标文件对投标人资格条件有规定的，投标人应当具备规定的资格条件。

第二十七条 投标人应当按照招标文件的要求编制投标文件。投标文件应当对招标文件提出的实质性要求和条件作出响应。

招标项目属于建设施工的，投标文件的内容应当包括拟派出的项目负责人与主要技术人员的简历、业绩和拟用于完成招标项目的机械设备等。

第二十八条 投标人应当在招标文件要求提交投标文件的截止时间前，将投标文件送达投标地点。招标人收到投标文件后，应当签收保存，不得开启。投标人少于三个的，招标人应当依照本法重新招标。

在招标文件要求提交投标文件的截止时间后送达的投标文件，招标人应当拒收。

第二十九条 投标人在招标文件要求提交投标文件的截止时间前，可以补充、修改或者撤回已提交的投标文件，并书面通知招标人。补充、修改的内容为投标文件的组成部分。

第三十条 投标人根据招标文件载明的项目实际情况，拟在中标后将中标项目的部分非主体、非关键性工作进行分包的，应当在投标文件中载明。

第三十一条 两个以上法人或者其他组织可以组成一个联合体，以一个投标人的身份共同投标。

联合体各方均应当具备承担招标项目的相应能力；国家有关规定或者招标文件对投标人资格条件有规定的，联合体各方均应当具备规定的相应资格条件。由同一专业的单位组成的联合体，按照资质等级较低的单位确定资质等级。

联合体各方应当签订共同投标协议，明确约定各方拟承担的工作和责任，并将共同投标协议连同投标文件一并提交招标人。联合体中标的，联合体各方应当共同与招标人签订合同，就中标项目向招标人承担连带责任。

招标人不得强制投标人组成联合体共同投标，不得限制投标人之间的竞争。

第三十二条 投标人不得相互串通投标报价，不得排挤其他投标人的公平竞争，损害招标人或者其他投标人的合法权益。

投标人不得与招标人串通投标，损害国家利益、社会公共利益或者他人的合法权益。

禁止投标人以向招标人或者评标委员会成员行贿的手段谋取中标。

第三十三条　投标人不得以低于成本的报价竞标，也不得以他人名义投标或者以其他方式弄虚作假，骗取中标。

第四章　开标、评标和中标

第三十四条　开标应当在招标文件确定的提交投标文件截止时间的同一时间公开进行；开标地点应当为招标文件中预先确定的地点。

第三十五条　开标由招标人主持，邀请所有投标人参加。

第三十六条　开标时，由投标人或者其推选的代表检查投标文件的密封情况，也可以由招标人委托的公证机构检查并公证；经确认无误后，由工作人员当众拆封，宣读投标人名称、投标价格和投标文件的其他主要内容。

招标人在招标文件要求提交投标文件的截止时间前收到的所有投标文件，开标时都应当当众予以拆封、宣读。

开标过程应当记录，并存档备查。

第三十七条　评标由招标人依法组建的评标委员会负责。

依法必须进行招标的项目，其评标委员会由招标人的代表和有关技术、经济等方面的专家组成，成员人数为五人以上单数，其中技术、经济等方面的专家不得少于成员总数的三分之二。

前款专家应当从事相关领域工作满八年并具有高级职称或者具有同等专业水平，由招标人从国务院有关部门或者省、自治区、直辖市人民政府有关部门提供的专家名册或者招标代理机构的专家库内的相关专业的专家名单中确定；一般招标项目可以采取随机抽取方式，特殊招标项目可以由招标人直接确定。

与投标人有利害关系的人不得进入相关项目的评标委员会；已经进入的应当更换。

评标委员会成员的名单在中标结果确定前应当保密。

第三十八条　招标人应当采取必要的措施，保证评标在严格保密的情况下进行。

任何单位和个人不得非法干预、影响评标的过程和结果。

第三十九条　评标委员会可以要求投标人对投标文件中含义不明确的内容作必要的澄清或者说明，但是澄清或者说明不得超出投标文件的范围或者改变投标文件的实质性内容。

第四十条　评标委员会应当按照招标文件确定的评标标准和方法，对投标文件进行评审和比较；设有标底的，应当参考标底。评标委员会完成评标后，应当向招标人提出书面评标报告，并推荐合格的中标候选人。

招标人根据评标委员会提出的书面评标报告和推荐的中标候选人确定中标人。招标人也可以授权评标委员会直接确定中标人。

国务院对特定招标项目的评标有特别规定的，从其规定。

第四十一条　中标人的投标应当符合下列条件之一：

（一）能够最大限度地满足招标文件中规定的各项综合评价标准；

（二）能够满足招标文件的实质性要求，并且经评审的投标价格最低；但是投标价格低于成本的除外。

第四十二条　评标委员会经评审，认为所有投标都不符合招标文件要求的，可以否决所有投标。

依法必须进行招标的项目的所有投标被否决的，招标人应当依照本法重新招标。

第四十三条　在确定中标人前，招标人不得与投标人就投标价格、投标方案等实质性内容进行谈判。

第四十四条　评标委员会成员应当客观、公正地履行职务，遵守职业道德，对所提出的评审意见承担个人责任。

评标委员会成员不得私下接触投标人，不得收受投标人的财物或者其他好处。

评标委员会成员和参与评标的有关工作人员不得透露对投标文件的评审和比较、中标候选人的推荐情况以及与评标有关的其他情况。

第四十五条　中标人确定后，招标人应当向中标人发出中标通知书，并同时将中标结果通知所有未中标的投标人。

中标通知书对招标人和中标人具有法律效力。中标通知书发出后，招标人改变中标结果的，或者中标人放弃中标项目的，应当依法承担法律责任。

第四十六条　招标人和中标人应当自中标通知书发出之日起三十日内，按照招标文件和中标人的投标文件订立书面合同。招标人和中标人不得再行订立背离合同实质性内容的其他协议。

招标文件要求中标人提交履约保证金的，中标人应当提交。

第四十七条　依法必须进行招标的项目，招标人应当自确定中标人之日起十五日内，向有关行政监督部门提交招标投标情况的书面报告。

第四十八条　中标人应当按照合同约定履行义务，完成中标项目。中标人不得向他人转让中标项目，也不得将中标项目肢解后分别向他人转让。

中标人按照合同约定或者经招标人同意，可以将中标项目的部分非主体、非关键性工作分包给他人完成。接受分包的人应当具备相应的资格条件，并不得再次分包。

中标人应当就分包项目向招标人负责，接受分包的人就分包项目承担连带责任。

第五章 法律责任

第四十九条 违反本法规定，必须进行招标的项目而不招标的，将必须进行招标的项目化整为零或者以其他任何方式规避招标的，责令限期改正，可以处项目合同金额千分之五以上千分之十以下的罚款；对全部或者部分使用国有资金的项目，可以暂停项目执行或者暂停资金拨付；对单位直接负责的主管人员和其他直接责任人员依法给予处分。

第五十条 招标代理机构违反本法规定，泄露应当保密的与招标投标活动有关的情况和资料的，或者与招标人、投标人串通损害国家利益、社会公共利益或者他人合法权益的，处五万元以上二十五万元以下的罚款，对单位直接负责的主管人员和其他直接责任人员处单位罚款数额百分之五以上百分之十以下的罚款；有违法所得的，并处没收违法所得；情节严重的，禁止其一年至二年内代理依法必须进行招标的项目并予以公告，直至由工商行政管理机关吊销营业执照；构成犯罪的，依法追究刑事责任。给他人造成损失的，依法承担赔偿责任。

前款所列行为影响中标结果的，中标无效。

第五十一条 招标人以不合理的条件限制或者排斥潜在投标人的，对潜在投标人实行歧视待遇的，强制要求投标人组成联合体共同投标的，或者限制投标人之间竞争的，责令改正，可以处一万元以上五万元以下的罚款。

第五十二条 依法必须进行招标的项目的招标人向他人透露已获取招标文件的潜在投标人的名称、数量或者可能影响公平竞争的有关招标投标的其他情况的，或者泄露标底的，给予警告，可以并处一万元以上十万元以下的罚款；对单位直接负责的主管人员和其他直接责任人员依法给予处分；构成犯罪的，依法追究刑事责任。

前款所列行为影响中标结果的，中标无效。

第五十三条 投标人相互串通投标或者与招标人串通投标的，投标人以向招标人或者评标委员会成员行贿的手段谋取中标的，中标无效，处中标项目金额千分之五以上千分之十以下的罚款，对单位直接负责的主管人员和其他直接责任人员处单位罚款数额百分之五以上百分之十以下的罚款；有违法所得的，并处没收违法所得；情节严重的，取消其一年至二年内参加依法必须进行招标的项目的投标资格并予以公告，直至由工商行政管理机关吊销营业执照；构成犯罪的，依法追究刑事责任。给他人造成损失的，依法承担赔偿责任。

第五十四条 投标人以他人名义投标或者以其他方式弄虚作假，骗取中标的，中标无效，给招标人造成损失的，依法承担赔偿责任；构成犯罪的，依法追究刑事责任。

依法必须进行招标的项目的投标人有前款所列行为尚未构成犯罪的，处中标项目金额千分之五以上千分之十以下的罚款，对单位直接负责的主管人员和其他直接责任人员处单位罚款数额百分之五以上百分之十以下的罚款；有违法所得的，并处没收违法所得；情节严重的，取消其一年至三年内参加依法必须进行招标的项目的投标资格并予以公告，直至由工商行政管理机关吊销营业执照。

第五十五条 依法必须进行招标的项目，招标人违反本法规定，与投标人就投标价格、投标方案等实质性内容进行谈判的，给予警告，对单位直接负责的主管人员和其他直接责任人员依法给予处分。

前款所列行为影响中标结果的，中标无效。

第五十六条 评标委员会成员收受投标人的财物或者其他好处的，评标委员会成员或者参加评标的有关工作人员向他人透露对投标文件的评审和比较、中标候选人的推荐以及与评标有关的其他情况的，给予警告，没收收受的财物，可以并处三千元以上五万元以下的罚款，对有所列违法行为的评标委员会成员取消担任评标委员会成员的资格，不得再参加任何依法必须进行招标的项目的评标；构成犯罪的，依法追究刑事责任。

第五十七条 招标人在评标委员会依法推荐的中标候选人以外确定中标人的，依法必须进行招标的项目在所有投标被评标委员会否决后自行确定中标人的，中标无效。责令改正，可以处中标项目金额千分之五以上千分之十以下的罚款；对单位直接负责的主管人员和其他直接责任人员依法给予处分。

第五十八条 中标人将中标项目转让给他人的，将中标项目肢解后分别转让给他人的，违反本法规定将中标项目的部分主体、关键性工作分包给他人的，或者分包人再次分包的，转让、分包无效，处转让、分包项目金额千分之五以上千分之十以下的罚款；有违法所得的，并处没收违法所得；可以责令停业整顿；情节严重的，由工商行政管理机关吊销营业执照。

第五十九条 招标人与中标人不按照招标文件和中标人的投标文件订立合同的，或者招标人、中标人订立背离合同实质性内容的协议的，责令改正；可以处中标项目金额千分之五以上千分之十以下的罚款。

第六十条 中标人不履行与招标人订立的合同的，履约保证金不予退还，给招标人造成的损失超过履约保证金数额的，还应当对超过部分予以赔偿；

没有提交履约保证金的，应当对招标人的损失承担赔偿责任。

中标人不按照与招标人订立的合同履行义务，情节严重的，取消其二年至五年内参加依法必须进行招标的项目的投标资格并予以公告，直至由工商行政管理机关吊销营业执照。

因不可抗力不能履行合同的，不适用前两款规定。

第六十一条 本章规定的行政处罚，由国务院规定的有关行政监督部门决定。本法已对实施行政处罚的机关作出规定的除外。

第六十二条 任何单位违反本法规定，限制或者排斥本地区、本系统以外的法人或者其他组织参加投标的，为招标人指定招标代理机构的，强制招标人委托招标代理机构办理招标事宜的，或者以其他方式干涉招标投标活动的，责令改正；对单位直接负责的主管人员和其他直接责任人员依法给予警告、记过、记大过的处分，情节较重的，依法给予降级、撤职、开除的处分。

个人利用职权进行前款违法行为的，依照前款规定追究责任。

第六十三条 对招标投标活动依法负有行政监督职责的国家机关工作人员徇私舞弊、滥用职权或者玩忽职守，构成犯罪的，依法追究刑事责任；不构成犯罪的，依法给予行政处分。

第六十四条 依法必须进行招标的项目违反本法规定，中标无效的，应当依照本法规定的中标条件从其余投标人中重新确定中标人或者依照本法重新进行招标。

第六章 附 则

第六十五条 投标人和其他利害关系人认为招标投标活动不符合本法有关规定的，有权向招标人提出异议或者依法向有关行政监督部门投诉。

第六十六条 涉及国家安全、国家秘密、抢险救灾或者属于利用扶贫资金实行以工代赈、需要使用农民工等特殊情况，不适宜进行招标的项目，按照国家有关规定可以不进行招标。

第六十七条 使用国际组织或者外国政府贷款、援助资金的项目进行招标，贷款方、资金提供方对招标投标的具体条件和程序有不同规定的，可以适用其规定，但违背中华人民共和国的社会公共利益的除外。

第六十八条 本法自 2000 年 1 月 1 日起施行。

中华人民共和国招标投标法实施条例

（2011 年国务院令第 613 号）

2017 年 3 月 1 日《国务院关于修改和废止部分行政法规的决定》修订

第一章　总　则

第一条　为了规范招标投标活动，根据《中华人民共和国招标投标法》（以下简称招标投标法），制定本条例。

第二条　招标投标法第三条所称工程建设项目，是指工程以及与工程建设有关的货物、服务。

前款所称工程，是指建设工程，包括建筑物和构筑物的新建、改建、扩建及其相关的装修、拆除、修缮等；所称与工程建设有关的货物，是指构成工程不可分割的组成部分，且为实现工程基本功能所必需的设备、材料等；所称与工程建设有关的服务，是指为完成工程所需的勘察、设计、监理等服务。

第三条　依法必须进行招标的工程建设项目的具体范围和规模标准，由国务院发展改革部门会同国务院有关部门制定，报国务院批准后公布施行。

第四条　国务院发展改革部门指导和协调全国招标投标工作，对国家重大建设项目的工程招标投标活动实施监督检查。国务院工业和信息化、住房城乡建设、交通运输、铁道、水利、商务等部门，按照规定的职责分工对有关招标投标活动实施监督。

县级以上地方人民政府发展改革部门指导和协调本行政区域的招标投标工作。县级以上地方人民政府有关部门按照规定的职责分工，对招标投标活动实施监督，依法查处招标投标活动中的违法行为。县级以上地方人民政府对其所属部门有关招标投标活动的监督职责分工另有规定的，从其规定。

财政部门依法对实行招标投标的政府采购工程建设项目的预算执行情况和政府采购政策执行情况实施监督。

监察机关依法对与招标投标活动有关的监察对象实施监察。

第五条　设区的市级以上地方人民政府可以根据实际需要，建立统一规范的招标投标交易场所，为招标投标活动提供服务。招标投标交易场所不得与行政监督部门存在隶属关系，不得以营利为目的。

国家鼓励利用信息网络进行电子招标投标。

第六条　禁止国家工作人员以任何方式非法干涉招标投标活动。

第二章　招　标

第七条　按照国家有关规定需要履行项目审批、核准手续的依法必须进行招标的项目，其招标范围、招标方式、招标组织形式应当报项目审批、核准部门审批、核准。项目审批、核准部门应当及时将审批、核准确定的招标范围、招标方式、招标组织形式通报有关行政监督部门。

第八条　国有资金占控股或者主导地位的依法必须进行招标的项目，应当公开招标；但有下列情形之一的，可以邀请招标：

（一）技术复杂、有特殊要求或者受自然环境限制，只有少量潜在投标人可供选择；

（二）采用公开招标方式的费用占项目合同金额的比例过大。

有前款第二项所列情形，属于本条例第七条规定的项目，由项目审批、核准部门在审批、核准项目时作出认定；其他项目由招标人申请有关行政监督部门作出认定。

第九条　除招标投标法第六十六条规定的可以不进行招标的特殊情况外，有下列情形之一的，可以不进行招标：

（一）需要采用不可替代的专利或者专有技术；

（二）采购人依法能够自行建设、生产或者提供；

（三）已通过招标方式选定的特许经营项目投资人依法能够自行建设、生产或者提供；

（四）需要向原中标人采购工程、货物或者服务，否则将影响施工或者功能配套要求；

（五）国家规定的其他特殊情形。

招标人为适用前款规定弄虚作假的，属于招标投标法第四条规定的规避招标。

第十条　招标投标法第十二条第二款规定的招标人具有编制招标文件和组织评标能力，是指招标人具有与招标项目规模和复杂程度相适应的技术、经济等方面的专业人员。

第十一条　招标代理机构的资格依照法律和国务院的规定由有关部门认定。

国务院住房城乡建设、商务、发展改革、工业和信息化等部门，按照规定的职责分工对招标代理机构依法实施监督管理。

第十二条 招标代理机构应当拥有一定数量的具备编制招标文件、组织评标等相应能力的专业人员。

第十三条 招标代理机构在其资格许可和招标人委托的范围内开展招标代理业务，任何单位和个人不得非法干涉。

招标代理机构代理招标业务，应当遵守招标投标法和本条例关于招标人的规定。招标代理机构不得在所代理的招标项目中投标或者代理投标，也不得为所代理的招标项目的投标人提供咨询。

招标代理机构不得涂改、出租、出借、转让资格证书。

第十四条 招标人应当与被委托的招标代理机构签订书面委托合同，合同约定的收费标准应当符合国家有关规定。

第十五条 公开招标的项目，应当依照招标投标法和本条例的规定发布招标公告、编制招标文件。

招标人采用资格预审办法对潜在投标人进行资格审查的，应当发布资格预审公告、编制资格预审文件。

依法必须进行招标的项目的资格预审公告和招标公告，应当在国务院发展改革部门依法指定的媒介发布。在不同媒介发布的同一招标项目的资格预审公告或者招标公告的内容应当一致。指定媒介发布依法必须进行招标的项目的境内资格预审公告、招标公告，不得收取费用。

编制依法必须进行招标的项目的资格预审文件和招标文件，应当使用国务院发展改革部门会同有关行政监督部门制定的标准文本。

第十六条 招标人应当按照资格预审公告、招标公告或者投标邀请书规定的时间、地点发售资格预审文件或者招标文件。资格预审文件或者招标文件的发售期不得少于 5 日。

招标人发售资格预审文件、招标文件收取的费用应当限于补偿印刷、邮寄的成本支出，不得以营利为目的。

第十七条 招标人应当合理确定提交资格预审申请文件的时间。依法必须进行招标的项目提交资格预审申请文件的时间，自资格预审文件停止发售之日起不得少于 5 日。

第十八条 资格预审应当按照资格预审文件载明的标准和方法进行。

国有资金占控股或者主导地位的依法必须进行招标的项目，招标人应当组建资格审查委员会审查资格预审申请文件。资格审查委员会及其成员应当遵守招标投标法和本条例有关评标委员会及其成员的规定。

第十九条 资格预审结束后，招标人应当及时向资格预审申请人发出资格预审结果通知书。未通过资格预审的申请人不具有投标资格。

通过资格预审的申请人少于3个的，应当重新招标。

第二十条 招标人采用资格后审办法对投标人进行资格审查的，应当在开标后由评标委员会按照招标文件规定的标准和方法对投标人的资格进行审查。

第二十一条 招标人可以对已发出的资格预审文件或者招标文件进行必要的澄清或者修改。澄清或者修改的内容可能影响资格预审申请文件或者投标文件编制的，招标人应当在提交资格预审申请文件截止时间至少3日前，或者投标截止时间至少15日前，以书面形式通知所有获取资格预审文件或者招标文件的潜在投标人；不足3日或者15日的，招标人应当顺延提交资格预审申请文件或者投标文件的截止时间。

第二十二条 潜在投标人或者其他利害关系人对资格预审文件有异议的，应当在提交资格预审申请文件截止时间2日前提出；对招标文件有异议的，应当在投标截止时间10日前提出。招标人应当自收到异议之日起3日内作出答复；作出答复前，应当暂停招标投标活动。

第二十三条 招标人编制的资格预审文件、招标文件的内容违反法律、行政法规的强制性规定，违反公开、公平、公正和诚实信用原则，影响资格预审结果或者潜在投标人投标的，依法必须进行招标的项目的招标人应当在修改资格预审文件或者招标文件后重新招标。

第二十四条 招标人对招标项目划分标段的，应当遵守招标投标法的有关规定，不得利用划分标段限制或者排斥潜在投标人。依法必须进行招标的项目的招标人不得利用划分标段规避招标。

第二十五条 招标人应当在招标文件中载明投标有效期。投标有效期从提交投标文件的截止之日起算。

第二十六条 招标人在招标文件中要求投标人提交投标保证金的，投标保证金不得超过招标项目估算价的2%。投标保证金有效期应当与投标有效期一致。

依法必须进行招标的项目的境内投标单位，以现金或者支票形式提交的投标保证金应当从其基本账户转出。

招标人不得挪用投标保证金。

第二十七条 招标人可以自行决定是否编制标底。一个招标项目只能有一个标底。标底必须保密。

接受委托编制标底的中介机构不得参加受托编制标底项目的投标，也不得为该项目的投标人编制投标文件或者提供咨询。

招标人设有最高投标限价的，应当在招标文件中明确最高投标限价或者最高投标限价的计算方法。招标人不得规定最低投标限价。

第二十八条 招标人不得组织单个或者部分潜在投标人踏勘项目现场。

第二十九条 招标人可以依法对工程以及与工程建设有关的货物、服务全部或者部分实行总承包招标。以暂估价形式包括在总承包范围内的工程、货物、服务属于依法必须进行招标的项目范围且达到国家规定规模标准的，应当依法进行招标。

前款所称暂估价，是指总承包招标时不能确定价格而由招标人在招标文件中暂时估定的工程、货物、服务的金额。

第三十条 对技术复杂或者无法精确拟定技术规格的项目，招标人可以分两阶段进行招标。

第一阶段，投标人按照招标公告或者投标邀请书的要求提交不带报价的技术建议，招标人根据投标人提交的技术建议确定技术标准和要求，编制招标文件。

第二阶段，招标人向在第一阶段提交技术建议的投标人提供招标文件，投标人按照招标文件的要求提交包括最终技术方案和投标报价的投标文件。

招标人要求投标人提交投标保证金的，应当在第二阶段提出。

第三十一条 招标人终止招标的，应当及时发布公告，或者以书面形式通知被邀请的或者已经获取资格预审文件、招标文件的潜在投标人。已经发售资格预审文件、招标文件或者已经收取投标保证金的，招标人应当及时退还所收取的资格预审文件、招标文件的费用，以及所收取的投标保证金及银行同期存款利息。

第三十二条 招标人不得以不合理的条件限制、排斥潜在投标人或者投标人。

招标人有下列行为之一的，属于以不合理条件限制、排斥潜在投标人或者投标人：

（一）就同一招标项目向潜在投标人或者投标人提供有差别的项目信息；

（二）设定的资格、技术、商务条件与招标项目的具体特点和实际需要不相适应或者与合同履行无关；

（三）依法必须进行招标的项目以特定行政区域或者特定行业的业绩、奖项作为加分条件或者中标条件；

（四）对潜在投标人或者投标人采取不同的资格审查或者评标标准；

（五）限定或者指定特定的专利、商标、品牌、原产地或者供应商；

（六）依法必须进行招标的项目非法限定潜在投标人或者投标人的所有制形式或者组织形式；

（七）以其他不合理条件限制、排斥潜在投标人或者投标人。

第三章　投　标

第三十三条　投标人参加依法必须进行招标的项目的投标，不受地区或者部门的限制，任何单位和个人不得非法干涉。

第三十四条　与招标人存在利害关系可能影响招标公正性的法人、其他组织或者个人，不得参加投标。

单位负责人为同一人或者存在控股、管理关系的不同单位，不得参加同一标段投标或者未划分标段的同一招标项目投标。

违反前两款规定的，相关投标均无效。

第三十五条　投标人撤回已提交的投标文件，应当在投标截止时间前书面通知招标人。招标人已收取投标保证金的，应当自收到投标人书面撤回通知之日起 5 日内退还。

投标截止后投标人撤销投标文件的，招标人可以不退还投标保证金。

第三十六条　未通过资格预审的申请人提交的投标文件，以及逾期送达或者不按照招标文件要求密封的投标文件，招标人应当拒收。

招标人应当如实记载投标文件的送达时间和密封情况，并存档备查。

第三十七条　招标人应当在资格预审公告、招标公告或者投标邀请书中载明是否接受联合体投标。

招标人接受联合体投标并进行资格预审的，联合体应当在提交资格预审申请文件前组成。资格预审后联合体增减、更换成员的，其投标无效。

联合体各方在同一招标项目中以自己名义单独投标或者参加其他联合体投标的，相关投标均无效。

第三十八条　投标人发生合并、分立、破产等重大变化的，应当及时书面告知招标人。投标人不再具备资格预审文件、招标文件规定的资格条件或者其投标影响招标公正性的，其投标无效。

第三十九条　禁止投标人相互串通投标。

有下列情形之一的，属于投标人相互串通投标：

（一）投标人之间协商投标报价等投标文件的实质性内容；

（二）投标人之间约定中标人；

（三）投标人之间约定部分投标人放弃投标或者中标；

（四）属于同一集团、协会、商会等组织成员的投标人按照该组织要求协同投标；

（五）投标人之间为谋取中标或者排斥特定投标人而采取的其他联合行动。

第四十条 有下列情形之一的，视为投标人相互串通投标：

（一）不同投标人的投标文件由同一单位或者个人编制；

（二）不同投标人委托同一单位或者个人办理投标事宜；

（三）不同投标人的投标文件载明的项目管理成员为同一人；

（四）不同投标人的投标文件异常一致或者投标报价呈规律性差异；

（五）不同投标人的投标文件相互混装；

（六）不同投标人的投标保证金从同一单位或者个人的账户转出。

第四十一条 禁止招标人与投标人串通投标。

有下列情形之一的，属于招标人与投标人串通投标：

（一）招标人在开标前开启投标文件并将有关信息泄露给其他投标人；

（二）招标人直接或者间接向投标人泄露标底、评标委员会成员等信息；

（三）招标人明示或者暗示投标人压低或者抬高投标报价；

（四）招标人授意投标人撤换、修改投标文件；

（五）招标人明示或者暗示投标人为特定投标人中标提供方便；

（六）招标人与投标人为谋求特定投标人中标而采取的其他串通行为。

第四十二条 使用通过受让或者租借等方式获取的资格、资质证书投标的，属于招标投标法第三十三条规定的以他人名义投标。

投标人有下列情形之一的，属于招标投标法第三十三条规定的以其他方式弄虚作假的行为：

（一）使用伪造、变造的许可证件；

（二）提供虚假的财务状况或者业绩；

（三）提供虚假的项目负责人或者主要技术人员简历、劳动关系证明；

（四）提供虚假的信用状况；

（五）其他弄虚作假的行为。

第四十三条 提交资格预审申请文件的申请人应当遵守招标投标法和本条例有关投标人的规定。

第四章　开标、评标和中标

第四十四条 招标人应当按照招标文件规定的时间、地点开标。

投标人少于 3 个的，不得开标；招标人应当重新招标。

投标人对开标有异议的，应当在开标现场提出，招标人应当当场作出答复，并制作记录。

第四十五条　国家实行统一的评标专家专业分类标准和管理办法。具体标准和办法由国务院发展改革部门会同国务院有关部门制定。

省级人民政府和国务院有关部门应当组建综合评标专家库。

第四十六条　除招标投标法第三十七条第三款规定的特殊招标项目外，依法必须进行招标的项目，其评标委员会的专家成员应当从评标专家库内相关专业的专家名单中以随机抽取方式确定。任何单位和个人不得以明示、暗示等任何方式指定或者变相指定参加评标委员会的专家成员。

依法必须进行招标的项目的招标人非因招标投标法和本条例规定的事由，不得更换依法确定的评标委员会成员。更换评标委员会的专家成员应当依照前款规定进行。

评标委员会成员与投标人有利害关系的，应当主动回避。

有关行政监督部门应当按照规定的职责分工，对评标委员会成员的确定方式、评标专家的抽取和评标活动进行监督。行政监督部门的工作人员不得担任本部门负责监督项目的评标委员会成员。

第四十七条　招标投标法第三十七条第三款所称特殊招标项目，是指技术复杂、专业性强或者国家有特殊要求，采取随机抽取方式确定的专家难以保证胜任评标工作的项目。

第四十八条　招标人应当向评标委员会提供评标所必需的信息，但不得明示或者暗示其倾向或者排斥特定投标人。

招标人应当根据项目规模和技术复杂程度等因素合理确定评标时间。超过三分之一的评标委员会成员认为评标时间不够的，招标人应当适当延长。

评标过程中，评标委员会成员有回避事由、擅离职守或者因健康等原因不能继续评标的，应当及时更换。被更换的评标委员会成员作出的评审结论无效，由更换后的评标委员会成员重新进行评审。

第四十九条　评标委员会成员应当依照招标投标法和本条例的规定，按照招标文件规定的评标标准和方法，客观、公正地对投标文件提出评审意见。招标文件没有规定的评标标准和方法不得作为评标的依据。

评标委员会成员不得私下接触投标人，不得收受投标人给予的财物或者其他好处，不得向招标人征询确定中标人的意向，不得接受任何单位或者个人明示或者暗示提出的倾向或者排斥特定投标人的要求，不得有其他不客观、不公正履行职务的行为。

第五十条　招标项目设有标底的，招标人应当在开标时公布。标底只能作为评标的参考，不得以投标报价是否接近标底作为中标条件，也不得以投标报价超过标底上下浮动范围作为否决投标的条件。

第五十一条 有下列情形之一的，评标委员会应当否决其投标：

（一）投标文件未经投标单位盖章和单位负责人签字；

（二）投标联合体没有提交共同投标协议；

（三）投标人不符合国家或者招标文件规定的资格条件；

（四）同一投标人提交两个以上不同的投标文件或者投标报价，但招标文件要求提交备选投标的除外；

（五）投标报价低于成本或者高于招标文件设定的最高投标限价；

（六）投标文件没有对招标文件的实质性要求和条件作出响应；

（七）投标人有串通投标、弄虚作假、行贿等违法行为。

第五十二条 投标文件中有含义不明确的内容、明显文字或者计算错误，评标委员会认为需要投标人作出必要澄清、说明的，应当书面通知该投标人。投标人的澄清、说明应当采用书面形式，并不得超出投标文件的范围或者改变投标文件的实质性内容。

评标委员会不得暗示或者诱导投标人作出澄清、说明，不得接受投标人主动提出的澄清、说明。

第五十三条 评标完成后，评标委员会应当向招标人提交书面评标报告和中标候选人名单。中标候选人应当不超过3个，并标明排序。

评标报告应当由评标委员会全体成员签字。对评标结果有不同意见的评标委员会成员应当以书面形式说明其不同意见和理由，评标报告应当注明该不同意见。评标委员会成员拒绝在评标报告上签字又不书面说明其不同意见和理由的，视为同意评标结果。

第五十四条 依法必须进行招标的项目，招标人应当自收到评标报告之日起3日内公示中标候选人，公示期不得少于3日。

投标人或者其他利害关系人对依法必须进行招标的项目的评标结果有异议的，应当在中标候选人公示期间提出。招标人应当自收到异议之日起3日内作出答复；作出答复前，应当暂停招标投标活动。

第五十五条 国有资金占控股或者主导地位的依法必须进行招标的项目，招标人应当确定排名第一的中标候选人为中标人。排名第一的中标候选人放弃中标、因不可抗力不能履行合同、不按照招标文件要求提交履约保证金，或者被查实存在影响中标结果的违法行为等情形，不符合中标条件的，招标人可以按照评标委员会提出的中标候选人名单排序依次确定其他中标候选人为中标人，也可以重新招标。

第五十六条 中标候选人的经营、财务状况发生较大变化或者存在违法行为，招标人认为可能影响其履约能力的，应当在发出中标通知书前由原评标委员会按照招标文件规定的标准和方法审查确认。

第五十七条　招标人和中标人应当依照招标投标法和本条例的规定签订书面合同，合同的标的、价款、质量、履行期限等主要条款应当与招标文件和中标人的投标文件的内容一致。招标人和中标人不得再行订立背离合同实质性内容的其他协议。

招标人最迟应当在书面合同签订后 5 日内向中标人和未中标的投标人退还投标保证金及银行同期存款利息。

第五十八条　招标文件要求中标人提交履约保证金的，中标人应当按照招标文件的要求提交。履约保证金不得超过中标合同金额的 10%。

第五十九条　中标人应当按照合同约定履行义务，完成中标项目。中标人不得向他人转让中标项目，也不得将中标项目肢解后分别向他人转让。

中标人按照合同约定或者经招标人同意，可以将中标项目的部分非主体、非关键性工作分包给他人完成。接受分包的人应当具备相应的资格条件，并不得再次分包。

中标人应当就分包项目向招标人负责，接受分包的人就分包项目承担连带责任。

第五章　投诉与处理

第六十条　投标人或者其他利害关系人认为招标投标活动不符合法律、行政法规规定的，可以自知道或者应当知道之日起 10 日内向有关行政监督部门投诉。投诉应当有明确的请求和必要的证明材料。

就本条例第二十二条、第四十四条、第五十四条规定事项投诉的，应当先向招标人提出异议，异议答复期间不计算在前款规定的期限内。

第六十一条　投诉人就同一事项向两个以上有权受理的行政监督部门投诉的，由最先收到投诉的行政监督部门负责处理。

行政监督部门应当自收到投诉之日起 3 个工作日内决定是否受理投诉，并自受理投诉之日起 30 个工作日内作出书面处理决定；需要检验、检测、鉴定、专家评审的，所需时间不计算在内。

投诉人捏造事实、伪造材料或者以非法手段取得证明材料进行投诉的，行政监督部门应当予以驳回。

第六十二条　行政监督部门处理投诉，有权查阅、复制有关文件、资料，调查有关情况，相关单位和人员应当予以配合。必要时，行政监督部门可以责令暂停招标投标活动。

行政监督部门的工作人员对监督检查过程中知悉的国家秘密、商业秘密，应当依法予以保密。

第六章 法律责任

第六十三条 招标人有下列限制或者排斥潜在投标人行为之一的，由有关行政监督部门依照招标投标法第五十一条的规定处罚：

（一）依法应当公开招标的项目不按照规定在指定媒介发布资格预审公告或者招标公告；

（二）在不同媒介发布的同一招标项目的资格预审公告或者招标公告的内容不一致，影响潜在投标人申请资格预审或者投标。

依法必须进行招标的项目的招标人不按照规定发布资格预审公告或者招标公告，构成规避招标的，依照招标投标法第四十九条的规定处罚。

第六十四条 招标人有下列情形之一的，由有关行政监督部门责令改正，可以处 10 万元以下的罚款：

（一）依法应当公开招标而采用邀请招标；

（二）招标文件、资格预审文件的发售、澄清、修改的时限，或者确定的提交资格预审申请文件、投标文件的时限不符合招标投标法和本条例规定；

（三）接受未通过资格预审的单位或者个人参加投标；

（四）接受应当拒收的投标文件。

招标人有前款第（一）项、第（三）项、第（四）项所列行为之一的，对单位直接负责的主管人员和其他直接责任人员依法给予处分。

第六十五条 招标代理机构在所代理的招标项目中投标、代理投标或者向该项目投标人提供咨询的，接受委托编制标底的中介机构参加受托编制标底项目的投标或者为该项目的投标人编制投标文件、提供咨询的，依照招标投标法第五十条的规定追究法律责任。

第六十六条 招标人超过本条例规定的比例收取投标保证金、履约保证金或者不按照规定退还投标保证金及银行同期存款利息的，由有关行政监督部门责令改正，可以处 5 万元以下的罚款；给他人造成损失的，依法承担赔偿责任。

第六十七条 投标人相互串通投标或者与招标人串通投标的，投标人向招标人或者评标委员会成员行贿谋取中标的，中标无效；构成犯罪的，依法追究刑事责任；尚不构成犯罪的，依照招标投标法第五十三条的规定处罚。投标人未中标的，对单位的罚款金额按照招标项目合同金额依照招标投标法规定的比例计算。

投标人有下列行为之一的，属于招标投标法第五十三条规定的情节严重行为，由有关行政监督部门取消其 1 年至 2 年内参加依法必须进行招标的项目的投标资格：

（一）以行贿谋取中标；

（二）3 年内 2 次以上串通投标；

（三）串通投标行为损害招标人、其他投标人或者国家、集体、公民的合法利益，造成直接经济损失 30 万元以上；

（四）其他串通投标情节严重的行为。

投标人自本条第二款规定的处罚执行期限届满之日起 3 年内又有该款所列违法行为之一的，或者串通投标、以行贿谋取中标情节特别严重的，由工商行政管理机关吊销营业执照。

法律、行政法规对串通投标报价行为的处罚另有规定的，从其规定。

第六十八条　投标人以他人名义投标或者以其他方式弄虚作假骗取中标的，中标无效；构成犯罪的，依法追究刑事责任；尚不构成犯罪的，依照招标投标法第五十四条的规定处罚。依法必须进行招标的项目的投标人未中标的，对单位的罚款金额按照招标项目合同金额依照招标投标法规定的比例计算。

投标人有下列行为之一的，属于招标投标法第五十四条规定的情节严重行为，由有关行政监督部门取消其 1 年至 3 年内参加依法必须进行招标的项目的投标资格：

（一）伪造、变造资格、资质证书或者其他许可证件骗取中标；

（二）3 年内 2 次以上使用他人名义投标；

（三）弄虚作假骗取中标给招标人造成直接经济损失 30 万元以上；

（四）其他弄虚作假骗取中标情节严重的行为。

投标人自本条第二款规定的处罚执行期限届满之日起 3 年内又有该款所列违法行为之一的，或者弄虚作假骗取中标情节特别严重的，由工商行政管理机关吊销营业执照。

第六十九条　出让或者出租资格、资质证书供他人投标的，依照法律、行政法规的规定给予行政处罚；构成犯罪的，依法追究刑事责任。

第七十条　依法必须进行招标的项目的招标人不按照规定组建评标委员会，或者确定、更换评标委员会成员违反招标投标法和本条例规定的，由有关行政监督部门责令改正，可以处 10 万元以下的罚款，对单位直接负责的主管人员和其他直接责任人员依法给予处分；违法确定或者更换的评标委员会成员作出的评审结论无效，依法重新进行评审。

国家工作人员以任何方式非法干涉选取评标委员会成员的，依照本条例第八十条的规定追究法律责任。

第七十一条　评标委员会成员有下列行为之一的，由有关行政监督部门责令改正；情节严重的，禁止其在一定期限内参加依法必须进行招标的项目的评标；情节特别严重的，取消其担任评标委员会成员的资格：

（一）应当回避而不回避；

（二）擅离职守；

（三）不按照招标文件规定的评标标准和方法评标；

（四）私下接触投标人；

（五）向招标人征询确定中标人的意向或者接受任何单位或者个人明示或者暗示提出的倾向或者排斥特定投标人的要求；

（六）对依法应当否决的投标不提出否决意见；

（七）暗示或者诱导投标人作出澄清、说明或者接受投标人主动提出的澄清、说明；

（八）其他不客观、不公正履行职务的行为。

第七十二条　评标委员会成员收受投标人的财物或者其他好处的，没收收受的财物，处 3000 元以上 5 万元以下的罚款，取消担任评标委员会成员的资格，不得再参加依法必须进行招标的项目的评标；构成犯罪的，依法追究刑事责任。

第七十三条　依法必须进行招标的项目的招标人有下列情形之一的，由有关行政监督部门责令改正，可以处中标项目金额 10‰ 以下的罚款；给他人造成损失的，依法承担赔偿责任；对单位直接负责的主管人员和其他直接责任人员依法给予处分：

（一）无正当理由不发出中标通知书；

（二）不按照规定确定中标人；

（三）中标通知书发出后无正当理由改变中标结果；

（四）无正当理由不与中标人订立合同；

（五）在订立合同时向中标人提出附加条件。

第七十四条　中标人无正当理由不与招标人订立合同，在签订合同时向招标人提出附加条件，或者不按照招标文件要求提交履约保证金的，取消其中标资格，投标保证金不予退还。对依法必须进行招标的项目的中标人，由有关行政监督部门责令改正，可以处中标项目金额 10‰ 以下的罚款。

第七十五条　招标人和中标人不按照招标文件和中标人的投标文件订立合同，合同的主要条款与招标文件、中标人的投标文件的内容不一致，或者招标人、中标人订立背离合同实质性内容的协议的，由有关行政监督部门责令改正，可以处中标项目金额5‰以上10‰以下的罚款。

第七十六条　中标人将中标项目转让给他人的，将中标项目肢解后分别转让给他人的，违反招标投标法和本条例规定将中标项目的部分主体、关键性工作分包给他人的，或者分包人再次分包的，转让、分包无效，处转让、分包项目金额5‰以上10‰以下的罚款；有违法所得的，并处没收违法所得；可以责令停业整顿；情节严重的，由工商行政管理机关吊销营业执照。

第七十七条　投标人或者其他利害关系人捏造事实、伪造材料或者以非法手段取得证明材料进行投诉，给他人造成损失的，依法承担赔偿责任。

招标人不按照规定对异议作出答复，继续进行招标投标活动的，由有关行政监督部门责令改正，拒不改正或者不能改正并影响中标结果的，依照本条例第八十一条的规定处理。

第七十八条　国家建立招标投标信用制度。有关行政监督部门应当依法公告对招标人、招标代理机构、投标人、评标委员会成员等当事人违法行为的行政处理决定。

第七十九条　项目审批、核准部门不依法审批、核准项目招标范围、招标方式、招标组织形式的，对单位直接负责的主管人员和其他直接责任人员依法给予处分。

有关行政监督部门不依法履行职责，对违反招标投标法和本条例规定的行为不依法查处，或者不按照规定处理投诉、不依法公告对招标投标当事人违法行为的行政处理决定的，对直接负责的主管人员和其他直接责任人员依法给予处分。

项目审批、核准部门和有关行政监督部门的工作人员徇私舞弊、滥用职权、玩忽职守，构成犯罪的，依法追究刑事责任。

第八十条　国家工作人员利用职务便利，以直接或者间接、明示或者暗示等任何方式非法干涉招标投标活动，有下列情形之一的，依法给予记过或者记大过处分；情节严重的，依法给予降级或者撤职处分；情节特别严重的，依法给予开除处分；构成犯罪的，依法追究刑事责任：

（一）要求对依法必须进行招标的项目不招标，或者要求对依法应当公开招标的项目不公开招标；

（二）要求评标委员会成员或者招标人以其指定的投标人作为中标候选人或者中标人，或者以其他方式非法干涉评标活动，影响中标结果；

（三）以其他方式非法干涉招标投标活动。

第八十一条　依法必须进行招标的项目的招标投标活动违反招标投标法

和本条例的规定，对中标结果造成实质性影响，且不能采取补救措施予以纠正的，招标、投标、中标无效，应当依法重新招标或者评标。

第七章　附　则

第八十二条　招标投标协会按照依法制定的章程开展活动，加强行业自律和服务。

第八十三条　政府采购的法律、行政法规对政府采购货物、服务的招标投标另有规定的，从其规定。

第八十四条　本条例自 2012 年 2 月 1 日起施行。

中华人民共和国标准化法

（2017 年主席令第 78 号修正）

第一章 总 则

第一条 为了加强标准化工作，提升产品和服务质量，促进科学技术进步，保障人身健康和生命财产安全，维护国家安全、生态环境安全，提高经济社会发展水平，制定本法。

第二条 本法所称标准（含标准样品），是指农业、工业、服务业以及社会事业等领域需要统一的技术要求。

标准包括国家标准、行业标准、地方标准和团体标准、企业标准。国家标准分为强制性标准、推荐性标准，行业标准、地方标准是推荐性标准。

强制性标准必须执行。国家鼓励采用推荐性标准。

第三条 标准化工作的任务是制定标准、组织实施标准以及对标准的制定、实施进行监督。

县级以上人民政府应当将标准化工作纳入本级国民经济和社会发展规划，将标准化工作经费纳入本级预算。

第四条 制定标准应当在科学技术研究成果和社会实践经验的基础上，深入调查论证，广泛征求意见，保证标准的科学性、规范性、时效性，提高标准质量。

第五条 国务院标准化行政主管部门统一管理全国标准化工作。国务院有关行政主管部门分工管理本部门、本行业的标准化工作。

县级以上地方人民政府标准化行政主管部门统一管理本行政区域内的标准化工作。县级以上地方人民政府有关行政主管部门分工管理本行政区域内本部门、本行业的标准化工作。

第六条 国务院建立标准化协调机制，统筹推进标准化重大改革，研究标准化重大政策，对跨部门跨领域、存在重大争议标准的制定和实施进行协调。

设区的市级以上地方人民政府可以根据工作需要建立标准化协调机制，

统筹协调本行政区域内标准化工作重大事项。

第七条 国家鼓励企业、社会团体和教育、科研机构等开展或者参与标准化工作。

第八条 国家积极推动参与国际标准化活动，开展标准化对外合作与交流，参与制定国际标准，结合国情采用国际标准，推进中国标准与国外标准之间的转化运用。

国家鼓励企业、社会团体和教育、科研机构等参与国际标准化活动。

第九条 对在标准化工作中做出显著成绩的单位和个人，按照国家有关规定给予表彰和奖励。

第二章　标准的制定

第十条 对保障人身健康和生命财产安全、国家安全、生态环境安全以及满足经济社会管理基本需要的技术要求，应当制定强制性国家标准。

国务院有关行政主管部门依据职责负责强制性国家标准的项目提出、组织起草、征求意见和技术审查。国务院标准化行政主管部门负责强制性国家标准的立项、编号和对外通报。国务院标准化行政主管部门应当对拟制定的强制性国家标准是否符合前款规定进行立项审查，对符合前款规定的予以立项。

省、自治区、直辖市人民政府标准化行政主管部门可以向国务院标准化行政主管部门提出强制性国家标准的立项建议，由国务院标准化行政主管部门会同国务院有关行政主管部门决定。社会团体、企业事业组织以及公民可以向国务院标准化行政主管部门提出强制性国家标准的立项建议，国务院标准化行政主管部门认为需要立项的，会同国务院有关行政主管部门决定。

强制性国家标准由国务院批准发布或者授权批准发布。

法律、行政法规和国务院决定对强制性标准的制定另有规定的，从其规定。

第十一条 对满足基础通用、与强制性国家标准配套、对各有关行业起引领作用等需要的技术要求，可以制定推荐性国家标准。

推荐性国家标准由国务院标准化行政主管部门制定。

第十二条 对没有推荐性国家标准、需要在全国某个行业范围内统一的技术要求，可以制定行业标准。

行业标准由国务院有关行政主管部门制定，报国务院标准化行政主管部门备案。

第十三条 为满足地方自然条件、风俗习惯等特殊技术要求，可以制定地方标准。

地方标准由省、自治区、直辖市人民政府标准化行政主管部门制定；设区的市级人民政府标准化行政主管部门根据本行政区域的特殊需要，经所在地省、自治区、直辖市人民政府标准化行政主管部门批准，可以制定本行政区域的地方标准。地方标准由省、自治区、直辖市人民政府标准化行政主管部门报国务院标准化行政主管部门备案，由国务院标准化行政主管部门通报国务院有关行政主管部门。

第十四条　对保障人身健康和生命财产安全、国家安全、生态环境安全以及经济社会发展所急需的标准项目，制定标准的行政主管部门应当优先立项并及时完成。

第十五条　制定强制性标准、推荐性标准，应当在立项时对有关行政主管部门、企业、社会团体、消费者和教育、科研机构等方面的实际需求进行调查，对制定标准的必要性、可行性进行论证评估；在制定过程中，应当按照便捷有效的原则采取多种方式征求意见，组织对标准相关事项进行调查分析、实验、论证，并做到有关标准之间的协调配套。

第十六条　制定推荐性标准，应当组织由相关方组成的标准化技术委员会，承担标准的起草、技术审查工作。制定强制性标准，可以委托相关标准化技术委员会承担标准的起草、技术审查工作。未组成标准化技术委员会的，应当成立专家组承担相关标准的起草、技术审查工作。标准化技术委员会和专家组的组成应当具有广泛代表性。

第十七条　强制性标准文本应当免费向社会公开。国家推动免费向社会公开推荐性标准文本。

第十八条　国家鼓励学会、协会、商会、联合会、产业技术联盟等社会团体协调相关市场主体共同制定满足市场和创新需要的团体标准，由本团体成员约定采用或者按照本团体的规定供社会自愿采用。

制定团体标准，应当遵循开放、透明、公平的原则，保证各参与主体获取相关信息，反映各参与主体的共同需求，并应当组织对标准相关事项进行调查分析、实验、论证。

国务院标准化行政主管部门会同国务院有关行政主管部门对团体标准的制定进行规范、引导和监督。

第十九条　企业可以根据需要自行制定企业标准，或者与其他企业联合制定企业标准。

第二十条　国家支持在重要行业、战略性新兴产业、关键共性技术等领域利用自主创新技术制定团体标准、企业标准。

第二十一条　推荐性国家标准、行业标准、地方标准、团体标准、企业标准的技术要求不得低于强制性国家标准的相关技术要求。

国家鼓励社会团体、企业制定高于推荐性标准相关技术要求的团体标准、企业标准。

第二十二条　制定标准应当有利于科学合理利用资源，推广科学技术成果，增强产品的安全性、通用性、可替换性，提高经济效益、社会效益、生态效益，做到技术上先进、经济上合理。

禁止利用标准实施妨碍商品、服务自由流通等排除、限制市场竞争的行为。

第二十三条　国家推进标准化军民融合和资源共享，提升军民标准通用化水平，积极推动在国防和军队建设中采用先进适用的民用标准，并将先进适用的军用标准转化为民用标准。

第二十四条　标准应当按照编号规则进行编号。标准的编号规则由国务院标准化行政主管部门制定并公布。

第三章　标准的实施

第二十五条　不符合强制性标准的产品、服务，不得生产、销售、进口或者提供。

第二十六条　出口产品、服务的技术要求，按照合同的约定执行。

第二十七条　国家实行团体标准、企业标准自我声明公开和监督制度。企业应当公开其执行的强制性标准、推荐性标准、团体标准或者企业标准的编号和名称；企业执行自行制定的企业标准的，还应当公开产品、服务的功能指标和产品的性能指标。国家鼓励团体标准、企业标准通过标准信息公共服务平台向社会公开。

企业应当按照标准组织生产经营活动，其生产的产品、提供的服务应当符合企业公开标准的技术要求。

第二十八条　企业研制新产品、改进产品，进行技术改造，应当符合本法规定的标准化要求。

第二十九条　国家建立强制性标准实施情况统计分析报告制度。

国务院标准化行政主管部门和国务院有关行政主管部门、设区的市级以上地方人民政府标准化行政主管部门应当建立标准实施信息反馈和评估机制，根据反馈和评估情况对其制定的标准进行复审。标准的复审周期一般不超过五年。经过复审，对不适应经济社会发展需要和技术进步的应当及时修订或者废止。

第三十条　国务院标准化行政主管部门根据标准实施信息反馈、评估、复审情况，对有关标准之间重复交叉或者不衔接配套的，应当会同国务院有关行政主管部门作出处理或者通过国务院标准化协调机制处理。

第三十一条 县级以上人民政府应当支持开展标准化试点示范和宣传工作，传播标准化理念，推广标准化经验，推动全社会运用标准化方式组织生产、经营、管理和服务，发挥标准对促进转型升级、引领创新驱动的支撑作用。

第四章 监督管理

第三十二条 县级以上人民政府标准化行政主管部门、有关行政主管部门依据法定职责，对标准的制定进行指导和监督，对标准的实施进行监督检查。

第三十三条 国务院有关行政主管部门在标准制定、实施过程中出现争议的，由国务院标准化行政主管部门组织协商；协商不成的，由国务院标准化协调机制解决。

第三十四条 国务院有关行政主管部门、设区的市级以上地方人民政府标准化行政主管部门未依照本法规定对标准进行编号、复审或者备案的，国务院标准化行政主管部门应当要求其说明情况，并限期改正。

第三十五条 任何单位或者个人有权向标准化行政主管部门、有关行政主管部门举报、投诉违反本法规定的行为。

标准化行政主管部门、有关行政主管部门应当向社会公开受理举报、投诉的电话、信箱或者电子邮件地址，并安排人员受理举报、投诉。对实名举报人或者投诉人，受理举报、投诉的行政主管部门应当告知处理结果，为举报人保密，并按照国家有关规定对举报人给予奖励。

第五章 法律责任

第三十六条 生产、销售、进口产品或者提供服务不符合强制性标准，或者企业生产的产品、提供的服务不符合其公开标准的技术要求的，依法承担民事责任。

第三十七条 生产、销售、进口产品或者提供服务不符合强制性标准的，依照《中华人民共和国产品质量法》、《中华人民共和国进出口商品检验法》、《中华人民共和国消费者权益保护法》等法律、行政法规的规定查处，记入信用记录，并依照有关法律、行政法规的规定予以公示；构成犯罪的，依法追究刑事责任。

第三十八条 企业未依照本法规定公开其执行的标准的，由标准化行政主管部门责令限期改正；逾期不改正的，在标准信息公共服务平台上公示。

第三十九条　国务院有关行政主管部门、设区的市级以上地方人民政府标准化行政主管部门制定的标准不符合本法第二十一条第一款、第二十二条第一款规定的，应当及时改正；拒不改正的，由国务院标准化行政主管部门公告废止相关标准；对负有责任的领导人员和直接责任人员依法给予处分。

社会团体、企业制定的标准不符合本法第二十一条第一款、第二十二条第一款规定的，由标准化行政主管部门责令限期改正；逾期不改正的，由省级以上人民政府标准化行政主管部门废止相关标准，并在标准信息公共服务平台上公示。

违反本法第二十二条第二款规定，利用标准实施排除、限制市场竞争行为的，依照《中华人民共和国反垄断法》等法律、行政法规的规定处理。

第四十条　国务院有关行政主管部门、设区的市级以上地方人民政府标准化行政主管部门未依照本法规定对标准进行编号或者备案，又未依照本法第三十四条的规定改正的，由国务院标准化行政主管部门撤销相关标准编号或者公告废止未备案标准；对负有责任的领导人员和直接责任人员依法给予处分。

国务院有关行政主管部门、设区的市级以上地方人民政府标准化行政主管部门未依照本法规定对其制定的标准进行复审，又未依照本法第三十四条的规定改正的，对负有责任的领导人员和直接责任人员依法给予处分。

第四十一条　国务院标准化行政主管部门未依照本法第十条第二款规定对制定强制性国家标准的项目予以立项，制定的标准不符合本法第二十一条第一款、第二十二条第一款规定，或者未依照本法规定对标准进行编号、复审或者予以备案的，应当及时改正；对负有责任的领导人员和直接责任人员可以依法给予处分。

第四十二条　社会团体、企业未依照本法规定对团体标准或者企业标准进行编号的，由标准化行政主管部门责令限期改正；逾期不改正的，由省级以上人民政府标准化行政主管部门撤销相关标准编号，并在标准信息公共服务平台上公示。

第四十三条　标准化工作的监督、管理人员滥用职权、玩忽职守、徇私舞弊的，依法给予处分；构成犯罪的，依法追究刑事责任。

第六章　附　则

第四十四条　军用标准的制定、实施和监督办法，由国务院、中央军事委员会另行制定。

第四十五条　本法自 2018 年 1 月 1 日起施行。